"十四五"时期国家重点出版物出版专项规划项目

工业人工智能前沿技术与创新应用丛书

普通高等教育机器人工程专业系列教材

机器人感知智能

主 编 王 琦

参 编 蔡 露 陈茂庆 蔡 忆 杨 涛

机 械 工 业 出 版 社

本书围绕机器人感知智能，介绍了两个部分的内容。其一是机器人的四大感知系统，即触觉感知、视觉感知、接近觉感知和听觉感知，在每个感知系统中，不仅详细介绍了其实现原理及常见的重要传感器件，还介绍了每个感知系统的最新研究现状、应用实例及发展趋势；其二是机器人感知系统智能化的实现，涵盖多感知系统信息融合等多种先进控制技术。本书为读者清晰阐述了机器人感知系统的工作过程及原理实现。

本书不仅可作为机器人工程、机电一体化、仪器仪表类、自动化类、电子信息类专业的高年级本科生、研究生的教学或参考用书，还可供相关从业人员、科研人员学习参考，同时本书也可为参加相关方向竞赛的读者在方向选择、思路扩展上提供帮助。

本书配有授课电子课件等资源，需要的教师可登录 www.cmpedu.com 免费注册，审核通过后下载，或联系编辑索取（微信：18515977506，电话：010-88379739）。

图书在版编目（CIP）数据

机器人感知智能／王琦主编 . —北京：机械工业出版社，2024.8
（2025.2 重印）

普通高等教育机器人工程专业系列教材

ISBN 978-7-111-75878-5

Ⅰ. ①机… Ⅱ. ①王… Ⅲ. ①机器人–感知–系统设计–高等学校–教材 Ⅳ. ①TP242

中国国家版本馆 CIP 数据核字（2024）第 104708 号

机械工业出版社（北京市百万庄大街 22 号 邮政编码 100037）
策划编辑：汤 枫 责任编辑：汤 枫 章承林
责任校对：张勤思 牟丽英 责任印制：李 昂
北京捷迅佳彩印刷有限公司印刷
2025 年 2 月第 1 版第 2 次印刷
184mm×260mm · 19 印张 · 492 千字
标准书号：ISBN 978-7-111-75878-5
定价：79.00 元

电话服务　　　　　　　　　网络服务
客服电话：010-88361066　　机 工 官 网：www.cmpbook.com
　　　　　010-88379833　　机 工 官 博：weibo.com/cmp1952
　　　　　010-68326294　　金 书 网：www.golden-book.com
封底无防伪标均为盗版　机工教育服务网：www.cmpedu.com

前　　言

机器人产业已成为世界各国重大战略性新兴产业，是我国加快推进产业结构调整，完善现代产业体系，实现智能制造，全面提升产业技术水平和国际竞争力的重要途径。随着机器人技术的快速发展，应用场景和工作内容日趋复杂多样，在各行业自动化发展的需求下，人们对于机器人智能化的要求越来越高。若想使机器人更加智能，对环境做出更灵敏的反应，就需要使机器人具有对外界环境及自身状况的感知能力，而机器人的感知系统正是实现这一功能的窗口。

通常机器人在工作过程中需要对三个基本要素做出判断：自身位置、工作目标和实现途径。而对于前两个要素的获取，就是需要感知技术。它不仅使得机器人具备与人类相似，甚至超越人类的感知能力和反应能力，还可替代人类进行一些有着很强实际意义和巨大潜在效益的工作。

工业和信息化部等公布的《"十四五"机器人产业发展规划》中提到，到 2025 年我国要成为全球机器人技术创新策源地、高端制造集聚地和集成应用新高地，这足见国家对于机器人产业发展的高度重视。与此同时，该规划中还提出了四个行动，其中"机器人核心技术攻关行动"位列其中。作为机器人智能化最底层、最根本、最核心的感知技术，其发展必将深刻影响整个行业。对于机器人感知智能的研究也将助力我国在世界范围内占得先机。

本书紧扣机器人行业发展脉搏，围绕机器人感知智能，力求在前人基础上有所创新发展。本书拥有如下四大特点：

1）对于机器人感知系统的深入解读。本书详细介绍了机器人触觉感知、视觉感知、接近觉感知和听觉感知四大系统，涵盖了常规机器人实现基本环境认知功能的必要因素，是对机器人感知较为全面细致的介绍，为读者对于机器人内部、外部传感的实现做了全景描述。

2）传统技术与最新研究的讲述结合。本书紧跟时代发展潮流，在对每一种感知技术做介绍时，不仅讲述了其最底层的逻辑原理及常见传感器件，还介绍了相关技术领域最新的研究，使读者能够了解现今最先进的技术。

3）智能浪潮下信息融合与系统控制。在本书的最后一部分，介绍了实现机器人感知系统智能化的方法，从系统层面讲述了如何实现多感知系统的控制及信息融合。

4）实际应用与发展趋势的准确把握。在本书的讲述中，对于任何一种感知技术，不仅列举了其在现实生活中应用的实例，使读者有更清晰的认知，还介绍了其发展趋势，令读者形成宏观的印象，并对其今后的学习、研究提供建议和帮助。

　　本书的第1章、第3章由王琦编写，第2章由陈茂庆、蔡忆共同编写，第4章由王琦、杨涛共同编写，第5章、第6章由蔡露编写。在编写第1、3、4章内容时，东北大学研究生汤敬人、姜春奇、张树帅、王浩月、杜娜娜、陈自强、张裕、吴华莹、李昊洋、米佳帅、华林睿、丛雪玮、任子涵、王宇洋、邢明玮等给予了很大帮助；在编写第5、6章内容时，东北大学研究生王博远、李尚文、王进、王敏，本科生黄嘉华提供了帮助，在此向他们表示衷心的感谢！

　　由于编者研究水平有限，书中尚有不甚完美之处，恳请各位读者批评指正！

编　者

目　录

第1章 绪 论

随着人工智能技术的迅速发展，机器人技术已经逐渐成为一项迅速发展的高新技术，工业和信息化部等公布的《"十四五"机器人产业发展规划》指出，机器人的研发、制造与应用是衡量一个国家科技创新和高端制造业水平的重要标志。机器人的出现很大程度上将人类从程序性的繁杂工作中解放出来，并且能够适用于危险和恶劣环境，以及人类难以胜任的高强度工作。本章为全书的导引章节，主要介绍机器人感知智能的基本概念，包含机器人的产生与发展、机器人感知智能定义、感知系统的基本组成和发展趋势等，为后续章节奠定基础。

1.1 机器人的产生与发展

1.1.1 机器人的定义

随着社会经济的快速发展，机器人已经成为信息时代的一个前沿研究领域。大多数人对机器人都有一定的概念认知，但这种概念认知更多的是来源于科幻小说的描述和人们的想象。那么，机器人的具体概念是什么呢？

机器人形象和机器人一词，最早出现在科幻和文学作品中。1920 年，捷克作家卡雷尔·恰佩克（Karel Capek，1890—1938）（见图 1.1）发表了一个著名的剧本《罗萨姆的万能机器人》（*Rossum's Universal Robots*，RUR）剧中叙述了一家叫罗萨姆的公司将机器人作为人类制造的工业产品出售，取代人类劳动，剧中的机器人只知道埋头工作，没有思考能力，堪称最理想的工人。作者根据剧本中出现的 Robota（捷克文，原意为"劳役、苦工"）和 Robotnik（波兰文，原意为"工人"），创造了"robot"这个词。RUR 一举成名，robot 一词也流传开来，科幻作家也相继沿用"robot"一词，当代科幻大师艾萨克·阿西莫夫（Isaac Asimov，1920—1992）的短篇小说集《我，机器人》（1950）即为一例。20 世纪 50 年代机器人科技兴起，科学家借用"robot"一词，"robot"遂成为一个全新的词汇。

相比之下，现代意义上的机器人于 1959 年在美国诞生（见图 1.2）。美国人英格伯格（Joseph F. Engelberger，1925—2015）和德沃尔（George Devol，1912—2011）制造出了世界上第一台工业机器人，标志着机器人的正式诞生，这台机器人的形状像一个坦克的炮塔，底座上有一个大的旋转机械臂，大臂上又伸出一个小机械臂，可以进行伸缩和转动等一些简单的操作，代替人完成抓取和放置零件等简单操作。该机器人使用伺服技术来控制机器人的关节，创造了一个多关节编程的机器，在操作和控制上都很灵活。研究人员将这种新的机器命名为"robot"，这个词在世界各地都是按音译的，只有在我国被译为机器人，但机器人不是人，它是机器。

图 1.1　卡雷尔·恰佩克　　　　图 1.2　英格伯格（左）与德沃尔（右）制成第一台工业机器人

机器人是在科学研究或工业生产中用来代替人工作的机械装置，现在机器人被广泛地使用，不同国家和不同领域的学者对机器人都给出了不同的定义。虽然定义的原则基本一致，但仍有很大的差异。其基本原因是，机器人学包括了人类的概念，成为一个难以回答的哲学问题。就像机器人一词最早诞生于科幻小说之中一样，人们对机器人充满了幻想。

恰佩克的剧本《罗萨姆的万能机器人》中集中讨论了机器人的安全、感知和自我繁殖问题。科学技术的进步很可能会引起人类不希望出现的问题。虽然科幻小说中的世界只是想象，但人类社会很可能会面临这一现实。因此，在定义机器人之前，首先提出了机器人行为规范要求，以科幻小说家阿西莫夫（见图 1.3）在小说《我，机器人》中所订立的"机器人三定律"最为著名。阿西莫夫为机器人提出的三条"定律"，规定所有机器人必须遵守：

1）机器人必须不伤害人类，也不允许它见人类将受到伤害而袖手旁观。

2）机器人必须服从人类的命令，除非人类的命令与第一条相违背。

3）机器人必须保护自身不受伤害，除非这与上述两条相违背。

时至今日，这三条原则仍然在为机器人研究人员、设计师和制造商以及用户提供非常有意义的指导方针。

自从机器人技术诞生以来，人们就一直试图解释机器人到底是什么。而随着机器人技术的快速发展和信息时代的到来，机器人的内涵越来越丰富，其定义也不断得到丰富和创新。

图 1.3　阿西莫夫

至今为止，国际上关于机器人的定义主要有以下几种：

美国机器人协会（RIA）的定义为：机器人是一种用于移动各种材料、零件、工具或专用装置，通过可编程动作来执行各种任务，并具有编程能力的多功能操作机。

日本工业机器人协会（JIRA）的定义为：机器人是一种带有记忆装置和末端执行器的、能够通过自动化的动作而代替人类劳动的通用机器。

美国国家标准局（NBS）的定义为：机器人是一种能够进行编程并在自动控制下执行某些操作或移动等任务的机械装置。

我国的定义为：机器人是一种自动化的机器，所不同的是这种机器具备一些与人或生物相似的智能能力，如感知能力、规划能力、动作能力和协同能力，是一种具有高度灵活性的自动化机器。

　　而目前普遍采用的说法是由国际标准化组织（ISO）使用的美国机器人协会的定义，它是一类能够编程和具有各种功能的，能够用于运输材料、工具等的操作机或是为完成各种工作而能够进行改变以及编程的专业系统。也就是说，机器人是一种凭借自身动力以及外界指令完成各项工作的机器。其中，不同于只具有一般编程能力和操作功能的机器人，智能机器人特指具备感觉要素、运动要素和思考要素的智能化的机器人。

1.1.2　机器人的起源

　　机器人一词的出现和世界上第一台工业机器人的问世都是近几十年的事，然而人们对机器人的幻想与追求却可以追溯到 3000 多年前的西周时期。人们希望创造一种能像人一样的机器，代替他们完成各种任务。

　　西周时期，能工巧匠偃师就研制出了一个能歌善舞的伶人，如图 1.4 所示，这是世界上第一个有记载的机器人，这种伶人可以做出很多高难度的动作，时至今日，还流传着"偃师造人"的传说。

　　公元前 2 世纪，古希腊人发明了最原始的机器人——自动机。这是一个可移动的青铜雕像，由水、空气和蒸汽的压力驱动，它可以自己开门，并在蒸汽的帮助下唱歌。

　　在 1800 多年前的汉代，大学者张衡不仅发明了候风地动仪，而且发明了记里鼓车，如图 1.5 所示。据记载，车上的木人每里敲一次鼓。

图 1.4　偃师研制的伶人表演图　　　　　　图 1.5　记里鼓车复原模型图

　　三国时期，蜀国丞相诸葛亮成功地创造出了"木牛流马"，如图 1.6 所示，它可以在没有食物和水的情况下携带食物自由行走，并被用来在崎岖的山路上运输食物，以支持前方的战争。

　　12 世纪，阿拉伯的发明家贾扎里（Al-Jazari，1136—1206）设计了可以自动转动和演奏乐器的木偶，以取悦国王和贵族。如图 1.7 所示，这种打击乐机制可以通过编程来演奏不同的节奏。很多人认为贾扎里发明的木偶机器人是历史上第一个可编程的"机器人"。这种设计后来被欧洲人小型化，成为今天八音盒的前身。由于这个原因，贾扎里也被称为"机器人之父"。

图1.6　"木牛流马"复原模型图　　　　　图1.7　自动人木偶乐队

1768—1774年，瑞士钟表匠皮埃尔·雅奎特·德罗兹和他的两个儿子发明了三个由发条驱动的古老机器人。这些机器人分别是一个被称为"作家"的写作机器人、一个被称为"绘图员"的绘图机器人和一个被称为"音乐家"的钢琴演奏机器人。

"作家"外表看起来像个3岁的男孩玩偶（见图1.8），拧动"作家"后背的发条，他就会抬起手臂，用手中的笔蘸取桌边的墨水，然后在白纸上写出几句话语，它写出的词句最多可以包含40多个字母。并且通过更换内部的凸轮，"作家"可以写出不同的字词和句子。这意味着"作家"可以被"编程"，这些凸轮的功能就像计算机内的各种程序一样，所以这个"作家"也被一些科学家视作现代计算机的"始祖"。

图1.8　名叫"作家"的"写字机器人"及体内零件

20世纪末，机器人的研究和开发得到了更多的关注和支持，一些实用机器人被推出。1927年，第一个机器人"电报箱"，由美国西屋公司的工程师温兹利制造，在纽约世界博览会上展出。1959年，第一个工业机器人（带有可编程控制器和圆柱形坐标操纵器）在美国研制成功，开创了机器人发展的新时代。

1.1.3　机器人的发展

1. 国际机器人的发展

上述所谈"机器人"只是现代人类对于前人所发明的模拟人类行为的机械物件的一个称呼。"机器人"这一名词最开始被创造于1920年，但现代意义上的机器人研究是在20世纪中期计算机和自动化发展以及原子能开发的背景下展开的。自1946年第一台电子数字计算机问世以来，计算机取得了惊人的进步，朝着高速、高容量和低成本的方向发展。一方面，大规模生产的迫切需要推动了自动化技术的进步，其结果之一是1952年数控机床的诞生。另一方面，原子能实验室的恶劣条件需要某些操作机器来代替人类从事放射性物质的工作。鉴于这些需求，美国原子能委员会的阿贡国家实验室于1947年开发了世界上第一台遥操作机械手，如图1.9所示。1948年，同样是由阿

图1.9　世界首台遥操作机械手

贡国家实验室开发的世界上第一台机械式主从机械手诞生了。

1959 年，世界上第一个工业机器人由美国人英格伯格和德沃尔生产，标志着机器人的正式诞生。该机器人采用伺服技术，控制机器人的关节形成多关节组合，通过编程来控制机器，在操作和控制上都非常灵活。这种机器人成为世界上第一个真正实用的工业机器人。

1962 年，美国 AMF 公司和 UNIMATION 公司相继推出了最早的适用机型工业机器人沃莎特兰（VERSTRAN）和尤尼梅特（UNIMATE），这些工业机器人的控制方式与数控机床类似，但特征非常不同，主要由类似人类的手和胳膊组成。这些机器人被出口到世界各国，并带动了全世界机器人研究的热潮。

1967 年，日本成立了人工手研究会（现改名为仿生机构研究会），同年召开了日本首届机器人学术会。

1973 年，辛辛那提·米拉克隆公司的理查德·豪恩制造了第一台由小型计算机控制的工业机器人，它由液压驱动，能提升的有效负载达 45kg。

1978 年，美国 UNIMATION 公司推出通用工业机器人 PUMA，这标志着工业机器人技术已经完全成熟。PUMA 至今仍然工作在工厂第一线。

到了 1980 年，工业机器人才真正在日本普及，故称该年为日本的"机器人元年"。随后，工业机器人在日本得到了巨大发展，日本也因此而赢得了"机器人王国"的美称。

1984 年，机器人学无论是在工业生产还是学术上，都是一门广受欢迎的学科，机器人学开始列入教学计划。

1999 年，日本索尼公司推出了犬型机器人"爱宝"，广受群众喜爱，爱宝的出现不仅代表了机器宠物的诞生，更重要的是标志着人工智能向生活化、娱乐化方向发展。

直至今日，美国的机器人技术在国际上仍一直处于领先地位。其技术全面、先进，适应性也很强。

2. 我国机器人的发展

继主要发达国家通过使用机器人取得巨大成功之后，我国也逐渐认识到机器人在社会生产生活中可以发挥的重要作用。从 20 世纪 70 年代末到 1985 年，我国有大大小小 200 多个单位自发地开发了机器人。1986 年，国家"七五"计划将工业机器人列为研究课题，开始组织专家对机器人基础理论、关键部件和整机产品进行研究。同年年底，国家 863 计划正式启动，成立了自动化专家委员会，下设 CIMS（计算机集成制造系统）和智能机器人两个专题组。从此，我国的机器人研究、开发和应用从自发的、分散的、难以复制的阶段进入有组织、有计划的发展阶段。

我国的工业机器人始于 20 世纪 70 年代初，经过多年的发展，大致可分为四个阶段：20 世纪 70 年代的萌芽期、20 世纪 80 年代的发展期、20 世纪 90 年代至 2010 年的初步应用期和 2010 年以来的加速发展和应用期。

1972 年，中国科学院沈阳自动化研究所开始了机器人的研究工作。1977 年，南开大学机器人与信息自动化研究所研制出我国第一台用于生物试验的微操作机器人系统。1985 年 12 月 12 日，如图 1.10 所示，我国第一台重达 2000 kg 的有缆

图 1.10　有缆水下机器人"海人一号"

水下机器人"海人一号"在辽宁旅顺港下潜 60 m，首潜成功，开创了机器人研制的新纪元。

我国工业机器人的发展始于 1972 年，当时上海、天津、北京、沈阳、哈尔滨、广州和昆明等地的十几个研究单位和机构开发了固定程序、组合和液压伺服机器人，并开始研究力学（包括行走机构）、计算机控制和应用技术，其中约三分之一的机器人被用于生产。在这种技术的推动下，随着改革开放政策的实施，我国机器人的发展得到了政府的关注和支持。

20 世纪 80 年代，智能机器人的研究和开发被列入国家高科技计划。1986 年年底，中共中央 24 号文件将智能机器人列为国家 863 计划自动化的两大主题之一，代号为 512，其主要目标是"跟踪世界先进水平，研发水下机器人等极限环境下作业的特种机器人"，目的是提高我国自主创新能力，坚持战略性、前沿性、前瞻性原则，重点研究开发前沿技术，协调实施高新技术综合应用和产业化示范，充分发挥高新技术对未来发展的先导作用。

20 世纪 90 年代中期，国家决定重点对焊接机器人的工程应用进行开发研究，以迅速掌握焊接机器人的工程应用开发、关键设备制造、工程配套、现场作业等技术。

20 世纪 90 年代后期是实现国产机器人的商品化、为产业化奠定基础的时期。国内一些机器人专家认为：应继续开发和完善喷涂、点焊、弧焊、搬运等机器人系统应用成套技术，完成交钥匙工程；在掌握机器人开发技术和应用技术的基础上；进一步开拓市场，扩大应用领域，从汽车制造业逐渐扩展到其他制造业并渗透到非制造业领域，开发第二代工业机器人及各类适合我国国情的经济型机器人，以满足不同行业多层次的需求。在此过程中，嫁接国外技术，促进国际合作，促使我国工业机器人得到进一步发展，为 21 世纪机器人产业奠定了更坚实的基础。

2013 年 4 月，由中国机械工业联合会牵头组建了中国机器人产业联盟。联盟包括国内机器人科技和产业的百余家成员单位，以产业链为依托，创新资源整合、优势互补、协同共进、互利共赢的合作模式，构建促进产业实现健康有序发展的服务平台。2013 年 12 月，工业和信息化部发布了《关于推进工业机器人产业发展的指导意见》。

相对于已经成熟的工业机器人，我国服务机器人起步较晚，与国外存在较大的差距。我国服务机器人的研究始于 20 世纪 90 年代中后期。近年来，在国家 863 计划的支持下，我国"服务机器人军团"不断壮大。仿人机器人走出实验室，我国成为继日本之后投入实际展示应用的第二个国家。

2016—2021 年期间，我国制造业加速自动化、智能化升级，机器换人、人机协作成为一种趋势和共识。国际机器人联合会发布的《世界机器人 2021 工业机器人报告》显示，2021 年在我国工厂运行的工业机器人数量达到创纪录的 94.3 万台，同比增长了 21%，并且还在持续高速增长。对工业机器人需求的增长也催生了工业机器人制造的快速发展，工业和信息化部发布的数据显示，2021 年，我国工业机器人产量达到了 36.6 万台，比 2015 年增长了 10 倍，稳居全球第一大工业机器人市场。机器人产业市场主体不断优化壮大，彰显了我国机器人产业发展的强劲动力。

2022 年 10 月，习近平总书记在中国共产党第二十次全国代表大会上做出重要部署，到 2035 年，建成现代化经济体系，形成新发展格局，基本实现新型工业化。而以机器人为重要代表的人工智能技术，是二十大报告中部署的推动战略性新兴产业融合集群发展的重要内容。

3. 机器人发展三阶段

机器人以服务于人、服务于社会为宗旨，灵巧操作、适应多变环境、人工智能及互联网的人机融合友好共存是未来机器人发展的规律与必然趋势。

自 20 世纪 60 年代初研制出"VERSTRAN"和"UNIMATE"这两种机器人以来，机器人的研究从低级到高级可以总结为三个阶段。

（1）程序控制机器人（第一代）　第一代机器人是程序控制机器人，也称为可编程机器人，它完全按照事先装入机器人存储器中的程序安排的步骤进行工作。程序的生成及装入有两种方式：一种是由人根据工作流程编制程序并将它输入机器人的存储器中；另一种是"示教-再现"方式，所谓"示教"是指在机器人第一次执行任务之前，由人引导机器人去执行操作，即教机器人去做应做的工作，机器人将其所有动作一步步地记录下来，并将每一步表示为一条指令，"示教"结束后，机器人通过执行这些指令以同样的方式和步骤完成同样的工作（即再现）。如果任务或环境发生了变化，则要重新进行程序设计。这一代机器人能成功地模拟人的运动功能，目前，国际上商品化、实用化的机器人大都属于这一类。这一代机器人的最大缺点是它只能刻板地完成程序规定的动作，不能适应变化了的情况，一旦环境情况略有变化（如装配线上的物品略有倾斜），就会出现问题。图 1.11 所示为 1962 年美国 UNIMATION 公司推出的"UNIMATE"机器人，它也是机器人产品最早的实用机型（示教再现）。

（2）自适应机器人（第二代）　第二代机器人为自适应机器人，也称为感知机器人，其主要标志是自身配备有相应的感觉传感器，如视觉传感器、触觉传感器、听觉传感器等，并用计算机对其进行控制。这种机器人通过传感器获取作业环境、操作对象的简单信息，然后由计算机对获得的信息进行分析、处理，并以此控制机器人的动作。由于它能随着环境的变化而改变自己的行为，可以在一定程度上适应变化的环境，故称为自适应机器人。目前，这一代机器人也已进入商品化阶段，主要从事焊接、装配、搬运等工作。第二代机器人虽然具有一些初级的智能，但还没有达到完全"自治"的程度，有时也称这类机器人为人眼协调型机器人。图 1.12 所示为 1978 年美国 UNIMATION 公司推出的通用工业机器人"PUMA"。

图 1.11　"UNIMATE"机器人

图 1.12　"PUMA"机器人

（3）智能感知机器人（第三代）　第三代机器人是指具有类似人类智能和感知能力的机器人，如图 1.13 所示，即具有感知环境的能力，配备有视觉、听觉、触觉、嗅觉等"感觉器官"，能从外部环境中获取相关信息，具有思维能力，能对接收到的信息进行处理以控制自己的行为，具有对环境采取行动的能力，能通过传动机构使"手"和"脚"等肢体运动起来，能正确、熟练地执行思维机构发出的指令，能进行复杂的逻辑推理、判断和决策，能在操作环境中独立行动，具有发现问题和独立解决问题的能力。

这类机器人带有多种传感器，使机器人可以知道其自身的状态，例如在什么位置、自身的系统是否有故障等；而且可通过装在机器人

图 1.13　智能感知机器人

身上或者工作环境中的传感器感知外部的状态，例如发现道路的危险地段、测出与协作机器的相对位置与距离以及相互作用的力等。这类机器人能够根据得到的这些信息进行逻辑推理、判断、决策，在变化的内部状态与外部环境中自主决定自身的行为。这类机器人具有高度的适应性和自治能力，这是人们努力使机器人达到的目标。

经过科学家多年来不懈的研究，已经出现了很多各具特点的试验装置和大量的新方法、新思想。但是，在已应用的机器人中，机器人的自适应技术仍十分有限，真正的机器人还处于研究之中，但现在已经迅速发展为新兴的高技术产业。

1.2　机器人感知智能定义

感知智能是机器具备了视觉、听觉、触觉等感知能力，将多元数据结构化，并用人类熟悉的方式去沟通和互动。感知智能能够借助语音识别、图像识别等前沿技术，通过传声器、摄像头等硬件设备，将物理世界的信号映射到数字世界，然后将这些数字信息进一步提升到认知层面，如记忆、理解、计划和决策。在整个过程中，人机界面的交互是至关重要的。

有研究者认为，人工智能的发展主要分为三个层次，即运算智能、感知智能和认知智能。所谓运算智能，是指计算机快速计算和记忆存储的能力。所谓感知智能，是指通过各种传感器获取信息的能力。所谓认知智能，是指机器具有理解、推理等能力。

1.2.1　感知智能的定义

机器人感知智能是指机器人具备通过感知、感觉和理解环境中的信息，对其进行分析、识别、理解和推理的能力。这种能力让机器人能够识别和理解环境中的物体、声音、颜色、形状、温度等特征，并从中提取有用的信息，进行判断和决策。

机器人感知智能是现代机器人技术中非常重要的一部分，它可以使机器人更加智能化，从而更好地适应不同的应用场景和任务。例如，在工业制造中，机器人可以使用感知智能来检测和识别产品的缺陷，从而提高产品的质量和生产率。在医疗保健中，机器人可以使用感知智能来监测患者的健康状况，提供及时的治疗和护理服务。

机器人感知智能的实现涉及多个技术领域，包括计算机视觉、语音识别、自然语言处理、机器学习等。这些技术可以帮助机器人从环境中获取和处理信息，并将其转化为机器人可以理解和使用的数据和指令。

所有的机器人都装有传感器，用于为机器人系统提供输入信息。由这些传感器组成的机器人"感觉"外部环境的系统就构成了机器人的感知系统。机器人一切行动都要从感知外界开始，一旦这个过程有障碍，那么它以后的所有行动都是徒劳，没有感知系统的支持，就如同人失去了感觉器官，机器人的智能程度很大程度上取决于其感知系统。机器人感知智能相比于机器人感知系统不同之处就是使用了大量智能传感器（见图1.14），并采用信息融合等技术，实时处理海量信息，高效感知周围环境。

1.2.2　智能传感器的定义

智能传感器是一种带有计算和通信能力的传感器，它能够感知环境中的物理量、化学量或生物量，并将这些信息转化为数字信号进行处理和分析。与传统传感器相比，智能传感器能够

图 1.14　机器人感知智能传感器

自主地获取和处理数据，并能够与其他设备进行通信和交互，从而实现更加智能化的应用。

智能传感器通常包含传感器元件、信号调理电路、微处理器、存储器和通信接口等组件，如图 1.15 所示。传感器元件可以感知环境中的物理量或化学量，并将其转化为电信号；信号调理电路则负责对这些电信号进行放大、滤波、线性化等处理；微处理器则对信号进行处理、分析和判断，从而实现传感器的智能化；存储器可以存储传感器采集的数据和程序；通信接口则使传感器可以与其他设备进行通信和交互。

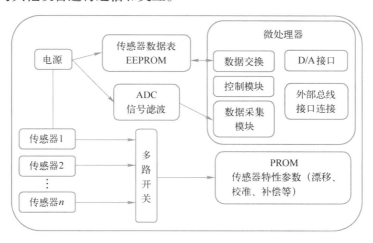

图 1.15　智能传感器原理

智能传感器能将检测到的各种物理量储存起来，并按照指令处理这些数据，从而创造出新数据。智能传感器之间能进行信息交流，并能自我决定应该传送的数据，舍弃异常数据，完成分析和统计计算等。

智能传感器不仅具有视觉、触觉、听觉、嗅觉、味觉功能，而且应具有记忆、学习、思维、推理和判断等"大脑"能力。前者由传统的传感器来完成。此处的传统传感器的功能结构包括敏感元件、调理电路和模/数转换器（ADC），敏感元件将描述客观对象与环境状态或特性的物理量转换成电路元件参量或状态参量，调理电路将电路参量转换成电压信号并进行归一化处理以满足 ADC 动态范围。智能处理器应对 ADC 输出的数字信号进行智能处理，主要智能处理功能如下：

1）自补偿功能。根据给定的传统传感器和环境条件的先验知识，处理器利用数字计算方法，自动补偿传统传感器硬件线性、非线性和漂移以及环境影响因素引起的信号失真，以最佳地恢复被测信号。计算方法用软件实现，以达到软件补偿硬件缺陷的目的。

2）自计算和处理功能。根据给定的间接测量和组合测量数学模型，智能处理器利用补偿的数据可计算出不能直接测量的物理量数值。利用给定的统计模型可计算被测对象总体的统计特性和参数。利用已知的电子数据表，处理器可重新标定传感器特性。

3）自学习与自适应功能。传感器通过对被测量样本值学习，处理器利用近似公式和迭代算法可认知新的被测量值，即有再学习能力。同时，通过对被测量和影响量的学习，处理器利用判断准则自适应地重构结构和重置参数。例如，自选量程、自选通道、自动触发、自动滤波切换和自动温度补偿等。

4）自诊断功能。因内部和外部因素影响，传感器性能会下降或失效，分别称为软、硬故障。处理器利用补偿后的状态数据，通过电子故障字典或有关算法可预测、检测和定位故障。

1.2.3　智能传感器的应用与发展方向

智能传感器作为物联网技术的核心组件之一，具有广泛的应用前景。其应用范围覆盖了工业制造、环境监测、智能交通、医疗保健、智能家居等多个领域，为实现智能化、自动化和精细化提供了重要的技术支持。

在工业制造领域，智能传感器被广泛应用于工业自动化控制和生产过程监测。智能传感器可以感知生产设备的状态、物料的位置和流动情况等信息，并将这些数据传输到控制系统中，以实现生产过程的自动化控制和优化。智能传感器可以提高生产率、降低生产成本和能源消耗，并可以提高产品质量和安全性。

在环境监测领域，智能传感器可以实时监测空气、水、土壤等环境因素，以评估环境质量和保护环境。智能传感器可以通过物联网技术将监测数据传输到云端，进行数据分析和处理，以便于政府和企业进行环境决策和管理。

在智能交通领域，智能传感器可以实时感知道路的交通流量、车速和拥堵情况，以便于智能交通系统进行路况预测和交通控制。智能传感器还可以实现车辆位置追踪和车辆状态监测，以提高交通运输的安全性和效率。

在医疗保健领域，智能传感器可以实现患者生命体征的监测，以及药品、设备的追踪和管理。智能传感器可以为医生和护士提供患者健康状况的实时监测和预警，以便于提供及时的治疗和护理服务，如图 1.16 所示。

在智能家居领域，智能传感器可以实现室内环境的智能化控制和调节。智能传感器可以感知室内温度、湿度、光照等信息，并与智能家居控制系统进行通信，以实现室内环境的自动调节和控制。智能传感器还可以实现家庭安防、电气设备控制和智能家居互联等功能，提高生活的便利性和舒适度。

未来，智能传感器的功能将会进一步增强，包括感知范围的扩大、精度的提高、功耗的降低和数据处理能力的增强。智能传感器将会更加智能化和自适应化，可以自动适应环境变化，以提高传感器的稳定性和可靠性。智能传感器将会成为物联网和人工智能技术的重要组成部

图 1.16　智能诊疗系统

分，推动人类社会的智能化和自动化发展。虚拟化、网络化和信息融合技术是智能传感器面向未来时需发展完善的三个主要方向。

虚拟化技术可以将传感器虚拟化为一个服务，提供给用户使用，从而实现传感器的共享和利用。虚拟化技术可以大幅降低传感器的成本和维护难度，提高传感器的灵活性和可扩展性。同时，虚拟化技术也可以使传感器更容易被集成到其他应用中，如智能家居、智能工厂等。

网络化技术可以将传感器连接到互联网，实现传感器之间的互联互通。网络化技术可以使传感器更容易地与其他设备和系统进行数据交换和通信，实现更高级别的数据处理和应用。同时，网络化技术也可以提高传感器的实时性和可靠性，使传感器更加适用于复杂的应用场景。

信息融合技术可以将多个传感器的数据进行融合，提高感知数据的准确性和完整性。信息融合技术可以将不同传感器的数据进行整合和分析，提取有价值的信息，从而实现更高级别的应用。例如，将多个传感器的数据进行融合可以实现更准确的环境监测和预测，更有效的物流管理和运营等。

1.2.4　多传感器信息融合介绍

多传感器信息融合是一种将来自多个传感器的信息进行整合的技术，以提高对目标、环境等的感知和认知能力。传感器可以是各种物理或电子设备，例如雷达、红外传感器、视觉传感器、声呐、压力传感器等。通过利用多个传感器的优势和互补性，可以提高信息采集的可靠性、准确性、鲁棒性和实时性，从而在复杂环境下实现对目标的高效跟踪、识别和定位等。多传感器信息融合可以概括为四个步骤：传感器选择、数据预处理、特征提取和信息融合。

1）传感器选择：选择最合适的传感器来获取目标的信息，不同的传感器有其各自的特点，如测距范围、分辨力、探测能力等，因此根据应用需要选择最适合的传感器可以提高融合效果。

2）数据预处理：对传感器采集的数据进行处理和优化，以提高数据质量和可靠性。数据预处理包括传感器的校准、数据滤波、噪声去除等，以保证数据质量。

3）特征提取：从传感器采集的数据中提取出能够描述目标的特征。特征提取的方法包括图像处理、信号处理、机器学习等，通过对不同传感器的数据进行特征提取，可以获得更全面、准确的目标信息。

4）信息融合：将来自不同传感器的信息进行整合，得到一个更全面、更准确的目标状态估计。信息融合的方法包括贝叶斯推理、卡尔曼滤波、粒子滤波等。通过不同方法对不同传感器的信息进行融合，可以得到更可靠和准确的目标信息。

数据级融合是指在融合算法中要求进行融合的传感器数据间具有精确到一个像素的匹配精度的任何抽象层次的融合；特征级融合是指从各传感器提供的原始数据中进行特征提取，然后融合这些特征；决策级融合是指在融合之前各传感器数据源都经过变换并获得独立的身份估计。信息根据一定准则和决策的可信度对各自传感器的属性决策结果进行融合，最终得到整体一致的决策。

多传感器数据融合涉及多方面的理论和技术，如信号处理、估计理论、不确定性理论、最优化理论、模式识别、神经网络和人工智能等。

目前信息融合的应用领域已经从单纯军事上的应用渗透到许多民用领域中，如工业中的柔性制造、故障诊断等领域，以及在医学、测量等领域中的图像分析与处理、目标监测与跟踪、气象预报、现代制造业等许多方面。

1.2.5　智能传感器网络化技术

智能传感器网络化技术是一种基于传感器和网络技术的新型技术，将传感器网络互联起来，实现数据的自动采集、处理和传输。

1. 智能传感器网络化技术的特点

1）高可靠性：智能传感器网络化技术具有多层次的容错机制和自我修复机制，可以保证数据的高可靠性和稳定性。

2）低成本：智能传感器网络化技术的传感器节点和网络设备具有小型化、低功耗、低成本的特点，可以实现大规模应用。

3）高效性：智能传感器网络化技术具有高效的数据采集和传输能力，能够快速响应和处理各种应用需求。

4）智能化：智能传感器网络化技术可以通过智能算法和学习算法，实现数据的智能处理和分析，从而实现更加高效和智能的应用。

2. 智能传感器网络化技术的原理

其技术原理主要包括智能传感器网络结构、智能传感器节点技术和智能传感器网络协议等几个方面。

（1）智能传感器网络结构　智能传感器网络结构通常包括三个层次：感知层、传输层和应用层。

1）感知层是智能传感器网络的最底层，负责采集各种环境参数的数据。这些环境参数可以是温度、湿度、压力、光照、声音等。感知层通常由各种传感器设备和执行器组成，如温度传感器、湿度传感器、光照传感器、执行器等。这些设备通常分布在各种物体、设备和环境中，通过感知层采集到的数据，可以反映出这些物体、设备和环境的状态和变化。

2）传输层负责将感知层采集到的数据传输到应用层进行处理。传输层通常由网关、路由器、传输协议等组成。网关通常是连接传感器网络和互联网的设备，负责将传感器网络中的数据传输到互联网上。路由器通常是连接传感器网络中各个节点的设备，负责将数据从一个节点传输到另一个节点。传输协议通常是控制传输数据的协议，如 TCP/IP、HTTP 等。传输层通常需要满足传输数据的实时性、可靠性、安全性等要求。

3）应用层是智能传感器网络的最高层，负责处理传输层传输过来的数据，提供各种应用服务。应用层通常由各种软件组件、算法、决策模型等组成。应用层可以提供各种应用服务，如环境监测、智能家居、工业自动化等。应用层的实现需要结合具体应用场景和需求进行定制。

（2）智能传感器节点技术 智能传感器节点是指集成了传感器、嵌入式处理器、通信模块等多种功能的小型计算机设备。智能传感器节点通常需要具备以下特点：

1）多功能性。智能传感器节点需要具备多种功能，包括数据采集、数据处理、通信和控制等。智能传感器节点需要集成多种传感器，可以采集多种环境参数的数据，如温度、湿度、光照、声音等。智能传感器节点需要具备一定的数据处理能力，可以对采集到的数据进行处理和分析，提取有用的信息。智能传感器节点还需要具备通信功能，可以与其他节点或上层系统进行通信，实现数据交互和控制。智能传感器节点还需要具备控制功能，可以控制执行器等设备的运行。

2）低功耗。智能传感器节点通常需要长时间运行，因此需要具备低功耗的特点。为了降低功耗，智能传感器节点通常采用低功耗的处理器和传感器，并采用节能的传输协议。智能传感器节点还可以通过动态调整功率、睡眠模式等方式来实现低功耗。

3）小型化。智能传感器节点通常需要安装在较小的空间内，因此需要具备小型化的特点。智能传感器节点通常采用小型化的传感器和处理器，采用表面贴装技术等方式实现小型化。

（3）智能传感器网络协议 网络协议是智能传感器网络化技术的关键技术之一。智能传感器网络协议通常需要具备以下特点：

1）低能耗。智能传感器节点通常由电池供电，因此智能传感器网络协议需要设计为低能耗，以延长智能传感器节点的电池寿命。智能传感器网络协议应该尽可能地降低智能传感器节点的能耗，例如通过节点睡眠、数据压缩和数据聚合等技术来降低能耗。

2）自组织性。智能传感器网络的拓扑结构是动态的，智能传感器节点可能在运行过程中加入或离开网络，因此智能传感器网络协议需要具备自组织性，能够自适应地调整网络拓扑结构，保证网络的连通性和稳定性。

3）分布式处理。智能传感器网络中的节点数量通常较大，因此智能传感器网络协议需要支持分布式处理，能够在网络中进行分布式数据处理和协调，提高网络处理效率和数据可靠性。

1.2.6 智能传感器虚拟化技术

物理传感器通常直接测量物理现象并将这些测量结果转换为测量数据，然后将其传递到控制系统以进行进一步处理。物理传感器广泛用于现代机械、电子设备和许多其他产品的测量和监视。然而或因部分物理传感器的硬件成本高，或因测量点处于极端环境中，就不太适合放置物理硬件设备。因此，就有了虚拟传感器。当设备的测量点处于测量极限环境中或物理传感器不适合设备的测量点时，就可以用虚拟传感器来测量设备的参数。

智能传感器虚拟化技术是一种将传感器节点虚拟化的技术，它可以将实际的传感器节点抽象成虚拟节点，从而实现传感器资源的共享和利用。智能传感器虚拟化技术可以提高传感器网络的灵活性、可扩展性和资源利用率，同时还可以减少传感器网络的管理和维护成本，因此被广泛应用于智能城市、工业自动化、环境监测等领域。

1. 虚拟仪器的特点

虚拟仪器充分利用了计算机的运算、存储、运算、回放显示及文件管理等智能化功能，同时把传统仪器的专业化功能和面板控件软件化，使之与计算机结合构成一台功能完全与传统硬件仪器相同，同时又充分享用了计算机软硬件资源的全新的虚拟仪器系统。虚拟仪器的"虚拟"二字主要体现在如下两个方面。

（1）虚拟仪器的面板是虚拟的　虚拟仪器的各种面板和面板上的各种"控件"，是由软件来实现的。用户通过键盘或鼠标来对"控件"进行操作，从而完成对仪器的操作控制。

（2）虚拟仪器的测试功能是由软件来控制硬件实现的　与传统仪器相比，虚拟仪器的最大特点是其功能由软件定义，可以由用户根据应用需要进行软件的编写，选择不同的应用软件就可以形成不同的虚拟仪器。

2. 虚拟仪器的组成

虚拟仪器由通用仪器硬件平台和软件两大部分组成。硬件平台包括计算机和总线与 I/O 接口设备两大部分。

（1）计算机　一般为个人计算机（PC）或计算机工作站，是硬件平台的核心。

（2）总线与 I/O 接口设备　总线是连接 PC 与各种程控仪器与设备的通道，完成命令、数据的传输与交换。I/O 接口设备主要完成被测信号的采集、放大、A/D 转换，当然也包括机械接插件、插槽、电缆等。根据总线的类型不同，虚拟仪器主要有如图 1.17 所示的几种类型。

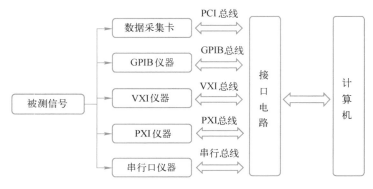

图 1.17　虚拟仪器的类型

由图 1.17 可见，不同虚拟仪器的总线有其相应的 I/O 接口硬件设备，按总线类型分，虚拟仪器主要分为以下几种类型：PCI 总线的数据采集（DAQ）插卡式仪器、GPIB 总线仪器、VXI 总线仪器、PXI 总线仪器以及串行口总线仪器等。计算机是通过软件来驱动总线对仪器设备进行控制的。

虚拟仪器的软件系统是虚拟仪器的核心，用户可以根据不同的测试任务，编制不同的测试软件，实现复杂的测试任务。在虚拟仪器系统中用灵活强大的计算机软件代替传统仪器的某些硬件，特别是系统中应用计算机直接参与测试信号的产生和测量特性的分析，由计算机的软硬件资源来完成传统仪器的功能。虚拟仪器系统的软件包括应用软件、仪器驱动程序和通用 I/O 接口软件三部分。应用软件根据其功能又分为仪器面板控制软件、数据分析处理软件两部分，如图 1.18 所示。

仪器面板控制软件：仪器面板控制软件即测试管理层，是用户与仪器之间交流信息的纽带。

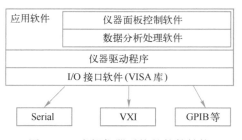

图 1.18　虚拟仪器系统的软件结构

数据分析处理软件：利用计算机强大的计算能力和虚拟仪器开发软件功能强大的函数库，可以极大地提高虚拟仪器系统的数据分析处理能力。

仪器驱动程序：虚拟仪器驱动程序是处理与特定仪器进行控制通信的软件，是连接上层应用程序与底层 I/O 接口设备的纽带和桥梁，是虚拟仪器的核心。

I/O 接口软件：存在于仪器设备与仪器驱动程序之间，完成对仪器寄存器进行直接存取数据操作，为仪器设备与仪器驱动程序提供信息传递。

3. 智能传感器虚拟化技术的实现未来需要解决的关键问题

（1）虚拟化方法　虚拟化方法是智能传感器虚拟化技术的基础，可以采用多种虚拟化方法，如虚拟机技术、容器技术、操作系统层虚拟化等。这些虚拟化方法各有优缺点，需要根据实际需求选择合适的虚拟化方法。例如，虚拟机技术可以提供完整的操作系统环境，但会消耗更多的计算资源和能耗，而容器技术则可以提供轻量级的虚拟环境，但可能不够灵活。

（2）虚拟节点管理　虚拟节点管理是智能传感器虚拟化技术的核心问题，需要实现虚拟节点的创建、删除、移动和资源分配等功能。虚拟节点管理需要考虑传感器节点的能耗、通信带宽和计算资源等因素，以实现资源的合理利用和传感器节点的节能管理。例如，虚拟节点的位置可以根据传感器节点的能耗和通信质量等因素动态调整，以减少节点能耗和提高通信效率。

（3）虚拟节点通信　虚拟节点之间的通信是智能传感器虚拟化技术的重要问题，需要实现虚拟节点之间的数据传输和协作。虚拟节点之间的通信需要考虑传感器网络的拓扑结构、能耗和通信带宽等因素，以实现传输效率和节能管理。

（4）虚拟节点安全　虚拟节点安全是智能传感器虚拟化技术的另一个重要问题，需要考虑虚拟节点的机密性、完整性和可用性。传感器网络中的虚拟节点安全需要采取一系列安全措施，例如身份认证、访问控制、数据加密和数据完整性保护等，以保证虚拟节点的安全性。

（5）虚拟节点生命周期管理　虚拟节点生命周期管理是智能传感器虚拟化技术的另一个重要问题，需要对虚拟节点的整个生命周期进行管理和控制。虚拟节点的生命周期包括创建、部署、运行和销毁等阶段，需要考虑多个因素，如虚拟节点的资源管理、生命周期控制和数据管理等，以实现虚拟节点的可持续运行和管理。

1.3　机器人感知系统的组成

机器人是一种自动化的机器，这种机器具备一些与人或生物相似的智能能力，如感知能力、规划能力、动作能力和协同能力，是一种具有高度灵活性的自动化机器。

机器人感知系统可分为内部传感器模块和外部传感器模块。内部传感器是指用来检测机器人本身状态（如手臂间的角度）的传感器，多为检测位置和角度的传感器，具体有位置传感器、角度传感器等。外部传感器是指用来检测机器人所处环境（如检测与物体间的距离）及状况（如检测抓取的物体是否滑落）的传感器，具体有距离传感器、视觉传感器、力觉传感器等。

1.3.1　机器人触觉感知

智能机器人在复杂环境下进行工作需要多种传感器相互之间精确的配合才能完成，触觉作为机器人仅次于视觉的一种重要知觉形式，已经极大地受到研究人员的关注。触觉是人类通过皮肤感知外界环境的一种形式，机器人触觉主要感知机器人与外界环境接触时的温度、湿度、压力和振动等物理量，以及目标物体材质的软硬程度、物体形状和结构大小等。以人类触觉为原理的触觉传感器功能已逐渐得到完善，并且已应用到很多领域，尤其在智能机器人的环境感知领域中显得尤为突出。

常用的触觉传感器从原理上可以分为以下几类。

1. 压阻式触觉传感器

压阻式触觉传感器是利用弹性体材料的电阻率随压力大小的变化而变化的性质制成的，它将接触面上的压力信号转换为电信号。它主要分为两类：一类是基于导电橡胶、导电塑料、导电纤维等复合型高分子导电材料制成的器件。其中，导电橡胶是将玻璃镀银、铝镀银、银等导电颗粒均匀分布在硅橡胶中，受到压力时导电颗粒发生接触导致电阻率发生变化。另一类是根据半导体材料的压阻效应制成的器件，其基片可直接作为测量传感元件，扩散电阻在基片内组成惠斯通电桥。当基片受到外力作用时，电阻率发生显著变化导致各电阻值发生变化，电桥就会产生相应的电压信号输出。

2. 电容式触觉传感器

电容式触觉传感器是在外力作用下使两极板间的相对位置发生变化，从而导致两极板间电容的变化，通过检测电容的变化量实现触觉检测。电容式触觉传感器具有结构简单、易于轻量化和小型化、不受温度影响的优点，但其缺点是信号检测电路较为复杂。常用于触觉传感器设计的电容介质层弹性材料有聚二甲基硅氧烷（PDMS）、聚氨酯（PU）材料等。图 1.19 所示为东南大学机器人传感与控制技术研究所研制的基于 PORON 聚氨酯材料的电容式柔性触觉传感器及其标定装置。

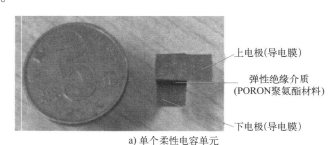

a) 单个柔性电容单元

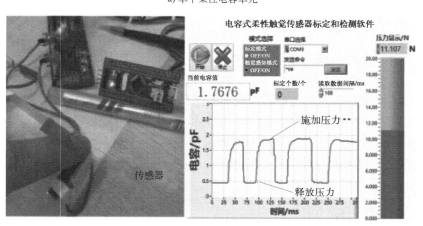

b) 触觉传感器标定

图 1.19　基于 PORON 聚氨酯材料的电容式柔性触觉传感器及其标定装置

3. 压电式触觉传感器

压电式触觉传感器是基于压电效应的传感器，是一种自发电式和机电转换式传感器。它的敏感元件由压电材料制成。压电材料受力后表面产生电荷，经电荷放大器和测量电路放大和变换阻抗后，产生正比于所受外力的电信号输出，从而实现触觉检测。压电式触觉传感器具有体积小、重量轻、结构简单、工作频率高、灵敏度、性能稳定等优点，但也存在噪声大、易受到外界电磁干扰、难以检测静态力的缺点。聚偏二氟乙烯（PVDF）薄膜是常见的用于触觉传感器制作的压电材料。图 1.20 所示为东南大学机器人传感与控制技术研究所研制的基于 PVDF 薄膜的柔性触觉传感器。

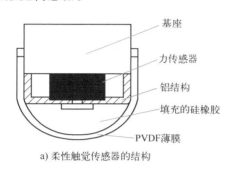

基座
力传感器
铝结构
填充的硅橡胶
PVDF薄膜

a) 柔性触觉传感器的结构

b) 柔性触觉传感器实物

图 1.20 基于 PVDF 薄膜的柔性触觉传感器

4. 光电式触觉传感器

常见的光电式触觉传感器有光纤式触觉传感器和反射光型触觉传感器，前者基于光纤的全反射原理，后者基于接触面受力变形导致反射光变化的原理。光电式触觉传感器通常由光源和光电探测器组成，当施加在接触面上的压力发生变化时，传感器敏感元件的光反射强度、波长、频率、偏振或相位发生变化，通过检测这些参数实现触觉检测。

1.3.2 机器人滑觉感知

滑觉传感器检测在垂直于握持方向物体的位移、旋转、由重力引起的变形，以达到修正受力值、防止滑动、进行多层次作业及测量物体重量和表面特性等目的。

滑觉传感器是用于检测物体与接触面之间相对运动大小和方向的传感器。例如，利用滑觉传感器判断是否握住物体，以及应该使用多大的力等。当手指夹住物体时，物体在垂直于所加握力方向的平面内移动，进行如下操作：

1）抓住物体并将它举起的动作。

2）夹住物体并将它交给对方的动作。

3）手臂移动时的加速或减速的动作。

在进行这些动作时，为了使物体在机器人手中不发生滑动，安全正确地进行工作，滑动的检测和握力的控制就显得非常重要。

为了检测滑动，采用如下方法：①将滑动转换成滚球和滚柱的旋转；②采用压敏元件和触针，检测滑动的微小振动；③检测出即将发生滑动时，通过手爪载荷检测器检测手爪的变形和压力变化，从而推断出滑动的大小等。

如图 1.21 所示的滚球式滑动传感器，旋转球表面有导体和绝缘体配置成的网眼，从物体的接触点可以获取断续的脉冲信号，它能检测全方位的滑动。

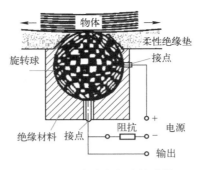

图 1.21　滚球式滑动传感器

1.3.3　机器人压觉感知

压觉传感器实际是接触传感器的引申。目前，压觉传感器主要有如下几类：

1）利用某些材料的内阻随压力变化而变化的压阻效应，制成压阻器件，将它们密集配置成阵列，即可检测压力的分布，如压敏导电橡胶或塑料等。

2）利用压电效应器件，如压电晶体等，将它们制成类似人的皮肤的压电薄膜，感知外界压力。它的优点是耐腐蚀、频带宽和灵敏度高等；但缺点是无直流响应，不能直接检测静态信号。

3）利用半导体力敏器件与信号电路构成集成压敏传感器。常用的有三种：压电型（如 ZnO/Si-IC）、电阻型 SIR（硅集成）和电容型 SIC（硅集成）。其优点是体积小、成本低、便于同计算机接口相连，缺点是耐压负载差、不柔软。

图 1.22 所示为用半导体技术制成的高密度智能压觉传感器，它是一种很有发展前途的压觉传感器。其中压阻式和电容式使用最多。虽然压阻式器件比电容式器件的线性好，封装简单，但是压阻式器件的压力灵敏度要比电容式器件小一个数量级，温度灵敏度比电容式器件大一个数量级。因此，电容式压觉传感器，特别是硅电容压觉传感器得到了广泛应用。

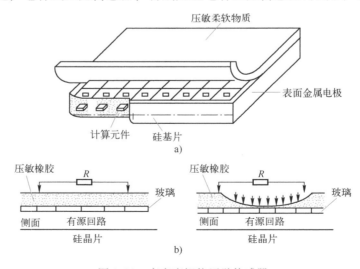

图 1.22　高密度智能压觉传感器

1.3.4 机器人视觉感知

机器人视觉感知是指机器人在工作时通过视觉传感器对环境物体获取视觉信息，让机器人识别物体来进行各种工作。将视觉传感器应用于工业机器人，并对其进行引导控制属于机器视觉的应用范畴。典型的工业机器人视觉系统往往由图像采集单元、信息处理单元以及最终的决策执行单元组成，如图 1.23 所示。

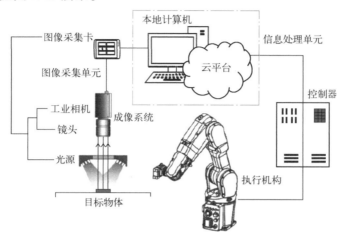

图 1.23 工业机器人视觉系统

目前，基于视觉引导的工业机器人广泛应用于各领域的工业生产制造环节，根据不同的任务需求和应用场景，可以将工业机器人的视觉感知应用划分为 2D 视觉任务、2.5D 视觉任务和 3D 视觉任务。

2D 视觉系统相对简单，一般适用于目标处于平面运动状态且需要对其精确定位的场景，采用单个相机固定于目标上方，完成对目标平移和旋转三个方向自由度的获取；2.5D 视觉系统在 2D 视觉系统的基础上增加了目标深度信息的计算，一般适用于工业码垛等需要场景深度信息的应用场合；3D 视觉系统的复杂程度相对较高，适用于任务需求较复杂的场景，一般需要两个固定的相机从不同的角度对工件进行拍摄，利用视差原理实现对工件在空间上六个自由度的信息采集。视觉系统的任务空间如图 1.24 所示。

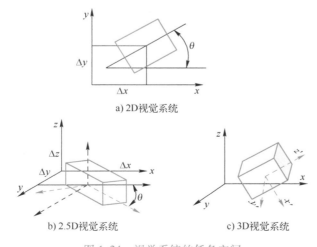

a) 2D视觉系统

b) 2.5D视觉系统

c) 3D视觉系统

图 1.24 视觉系统的任务空间

1. CCD 图像传感器

电荷耦合器件（CCD）图像传感器是由多个光电二极管传送存储电荷的装置，它有多个金属-氧化物-半导体（MOS）结构的电极，电荷传送的方式是通过向其中一个电极上施加与众不同的电压，产生所谓的势阱，并顺序变更势阱来实现的。根据传送电荷需要的脉冲信号的个数，施加电压的方法有两项方式和三项方式。

2. CMOS 图像传感器

互补金属氧化物半导体（CMOS）图像传感器是由接收部分（二极管）和放大部分组成一个单元，然后按照二维排列。由于放大器单元之间特性的分散性放大，以至于其噪声比较大。不过，近年来，噪声消除电路的性能已经得到了改善，故使 COMS 图像传感器得到了迅速的普及和应用。

3. 三维视觉传感器

三维视觉传感器分为被动传感器（用摄像机等对物体进行摄像，获得图像信号）和主动传感器（借助于传感器向物体投射光图像，再接收返回信号）两大类，如图 1.25 所示。

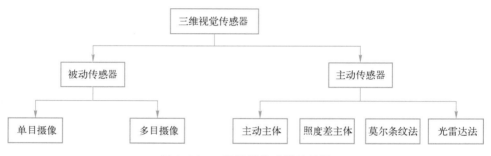

图 1.25　三维视觉传感器的种类

1.3.5　机器人接近觉感知

接近觉传感器是指机器人能感知相距几毫米至几十厘米内对象物距离、表面性质的一种传感器。它是一种非接触的测量元件，用来感知测量范围内是否有物体存在。机器人利用接近觉传感器，可以感觉到近距离的对象物或障碍物，能检测出物体的距离、相对倾角甚至对象物的表面状态。它可以用来避免碰撞，实现无冲击接近和抓取操作，比视觉系统和触觉系统简单，应用也比较广泛。常见的接近觉传感器主要有光电式、光纤式、电容式、电磁感应式、微波式、红外式等类型。

1）光电式接近觉传感器具有测量速度快、抗干扰能力强、测量点小、适用范围广等优点，通常使用三角法、相位法和光强法进行测距。

2）光纤式接近觉传感器现阶段依然以反射式光波强度调制机理为主。调制光经发射光纤发出后，在障碍物表面发生反射，之后被接收光纤接收，通过后续的处理就可以感知障碍物位置。

3）电容式接近觉传感器的检测原理十分简单，是通过接近障碍物而引起电容变化，从而得到传感器与障碍物的接近度信息。

4）电磁感应式接近觉传感器依据金属物体接近感应传感器引起的电感变化。该类型传感器精度比较高，响应快，可以在高温环境中使用。

5）微波式接近觉传感器利用雷达探测点原理，由发射机发出的调频连续波，遇到障碍物后反射，由接收机接收，再利用三角测量原理，就可以得到障碍物的位置信息。

6）红外式接近觉传感器利用被调制的红外光照射物体，反射回来的红外光由接收透镜接收，通过计算可以得到物体的位置信息。常用它探测机器人是否靠近操作人员或其他热源，以起到安全保护和改变机器人行走路径的作用。

1.3.6　机器人听觉感知

2020 年以来，我国机器人产业进入发展快车道。一方面是市场需求得到快速释放；另一方面，人口红利消退、用工成本的持续升高也助推着各类型机器人企业的小步快跑。机器人细分产品越来越丰富，不管是从政策层面还是市场需求层面看，未来 5~10 年都将是我国机器人产业发展的关键期。

类比人类获取信息的途径，视觉占 70%，听觉占 25%，所以只有"眼睛"没有"耳朵"的机器人是不够智能的。"听"是声音采集的能力，而"觉"是更为关键的声音分析能力，这一点是普通拾音器产品所无能为力的。

针对上述行业痛点，西安联丰迅声信息科技有限责任公司自主研发出一整套"移动机器人听觉感知系统"，丰富多样的产品形态，可以满足移动机器人在各个细分应用场景中不同的听觉感知需求。

1. 园区/厂区巡检机器人

巡检机器人搭载听觉感知模组（见图 1.26），实时采集周围声音数据，基于国际领先的环境声音目标识别（ESR）技术，分析处理环境噪声，自动进行声学特征提取、模型训练与比对记录，并于机器人系统平台端在线监测目标区域声场状态，当发现明显偏离正常状态的噪声时，系统会实时告警。

图 1.26　机器人听觉感知模组

声传感器与核心板卡分离的产品设计，使安装方式更加灵活，可任意适配轮式、挂轨式、履带式等各种移动形态的机器人（见图 1.27）；嵌入式边缘运算的产品架构，几乎不占用机器人自身资源，也极大地降低了集成开发工作量；而 10Hz~60kHz 的超宽频带范围，可实现从次声到超声频段的全覆盖，使机器人功能更丰富，从而拓展更多应用场景。

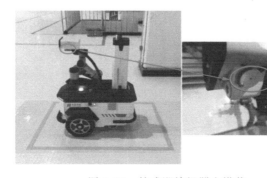

图 1.27　轮式巡检机器人搭载

2. 安防巡逻机器人

随着国际反恐形势的日渐严峻，对军警或防暴巡逻机器人的需求也在不断涌现。此类机器人可搭载嵌入式智能空气声呐阵列（见图 1.28），实现对环境声音信号的实时采集与处理，化被动监控为主动巡查。

安防巡逻机器人利用智能空气声呐阵列对机器人原有监控摄像机云台进行升级补盲，当监控范围内出现异常声音信号时（例如，呼救、碰撞、爆炸、警报、枪声……），声呐阵列将做毫秒级响应，迅速定位声源，并驱动云台转动到异常发声的方向进行查看，如图 1.29 所示。结合相应的音视频处理技术，系统将自动留存告警事件发生时段前后数秒音视频文件，无须海量回看查询，精准获取完整证据链，极大节省警力及安保人力。

图 1.28　智能空气声呐阵列　　　　图 1.29　安防巡逻机器人搭载

安防巡逻机器人可以做到 360° 全方位实时监控，目标明确、有的放矢，解决常规监控技术手段中因方向不明导致的盲区大、取证难、不即时等问题，打破现有视频监控系统只能对图像进行实时查看、事后查询，智能化程度低的局限性。

3. 电力系统巡检机器人

声光一体检测模组搭载于电力系统巡检机器人（见图 1.30），针对稳态或高瞬态声源、静止或运动物体都可以获得极佳的检测效果。电力系统巡检机器人可以巡查局部放电故障，实现远距离、不停车、精准定位故障点及后台可视化等功能。即便是电力开关柜不开柜门的情况下，依然能清晰、准确地确定开关柜内局放位置。配合旋转升降云台使用，可无死角巡查工作区域。

图 1.30　电力系统巡检机器人示意图

1.3.7　机器人味觉感知

机器人一般不具备味觉感知功能。但是，海洋资源勘探机器人、食品分析机器人、烹调机器人等则需要用味觉传感器进行液体成分的分析。

关于人的味觉感知的基本原理和相关传感器的结构研究正在开展之中，对来自味觉细胞（对特定味觉成分起反应的细胞）的组合信号的分析，使人类的味觉得以判断微妙的味道。图 1.31 所示为人舌味觉的部分结构，几十个味觉细胞集中在一起组成味蕾，当液体状物质到达舌头的时候，味蕾感知各种味道。味觉细胞中有称为微绒毛的突起，它们能感知味道的化学成分，并刺激味觉神经。

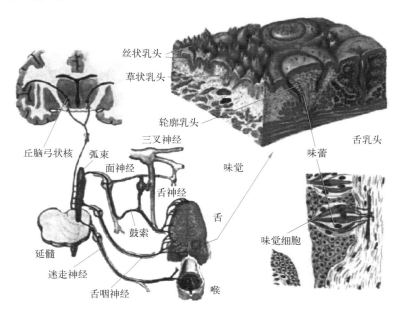

图 1.31　人舌味觉的部分结构

根据生存的需要，鱼和昆虫的味觉分布在身体上的各个部分，鱼的体侧就分布着很多味觉传感器，而有些昆虫为了采蜜和寻觅食物的方便，在足上有味觉传感器。

味道有甜、咸、苦、酸、香味五要素，复杂的味道都是由这五种要素组合而成的。目前已经开发了很多种味觉传感器，用于液体成分的分析和味觉的调理，尽管它们不是特地为机器人研制的。还有一些传感器可以用于有毒成分和未知物质的检测，这些传感器使用了下列元件：

1）离子电极传感器（两种液体位于某一膜的两侧，检测所产生的电位差）。它把来自多个离子电极的信号加以合成从而识别味觉。

2）电导率传感器（检测液体的电导率）。

3）pH 值传感器（检测液体的 pH 值）。

4）生物传感器（提取与特定分子反应的生物体功能，固定后用于传感器）。

1.3.8　机器人嗅觉感知

嗅觉传感器并不是机器人的通用感觉传感器，不过对于火灾发现/消防机器人、救援机器人、食品检查机器人、环境保护机器人等来说应该是必备的。人类鼻腔内部的嗅觉细胞的作用是识别气体。它对感觉气体的灵敏度和分辨力都很高，连极微量的物质成分都能感知到。动物和昆虫对气体的感知也特别敏锐，其灵敏度甚至高于人类几千倍。

嗅觉细胞在鼻黏膜上，能判别所吸附的嗅味的种类，鼻腔后部黏膜上被称为嗅上皮的地方有嗅觉细胞，嗅觉细胞本身也属于神经细胞，它的感受部分的形状和性质各异，对嗅味具有选择性，在大脑中实现各种成分的组合，最终判别出嗅味。

人们认为嗅味有多种基本成分，它们可以组合成各种特别的嗅味。嗅味的浓度不同，感觉也大不一样，在考虑人的嗅觉时必须注意这个特点的影响。

工程中制作嗅觉传感器的材料，一般要放上几种能吸附气体的材料，如陶瓷、半导体等，检测它们电阻的变化或振动频率的变化，然后综合起来辨别嗅味。也有的传感器是采用对气体有敏感性的生物材料，即所谓的生物嗅觉传感器。下面，介绍几种典型的嗅觉传感器的原理。

1）水晶振子嗅觉传感器：在水晶振子电极表面上覆盖脂质膜，该层膜在吸附嗅觉成分后，能检测出振动频率的变化。

2）半导体嗅觉传感器：半导体聚合体表面吸附了嗅觉成分后能呈现出电阻的变化。

3）热式嗅觉传感器：在加热金属的表面，嗅觉物质发生氧化还原反应引起电阻的变化。

1.3.9 机器人力觉感知

视觉可以提供丰富的学习材料，以供机器人学习。人类从一无所知的婴儿成长为经验丰富的智者，这一过程人们也会通过视觉获取各种信息。然而，若只有视觉材料显然不足以让人类变得这么智能。在这其中，力觉信息也发挥了同等重要的作用。

所谓的力觉信息，就是人类感知到与外界环境产生的交互力信息。婴儿的步态总是千奇百怪的，他们在不断练习行走的过程中，会根据地面与脚底的接触力，纠正腿部肌肉收缩的程度及时序，进而获得正常的步态。在我们行走的过程中，每一个步态周期内，脚底与地面的交互力模式展现出了高度的规律性，这一点可参考图 1.32，该图特别模拟了人类婴儿行走时的力分布特征。

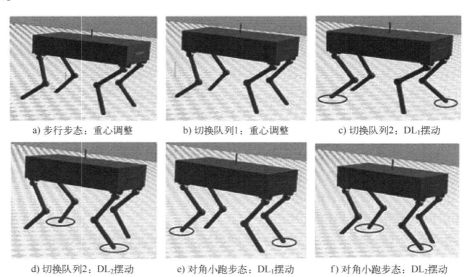

a) 步行步态：重心调整   b) 切换队列1：重心调整   c) 切换队列2：DL$_1$摆动

d) 切换队列2：DL$_2$摆动   e) 对角小跑步态：DL$_1$摆动   f) 对角小跑步态：DL$_2$摆动

图 1.32 步态演变与力觉

从人机交互的角度看，视觉在不发生物理接触的情况下可以获取外界环境信息，是一种认知人机交互；而力觉需要发生实际力作用方可获取外界信息，是一种物理人机交互。

机器视觉在机器人领域主要的研究内容包括识别、位姿估计及视觉伺服等。相应地，机器人力觉主要包括力感知和力控制，前者是机器人感知外界环境施加在其身上的力信息，而后者是控制机器人施加在外界环境上的力，如图 1.33 所示。

机器人用于感知外力的传感器有很多，这里针对市面上一些常见的方案进行分类。

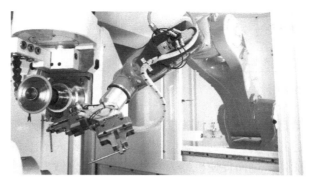

图 1.33　机器人力觉

1. 电子皮肤

在机器人表面覆盖一层压力传感器，可直接检测环境施加在机器人全身上的力信息，这种方式精度高，但结构复杂，成本高。代表产品是博世 APAS 人机协作系统。

2. 关节力矩传感器或柔性关节

通过在减速器的输出端安装关节力矩传感器，可避免关节摩擦力的影响，建立关节力矩－角度的动力学模型。这种方式精度很高，但结构复杂，成本高。代表产品为 KUKA 的 iiwa 系列机器人。

3. 末端六轴力矩传感器

在机器人的末端安装六轴力矩传感器，可获取力矩传感器往后段的力觉信息；不涉及复杂的动力学模型及辨识，但检测范围有限，成本高。这种方式在机器人打磨及装配中应用很多。

1.4　机器人感知智能的发展现状及趋势

1.4.1　机器人感知智能的发展现状

现如今，智能机器人技术已得到生产、生活等诸多领域的广泛推广使用，根据智能机器人具备的智能水平可将其划分成三种等级，分别为高级智能机器人、初级智能机器人以及工业机器人。进入 21 世纪之后，在信息技术、智能控制技术、新材料技术、仿真技术等急速进步的背景下，智能机器人技术将被推广应用于越来越多的领域中。

机器人感知智能的作用类似于人的感知器官，可以感知周围环境的状态，为整个机器人系统提供必要的信息，帮助机器人实现在复杂、动态及不确定性环境下的自主工作。现在机器人感知智能在各行各业都实现了广泛运用，该技术也在朝着更好的方向发展。表 1.1 列出了机器人常见的一些"感官"及其相应的应用。

表 1.1　机器人常见的一些"感官"及其相应的应用

感知类型	感 知 原 则	感知到的信息	该感知智能的实际应用
触觉	电容式、压电式、压阻式、光电式	接触力、面积、位置	人机协作、物体抓取、质量监控
视觉	CCD 或 CMOS 成像	图像	人－机器人协作（HRC）、导航、机械手控制、装配、机器人编程

（续）

感知类型	感 知 原 则	感知到的信息	该感知智能的实际应用
接近觉	电容式、电磁感应式、光电式	物体接近	人-机器人协作（HRC）、物体抓取
听觉	电容的、超声波传输时间	声音信号、距离	人-机器人协作（HRC）、焊接、障碍物回避

　　不得不承认，即使是目前世界上智能程度最高的机器人，它对外部环境变化的适应能力也非常有限，还远远没有达到人们预想的目标。因此，提升机器人的感知智能水平以提高机器人对外部环境变化的适应能力，进而促使机器人对外界环境变化做出实时、准确、灵活的行为响应成了机器人研究领域的关键问题。为解决这一问题，相关领域研究人员做了许多方面的努力，通过不断地结合新型传感器，不断地更新信息处理方式，使得研制出的机器人越来越智能，功能越来越强大。

　　智能移动机器人是第三代机器人，这种机器人带有多种传感器，能够将多种传感器得到的信息进行融合，能够有效地适应变化的环境，具有很强的自适应能力、学习能力和自治能力。目前研制中的智能机器人智能水平并不高，只能说是智能移动机器人的初级阶段。智能移动机器人研究中当前的核心问题有两个方面。一方面是提高智能移动机器人的自主性，这是就智能移动机器人与人的关系而言的，即希望智能移动机器人进一步独立于人，具有更为友善的人机界面。从长远来说，希望操作人员只要给出要完成的任务，机器人就能自动形成完成该任务的步骤，并自动完成它。另一方面是提高智能移动机器人的适应性和提高智能移动机器人适应环境变化的能力，这是就智能移动机器人与环境的关系而言的，即希望加强它们之间的交互关系。在各国的智能移动机器人发展中，美国的智能移动机器人技术在国际上一直处于领先地位，其技术全面、先进，适应性也很强，性能可靠、功能全面、精确度高，其视觉、触觉等人工智能技术已在航空航天、汽车工业中广泛应用。日本由于一系列扶植政策，各类机器人包括智能移动机器人的发展迅速。欧洲各国在智能移动机器人的研究和应用在世界上处于公认的领先地位。我国在这方面起步较晚，而后进入了大力发展的时期，以期以机器人为媒介物推动整个制造业的改变，推动整个高新技术产业的壮大。

　　由上文可知，目前我国在智能机器人研制过程中的关键技术包括：

　　1）多传感信息耦合技术。这项技术确保了智能机器人能够高效地融合和处理信息，从而获取更准确的对象信息。

　　2）定位导航技术。借助这一技术，智能机器人能够精确判断物体位置，实现障碍物规避和路径规划。

　　3）机器视觉技术。通过机器视觉技术，智能机器人能够进行图像获取、识别、处理和分析。

　　4）路径规划技术。智能机器人利用路径规划技术在自主移动过程中选择最佳路线。

　　5）人机接口技术。这项技术使得智能机器人能够与人类自然地进行沟通和交流，便于信息传递。

　　目前所涉及的这些关键技术共同提升了智能机器人在感知、决策和交互方面的能力，使其能够在各种环境中灵活应对。

　　近年来，随着计算机技术、通信技术的发展，特别是军事上的迫切要求，多传感器信息融合技术得到了迅速发展，并引起了世界范围内的普遍关注。目前这一技术已经在各个领域得到了广泛深入的研究。信息融合技术首先应用于军事领域，包括航空航天目标的探测、识别和跟踪，以及战场监视、战术态势估计和威胁估计等；在地质科学领域，信息融合应用于遥感技术，包括卫星图像和航空航天拍摄图像的研究；在机器人技术和智能航行器研究领域，信息融合主要被应用于机器人对周围环境的识别和自动导航；信息融合技术也被应用于医疗诊断和人体模拟以及一些复杂工业过程控制领域。信息融合作为一门跨学科的综合信息处理理论，涉及系统论、信息论、控制论、人工智能和计算机通信等众多的领域和学科。信息融合理论与经典信号和信息处理理论存在着本质的区别，不同之处在于信息融合所处理的多传感器信息具有更复杂的形式，而且可以在数据层、特征层和决策层等不同信息层次上体现。一般而言，使用多传感器系统和信息融合技术，具有以下优点：①可提高系统的可靠性和鲁棒性；②可扩展空间和时间上的观测范围；③可提高信息的精确程度和可信度；④可提高对目标物的检测和识别性能；⑤可降低对系统的冗余投资。

机器人感知智能是近年来十分热门的研究课题，它结合了控制理论、信号处理、人工智能、概率和统计的发展，为机器人在各种复杂的、动态的、不确定或未知的环境中工作提供了一种解决思路。

机器人感知智能包括机器人的触觉感知、视觉感知、接近觉感知、听觉感知等，是组成人工智能的重要内容，也是为人工智能提供信息的一环。现在机器人感知智能在各行各业都实现了广泛运用，该技术也在朝着更好的方向发展。

机器人感知智能的作用类似于人的感知器官，可以感知周围环境的状态，为整个机器人系统提供必要的信息。例如，一个机器人可以利用接近觉感知获得自身当前的环境信息（路径上的障碍物和物体等），为下一步的运动任务提供服务。机器人通过感知智能，将系统的输入和输出联系在一起，构成一个闭环的控制回路，这对实际应用有着极其重要的意义。

具有感知智能的机器人提高了其在工业应用中的灵活性和生产率，如材料处理、零件制造、检查和装配等应用场景。移动机器人是机器人感知智能最重要的应用领域之一。当在不确定或未知的动态环境中工作时，集成和融合来自多种"感知"的数据使移动机器人能够快速感知导航和避障。例如，配备有多个传感器的 MARGE 移动机器人。感知、位置定位、避障、车辆控制、路径规划和学习是自主移动机器人的必要功能。Luo 和 Kay 回顾了一些基于多传感器的移动机器人，包括 HILARE、CROWLEY 移动机器人、地面监视机器人、斯坦福移动机器人、卡内基梅隆大学（CMU）的自主陆地车辆、美国国防高级研究计划局（DARPA）的自主陆地车辆（ALV）。把从安装在机械手指尖上的触觉传感器获得的接触数据与从相机获得的处理后的图像数据进行融合，以估计所持物体的位置和方向。本田仿人机器人的身体配备了一个倾斜传感器，该传感器由三个加速传感器和三个角速度传感器组成，每只脚和手腕都配备了一个六轴力传感器，机器人头部包含四个摄像头。视觉、触觉、热、距离、激光雷达和前视红外传感器的多感知融合的感知智能在机器人系统中起着非常重要的作用。表 1.2 给出了感知智能应用在机器人上的一些实例。

表 1.2 感知智能应用在机器人上的一些实例

机器人	年代	感知（传感器）	智能（信息处理方式）	执行环境
HILARE	1979	视觉 声音 激光测距	未知人造环境	加权平均
CROWLEY	1984	旋转超声 触觉	已知人造环境	可信度系数的匹配

（续）

机器人	年代	感知（传感器）	智能（信息处理方式）	执行环境
DARPA ALV	1985	彩色视觉 声呐 激光测距	未知自然环境	小范围内平均
Navlab&Terregator	1986	彩色视觉 声呐 激光测距	未知公路环境	多样可能性
STANFORD	1987	触觉 超声波 半导体激光	未知人造环境	卡尔曼滤波
HERMIES	1988	多摄像机 声呐阵列 激光测距	未知人造环境	基于规则
RANGER	1994	触觉 超声波	未知室外三维环境	雅可比张量与卡尔曼滤波
LIAS	1996	超声传感器 红外传感器	未知人造环境	多种融合方法
Oxford Series	1997	摄像机 声呐 激光测距	已知或未知的工厂环境	卡尔曼滤波
Alfred	1999	声音 声呐 彩色摄像机	未知室外环境	逻辑推理
ANFM	2001	摄像机 超声波 红外探测器 GPS 惯性导航	已知或未知的自然环境	模糊逻辑和神经网络

　　HILARE 是第一个应用感知智能来创建世界模型的可移动机器人（见图 1.34），它充分利用了视觉、听觉、激光测距传感器所获得的信息以确保其能稳定地工作在未知环境中。听觉和视觉传感器用来产生一个被层次化坐标所分割的图，视觉和激光测距传感器用来感知环境中的三维区域格并通过约束来提出无关的特征。每个传感器的不确定性分析首先假设为高斯分布，一旦所有传感器有相近的标准差，那么这些值就被加权平均并融合为对目标一个顶角的估计；否则，有最小标准差的值被采用。

图 1.34　法国 HILARE
　　　　机器人

　　RANGER 是卡内基梅隆大学机器人所在 20 世纪 90 年代中期研究的一种可移动机器人。该系统包括一个状态空间控制器、一个基于卡尔曼滤波的导航中心和一个自适应感知中心。RANGER 以一个全新的视角来看待高速自主以及安全性问题，认为安全性需要可靠的模型来保证。一幅图像的意义仅仅在于图像处理过程而不是明确的模型，尤其在比较粗糙的地域里图像之间的变化很大，计算起来很复杂。因此需要综合处理各种"感觉"获取的信息来确保模型的可靠性。

　　LIAS 是美国德莱克西尔大学研究的具备多种感知功能的移动机器人。该机器人装有 3 个不同的感觉传感系统，14 个标准的偏振超声传感器安置在四周，1 个特殊的"三听觉"传感器被放置在前方对前进方向进行更好的观察，1 个红外视觉扫描仪安放在机器人凸出的平台上提供完整的全景信息。LIAS 引入超声传感器来测量往返距离，这些传感器的有效性受一些因素制约，如传播速度的变化、反射脉冲到达时间的不确定性、定时电路的不精确等。为了弥补这些不足，LIAS 使用红外传感器来增强超声测量。与超声传感器相比，红外测距的准确度不高，但红外传感器可以在短时间内提供大量测量数据，易于安装在扫描仪上以获得全景图像，而且它的波束极窄，与超声传感器固有的锥形波相比更有优势。来自两类不同的传感器信息的融合可以潜在地提供关于机器人周围的精确图景，比任何一种单独的应用效果要好得多。另有一个附加的"三听觉"超声传感系统，它由三个间距 15cm 的超声传感器排成一线，中间的传感器作为发射器和接收器，两边的传感器只作为接收器。通过三角测量，可以一次探测不止一个目标，提供距离信息，测量被测物体相对于机器人前进方向的角度和物体的一些特征。在这一研究中，研究者们从不同的角度对通用的多感知功能融合手段进行了实践。

针对各类行业的特殊需要，科学家们研制出了各类特种机器人。以消防机器人为例，它能够在大型火灾中发挥重要的作用，不仅能够作为一种特殊的消防设备来进行火场勘察，还能代替消防员进入危险地带。消防机器人的产生极大地提高了消防事业的工作效果，可以在一定程度上避免财产损失和人员伤亡情况的发生。高灵敏度仿人机器人是一种可以进行复杂工作的航空航天特种机器人。美国国家航空航天局投入了巨大的精力来研制可完成一些航空航天任务的太空机器人。在十几年前，约翰逊航天中心的软件设计、机器人技术以及仿真部门联合美国国防高级研究计划局针对太空之旅任务研制出了一种仿人机器宇航员。科学家们利用控制、感应和摄像技术，根据太空行动协议已经开发出了一种仿人机器人，不仅能用于做一类危险的航天任务，还被投入汽车制造业中使用。军用智能移动机器人是一种可以自主完成后勤支援、侦察、作战等任务的军用机器人。最新的第二代军用机器人具有视觉和嗅觉，可以侦察到敌方目标，选择地形完成跟踪任务。已有的 SSV 自主地面战车和 Navlab 自主导航车就是典型代表。未来军用仿人机器人将朝着战斗型、侦察型、工兵型、运输型方向发展。

在近十几年，我国的机器人相关产业有了飞速的发展，涌现了一批技术成熟而又朝气蓬勃的智能机器人公司，如新松、国辰等。其产品因其智能化程度高、功能多样，深受国内外市场的喜爱。这离不开机器人感知智能技术的应用。

新松 SJ-1 星卫来工业清洁机器人（见图 1.35）是一款为工业领域清洁作业所量身打造的智能机器人，它融合了移动机器人的控制技术、导航技术和安全传感技术等，有效解决了传统工业领域清洁作业所面临的劳动强度大、智能化程度低、实时性差、影响生产率等业内难题，提供了一种智能、高效、高性价比的替代解决方案，尤其适合智能化无人工厂、集成电路（IC）装备车间、新能源电池生产车间和无人仓库等领域。该机器人采用了激光、视觉、听觉（超声）等一系列感知智能，实现了机器人的智能化和功能多样化，而且其感知智能系统还能防止机器人意外跌落，延长了机器人的使用寿命。

SRMX790A-QD2 型巡检机器人（见图 1.36）是新松公司近期研发的新型智能巡检机器人。通过遥控或自主方式执行巡视任务的机器人，辅助安保、巡检人员进行全天候的安保工作。机器人可以单机独立或多机协同的方式工作，并将巡视情况实时通报后台相关人员，也可与固定摄像头协同工作，有效弥补监控盲区，大大降低安全事故发生率并一定程度解放人力物力，从而促进解决城市中人员密集地（如机场、商场、工厂等）安全的问题。该机器人有着发达的视觉，其视觉系统有人脸识别、人体识别、车辆检测、车牌识别、表计识别等功能。

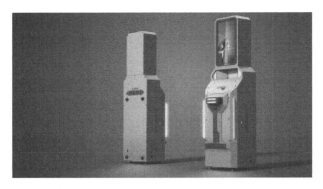

图 1.35　新松 SJ-1 星卫来工业清洁机器人

图 1.36　SRMX790A-QD2 型巡检机器人

　　机房巡检机器人（见图 1.37）是新松公司集成了听觉、视觉、触觉等感知智能研发的一款专为各类机房运维工作定制的室内巡检机器人，搭载高精度高灵敏度多传感器，实现实时定位及自主导航功能，对机房环境、设备、声音等多维度数据实时感知监控，有效弥补监控盲区，替代人工进行无人化巡检，避免事故发生并在一定程度上解放人力，提高巡检的效率和质量，降低运维成本。该机器人有指示灯识别、旋钮识别、表计识别、环境监测、局放监测、异响检测等功能。

图 1.37　新松机房
巡检机器人

　　综上所述，感知智能在机器人领域取得了可喜的进展。如今，基于感知智能的机器人开始从工业向其他方向发展，如服务机器人和医学用途的机器人等。它们的出现得益于机器人感知智能的发展。随着这些特种机器人的需求越来越高，感知智能将得到更大的发展。

　　虽然机器人已经有了迅速的发展，但依然存在着技术上的瓶颈与困境，具体有如下几个方面的问题：

　　（1）信息描述空间的不同　在机器人感知智能系统中，每个传感器得到的信息都是某个环境特征在该传感器空间中的描述。由于各传感器物理特性以及空间位置上的差异造成这些信息的描述空间各不相同，因此很难对这样的信息进行融合处理。为了保证融合处理的顺利进行，必须在融合前对这些信息进行适当的处理，将这些信息映射到一个共同的参考描述空间中，然后进行融合处理，最后得到环境特征在该空间中的一致描述。例如，在一个机器人感知智能系统中，可以通过视觉传感器得到物体位置信息，也可以用超声传感器得到物体的位置信息，由于坐标系不同，在融合前必须将它们转换到同一个参考坐标系中，然后进行融合处理。

这里值得注意的是，信息的不确定性给这个问题的解决带来了许多困难。

Durrant-Whyte 曾提出了一种不确定几何学的理论框架，它能够有效地解决不确定几何体在不同坐标空间中的变换，但这种方法仅限于几何信息的处理。

（2）数据关联与时间同步的问题　融合处理的前提条件是从每个传感器得到的信息必须是对同一目标的同一时刻的描述。这包括两个方面，首先要保证每个传感器得到的信息是对同一目标的描述，比如同一物体的位置信息。在机器人感知智能中，这被称为数据关联。其次，要保证各传感器之间在时间上同步。在动态工作环境下，同步问题表现得尤为突出。有研究表明，可以利用序列的方法来解决时变观测的同步问题。

（3）验前信息　验前信息也是机器人感知智能所要处理的内容之一。与其他信息不同，它可以被用于机器人感知智能的各个阶段，对触觉、视觉、接近觉、听觉等多种感知功能获取的外部信息的融合起着重要的作用。因此，如何将验前信息与机器人感知智能有机地结合，以及在动态环境下如何获取更新验前信息都是值得研究的问题。在这方面，专家系统和数据挖掘技术为解决这些问题提供了很好的思路。

（4）信息综合处理方法　机器人感知智能的实质是将机器人通过各种传感器所获得的外部不确定信息进行综合处理，并对结果做出相应决策，从而使机器人获得"感知智能"。它需要能够处理不确定信息的数学工具。要解决信息综合处理问题，首先要用具体的数学形式来描述不确定信息，然后用相应的数学工具来处理。因此，不确定信息的不同表示方法对应着不同种类的综合处理方法。例如与随机信息相对应的是基于概率统计的综合处理方法，与模糊信息相对应的是基于模糊逻辑的综合处理方法。除了不确定性给处理带来的困难外，多种不同形式的不确定性并存也给机器人感知智能带来了很大的困难。此外，还要考虑应用环境对感知智能的进一步要求，即适用于动态与未知环境下的感知智能，最终实现由"感知"到"认知"的转变。

（5）层次结构待优化　机器人感知智能具有明显的层次结构，如图 1.38 所示。在从左到右的处理过程中，信息会变得越来越抽象，高层的信息可以看成是从多个低层信息中抽象出来的。例如，可以从两幅图像中得到物体的深度信息。虽然层次结构为感知智能提供了灵活性，但同时也带来了一些问题，如信息损失等。

近年来，多传感器信息融合技术受到广泛的关注，成为 20 世纪 80 年代形成和发展的一种自动化信息综合处理技术。它充分利用多源数据的互补性和电子计算机的高速运算和智能，提高了信息处理结果的质量。该多传感器信息

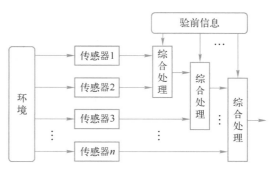

图 1.38　感知智能的层次结构

融合是数学、军事科学、计算机科学、自动控制理论、人工智能、通信技术、管理科学等多种学科的交叉和具体运用。该融合技术最初仅用于军事科学，现已广泛适用于民用工程。发展多传感器信息融合技术的原因很多。在现代工程应用中，传感器技术广泛应用于机器人技术、机电一体化、柔性制造系统等控制技术。随着应用系统逐渐扩大，所需的功能也越来越复杂，使用的传感器种类也相应增多，原先的单一传感器检测技术已不能满足要求，多传感器融合技术应运而生。多传感器融合技术就是对同一检测对象，利用各种传感器检测的信息和不同的处理方法以获得该对象的全面检测信息，从而提高检测精度和可靠性。在多传感器系统中，信息表

现为多样性、复杂性以及大容量，信息处理不同于单一的传感检测处理技术，多传感器信息融合技术已成为当前的一个重要研究领域。

1.4.2　机器人感知智能的发展趋势

智能机器人具备多种能力，这与研制时所涉及的关键技术是分不开的，智能机器人所涉及的关键技术有许多，具体如下：

1）多传感信息耦合技术。该技术能够保证智能机器人的信息融合处理水平，获取更加准确的对象信息。

2）定位导航技术。智能机器人可以凭借定位导航技术，对物体的位置进行准确判定，实现障碍物的规避及路径的规划。

3）机器视觉技术。依靠机器视觉技术，智能机器人可以获取图像、识别图像、处理图像及分析图像。

4）路径规划技术。通过路径规划技术，智能机器人能够在自主位移的过程中选择一条最佳路线。

5）人机接口技术。通过人机接口技术，智能机器人能够与人类自然地进行沟通与交流，便于信息的传递。

今后多传感器信息融合技术的主要研究和发展方向应包括以下几个方面：

1）确立具有普遍意义的信息融合模型标准和系统结构标准。目前已有的信息融合模型大都脱胎于军事应用领域，具有较浓重的军事应用色彩，而且对系统的融合层次架构存在着不同的看法，因此需要确立较为统一的标准，以方便相互交流。

2）将信息融合技术应用到更广泛的新领域。虽然信息融合已经从军事领域扩展到民用领域，但是它涉及的领域还有扩展的余地，如智能建筑系统集成等。

3）改进融合算法以进一步提高融合系统的性能。目前，将模糊逻辑、神经网络、遗传算法、支持向量机、小波变换等计算智能技术有机地结合起来，已经成为一个重要的发展趋势。各种算法应按照优势互补原则相互结合，以克服单独使用一种算法所存在的不足。

4）开发相应的软件和硬件，以满足具有大量数据且计算复杂的多传感器融合的要求。

2021年，在第五届世界智能大会上，中国科协主席万钢认为，"感知智能是机器具备了视觉、听觉、触觉等感知能力，将多元数据结构化，并用人类熟悉的方式去沟通和互动。""认知智能则是从类脑的研究和认知科学中汲取灵感，结合跨领域的知识图谱、因果推理、持续学习等，赋予机器类似人类的思维逻辑和认识能力，特别是理解、归纳和应用知识的能力。"万钢以新能源智能汽车为例，阐释了"感知智能"向"认知智能"转化的现实图景：新一代智能汽车除了应用系统感知的智能，实现对周边环境的感知和处理外，还必须通过车网协同、车路协同，甚至综合处理超感知的因素，比如地理、交通、路口、信号、气象等实时信息，从而实现更加安全、便捷、高效的智能服务。

事实上，"感知智能"向"认知智能"转化，是新一代人工智能的发展趋势。

1.5　小结

本章系统阐述了机器人在感知智能领域的两大关键要素：力觉感知与多传感器信息融合。力觉感知对机器人交互至关重要，可以获取精准的力信息，优化其行动与决策。多传感器信息融合技术使不同来源的信息在共同参考空间中融合，提高信息处理质量。然而，机器人感知智能面临信息不确定性和层次结构待优化等挑战，需要持续创新以提升感知智能水平。这些关键要素将推动机器人技术朝着更加智能和自主的方向发展，为人类带来更好便利。

参考文献

[1] 陈黄祥. 智能机器人 [M]. 2版. 北京：化学工业出版社，2021.

[2] 中国电子学会. 机器人简史 [M]. 3版. 北京：电子工业出版社，2022.

[3] 卢金燕. 机器人智能感知与控制 [M]. 郑州：黄河水利出版社，2020.

[4] 吴振彪，王正家. 工业机器人 [M]. 2版. 武汉：华中科技大学出版社，2006.

[5] 张涛. 机器人引论 [M]. 2版. 北京：机械工业出版社，2017.

第2章　机器人触觉感知

触觉传感器是影响机器人运动和交互能力的核心零部件，相比于其他类型传感器，触觉传感器在机器人的实际应用中，往往既是感知单元，也是交互单元，这使得触觉传感器在机器人感知智能技术中具有重要的意义。本章主要介绍机器人触觉感知技术。首先，概述机器人触觉感知系统，阐述机器人触觉感知的主要任务和发展趋势；其次，分类叙述机器人触觉感知传感器的几种主要类型，包括机器人柔性触觉传感器、阵列触觉传感器、压觉传感器、硬度传感器、滑觉传感器和空间机械臂力/力矩传感器等；最后，介绍机器人触觉感知的最新研究技术和发展趋势，以及其在医疗领域和水下机器人领域的典型应用及相关产品。

2.1　机器人触觉感知概述

现在的机器人变得越来越精密和准确，它们的应用范围也随之不断扩大。现代工业生产发展中越来越复杂、细致的工作，要求未来的智能机器人具有与人类一样的感知能力，目前关于智能机器人感知能力的研究基本可以分为两大类，即触觉类传感技术和非触觉类传感技术。从理论上看，触觉传感技术引发了一系列有关"智能"的问题，它在许多方面甚至比视觉更接近于机器人学的精髓，甚至被认为是感觉与行动的智能连接器。事实上，机器人触觉感知技术不仅包含机器人最基本的感知能力，还更强调有关数据识别的问题，尤其是各个动作和行为之间所产生的作用力。

触觉的主要任务是为获取对象与环境信息和为完成某种作业任务而对机器人与对象、环境相互作用时的一系列物理特征量进行检测或感知。机器人触觉与视觉一样基本上是模拟人的感觉，广义地说它包括接触觉、压觉、力觉、滑觉、冷热觉等与接触有关的感觉，狭义地说它是机械手与对象接触面上的力感觉。机器人触觉传感器主要有检测和识别功能。检测功能包括对操作对象的状态、机械手与操作对象的接触状态、操作对象的物理性质进行检测。识别功能是在检测的基础上提取操作对象的形状、大小、刚度等特征，以进行分类和目标识别。

智能机器人手（见图2.1）要想如人手那样准确稳定地抓握物体，也需要获取机器人手接触物体时的触觉信息，使机器人手在抓握时能实时调控抓握力大小。机器人手获取触觉信息一般是通过触觉传感器实现的，通过加载在机器人手上的触觉传感器，机器人手的控制单元能收到手抓握时的触觉信息，并根据触觉信息来调控手的抓握力度。这就是机器人形成触觉感知到动作调控的闭环反馈机理。

触觉传感器的简单转变能让真实世界以"二进制"的方式传给机器人。触觉传感器可以模仿人类皮肤，能够将温度、湿度、力等感觉用定量的方式表达出来，赋予机器人感知的能力。机器人触觉传感器的研究已有40多年的历史，现阶段，随着硅材料微加工技术和计算机技术的发展，触觉传感器已逐步实现了集成化、微型化和智能化。

图 2.1　配备触觉传感器的智能机器人手

2.2　机器人触觉感知传感器的类型

为更好地分类机器人触觉传感器，还需要将机器人进行分类。目前，国际上的机器人学者，从应用环境出发将机器人分为两类：制造环境下的工业机器人和非制造环境下的服务与仿人型机器人。我国的机器人专家从应用环境出发，将机器人也分为两大类，即工业机器人和特种机器人。这和国际上的分类是一致的。工业机器人是指面向工业领域的多关节机械手或多自由度机器人。特种机器人则是除工业机器人之外的、用于非制造业并服务于人类的各种先进机器人，包括服务机器人、军用机器人、农业机器人、医疗机器人等。因此可将机器人触觉传感器分类为应用到从事工业生产的机器人触觉传感器和应用到非工业生产的机器人触觉传感器两种。其应用场景不同，也对触觉传感器提出了不同的要求。

触觉类的传感器研究有广义和狭义之分。广义的触觉包括触觉、压觉、力觉、滑觉、冷热觉等。狭义的触觉包括机械手与对象接触面上的力感觉。按照主要功能，触觉传感器大致可分为接触觉传感器、力/力矩觉传感器、压觉传感器、硬度传感器、表面粗糙度传感器和滑觉传感器等。

随着 MEMS（微机电系统）技术、新材料和新工艺的发展，机器人触觉传感器开始向柔性化、轻量化、高阵列、高灵敏度的方向发展，特别是随着触觉传感器从传统的机器人领域应用到医疗、康复、假肢、人机交互以及消费电子学等领域，以柔性化、轻量化、可扩展、多功能的电子触觉皮肤为代表的新型柔性触觉传感器和阵列触觉传感器的研究成为当前研究的热点。

2.2.1　机器人柔性触觉传感器

所谓"柔性"是指触觉传感器的物理特性具有类似于人类皮肤一样的特性，可以覆盖在任意的载体表面测量受力信息，从而感知目标对象的性质特征。传统的刚性触觉传感器不具备柔性，无法很好地贴合被测物体表面，也无法随被测对象的大变形而变形，应用范围因此受到限制，柔性触觉传感器的出现很好地解决了这一问题。它可以实现对大应变的监测，且制备工艺较简单、成本较低，逐渐成为各高校和研究机构的研究热点。柔性触觉传感器应用广泛，因其具有良好的柔性，在可穿戴电子领域有巨大的应用前景，在人体运动监测、健康监测（脉搏、血压、体温等）、机械结构健康监测、人机交互等方面都有广泛应用，既可直接贴于皮肤表面，或与衣服、鞋子、手套等相结合，也可植入人体内。

从 20 世纪 80 年代开始，世界各国开始投入较大的人力、财力、物力对机器人柔性触觉传感器进行较为系统的研究。最早研制机器人触觉敏感皮肤的是美国微星科技公司，其把敏感皮肤应用在工业机器人手臂上。印度的研究者根据压电陶瓷材料的压电效应制作了一种压电式触觉传感器。2002 年，南京航空航天大学自动化学院研究人员采用光波导原理设计出能检测三维力的触觉传感器，重庆大学光电技术与系统实验室也研制了一种压电式四维力触觉传感器。2005 年，美国航空航天局研制出一种机器人非接触式的敏感皮肤。除此之外，中国科学院合肥智能机械研究所、中国科学技术大学、合肥工业大学等都对机器人柔性触觉传感器进行了深入研究。使用"触觉和感知"关键词在数据库搜索论文数量历年递增，可以看出机器人柔性触觉传感器在学术界不断增长的研究趋势。综观国内外的研究成果，柔性触觉传感器在机器人应用中的研究经过几十年的发展已经取得了较大进步。下面针对几种柔性触觉传感器进行具体分析介绍。

1. 压阻式柔性触觉传感器

柔性触觉传感器的实现方式很多，主要分为压阻式、压电式和电容式。相较于压电式和电容式，压阻式柔性触觉传感器监测范围大、灵敏度高、成本低廉、工艺简单，是过去和未来柔性触觉传感器发展的主要方向。压阻式柔性触觉传感器因其优良的柔韧性、可拉伸/弯曲性以及在异形物体表面的"随形"贴合性，在智能穿戴、人机交互、结构服役过程监测等领域发挥了重要作用。其工作原理是利用弹性材料的压阻效应进行压力值的测量，所谓的压阻效应就是指当弹性材料受到应力作用时，由于其载流子的迁移率变化，使材料的电阻率发生变化。一般情况下，压阻系数 π 用来表示压阻效应的强弱。对于一种电阻率为 ρ、长度为 l、横截面积为 S 的弹性材料，其电阻 R 为

$$R = \frac{\rho l}{S} \tag{2.1}$$

对式（2.1）进行微分，得

$$\frac{\mathrm{d}R}{R} = \frac{\mathrm{d}\rho}{\rho} + (1 + 2\mu)\frac{\mathrm{d}l}{l} \tag{2.2}$$

式中，μ 为泊松比。由于在弹性形变范围内的压阻效应是可逆的，在应力作用下电阻值发生变化，当应力消失后，电阻值又恢复原来的初值。因此，压阻式柔性触觉传感器可以通过检测电阻的变化，从而计算出所受的外界压力。

由于导电敏感材料的不同，压阻式柔性触觉传感器可以分为基于导电聚合物的压阻式柔性触觉传感器和基于导电溶液的压阻式柔性触觉传感器。基于导电聚合物的压阻式柔性触觉传感器，通常将导电材料均匀地分布在绝缘的高分子聚合物中，便可获得具有压阻效应的导电聚合物。美国斯坦福大学的学者们将镍颗粒混在绝缘的高分子聚合物中，利用导电聚合物制得柔性触觉传感器，该柔性触觉传感器具有较高的灵敏度，如图 2.2a 所示。美国马里兰大学的柔性机器人方面专家将碳纳米管均匀地分散到聚二甲基硅氧烷中，作为柔性触觉传感器的导电聚合物，制造了具有较大面积的柔性触觉传感器，如图 2.2b 所示。当该柔性触觉传感器处于拉伸、压缩以及弯曲时，可以检测到发生显著变化的电阻值。

除导电聚合物外，导电溶液也具有压阻效应，导电溶液在外力作用下会发生流动，从而使内部电阻阻值出现变化，进而实现对外界压力的测量。由于使用导电溶液作为触觉传感器的压阻材料，使得触觉传感器具有高度灵活性和延展性。美国南加州大学的学者在手指的内侧设计

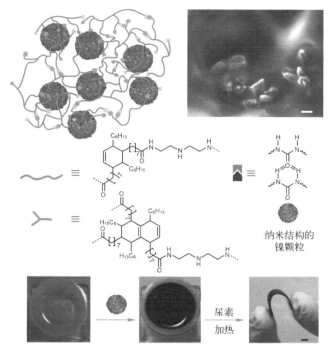
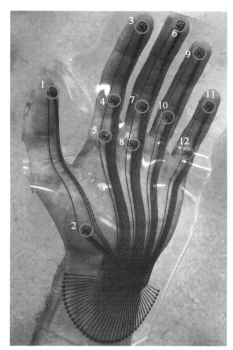

a) 镍颗粒高分子聚合物混合的导电聚合物　　　　　b) 覆盖全手掌的柔性触觉传感器

图 2.2　压阻式柔性触觉传感器

了一个封闭的空腔，在空腔内注入导电溶液，如图 2.3a 所示。当手指抓取物体时，空腔受到挤压体积发生变化，使得导电溶液的电阻发生变化，从而将力学信号转化为电学信号。美国斯坦福大学的科研人员在高弹性的弹性基底材料内部设计了微流道，将具有压阻效应的导电溶液注入微流道当中，如图 2.3b 所示。当受到外界压力时，弹性材料发生变形，内部的微流道受到挤压，从而改变整个传感器的电阻，达到检测接触力的效果。

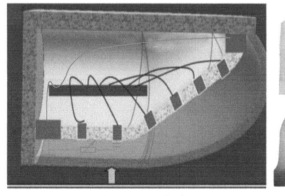

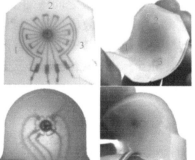

a) 导电溶液仿生触觉手指　　　　　　　　b) 高柔性传感器的结构

图 2.3　使用导电溶液作为触觉传感器的压阻材料

此外，压阻式柔性触觉传感器一般有填充式、夹层式和吸附式三种结构，这三种结构在制备复杂程度、重复性及传感性能等方面均有差异。填充式压阻式柔性触觉传感器是将导电填料分散在柔性基体中，通过应变发生时传感结构内部导电路径的变化引起的电阻变化来监测应变值。根据成型方式的不同，填充式可分为干法制备和湿法制备。干法制备是将导电填料通过熔融混炼等方法分散在固态柔性基体材料中，通过热压、挤压等方法成型，操作较简单，适合大批量加工。湿法制备是将导电填料通过球磨、搅拌等方法分散在液态柔性基体材料中，采用热固化、分散溶剂等方法成型。相比于干法制备，湿法制备可使导电填料在柔性基体材料中分散得更加均匀。夹层式又称"三明治"式结构，是将导电材料构成的导电层夹在两层柔性基体层之间，常用的方法有在柔性基体上沉积/涂覆导电材料、将制备好的导电层转移到柔性基体上或在柔性基体上印制导电材料后再覆上另一层柔性基体材料以封装。吸附式柔性传感器一般是将柔性基体浸入导电材料和溶剂配成的溶液中，通过吸附作用在柔性基体表面形成一层导电层。

对于以上三种结构的压阻式柔性触觉传感器，研究者们多采用传统方法实现结构构筑，但普遍存在操作复杂、成本高、重复性差等问题，而采用新兴的 3D 打印技术可以高效、高精度、可重复地构筑传感结构，赋予了传感器更大的发展空间。压阻式柔性触觉传感器在各领域有很大的发展空间和潜力，但相关机理研究还有待完善，在应用的可行性上仍有欠缺，压阻式柔性触觉传感器也将继续是未来的研究热点之一。

2. 压电式柔性触觉传感器

压电式柔性触觉传感器是基于压电材料的压电效应，基于压电效应的压电触觉传感器由于其结构简单、功耗低、经久耐用、灵敏度高、可靠性好等优点而被广泛使用。对于压电式柔性触觉传感器而言，压电材料的选择，对其性能有着较大的影响；对加载于传感器表面的力进行分析和预测，有助于提高触觉传感器的智能性。随着传感技术和材料科学的飞快发展，设计出灵敏度高、受力预测精准的压电式柔性触觉传感器对机器人的智能化至关重要。

压电效应是将材料受到力、加速度等外界环境的刺激转换成电荷或电压变化的效应，常见的压电材料有晶体、压电陶瓷和高分子聚合物，在其适当的方向施加作用力时，内部会产生电极化状态的变化。在作用力的推动下，压电材料会同时在电介质的两端表面内累积等量异号电荷。此时在相应端面上添加电极结构，便可以通过相关设备测得异号电荷积累形成的电势差即电压。这种由外力作用形成的电荷在电极板处积累的现象称为正压电效应。如图 2.4 所示，压电效应是可逆的，当在极板之间施加电场时，压电材料会发生形变，这种现象称为逆压电效应，正压电效应和逆压电效应是电能与机械能相互转换的过程。

当压电材料受力后，其极化方向上两个端面将聚集极性相反且等量的电荷，处于这种状态下的压电材料相当于一个电容器件，其电容 C_a 为

$$C_a = \frac{\varepsilon_0 \varepsilon A}{h} \tag{2.3}$$

式中，ε_0 是真空介电常数（F/m）；ε 是压电材料的相对介电常数；h 是压电材料的厚度（m）；A 是压电元件极板面积（m^2）。

据此，压电式传感器可等效看成一个与电容相并联的电荷源，如图 2.5a 所示；也可以等效为一个电压源，如图 2.5b 所示。同时线缆内阻和电容场间干扰，传感器的泄漏电阻以及放大器件的电阻都会对压电传感器的定量测量产生干扰。

一般压电传感器为了防止电荷迅速泄漏导致测量误差过大，需要在传感器测量电路前级输入端设置高阻抗器件，但正因其高内阻导致的输出信号过于微弱，很难被感知和记录。这种情况下便需要借助压电传感器的前置放大电路，常用的前置放大电路是将压电材料受力后产生的电荷转化成电压，随后通过电压放大电路将信号输出。压电传感器接电压放大器的等效电路如

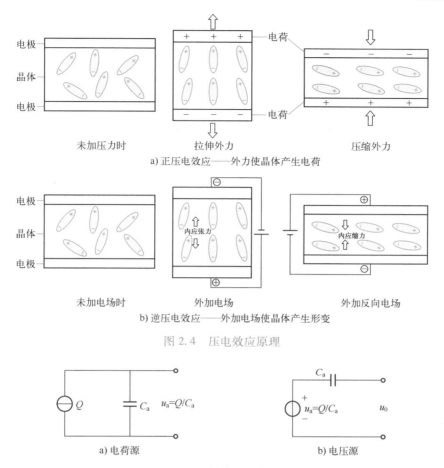

a) 正压电效应——外力使晶体产生电荷

b) 逆压电效应——外加电场使晶体产生形变

图 2.4　压电效应原理

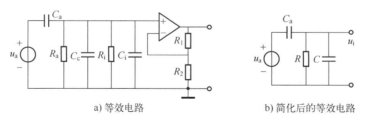

a) 电荷源　　　　　　　　　　　b) 电压源

图 2.5　压电传感器的等效电路

图 2.6a 所示，等效后的简化图如图 2.6b 所示。其中，u_i 为放大器输入电压；如果压电传感器受力 $F = F_m \sin\omega t$，则在压电元件上产生的电压 $u_i = (dF_m / C_a)\sin\omega t$。

a) 等效电路　　　　　　　　　　　b) 简化后的等效电路

图 2.6　压电传感器接电压放大器的等效电路

常用的压电材料有聚偏氟乙烯高分子薄膜、压电陶瓷以及部分金属氧化物等。基于聚偏氟乙烯高分子薄膜设计的仿人手指压电式柔性触觉传感器，如图 2.7 所示。在手指接触物体时，由于聚偏氟乙烯高分子薄膜具有压电效应，能够将外界压力转换为电压的变化，从而检测接触力的变化。

压电式柔性触觉传感器使用的压电材料一般不需要外界供电，在受到外界压力时就能产生电荷，因此压电式柔性触觉传感器具有较高的可靠性。但是当外界压力保持不变时，压电材料的电荷量会逐渐消失，故压电式柔性触觉传感器仅适合动态力检测。

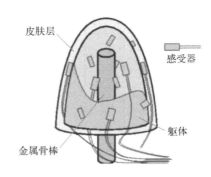

图 2.7 聚偏氟乙烯薄膜设计的仿人手指

3. 电容式柔性触觉传感器

当受到外界压力时，电容式柔性触觉传感器的电容值发生改变，将力学信号转化为电学信号，从而起到检测接触力的作用。通常来说，将电容式柔性触觉传感器的两个极板分别放置在上、下两个位置，当极板间距发生变化时会引起电容值发生变化。

传统的双极板电容的触觉传感器是由绝缘介质分开的两个平行金属板组成的平板电容器，如果不考虑边缘效应，其电容量 C 为

$$C = \frac{\varepsilon A}{d} \tag{2.4}$$

式中，ε 为介电层材料的介电常数（F/m）；A 为两极板的重叠面积（m^2）；d 为电容上下极板之间的距离（m）。当测量参数发生改变时，会引起电容介电层材料的介电常数 ε、两极板的重叠面积 A 或电容上下极板的距离 d 变化，导致电容量变化，因此，任意参数变化都会导致电容量变化，并可以根据外部检测电路来获得具体变化数值。双极板电容最常见的是在外界机械刺激下，介电层的弹性变形导致应变，使得电容上下极板之间的距离 d 改变。传统电容式传感器的设计分析设备和控制系统简单，具有应变敏感性好、测量简单、功耗低的优点，但是这种变化可能是线性的，也可能是非线性的，而且电容的变化通常是几皮法，若增大电容和信噪比，设备的分辨力会大大减小，由于平行板的电容变化相对较小，所以会对灵敏度有一定的限制。图 2.8 所示为变极距型电容式传感器的原理。当传感器的 ε 和 A 为常数，初始极距为 d_0 时，可知其初始电容量 C_0 为

$$C_0 = \frac{\varepsilon A}{d_0} \tag{2.5}$$

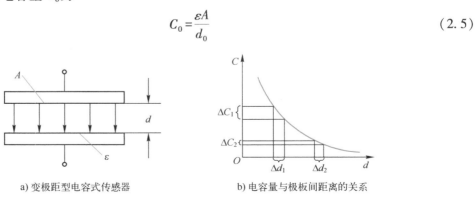

a) 变极距型电容式传感器   b) 电容量与极板间距离的关系

图 2.8 变极距型电容式传感器的原理

若电容器极板间距离由初始值 d_0 缩小了 Δd，电容量增大了 ΔC，则有

$$C = C_0 + \Delta C = \frac{\varepsilon A}{d_0 - \Delta d} = \frac{C_0\left(1 + \dfrac{\Delta d}{d_0}\right)}{1 - \left(\dfrac{\Delta d}{d_0}\right)^2} \tag{2.6}$$

由式（2.6）可知，传感器的输出关系不是线性关系，而是如图 2.8b 所示的曲线关系。在式（2.6）中，若 $\Delta d_0/d_0 \ll 1$，$1 - (\Delta d_0/d_0)^2 \approx 1$，则式（2.6）可以简化为

$$C = C_0 + C_0\frac{\Delta d}{d_0} \text{ 或 } \Delta C \approx C_0\frac{\Delta d}{d_0} \tag{2.7}$$

此时 ΔC 与 Δd 近似正比关系，因此可通过 ΔC 的变化得到极板相对位移 Δd。

此外，不同柔性触觉传感器的特点比较见表 2.1。

表 2.1　不同柔性触觉传感器的特点比较

类　型	优　点	缺　点
压阻式柔性触觉传感器	性能稳定，结构简单	明显迟滞，功耗高
压电式柔性触觉传感器	动态性能好，高灵敏度，信噪比高，工作可靠，测量范围广	不适用于静态测量
电容式柔性触觉传感器	灵敏度高，动态响应好	易受干扰，检测电路复杂
磁电式柔性触觉传感器	线性输出，高功率输出	尺寸和重量都较大
光学式柔性触觉传感器	无串扰，可靠性高，高重复性	弯曲或者装配精度影响信号质量
晶体管式柔性触觉传感器	灵敏度高，柔性好	结构复杂、工艺烦琐

2.2.2　机器人阵列触觉传感器

阵列触觉传感器是机器人最重要的传感器之一，具有强有力的感知能力，能够实现很多视觉无法达到的功能，从而使机器人实现智能控制。国外的研究始于 20 世纪 60 年代后期，内容包含触觉机理、结构、敏感材料、制造工艺和信息处理等方面。其中触觉机理中包括压阻式、电容式、电感式、压电式以及光电式。在 20 世纪 90 年代时，阵列触觉传感器的阵列数可达 64×64，甚至更多，空间分辨力高至 0.25 μm 或更高，而空间分辨力为触觉传感器敏感单元的尺寸大小，是评价触觉传感器识别目标表面形貌细节的重要指标之一，因此触觉传感器的阵列对未来机器人科技的发展起到十分重要的作用。但目前国内单独对机器人阵列触觉传感器的研究较少，通常是与机器人触觉传感器的其他特性（如柔性、轻量等）结合研究。下面主要介绍机器人压阻式和电容式阵列触觉传感器的原理及设计过程。

1. 机器人压阻式阵列触觉传感器

一直以来，压阻式触觉传感器以其高灵敏度、高空间分辨力以及成熟的制造技术等优点得到了广泛的应用。但随着机器人技术的发展和智能化机器人技术的普及，传统的压阻式触觉传感器已经无法满足各种各样的需求，如机器人在触觉感知过程中需要更高维度的数据来判断力的大小、分布以及接触的部位等，而阵列的压阻式触觉传感器出现则弥补了压阻式触觉传感器在这一方面的不足。压阻式传感器还具有后续信号处理电路简单、对传感器的封装形式及工作环境要求较低等优点，在传感器阵列的使用上具有天然的优势。

压阻式阵列触觉传感器的制作一般分为以下三步：

1）压阻式触觉传感器的设计。由于触觉传感器要应用到各种各样的场合，因此需要根据具体的应用情况进行有针对性、有选择性的设计。

2）压阻式传感器的阵列中触觉传感单元的排列和固定。其中传感器的排列方式主要取决于检测对象的维度和检测物体的形状。如用来进行三维力检测的机械手上的阵列触觉传感器，需要对触觉传感器采用多层阵列的方式覆盖到手形机械上。固定是指将传感器固定到阵列中的电极上，这一步需要选择合适的电极板以及将传感器固定到电极板上的方式，如图 2.9 所示，在印制塑料薄板上采用喷墨打印的方式将导电银浆印制为导线和电极对传感器进行固定。

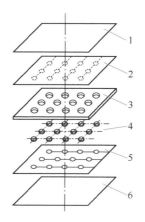

1. 覆盖保护层：作为外层保护层的普通布
2. 上电极板：在印制塑料薄板上用银浆印制电路
3. 网状衬垫层：用来隔断上、下电极
4. 阵列触点层：用导电橡胶制成，粘接在下电极板上
5. 下电极板：在印制塑料薄板上用银浆印制电路
6. 覆盖保护层：作为外层保护层的普通布

图 2.9　传感器多层阵列

3）检测信号的采集及分析。由于阵列触觉传感器是将多个触觉传感器阵列起来使用的，因此在数据采集时，每个传感器都会反馈回一个信号。在传感器阵列时需要考虑对这些信号进行建模分析，这样才能输出最终的结果。若传感器数量较多，还需使用算法进行协同。

2. 机器人电容式阵列触觉传感器

机器人电容式阵列触觉传感器的原理是通过受力使极板间的相对位移发生变化，从而使电容发生变化，通过检测电容变化量来测量受力的大小。为了感觉更加细小单元的力，阵列触觉传感器采用垂直交叉电极的形式，即阵列形式，可以减少引线的数目，通过对电容式阵列触觉传感器的行、列扫描来确定受力点的位置。例如，图 2.10a 展示了一种电容式阵列触觉传感器的结构，它是一个 8×8 电容式阵列触觉传感器，采用了三层结构。上层是带有条形硅导电橡胶电极的硅橡胶层，其厚度为 0.3 mm，条形硅导电橡胶电极的宽度为 2 mm，间隙为 0.5 mm，它们决定了阵列触觉传感器的空间分辨能力。导电橡胶与绝缘的硅橡胶基体是由特殊工艺，按设计要求制成的整体橡胶薄膜，具有很好的弹性及力学性能。中层用聚氨酯泡沫做介质，下层是带有电容器条形下极板的印制电路板，电路板中间部分有宽度为 2 mm、间距为 0.5 mm 的条形铜电极，上、下两层电极在空间上垂直排列，同时在电路板的一端有一个 16 脚的针式插座，上、下极板的所有引线与此插座相连，传感器以整体进行封装。传感器上、下条形电极交叉部分形成的单元电容构成了触觉单元，如图 2.10b 所示。为了从电容式阵列触觉传感器单元电容获得电压或电流的输出，必须通过一个能够将电容转化为电压信号的电路。通常电容的测量电路很多，这里采用了运算放大器测量电路，这种电路对于电容值小的电容传感器的检测是合适的，而且能得到较好的线性输出。所设计的电容式阵列触觉传感器，每个电容值较小，简单估算一下，如果触觉传感器极板间距大于 2 mm，估算的电容在 10 pF 数量级，因此需采用运算放大器测量电路进行检测。

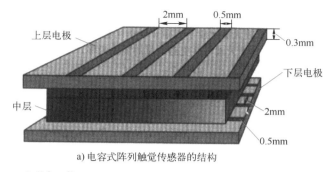

a) 电容式阵列触觉传感器的结构

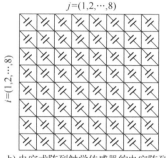

b) 电容式阵列触觉传感器的电容阵列

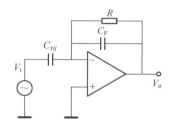

c) 电容测量的运算放大器电路

图 2.10   电容式阵列触觉传感器

图 2.10c 所示为电容测量的运算放大器电路。如果采用理想运算放大器，触觉传感器的每个电容为 C_{xij}，假设其漏电阻 R 无穷大，运算放大器的输入阻抗为无穷大，且其他单元电容对选定测量点无影响，其中 C_F 为反馈电容，则输出电压 V_o 容易求出：

$$V_o = -V_i(C_{xij}/C_F) \tag{2.8}$$

但是实际测量时必须考虑被测单元电容 C_{xij} 的漏电阻 R_{xij}，被选通单元的电极与相邻其他单元的相互影响，用等效电容 C_U 表示。此外还要考虑运算放大器的输入阻抗 Z_i，所以实际电容测量的等效电路如图 2.11 所示。设运算放大器对应于频率 ω 时的增益为 G，则根据理想运算放大器电路原理，在运算放大器反相端输入端，各支路电流的和应为零，即

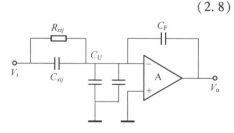

图 2.11   实际电容测量的等效电路

$$\frac{\dfrac{V_o}{G}-V_o}{Z_{xij}}+\frac{\dfrac{V_o}{G}}{Z_U}+\frac{\dfrac{V_o}{G}}{Z_i}+\frac{\dfrac{V_o}{G}-V_o}{Z_F}=0 \tag{2.9}$$

式中，

$$Z_{xij}=\frac{R_{xij}}{j\omega R_{xij}C_{xij}}+1 \tag{2.10}$$

$$Z_U=\frac{1}{j\omega C_U R} \tag{2.11}$$

$$Z_i = R_i \tag{2.12}$$

$$Z_F = \frac{1}{j\omega C_F} \tag{2.13}$$

解得

$$V_o = -V_i GR_i \frac{j\omega C_{xij} R_{xij} + 1}{j\omega C_{xij} R_i (C_F G + C_U - C_F + C_{xij}) + R_i + R_{xij}} \tag{2.14}$$

由式（2.14）可以看出，由于漏电阻 R_{xij} 的存在，使得测量值与理论值（即忽略 R_{xij} 的影响）之间存在误差。同时误差的产生还受输入信号频率 ω 的影响，输入信号频率越高，越有利于减小漏电阻的影响，因此在实际电路中采用 400 kHz 的正弦信号作为电容测量的输入信号，则输入信号频率 ω 足够高，G_U 对 V_o 的影响将会减少。假设 G、R_i 为无穷大，可得到输出电压的近似关系式为

$$V_o = -V_i \frac{C_{xij} G}{C_F G + C_U - C_F + C_{xij}} \tag{2.15}$$

考虑到运算放大器增益达到 200 以上时，G_U 对 V_o 影响将会减少。因此在测试电路中要采用高增益的运算放大器，以减少这些因素的影响，使测量的线性关系更加明显。

2.2.3 机器人压觉传感器

压觉传感器又称压力觉传感器，是安装于机器人手指上、用于感知被接触物体压力值大小的传感器。压觉传感器常用的检测元件种类很多，如电容、压电元件、压磁元件、应变片等，它们各自有不同的优缺点，其中应变式压觉传感器最为常见。

电阻应变式传感器以电阻应变计为电阻转换元件，是目前应用最广泛的一种传感器元件。应变式元件具有下列优点：

1）精度高，测量范围广，其量程从几十帕到 10^{11} Pa，精密度可达 0.1%FS（FS 表示满量程）。

2）使用寿命长，性能稳定，可靠性高。

3）结构简单，尺寸小，重量轻，维修使用方便。

4）频率响应特性好，且能在恶劣条件下工作。

应变式元件也存在一些缺点，但其缺点尚可采取一定措施得以补偿，因此，仍不失为测试与自动控制技术中应用最广泛和最有效的方法之一。

2.2.4 机器人硬度传感器

机器人硬度传感器是能感受材料硬度并转换成可用输出信号的机器人触觉传感器。硬度是力学性能指标之一，它的重要性不仅体现在其物理意义本身，还体现在它与抗拉强度和耐磨性等的密切关系上。由于抗拉强度、耐磨性试验是破坏性试验，而硬度试验是非破坏性的，且较容易、较方便。已有大量研究发现，产生病变位置的生物组织硬度要大于正常组织的硬度。在微创手术中，常常需要接触传感器来代替医生的手指触觉，对软组织的硬度进行评价。大部分的接触式机器人硬度传感器适用于较硬生物组织硬度（弹性模量）的测量，在较软生物组织硬度的测量上具有局限性，或者分辨力不够。因此，在实际应用中使用连续的硬度标准，快速、准确地检验硬度十分必要。

2.2.5 机器人滑觉传感器

为了在抓握物体时确定一个适当的握力值，需要实时检测接触表面的相对滑动，然后判断握力，在不损伤物体的情况下逐渐增加力量，滑觉检测功能是实现机器人柔性抓握的必备条件。

滑觉传感器用于判断和测量机器人抓握或搬运物体时物体所产生的滑移。它实际上是一种位移传感器。两电极交替盘绕成螺旋结构，放置在环氧树脂玻璃或柔软纸板基底上，力敏导电橡胶安装在电极的正上方。在滑觉传感器工作过程中，通过检测正负电极间的电压信号并通过ADC 将其转换成数字信号，采用 DSP 芯片进行数字信号处理并输出结果，判定物体是否产生滑动。

滑觉传感器按有无滑动方向检测功能可分为无方向性、单方向性和全方向性三类。

无方向性传感器有探针耳机式，由蓝宝石探针、金属缓冲器、压电罗谢尔盐晶体和橡胶缓冲器组成。滑动时探针产生振动，由罗谢尔盐转换为相应的电信号。缓冲器的作用是减小噪声。

单方向性传感器有滚筒光电式，被抓物体的滑移使滚筒转动，导致光电二极管接收到透过码盘（装在滚筒的圆面上）的光信号，通过滚筒的转角信号而测出物体的滑动。

全方向性传感器采用表面包有绝缘材料并构成经纬分布的导电与不导电区金属球。当传感器接触物体并产生滑动时，球发生转动，使球面上的导电与不导电区交替接触电极，从而产生通断信号，通过对通断信号的计数和判断可测出滑移的大小和方向。

2.2.6 机器人空间机械臂力/力矩传感器

随着我国空间站建设和深空探测等空间技术的迅速发展，对空间机械臂技术的需求越来越迫切，而智能化的空间机械臂可以更好地完成作业任务。力/力矩传感器作为智能化空间机械臂的关键部件之一，可提供实时的力和力矩信息，帮助空间机械臂机器人系统实现自动反馈控制，因此这种传感器越来越受到重视。空间机械臂由航天器搭载从地面发射进入太空，整个过程需承受恶劣的运输环境，这就要求其搭载的力/力矩传感器同样在经历失重、真空、热作用、振动、冲击、噪声、辐射等严苛的环境条件后不被破坏且仍可正常工作。普通的力/力矩传感器已不具备这样环境的适应能力，为了保证用于空间机械臂的力/力矩传感器的可靠性能，需要对力/力矩传感器采取一系列措施来降低这些因素对传感器的影响。国内对力/力矩传感器的研究大多集中在本体结构设计、解耦算法研究和静态特性研究等，而针对空间力/力矩传感器开展系统全面的研究较少，但这些研究为研究空间力/力矩传感器提供了研究基础。国外虽有空间机械臂成功应用的先例，但是对空间机械臂及其力/力矩传感器技术进行了严格的限制与保密，因此我国必须走独立自主、自力更生的高技术装备研发道路，开展自主创新的研究工作。

力/力矩传感器安装在空间机械臂上的位置如图 2.12 所示，由图可知，力/力矩传感器安装在空间机械臂各关节电动机的输出端，除机械臂末端用的是六维力传感器，其余均为单维力矩传感器。空间机械臂在随航天器发射时，机械臂通过固定环固定在航天器上，可以水平固定，也可以竖直固定，具体选择什么样的固定方式，视具体情况而定。当空间机械臂到达目的地开始工作时，固定环上的爆炸螺栓爆炸，机械臂恢复自由。

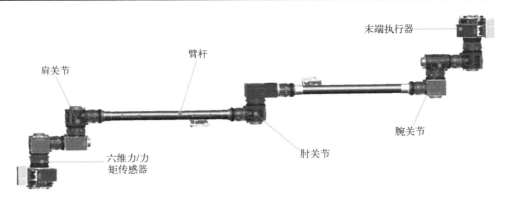

图 2.12　空间机械臂的模型

2.3　机器人触觉感知的最新研究技术

20 世纪 90 年代以来，机器人触觉感知技术的发展以向智能化方向发展为重要标志，呈现出一些新特点和趋势，例如传感型智能机器人发展加快，微型机器人的研究有所突破，新型智能机器人触觉感知技术不断开发，应用领域向非制造业和服务业扩展等。智能机器人触觉感知技术的快速发展促进了机器人在制造领域的应用与发展，也使机器人开始向非制造领域扩展。这些非传统领域有航空航天、海洋、军事、医疗、护理、服务、农林、采矿等。机器人在这些领域有着广阔诱人的前景。在当今还不能或难以发展全自主智能机器人的情况下，工作于人机交互方式下的具有临场感的遥控操作机器人系统是完成复杂或有害以及人无法进入的环境下作业的有力手段，而微型机器人在现代生物、医学工程、微机械加工与装配等工程中将大有作为。下面将重点介绍几种机器人触觉感知的最新研究技术。

2.3.1　神经网络智能算法

人工神经网络的灵感来自人脑的神经组织，使用类似于神经元的计算节点构造而成，这些节点沿着通道（如神经突触的工作方式）进行信息交互。神经网络标志着人工智能发展的巨大飞跃，它是由众多的神经元可调的连接权值连接而成，具有大规模并行处理、分布式信息存储、良好的自组织自学习能力等特点，而且网络的中间层数、各层的处理单元数及网络的学习系数等参数可根据具体情况设定，灵活性很大，在优化、信号处理与模式识别、智能控制、故障诊断等许多领域都有着广泛的应用前景，人工神经网络的智能算法应用于机器人智能感知，将为其注入新的血液。

2019 年，西班牙马拉加大学的学者们提出了一种基于三维神经网络和高分辨力触觉传感器的机器人手爪主动触觉感知方法（见图 2.13）。一种基于机器人触诊的触觉探查程序被执行以获得不同抓握力下的压力图像，这不仅提供了关于物体外部形状的信息，而且还提供了物体内部特征的信息。该夹持器由两个欠驱动手指和拇指中的触觉传感器阵列组成。另外，他们提出了一种新的三维触觉张量表示触觉信息的方法。在挤压和释放过程中，从触觉传感器读取的压力图像被串联成一个张量，其中包含了压力矩阵随抓握力变化的信息。这些张量被用来提供给 3D 卷积神经网络，该网络能够通过主动交互对抓取的物体进行分类。结果表明，该方法在训练数据较少的情况下提供了更好的识别。

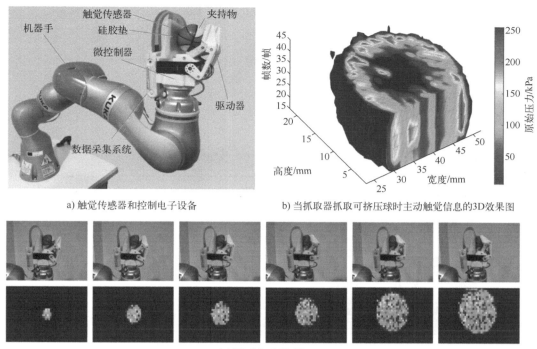

a) 触觉传感器和控制电子设备　　　　b) 当抓取器抓取可挤压球时主动触觉信息的3D效果图

c) 抓取动作系列图像

图 2.13　由机器人操纵器形成的完整实验系统

基于电阻抗断层成像的触觉传感器由于其稀疏的电极分配在实际应用中有显著优势,如耐久性、可大面积扩展和低制造成本。但传感器的触觉分辨力优化仍是一个挑战。为了提高基于深度神经网络的触觉传感器的触觉感知性能,2021 年,韩国科学技术院的相关学者提出了一种基于深度神经网络的触觉重构框架,命名为 EIT-NN,减少了触觉感知性能和硬件结构之间的权衡。EIT-NN 具有计算高效、非线性的重建属性,可实现高分辨力的触觉感知和良好的广义重建能力,适用于解决任意复杂的触摸模式。他们通过一种模拟真实数据集合的策略来训练 EIT-NN,以提高计算效率。此外,他们提出了一个具有空间敏感性的均方误差损失函数,该函数利用传感器固有的空间敏感性来保证良好的电阻抗断层成像操作。然后通过模拟研究、单点触控压痕测试和两点识别测试,验证了 EIT-NN 相对于传统电阻抗断层成像传感方法的优越性。试验结果表明,该方法提高了空间分辨力、灵敏度和定位精度。通过对触觉形态识别性能的检测,证明了 EIT-NN 广义感知的优点,如图 2.14 所示。

2.3.2　神经元系统感知学习

生物感官感知系统通过修改神经元互连网络之间的连接强度,实时检测、收集、整合、记忆和处理数据,将感知转移到认知和意识,这使人们能够精确地感知并对复杂的现实世界问题做出适当的反应。从生理学上讲,触摸是由嵌入皮肤中的感觉神经元上的受体检测到的。信号沿着一长串传入轴突发送到突触,供突触后神经元做进一步处理。神经元集成与调节同步和异步触觉刺激,以获得动作感知回路中触摸的多级特征,这是触觉感知的基础。触觉感知可以通过实践与培训学习到的专业知识进一步增强,这使人们能够精确地感知并对现实世界的事件做出适当的反应。因此,像人类一样模拟触觉传感和处理对于未来的智能机器人和人机交互

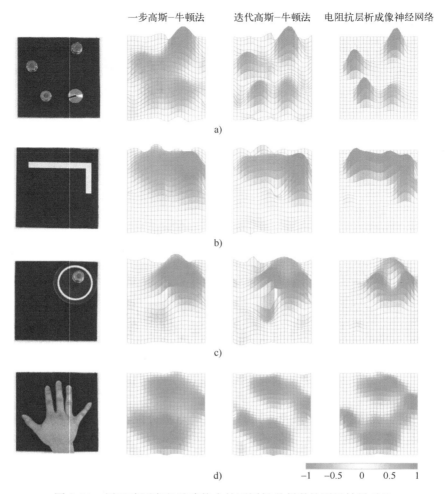

图 2.14 用于验证广义重建能力的不同触觉刺激的测量结果对比

非常重要。赋予机器人和假肢这种感知学习能力，可以潜在地扩展它们的认知和适应性。为了实现这一目标，需要创建具有感知学习的人工感觉神经元。

2018 年，南洋理工大学陈晓东等人研发了一种神经形态触觉处理系统，它模仿感觉神经元并能够进行感知学习。在他们的设计中，感觉的受体、传递的轴突和处理感觉神经元中信息的突触分别由电阻压力传感器、软离子电缆和突触晶体管表示（见图 2.15）。压力传感器将压力刺激转换为电信号，这些电信号通过界面离子/电子耦合后经离子电缆传输到突触晶体管。然后，突触晶体管诱导与刺激模式相对应的特定衰变特性。此外，这种设计提供了一种事件驱动的方法，利用外部触摸来激活触觉设备。神经形态触觉处理系统的神经元捕获了生物感觉神经元的基本形态，以整合和调节时空相关的触觉刺激，从而实现并行的感觉信号处理。因此，触觉模式的特征可以通过该系统进行集成和提取，以进行模式识别。更重要的是，通过反复训练可以提高识别精度，说明与感知学习过程有很大的相似性。

2019 年，意大利瑞典隆德大学的荣加拉等人实现了一个功能神经元网络，该网络能够使用双层尖峰神经元模型和稳态突触学习机制从仿生触觉传感器输入中学习和区分触觉特征，如图 2.16 所示。一阶神经元模型用于模拟生物触觉传入物，二阶神经元模型用于模拟生物神经元。研究人员已经使用被动触摸协议在不同的传感条件下评估了 10 种自然纹理。在 5 种传感条件下

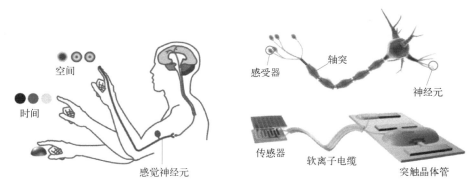

图 2.15　神经形态触觉处理系统的概念设计

用 5 种纹理获得的触觉传感器数据用于突触学习过程，以调整触觉传入物和楔形神经元之间的突触权重。通过在不同的感知条件下解码 10 种刺激来评估个体和群体的神经元反应，能够学习并执行跨触觉刺激的广义辨别，使这种功能性尖峰触觉系统有效，适用于进一步的机器人应用。

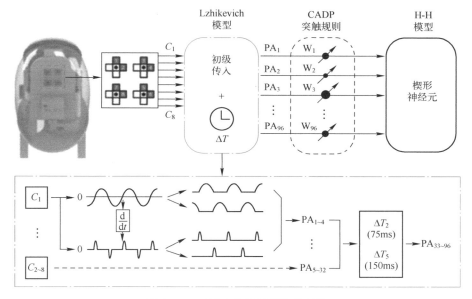

图 2.16　双层尖峰神经网络的结构

2.3.3　电子皮肤智能触感

随着电子和计算机科学的快速发展，为了使人形机器人能够提供先进的服务，近年来，使用受人类皮肤启发的人工智能皮肤来帮助它们与用户互动并感知环境刺激，引起了越来越多的关注。柔性触觉传感器通过感知外界物体的各类信息，如尺寸、形状、纹理等特性，为人类提供更加舒适的交互体验，类似于人类皮肤的功能，因此也被称为电子皮肤。电子皮肤智能触觉技术的出现，也将机器人智能感知带到了新的纪元，让机器人真正拥有了类人的智能感知机制与天然皮肤的质感。

2019 年 3 月，福建农林大学的潘晓凤等人为了完全模拟天然皮肤的触感，将柔性有益水凝胶组装到仿生皮肤中，创新性地将具有神经网络的原花青素/还原氧化石墨烯复合材料加入甘油塑化聚乙烯醇-硼砂水凝胶体系中，以获得仿生触觉水凝胶电子皮肤。水凝胶是一类极为亲水的三维网络结构凝胶，它在水中迅速溶胀并在此溶胀状态可以保持大量体积的水而不溶解。由于存在交联网络，水凝胶可以溶胀和保有大量的水，水的吸收量与交联度密切相关。交联度越高，吸水量越低。具有坚韧的生物质基的水凝胶因其在组织工程、软体机器人、传感器等领域的潜在应用而受到广泛关注。但是合成的水凝胶通常具有交联松散、含水量高等特点，使其力学性能较弱。同时，大多数水凝胶由于其高度线性的结构，无法完美地重建人体皮肤的感觉。此外，水凝胶难以同时满足超拉伸、快速自愈的性能。该团队的仿生触觉水凝胶电子皮肤能完美模拟人体皮肤的触感，融合极佳的拉伸性、依从性以及自愈能力。由于其独特的结构和力学性能，这种电子皮肤具有显著的可穿戴性和应变敏感性，可以模拟和检测一些真实的皮肤表皮运动，如手指弯曲、面部表情变化和喉咙发声。而且，水凝胶还可以用作粘接电极，用于准确检测心电图和肌电图信号。更重要的是，这项工作通过分层设计的水凝胶网络，为模拟自然皮肤的触觉能力提供了新的途径，如图 2.17 所示。

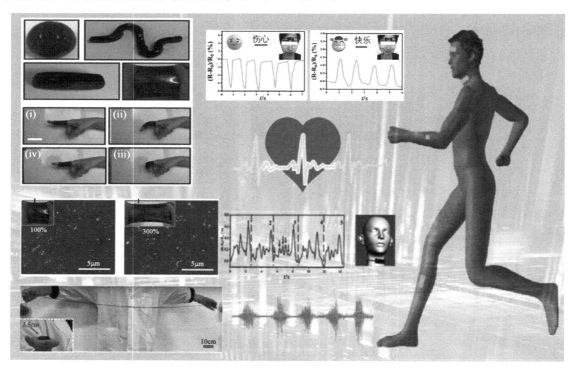

图 2.17　仿生触觉水凝胶电子皮肤实物与应用

　　想要制作出能够替代人体四肢的假肢，需要深入了解人体皮肤的组成及功能结构。由解剖学可知，人类的皮肤是多层结构，每一层都有其独特的功能。具体来说，表皮形成了一层保护层；真皮层起到缓冲身体压力和应变的作用，并能感知触摸和热。表皮和真皮层由一层称为基膜的膜层轻微连接。基于上述理论，通过模仿人类皮肤结构，研发了一种由两层保护层、两层感觉层和一层绝缘层的触觉传感器阵列的仿生结构，并在这种结构阵列中使用了一种新型的压电柔性多功能触觉传感器，其结构如图 2.18 所示。这种仿皮肤结构的传感器阵列能够实时感知和区分各种外部刺激的大小、位置和模式。同时针对这种仿生结构开发了一种简单而有效的电极拓扑结构。为了能以高灵敏度和快速反应时间来感知温和的滑动刺激、触觉刺激和弯曲刺激，传感层采用行+列电极的双层梳状结构，消除了串扰，减少了连接线的数量。该电极导线拓扑结构简单，具有两个优点：一是用少量导线可以制作大量传感器像素；二是单个传感器阵列可以组装在一起，不需要重新布线。附着在人体皮肤上的触觉传感器阵列可以检测到各种外部刺激，并将其传递给信号处理器和外围设备。在读取信号后，集成了逻辑算法的外围设备将实时识别刺激的位置、幅度和模式。通过压力传感实验证明了此结构具有无串扰、响应时间快、灵敏度高、持久耐用的特点。其中响应时间为 10 ms，远小于人体皮肤的 15 ms，上感觉层和下感觉层的灵敏度分别为 7.7 mV/kPa 和 7.2 mV/kPa，且该灵敏度可以通过改变保护层和绝缘层的厚度来调节。对该结构进行的弯曲传感实验表明，利用触觉传感器阵列可以计算出弯曲方向和弯曲半径。采用行+列电极这种设计，能够使用更少的导线扩展更多的像素，这意味着大面积可伸缩制造和高分辨力能够更容易实现了。

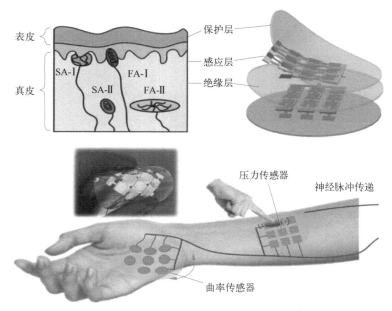

图 2.18　受人体皮肤启发的触觉传感器设计

2.3.4　多功能集成触觉传感

随着不同类型的机器人触觉感知技术的发展，机器人能够感知多维物理变化，例如触摸、压力和温度。然而，大多数报道的工作都集中在单维传感上，例如力传感，它可以被人体皮肤拾取并传递到大脑进行进一步处理，但是这种机制无法感知足够的信息并对复杂的刺激做出反应。为了解决这个问题，一些研究尝试在设备中堆叠具有不同功能的层或将多个传感器集成到单个元件中以实现多维传感。多个传感器的集成仍然非常具有挑战性，通常需要设计复杂的结构和制造工艺，并且可能遭受多种刺激感知的相互干扰。因此，研究具有出色传感性能和简单制造工艺的新型多功能触觉传感技术至关重要。

2021 年，天津大学段学欣等人设计了一种多功能软机器人手指，内置纳米级温压触觉传感器。灵活的多功能触觉传感器集成了基于纳米线的温度传感器和导电海绵压力传感器，可同时测量温度变化率和接触压力。开发的纳米级温度和导电海绵压力传感器可以分别达到 1.196%/℃ 和 13.29%/kPa 的高灵敏度。图 2.19a 展示了多功能软机器人手指的示意图，其中多功能触觉传感器位于指尖，以识别被抓取物体的材料。图 2.19b 展示了嵌入式纳米级温压触觉传感器的结构，该传感器由基于纳米线的微型温度传感器、箔式加热器、硅胶热绝缘体和导电海绵压力传感器组成。图 2.19c 展示了多功能软机器人手指抓取物体和实物图。借助这款多功能触觉传感器，软机器人手指可以快速识别三个接触压力范围内的 4 种金属和高接触压力范围内的 13 种材料。通过结合触觉信息和人工神经网络，软机器人手指可以精确识别材料，识别准确率分别为 92.7% 和 95.9%。多功能传感器具有高灵敏度、快速响应速度、良好的可重复性和最小的交叉耦合干扰。这项工作证明了多功能软机器人手指在材料识别中的应用潜力。

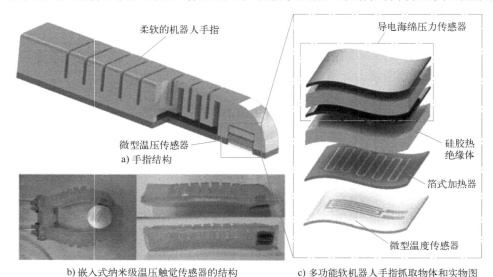

图 2.19　多功能软机器人手指的示意图

2.4　机器人触觉感知的发展趋势

触觉传感技术的研究始于 20 世纪 70 年代。当时国外的机器人研究已成热点，但是对触觉的研究仅限于与对象的接触与否、接触力大小，虽然有一些好的设想，但研制出的传感器种类少且结构简单。

20 世纪 80 年代是机器人触觉传感技术研究、发展的快速增长期，在此期间对传感器设计、原理和方法做了大量研究，主要有电阻、电容、压电、热电磁、磁电、力、光、超声和电阻应变等原理和方法。从总体上看，20 世纪 80 年代的研究可分为传感器研制、触觉数据处理和主动触觉感知三部分，开始面向工业自动化需求研制传感器装置。

20 世纪 90 年代对触觉传感技术的研究继续保持增长并向多方向发展。有关机器人触觉研究的文献可分为传感技术与传感器设计、触觉图像处理、形状辨识、主动触觉感知、结构与集成。

而在 2000 年以后，随着 MEMS 技术、新材料和新工艺的发展，触觉传感器开始向柔性化、轻量化、高阵列、高灵敏度的方向发展，从传统的机器人领域应用到医疗、康复、假肢、人机交互以及消费电子学等领域。

随着计算机和消费电子设备的快速发展，手机、计算机、移动终端、家用电器，以及娱乐、教育的媒介载体等纷纷进入了"触觉交互"时代。触觉传感器不仅是实现机器人智能感知和人机交互的核心器件，而且已被广泛用于人体临床诊断、健康评估、康复训练、医疗手术等领域。电子触觉皮肤是材料与电子技术相结合的产物，它轻薄柔软，可被加工成各种形状，像衣服一样附着在人体、机器人、电子设备等载体的表面，可以更好地模仿甚至超越人类的皮肤感觉功能，所以电子触觉皮肤的研究已成为当前触觉传感器的主要发展方向。

在几十年的发展历程中，国内外的科研人员在传感器工作机理的研究、敏感材料的开发、传感器的结构设计、触觉图像的处理等多方面都做了大量的工作，并取得了巨大的成就。综合分析目前国内外的研究现状来看，触觉传感器的研究表现出如下几方面的发展趋势。

2.4.1　多种先进柔性材料的开发

柔性材料是与刚性材料相对应的概念，一般柔性材料具有柔软、低模量、易变形等属性。而柔性传感器则是指采用柔性材料制成的传感器，具有良好的柔韧性、延展性，甚至可自由弯曲和折叠，而且结构形式灵活多样，可根据测量条件的要求任意布置，能够非常方便地对复杂被测量进行检测。

1. 柔性碳材料的开发

石墨烯新材料的发展，为下一代高灵敏柔性触觉技术的发展提供了新的解决路径。中国科学院重庆绿色智能技术研究院致力于三维共形微纳石墨烯直接生长与柔性转移技术研究。三维共形石墨烯薄膜不仅具有高导电性，而且表现出高力学可靠性，是柔性电极的理想材料。魏大鹏研究员制作了一种三维（3D）微形石墨烯电极，具有可控的微观结构和完美的保形石墨烯导电膜，用于超灵敏、可调和柔性电容式压力传感器。在石墨烯电极的不同制备工艺下，采用传统的聚甲基丙烯酸甲酯（PMMA）介导的转移法、紫外光固化胶（UVA）介导的转移法和微形转移法，可控地制备了纳米到微米级的柔性电极的多尺度形貌，并通过光滑石墨烯电极（SGrE）、纳米结构石墨烯电极（NGrE）和微结构石墨烯电极（MGrE）制造了高灵敏、快响应、低检测极限、低迟滞的柔性电容式压力传感器，主要指标已经超越了人类触觉感知水平。

2021 年，郑州大学刘春太教授、代坤教授和中国科学院北京纳米能源与系统研究所潘曹峰研究员以头足类动物皮肤的发光机制和蜘蛛狭缝器官的超灵敏反应型为灵感，开发了一种超灵敏自供电机械发光智能皮肤（SPMSS），该智能皮肤具有良好的电源供应和自供电传感能力，因此在健康监测、视觉传感和自供电传感等方面具有多功能应用前景，有望在人工智能领域发挥重要作用。

2. 可自愈水凝胶的开发

具有富含水的聚合物网络结构的水凝胶与人类的天然组织非常相似。近年来，由于其柔韧性、生物相容性和可设计性，水凝胶被广泛用于组织工程、可穿戴设备和柔性电极等各个领域。但是，水凝胶在低温下会变得脆弱和无弹性，这极大地限制了导电水凝胶作为柔性和可穿戴应变传感器的使用场景。

新加坡南洋理工大学周琨教授团队报道了一种超拉伸、可修复、可导电、可 3D 打印的双网络水凝胶。图 2.20a 展示了双网络琼脂/AAC（丙烯酸）-Fe^{3+} 水凝胶的制备过程。由初始状态冷却后物理交联形成脆性网络。紫外光固化后，在可光聚合的 AAC 中产生化学交联，作为延性网络。将得到的双网络琼脂/AAC 水凝胶在室温下浸泡在 Fe^{3+} 溶液中 3 天，使 Fe^{3+} 离子与 AAC 的羧基形成羧基-Fe^{3+} 配位相互作用。羧基-Fe^{3+} 配位相互作用可以为软质 AAC 的延性网络提供额外的强度。该双网络水凝胶将脆性的第一网络和柔韧的第二网络组合，并通过引入 Fe^{3+} 与第二网络里的 AAC 进一步形成配位作用（AAC-Fe^{3+}）来实现增韧。可恢复的第一网络和 AAC-Fe^{3+} 在拉伸过程中起到吸收能量的作用，使双网络水凝胶能够承受较大的形变。通过该能量耗散机理构建的双网络水凝胶具有超高拉伸性能（伸长率可达 3174%）。该水凝胶材料能够在损伤后恢复其力学性能和导电性的特性，完成自愈。图 2.20b 展示了两片双网络水凝胶的自愈过程。

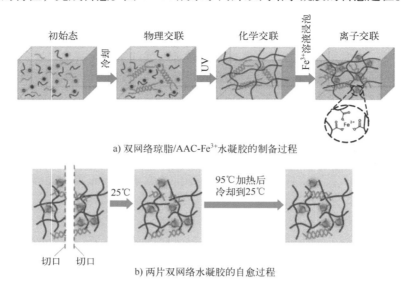

a) 双网络琼脂/AAC-Fe^{3+}水凝胶的制备过程

b) 两片双网络水凝胶的自愈过程

图 2.20　双网络琼脂水凝胶的制备和性能

此外，金属离子的存在使该双网络水凝胶具备良好的导电性，用其制备的柔性应变传感器兼具高拉伸性和高灵敏度，可以准确检测相应的人体活动。一般来说，传统的金属基应变传感器拉伸性能较差，但是当采用双网络琼脂/AAC-Fe^{3+}水凝胶时，应变从 100% 增加到 1000%，测量到的应变灵敏度因此由 0.46 增加到 0.83，应变敏感性较高。将组装好的双网络琼脂/AAC-Fe^{3+}水凝胶应变传感器绑在手指上检测弯曲运动，手指弯曲程度不同，导致传感的电阻单调增加到不同水平。

此外，四川大学周涛教授与德克萨斯大学奥斯汀分校余桂华教授合作，通过预渗透方法开发了具有超分子双网络结构的新型导电自愈水凝胶（CSH）。通过将导电聚苯胺（PANI）前聚体预先浸入可自愈合的疏水聚丙烯酸（HAPAA）水凝胶基质中，制备出了超分子双网络 CSH。HAPAA 和 PANI 网络之间的动态界面相互作用有效地增强了 HAPAA/PANI（PAAN）水凝胶的力学性能，并可以弥补力学强度提高对自愈合的负面影响。

可自愈水凝胶技术的开发对于水凝胶在柔性传感器、电子皮肤、软体机器人等领域的应用具有重要意义。

3. 导电材料银纳米线（AgNW）的开发

当前，还有一种导电性能比较出色的材料——银纳米线（AgNW）能够作为触觉传感器的材料。银是电的良导体，所以其电阻率低、电导率高。如图 2.21 所示，可以将 AgNW 悬浮液喷涂到 20 μm 厚的被 O$_2$ 等离子体处理过的聚二甲基硅氧烷（PDMS）薄膜表面上。在 AgNW/PDMS 复合薄膜的两端涂上银漆后，将两片作为电极的铜箔连接起来。最后，将 AgNW/PDMS 复合薄膜从聚四氟乙烯衬底上手工卷起 15 圈，边缘用液态 PDMS 混合物密封，得到了具有类似树木生轮的螺旋结构的纤维应变传感器。采用该材料制成柔性传感器，具有在不平整表面上贴合的特点。当 AgNW/PDMS 传感器被缝合到棉质手套的食指部分，食指从 0° 到 120° 弯曲角度不同，电信号输出也不同。食指弯曲变形越大，信号峰值越大。因此，纤维应变传感器在生产可穿戴传感电子织物方面具有很大的潜力。该导电银纳米线材料由四川大学鄢定祥教授完成。

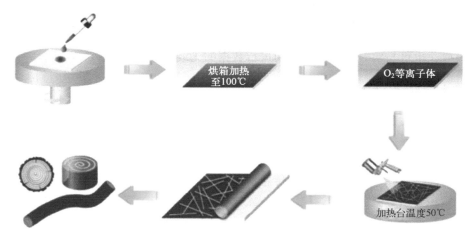

图 2.21　AgNW/PDMS 传感器的制作过程

2.4.2　可穿戴触觉传感器的研发

提供可见光反馈的触觉传感器在快速发展的可穿戴显示器、电子皮肤和生物医学等领域变得越来越重要。然而，传感器信号的获取、传输与表达仍然面临很大挑战。例如，为了模拟真实的触觉系统，一个完全覆盖的机器人需要数千个皮肤传感及反馈元件，如何构建传感器及电路布线引起了广泛的研究兴趣。

北京纳米能源与系统研究所潘曹峰研究员团队通过叉指微电极与纳米纤维薄膜相结合，设计并构筑了一种结构简单的可穿戴高性能压力传感器（见图 2.22），实现了高灵敏、宽响应可穿戴压力传感。灵敏层的骨架为通过气体纺丝技术获得的聚丙烯腈（PAN）纳米纤维薄膜，具有较大的孔隙率和比表面积；灵敏层的活性填料为通过水热法刻蚀获得的新型二维材料 MXene，其形貌呈手风琴状多层结构。

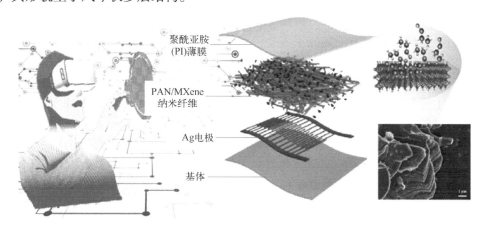

图 2.22　基于新型二维材料 MXene 的可穿戴传感器

该器件对压力的响应灵敏度高达 $81.89\ kPa^{-1}$，相比于近年来的相关报道展示出了很大的优势，这是因为灵敏层中不同尺度微观结构的协同作用。MXene 的层间距较大，比一般活性填料的级层间距大得多，可以提高其在二维平面空间达到变形极限的范围。此外，聚丙烯腈（PAN）纳米纤维薄膜由于气纺工艺接收板的气孔设计，使薄膜呈现出规则排列的圆柱体结构，扩大了纤维受压时的变形维度，提升了传感能力。另外，该器件可在无任何黏结剂的条件下与皮肤实现紧密贴附。而且，该器件具有可扩展性，适用于大规模阵列化制备以及与后端电路系统的集成，也可与实时显示设备之间进行数据的无线传输。

2.4.3 植入式电子设备的研制

材料科学和制造技术的快速进步极大地促进了柔性可延展传感电子器件的发展。采用柔性材料可以承受更多显著的机械形变。当电子器件穿戴在人体皮肤或者弯曲表面时，器件和柔软的人体组织之间的机械不匹配是该领域需要解决的关键科学问题之一。因此，能用于可穿戴和植入式电子器件的超弹、高灵敏的柔性传感器需求迫切。对于植入式电子设备，由于其复杂多变的内部环境，要求更高的标准。稳定性、无毒、生物相容性、柔韧性和一致性是生物惰性植入式应变传感器的基本特性。

为此，中国科学院苏州纳米技术与纳米仿生研究所张珽课题组和第三军医大学大坪医院赵辉、熊雁研究团队合作，采用预拉伸-包裹-释放的方法构建了一种新型表面具有均匀褶皱结构的核-鞘纤维状超弹应变传感器，这种传感器在大应变、全工作范围内有出色的传感性能。该超弹纤维应变传感器具有接近皮肤的弹性模量（约 140 kPa），由于器件鞘层周期性褶皱结构相互接触形成了大量接触导电通路，在形变过程中会引起电阻值的显著变化，因此无论对微弱应变还是对大应变都有良好的响应，在整个工作范围内具有高的灵敏度。在 0~150% 应变范围内，灵敏度为 21.3，在 200%~1135% 应变范围内灵敏度为 34.22。该工作作为从材料、结构与界面角度设计和制造超延展柔性电子器件提供了新思路，可以有效地消除器件与柔软组织之间的模量差异带来的性能损耗，并成功地演示了其对人体微小肌肉运动以及大范围的关节运动实时监测能力，以及作为可植入式器件用于数字化医疗来评估术后肌腱修复情况的潜力。

2.4.4 触觉传感器阵列技术

触觉传感阵列通常是由多个触觉传感单元构成的触觉传感器。触觉传感单元能够测量单点的接触力，而触觉传感阵列由于集成了多个传感单元，因此具备分布式接触力的检测。当前用一个触觉传感器实时检测和区分各种外部刺激仍是一个需要克服的难点，并且在很大程度上限制了电子皮肤的发展。人体皮肤可以同时检测各种刺激的强度和模式，即其可以分辨按压、敲击和弯曲。这主要归因于四个机械感受器（SA-I、SA-II 和 FA-I、FA-II）分布在人体皮肤不同区域。机械感受器接收外部刺激并将其转换为电子信号，然后这四种受体的综合信号由大脑进行分析，得到物体大小、形状和质地等信息。传统的触觉传感器阵列往往只具有单一功能，同时大面积、高分辨力的传感器阵列需要大量的电极引线。香港城市大学杨征保团队和哈尔滨工业大学胡泓团队合作，研发了柔性触觉传感器阵列，实现测量压力、弯曲半径和弯曲方向的同时，可测量多种外部刺激并实时区分。该阵列传感器是基于压电薄膜的，是一种具有行+列电极结构的触觉传感器阵列，将电极引线数量由 $n\times m$ 降低至 $n+m$，极大地降低了制作成本和难度。该触觉传感器阵列可以实时感测和区分各种外部刺激的大小、位置和模式，包括轻微触碰、按压和弯曲。独特的设计克服了其他压电式传感器中存在的串扰问题。压力传感和弯曲传感测试表明，所提出的触觉传感器阵列具有高灵敏度（7.7 mV·kPa^{-1}）、长期耐用（80000 次循环）和快速响应时间（10 ms）的特点。触觉传感器阵列还显示出卓越的可扩展性和大规模制造的便利性。

　　图 2.23 所示为触觉传感阵列的应用，它不仅可以用来检测颈动脉脉搏，还能检测微小物体运动。小蜘蛛质量约为 5 mg，传感器阵列能够精确捕捉到蜘蛛的起飞和降落位置、静止时间和空中持续时间。如果没有触觉反馈控制的情况下，普通触觉传感器的机械手会破坏豆腐块，而具有触觉反馈的机械手，可以平稳抓起柔软易碎的豆腐。这项研究为触觉传感器设计提供了一种新的策略，并将广泛惠及许多领域，尤其是电子皮肤、健康监测、动物运动检测和机器人技术。

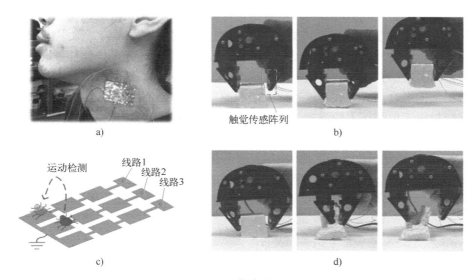

图 2.23　触觉传感阵列的应用

2.4.5　其他与触觉相关的技术发展趋势

　　随着现代化发展，各类机器人已深入人类的日常生活之中，为使机器人能适应动态变化的工作环境，机器人应当具备更为敏感精确的感知能力。中国科学院自动化研究所王硕研究员团队设计了一种基于立体视觉的新型触觉传感器，由感知接触点云的显著性检测和概率点集配准算法组成的基于触觉的手持目标定位流程（GelStereo），可以感知具有高空间分辨力（<1 mm）的触觉点云。在机器人平台上进行了感知触觉点云的广泛定性和定量分析以及小零件的手持定位和插入实验。实验结果验证了新型 GelStereo 触觉传感器和所提出的手持目标定位管道所感知的触觉点云的准确性和鲁棒性。此外，日本的 Kenta Kumagai 提出一种新型半球形圆顶视觉传感器，该传感器由一个嵌入了 361 个标记的弹性体指尖和一个基于事件的摄像头组成，可提供具有高时间/空间分辨力的触觉信息。当力施加到柔软的指尖时发生形变。基于事件的相机中的每个像素都会响应制造商的运动并生成事件，基于视觉的触觉传感器的时间分辨力为 500 μs，可以检测接触中的快速现象，还可以测量空间接触模式，例如接触位置和方向。

　　随着触觉传感技术的发展，对触觉传感器的外形和功能也相应地有了更高的要求，特别是在各种要求精确操作的复杂环境下，触觉传感器必须兼具微型化和多功能化的特点。天津大学的李源等人利用微纳米加工技术研制了用于微结构几何量测量的微机电系统三维微触觉传感器，并对其性能进行了测试，实验证明微纳米技术的发展为触觉传感器的微型化提供了有力的技术支持。此外，目前，具备不同功能的微型触觉传感器大量地安装在具有各种功用的机器人手爪上，以帮助机器人完成各项复杂的手爪操作行为。

主动触觉是相对于被动触觉而言的，被动触觉通过触觉传感器与目标物体的静态接触被动地获取局部而单一的触觉信息，而主动触觉则是一种模仿人类主动触摸目标物体来获取多种信息的感知方式，是由运动机构带动末端执行器上的触觉传感器，以特定的空间运动方式与目标物接触并做相对运动，同时采集信息。被动触觉转向主动触觉之后，整个主动触觉识别过程就变为触觉传感器、位置传感器、控制系统以及探索程序相协调的系统过程。它表明触觉传感器的研究在不断提高单体性能的同时，已经逐步演变为触觉系统。

通过对国内外的研究现状的分析可以看出，目前触觉传感器研究最大的问题在于柔性化和多维力检测的兼容。对于真正具有"类皮肤"功能的触觉传感器而言，除了需要具有类似于人类皮肤的柔顺特性之外，当机器人需要灵巧且精确地完成多种复杂操作任务时，触觉传感器还必须具备空间多维感知能力。目前，柔性多维力传感器依赖柔性材料进行力的传递，或者依靠柔性的组织结构组合而成，并不能连续大面积测量多维力。大多数采用柔性力敏材料制作而成的传感器则局限于单维压力的测量，无法满足智能机器人特别是仿生机器人的需求。

此外，已有的柔性多维力触觉传感器大多数的研究成果还仅仅停留在实验室阶段，制备工艺复杂、成本较高，距离满足当前各个领域的应用需求还有不小的距离。想要突破瓶颈，一方面要进一步探究触觉传感器的机理，另一方面对新型敏感材料的研发也是迫在眉睫。在未来的一段时间内，触觉传感器的柔性化、多维力测量、可靠性和实用性等问题仍然是触觉传感技术重点发展的方向。

2.5　机器人触觉感知的实际应用

随着智能机器人技术的发展，机器人取代人工已经成为可能。它不仅可以在一定程度上提高社会劳动生产率，还能使人们的生活更加方便。目前，全世界有多种机器人被应用在人们的工作和生活中。其中，触觉传感器在机器人领域的广泛应用是举足轻重的，机器人依靠触觉传感器可以精确地感知外部信息，实现与外界环境的良好互动。

2.5.1　机器人触觉感知产品

1. 松果体机器人

深圳市松果体机器人科技有限公司研制的松果体机器人（见图2.24），其机器触觉传感器与物理界面接触之后，可以将物理界面上的变形、纹理等物理信息直接映射到传感器中，并利用后方的光学捕捉技术对界面变形完成捕捉，最后利用算法重建表面精确的触觉信息。在这种技术手段上，松果体机器人推出了三款标准化的触觉终端产品，分别是 Palm Sensor（掌形终端）、Roller Sensor（滚筒形终端）以及 Pad Sensor（板形终端）。掌形终端主要用于零散的、小面积的物理界面触觉信息捕捉；滚筒形终端主要用于连贯区域的连续检测；板形终端则可用于固定的大面积表面检测以及人体表面检测。这些触觉终端有机结合，可以解决垂直行业中遇到的众多触觉感知问题。

松果体机器人已经在飞机、建材、医疗检测等多个行业探索，并产生商业价值。以航空航天工业领域为例，松果体机器

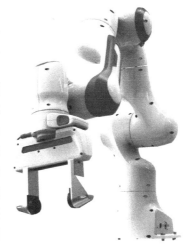

图 2.24　松果体机器人 Finger
系列产品

人可以提供高精度的飞机表面缺陷解决方案。以往的飞机表面检测通常采用机器视觉或超声检测等方法，但机器视觉对光照环境有十分苛刻的要求，一般不允许在检测过程中出现光照变化，同时对被检测物体的尺寸也有着一定的规定。此外，在面对一些透明/半透明材料时，视觉检测的效果通常会大打折扣，甚至无法完成，因此会导致整个检测过程十分低效。利用松果体机器人的掌形终端和滚筒形终端触觉传感器，用户可以灵活地对飞机机翼、尾翼、机头雷达罩等部位进行高精度的检测，以确定被测表面是否存在细小的凹凸、裂纹。利用松果体机器人的机器触觉检测终端对飞机表面进行检测，其精度远高于传统的视觉检测和超声检测，而且具有较低的成本。

目前松果体机器人通过垂直行业解决方案交付的方式与客户进行合作。在航空航天工业领域，松果体机器人已经完成了包含手持设备和系统算法的解决方案的落地。

2. 材料搬运机器人触觉——微型手和柔性夹爪

当今世界各国都在大力发展工业 4.0，以促进制造业的转型升级。其目标是借助物联网、数字信息技术和计算机技术，实现制造过程的智能化、柔性化和个性化，其中发展、利用工业机器人是重要方向。近年来，工业机器人代替人力进行很多重复性和复杂性高的工作，促进了工业的进步，也减轻了工人繁重的重复劳动。

传统的工业机器人可用于搬运负载很重和规则形状的物品，而微型手机器人和柔性夹爪则可以搬运轻至几克甚至几毫克及形状特殊的物品，适用于智能装配、自动分拣、物流仓储和食品加工等行业中的中小型自动化设备和仪器，也可以作为科研实验设备内的样品传送、智能娱乐设备或服务型机器人的功能性配件，是实现智能、无伤、高安全性、高适应性抓取动作的理想选择。

对于一些比较精细的零件搬运工作需要采用传感器。美国通用公司研制的用于零件搬运与装配的视觉控制机器人（CONSIGHT）系统，能够捡起任意摆放在传送带上的零件。图 2.25a 所示为 CONSIGHT 系统的硬件框图。此系统能够测定各种不同类型的机械零件的位置和方向；视觉子系统和机器人子系统的作用十分明显，而监控子系统具有定标（测量视觉坐标系与机器人坐标系之间关系的过程）作用。图 2.25b 给出了此系统操作状态的程序流程图。

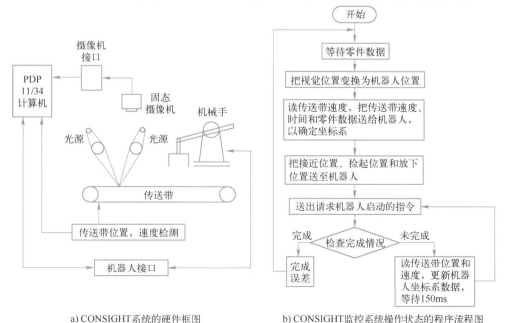

a) CONSIGHT系统的硬件框图　　　　b) CONSIGHT监控系统操作状态的程序流程图

图 2.25　CONSIGHT 系统

　　柔性夹爪（见图 2.26）主要由柔性手指模块、支架、机械臂连接件构成。其中，柔性手指模块由特殊的硅橡胶材料浇筑成型，具有柔韧性好、寿命长、可靠性高等特点。支架及机械臂连接件部分由航空级高强度铝合金制作而成，重量轻、强度高，可轻松应对各种工业场合。不同于传统手爪的刚性结构，此夹爪依靠柔软的气动"手指"，能够完美模拟人手抓取动作，自适应地包裹住目标物体，无须根据物体的精确尺寸、形状和硬度进行预先设置，摆脱了传统生产线对来料的种种束缚，尤其适用于异形、易损的各类产品。

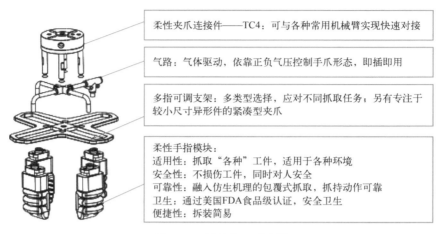

柔性夹爪连接件——TC4：可与各种常用机械臂实现快速对接

气路：气体驱动，依靠正负气压控制手爪形态，即插即用

多指可调支架：多类型选择，应对不同抓取任务；另有专注于较小尺寸异形件的紧凑型夹爪

柔性手指模块：
适用性：抓取"各种"工件，适用于各种环境
安全性：不损伤工件，同时对人安全
可靠性：融入仿生机理的包覆式抓取，抓持动作可靠
卫生：通过美国FDA食品级认证，安全卫生
便捷性：拆装简易

图 2.26 　柔性夹爪示意图

　　柔性夹爪的软端夹具是一种新型的端部夹具，其特点是夹具的端部与工件的接触部分由软材料制成。它可以轻轻地抓住工件而不会损坏，并且具有很高的灵活性。一个夹具可以抓取不同大小、形状和重量的工件。目前被广泛使用的传统夹具，如气缸钳口和真空吸盘，往往会受到组件上工件的形状、类型和位置的影响，无法顺利抓取。然而，这种新型软端夹具具有软"手指"，在接触时可以自适应地覆盖目标件。它不需要根据产品的尺寸、形状和材料进行预先调整，从而完美地解决了传统夹具对产品形状和尺寸要求高的问题。软端夹具具有温和的抓取行为，适用的抓取范围大，特别适合抓取易碎或可变形的产品。

　　柔性夹持系统（见图 2.27）主要由末端执行器、气动控制模块及附件气路组成。该系统通过连接气源及工业机器人，方便快捷搭建起柔性夹持系统；通过一定的协议可与工业机器人实现协同工作，无缝衔接。气动控制模块是柔性夹具的专用控制模块，可以输出柔性夹具能够承受的安全压力，这是传统夹具无法满足的。通过控制模块可以调节夹具内体的压力，实现对柔性夹具夹持的精确控制。该夹具采用配套的气动控制模块和 SRT 软端夹具，可与机械臂等位移机构协调，快速组成软抓取系统，取代传统夹具，全面提高抓取能力。

　　目前，SRT 型柔性夹爪能够将大小不一的新鲜水果、0.04～0.05 mm 的小物品、易损易碎的生鸡蛋、刚出炉烫手的饼干等迅速精准抓取分拣，具有高精度抓取（专为抓取重量轻、体积小的产品而设计，抓取适应性强、精准度高）和空间紧凑（外形尺寸小，可应用在小空间抓取中）的优点。此外，该夹爪配合增强手指及组合使用，可以使抓取力得到大幅提升，可抓取重型工件；可以根据多样化需求匹配多种夹爪型号或特定手指，以便于某些特定物体的抓取；显著提高接触面的材料体积电阻率，防止静电累积，保障电子元器件在夹取过程中不受静电放电的损坏。

　　SRT 型柔性夹爪不仅可以应用于工业生产，也可以用于其他行业。图 2.28 列举了一部分采用 SRT 型柔性夹爪的应用范例，如在电子、食品、汽车、日用化工、药物、3C（计算机、通信和消费电子产品三类电子产品的简称）等行业的应用。

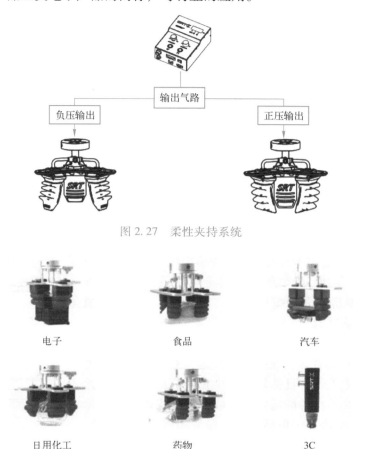

图 2.27　柔性夹持系统

电子	食品	汽车
日用化工	药物	3C

图 2.28　柔性夹爪在各领域的应用

该夹爪通过了美国、欧盟和日本食品认证，可直接接触食品，安全无毒，不会造成污染，因此可以应用在食品行业。在食品生产线上，人工的分拣和包装操作可能有潜在不安全的因素。传统的机械加工设备在长时间高产量运行时，由于物体的形状、重量和体积不同，容易出现倒空、落料、包装破损等问题。SRT 型柔性夹持系统符合食品卫生和安全法规，其软材料可以减少物品的损失，实现多个产品的在线包装，使生产线顺畅，提高生产率，降低成本，让产品快速流向市场。

柔性夹爪的包覆式轻柔抓取不会损伤工件，在抓取物存在一定精度偏差的情况下也可实现准确上料，因此，SRT 型柔性夹爪可应用于 3C 电子智能穿戴设备制作。3C 电子行业的发展日新月异，主硬件制造商一直在寻找降低成本的生产和加工解决方案。通常，制造商的工作站使用圆筒夹具与二维视觉方案进行分拣，然而视觉识别时间拖慢了生产线速度。此外，传统圆筒夹具的整体设备结构较为笨重，在操作过程中容易划伤物体的外观。SRT 型柔性夹爪适用于精密装配、测试、装卸、包装等不同的生产过程，可提高产品质量和工厂生产率。

SRT 型柔性夹爪可为大尺寸、异形工件量身定制柔性夹爪支架，因此，可应用于汽车零部件抓取。由于汽车零部件制造业工艺流程复杂，往往无法手工完成，采用 SRT 型柔性夹爪能够处理复杂的过程顺序。它可在封闭、真空和油性环境中高速运行。夹持器的气动控制系统可以调节夹持力，并具有很强的适应性，在材料搬运过程中柔性材料不会因夹持变形而损坏表面，能够处理不同形状和尺寸的工件的搬运、装卸，提高工厂的整体生产率。

柔性夹爪还可以应用于医疗高分子材料、日化五金、珠宝等领域。它的抓取类似于人类的手部动作，具有柔软性，可以自动覆盖产品而不会产生物理损伤，是实现智能化、无损伤、高安全性、高适应性抓取动作的理想选择。

3. 范德华力吸盘

范德华力吸盘的灵感来自于对壁虎脚掌微观特征的观测和模仿，通过特殊的聚合物材料和微米级的表面微观成型工艺，吸盘能够与各种物体表面产生强烈的分子间作用力，吸附力度可达 $0.5\,\mathrm{kg/cm^3}$。得益于其特殊的吸附机理，范德华力吸盘无须供电、供气或编程，简单可靠，能够吸附多孔工件，甚至在真空环境下正常使用，极大地拓展了自动化设备的应用范畴。

范德华力吸盘主要由法兰接口、缓冲机构和吸盘模块组成，如图 2.29 所示。范德华力是一种存在于中性分子或原子间的弱碱性的电性吸引力。范德华力吸盘是利用范德华力进行"抓取"的一种新型机器人末端执行器，在吸附环节不需要消耗能量，俗称"壁虎吸盘"。

范德华力吸盘适用于芯片行业、屏幕行业、3C 数码产品行业中的晶圆搬运、玻璃搬运、液晶面板搬运、上下料等应用场景。它可以在真空中工作，且抓取过程中无须消耗能量，能无伤、无痕、高安全性、高柔性地完成抓取动作。范德华力吸盘的抓取过程如图 2.30 所示，包括定位、接触和预加载、提升、放置以及倾斜释放几个过程。

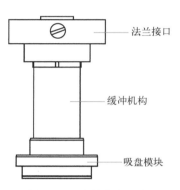

图 2.29　范德华力吸盘

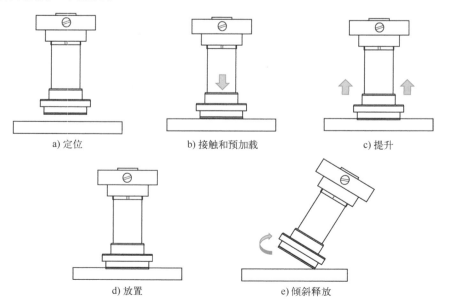

a) 定位　　　　　　　b) 接触和预加载　　　　　　　c) 提升

d) 放置　　　　　　　e) 倾斜释放

图 2.30　范德华力吸盘的抓取过程

范德华力吸盘在处理高度抛光的表面时效果最佳,因为从微观角度来看,这种表面与吸盘的接触面积最大。然而,随着表面光滑度的降低,需要更多的预加载力来实现有效的吸附。如果工件表面有灰尘、碎屑或油泥,或者表面潮湿,范德华力吸盘将无法有效吸附。因此,范德华力吸盘最适合用于洁净、光滑且干燥的表面。

吸附力也取决于对工件表面施加的预加载力的大小。这种预加载力还取决于工件表面的粗糙度,一般情况下,表面更粗糙的工件需求的预加载力也越大。吸附过程中需要施加加载力,在结构部分设计了缓冲结构,但缓冲行程有限,使用过程中应避免缓冲触底造成结构损坏。释放过程中需要倾斜吸盘,此时需要调整机器人运动轨迹,避免吸盘模块表面与工件表面发生滑动位移或磕碰导致结构损坏。

范德华力吸盘理想的工作情况为工件重心与吸盘中心线重合。如果工件重心与吸盘中心线有偏离,工件重心在吸盘模块中心上会施加力矩,从而降低吸附效果。此外,机器人在高速移动的时候也可能会产生力矩,导致工件意外脱落。随着使用次数的增多,吸盘模块会发生磨损,需要更换。吸盘模块的更换间隔取决于使用环境与工件表面质量。此外,表面粗糙度、表面的结构造型、材料的刚度等都会影响范德华力吸盘的载荷能力。一般来讲,表面越光滑,结构造型越平坦,材料刚度越大的工件,吸附效果越强,反之吸附效果越弱。

4. 智能化焊接机器人

智能化焊接机器人工作站是一种具备较高自动化程度的焊接设施,烦琐重复的人工焊接作业可以被机器人手臂代替,智能化焊接机器人不但具备自动寻位、自动焊接、自动清枪等功能,同时也是提升焊接质量、改善人员工作环境的一个重要手段。机器人焊接作为现代制造技术发展的重要标志之一,已经在我国许多工厂广泛使用。众所周知,焊接加工是属于工作环境差、对人体伤害较大的一类加工手段之一,且对关键部位焊接也需要水平较高的焊工来完成。随着智能化焊接机器人在生产中的使用,这些难题将迎刃而解。

智能化焊接机器人工作站是一台用于组合式钢叶片与外环组件焊缝焊接的柔性设备,采用倒装式机器人加双工位方式,机器人焊接系统实现工件多种焊缝的自动焊接。根据设计提供的工件图样及相关资料,结合产品类型、尺寸及焊缝空间分布情况,编制合理的工艺流程,设计焊接变位机、机器人焊接工作站及整体布局,确保焊接工艺流程正确,保证产品的焊接质量达到图样的要求,并尽量控制焊接变形,使产品的尺寸准确度达到图样的要求,实现柔性化生产。

焊接机器人系统采用先进的数字化弧焊电源焊接,能够大幅提高焊接质量及生产率。符合人机工程的夹具设计使操作者操作便捷、省力,可减轻操作者劳动强度。定位系统元件可方便、精确调整的夹具设计,使其能够保持在高准确度操作,完成高质量工件制作。该系统配有清洁枪、喷硅油装置,能够减少操作者日常维护量,使系统有更高的运行效率。焊接机器人工作站主要由外环缝焊接工位、机器人旋转装置、安全防护围栏、焊接机器人、叶片焊接工位和外围控制组件几个部分组成,如图 2.31 所示。

焊接机器人本体的旋转驱动装置采用机器人外部轴驱动,具有自动化程度高、操作方便、柔性化好、可扩展性强、到位准确度高等特点。焊接机器人本体如图 2.32 所示。

工作站的工作区域设置一个半封闭式安全围栏,以免操作者在机器人工作时误入焊接区域,造成安全事故,同时减少焊接弧光对其他区域的影响。安全围栏骨架采用型材拼焊,加装亚克力板,具有美观大方、牢固可靠等优点。安全围栏在设备操作位处为可开式防护门,其余位置封闭。主机上设置有三色报警灯，绿色为正常工作、黄色为待料、红色为设备故障，设备状况一目了然，方便车间管理。

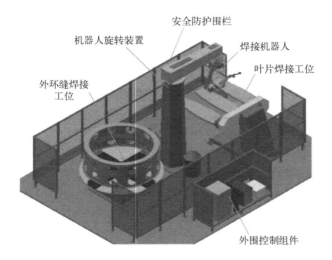

图 2.31　焊接机器人工作站　　　　　　　　　图 2.32　焊接机器人本体

焊接机器人工作站的机器人配置了焊丝高压接触传感系统，该系统是在被焊工件之间加高压，通过检测通电情况来确定工件焊缝起始点位置，再进行误差修正。在焊接过程中，焊接机器人动作使触觉传感器的触头与对象物焊缝坡口槽相接触，微型计算机控制系统通过触觉系统采集有关触头与焊缝坡口槽的接触状态信息，并对这些信息进行分析处理，根据规定的智能逻辑要求控制机器人动作，使触头按某一方向沿焊缝前进，并在前进过程中记忆整个焊缝轨迹。

智能化焊接机器人工作站在制造车间中，通过柔性化的生产模式，实现不同类型产品的自动化焊接。因此，不仅可满足批量化产品的焊接组装生产，也可实现新产品的零星试制以及小批量产品的自动焊接生产。智能化生产车间能够有效保证产品服务质量的稳定，降低生产成本，缩短生产周期，降低一线员工的劳动强度，从而显著提升焊接工作效率，直接提升产品焊接质量。虽然自动化焊接设备现如今能够实现部分功能，但仍然需要继续探索研究，智能化焊接机器人工作站取代重复劳动力生产必将会是制造企业未来发展的主要方向。市场上应用焊接机器人生产已有一段时间，智能化焊接机器人工作站采用碳钢、低合金钢种类的焊丝焊接，实现了不同材质组合、不同型号、不同结构形式的组合式钢叶片与外环组件的自动化焊接生产。与人工焊接相比，智能化焊接机器人节省了大量时间与精力，降低了生产成本，提高了效率与准确度，焊接合格率超过 99%。相信自动化焊接技术的升级，可以帮助提高生产效益，完成工厂智能化升级改造。

5. 反馈手套

近年来，便携式智能电子产品的发展日新月异，出现了很多多功能的可穿戴器件。将电子产品用于手镯、眼镜和鞋子等随身穿戴品一样"穿戴"在身上已然成为一种新时尚。其中，穿戴式触觉传感器是当下科技圈前沿的领域之一，可模仿人与外界环境直接接触时的触觉功能，主要包括对力信号、热信号和湿信号的探测，是物联网的神经末梢和辅助人类全面感知自然及自身的核心元件。

Meta（原 Facebook）公司发布的一款硬件产品——触觉手套，把虚拟世界的触感带到了人们的指尖。该手套通过搭载大量的追踪和反馈部件，比如微流体触觉反馈层压板、气动控制架构，它可以复制手指抓住物体或者沿着物体表面运动的感觉，让人在虚拟现实世界中，清晰地感受到与虚拟物体交互时的触觉。如图 2.33 所示，该手套里面有大约 15 个脊状的充气式制动器，它们分布在佩戴者的手掌、手腕和指尖，通过一个复杂的控制系统会调整制动器的充气水平，从而对佩戴者的手的不同部位产生压力。当进入 VR（虚拟现实）或 AR（增强现实）世界，如果佩戴者用指尖触摸一个虚拟物体，他会感觉到该物体压入皮肤的感觉，佩戴者也可以感受到虚拟世界中不同物体的重量以及形状。当人们戴着手套在游戏中与人握手、击掌时，手部不同部位的力度会真实地传达给佩戴者，就像在跟一个真人互动一样。虽然触感手套可以模拟物体的轮廓感，但不能反映物体表面之间的细微差别。

图 2.33　Meta 公司制作的触觉手套

远程存在是指操作者能够感知远程机器人在现场感受到的视觉、触觉、力等环境信息，并对机器人进行有效的远程操作的一种交互技术。远程存在技术包括机器人与远程环境之间的交互以及机器人与操作者之间的交互。操作者可以通过机器人和操作员之间的交互，决定机器人能否在外部环境中工作。制订方案和决策的能力取决于操作员从远程环境反馈足够的信息。由于使用远程存在，机器人可以在危险和远程环境中执行高级技术任务，如应用在核化学和海底工业或太空工业。

触觉临场感应系统主要由手指形触觉传感器和通信网络、数据手套和电触觉反馈手套组成。手指形触觉传感器基于全内反射（TIR）产生灰度触觉图像。

安装在现场机器人手爪上的柔性手指状触觉传感器可以捕捉物体的信息并将其传送到主框架。一方面，它可以生成物体的灰度图像，这有助于视觉显示；另一方面，它可以传送到触觉反馈手套，使操作员的类似感知通过触觉反馈了解夹持器的状态，操作员可以控制机器人有效地执行任务，大大提高机器人的智能。

触觉反馈是指将物体的触觉信息呈现给操作者的过程，为机器人设计的触觉反馈装置将为操作者提供直接的触觉感知。目前已经开发了多种触觉反馈装置，如气动方法、振动旋转方法、形状记忆金属方法和压电方法。与这些反馈装置相比，电激活反馈装置具有以下特点：便携式、微型、灵活；高集成度、高分辨力；低功耗、高转化率；可控。触觉反馈系统（见图 2.34）由 7 部分组成。手指形触觉传感器捕捉到的物体信号被传输到信号转换器（放大并转换为选择刺激脉冲信号的控制指令）。

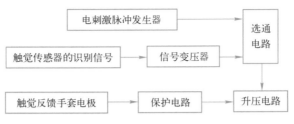

图 2.34　触觉反馈系统的组成

升压电路对选定的刺激脉冲信号进行升压。由于该装置直接作用于人体，通常作用于手指，因此在将信号传输到电极之前，有必要加入保护电路，以防过大的电压或电流对操作者造成伤害。所施加的电刺激是一个振幅在 50 ~ 200 V 范围内的可变脉冲，频率范围为 10 Hz ~ 1 kHz，占空比范围为 0 ~ 100%。

电极在电触觉反馈技术中起着重要的作用。电极的材料、排列、尺寸和形状对触觉反馈的结果有很大的影响。为了减轻对皮肤的刺激和可能的损害，电极不应向皮肤诱导非体离子并产生化学变化。同时，电极的材料应要灵活。电极的形状指中性电极和像素电极的形状。对于像素电极，形状通常是圆形或方形。理论上，它会在方形电极的拐角处形成尖峰电流，给人们带来不舒服的感觉，而圆形电极则不会。对于像素电极的大小，位置的要求分辨力和手指的实际操作能力都需要考虑。就刺激电极给人们带来的感觉而言，更大面积的触摸会带来更好的感觉，因此刺激电极的面积通常为 10 mm^2 或更大。

手套由轻质尼龙材料制成，电极由柔性印制电路板（PCB）技术制成，具有柔性。尼龙材料轻质，弹性好，因此操作者不容易感到疲劳，手指容易在没有额外力的情况下紧密接触手套。

当机器人手指接触到物体时，安装在机器人上的手指状传感器将获得物体的灰度图像。如果五个指尖都接触到物体，则可以获得图像序列。图像被传送到监视器。同时，触摸信号被传送到电动反馈手套。操作员将通过直接感知知道他是否抓到物体。如果夹持器的状态发生变化，操作员将识别这些变化，并知道哪根手指仍与物体接触，哪根手指没有接触，如同操作员自己抓住了物体一般。机器人可以根据触觉传感器获得的图像识别和分类不同的物体，如球、长方形盒和其他形状的物体。利用触觉传感器和电触觉反馈手套，触觉遥感系统能够识别和分类三种或三种以上的物体。

6. 电子皮肤

电子皮肤，又名新型可穿戴柔性仿生触觉传感器，是贴在"皮肤"上的电子设备，因而习惯性地被称为电子皮肤。相较于传统的刚性触觉传感器，电子皮肤更加轻薄柔软，可被加工成各种形状，像衣服一样附着在人体或者机器人的身体表面，使其具备感觉和触觉。目前，电子皮肤主要应用于人体生理参数检测和机器人柔性触觉传感器两大领域。通过将电子皮肤安装到人体对应的关键部位，从而实现人体心率、血压、肌肉张力等生理参数的检测。通过将电子皮肤贴附在机器人手指、手臂上，使得机器人获得了感受外界触摸力的能力。作为一种新兴的智能传感器，电子皮肤被大量用于制造各种智能产品，例如用于生理参数检测的智能服装以及具有触觉感知的智能机器人。

根据传感器本身的软、硬包覆层和覆盖应用范围，触觉传感器通常可分为三类。第一类是硬质皮肤触觉传感器，主要有力/力矩传感器、力敏电阻传感器、加速度计和变形传感器等。这类硬质皮肤通常包含多个触觉传感器，通过多传感器的均值来提供比单一传感器更好的测量分辨力。第二类是近年来国际上重点研究的柔性皮肤或人工皮肤或电子皮肤触觉传感器。电子皮肤触觉传感器被定义为能够通过接触表征出被测物体的性质（表面形貌、重量等）或数值化接触参量（力、温度等）的设备或系统。电子皮肤触觉传感器大多被排列成矩阵组成阵列触觉传感器，电子皮肤阵列触觉传感器的空间分辨力可达到毫米级，接近人类的皮肤。由于电子皮肤触觉传感器可覆盖于机器人、医疗设备与人体假肢等复杂的三维载体表面，并准确感知周围环境的各种信息，成为机械、电子、仪器和医学等领域的研究热点之一。第三类是内接触式触觉传感器，用来检测机器人各部分的状态，而不是检测被测对象周围的外部信息，其表面没有任何的覆盖和皮肤保护，如工业机器人手臂关节力/力矩传感器，在非人机交互领域如工业结构环境下已完善应用多年，其不足之处就是可提取的触觉信息相当有限，如空间分辨力相当低且接触位置难以确定。为了覆盖机器人等复杂的三维表面和活动的关节部位，电子皮肤阵列触觉传感器通常还必须具有高柔性与高弹性等，电子皮肤触觉传感器研发需要综合运用多学科知识，以满足机器人、医疗健康、航空航天、军事、智能制造、汽车安全和手机与计算机的触摸式显示屏等多领域需求，具有广泛的应用前景。

人的触觉主要通过分布在皮肤不同深度的大量机械刺激感受器中的四种触觉感受器感知（见图 2.35a）：表层皮肤中的迈斯纳小体和皮肤深层的环层小体均为快速适应感受器，前者可快速响应 3~40 Hz 低频动态范围窄的外界刺激，实现低频振动和运动检测与握力控制等感觉功能；后者可快速响应 40~500 Hz 高频动态范围宽的外界刺激，实现高频振动和工具使用等感觉功能；与之相对的是，分布于全身表皮基底细胞之间的一种具有短指状突起的默克尔细胞和位于真皮内的长梭形的鲁菲尼小体均是慢适应感受器，前者可慢响应 0.4~3.0 Hz 低频动态范围窄的空间变形、持续的压力，曲面、边缘甚至尖角等外界刺激，实现模式/形态检测与纹理感知等感觉功能；后者可慢响应 100~500 Hz 高频动态范围宽的持续向下的压力、横向皮肤拉伸和皮肤滑动等外界刺激，实现手指位置、稳定抓取、切向力和运动方向等感觉功能。人类皮肤在自然状态下具有高柔性，作为人体体表最富柔弹性的手腕部位的皮肤能够在手腕弯曲时还能经受最大 20.4% 的拉伸率，如图 2.35b 所示，可贴合于三维复杂静/动态表面的同时完成触觉感知，卸载后皮肤具有的高弹性使其能够恢复原来的形状。

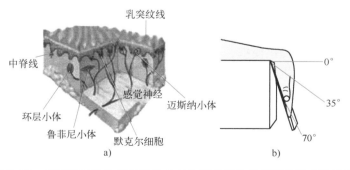

图 2.35 机械刺激触觉感受器分类与物理位置及手腕部位的皮肤拉伸

相对于听觉、视觉而言，触觉感官的模仿十分困难。相较于第一类刚性触觉传感器，电子皮肤更加轻薄柔软，可被加工成各种形状，像衣服一样附着在人体或者机器人等载体的身体表面，以便模仿甚至超越人类皮肤的感觉功能，实现人体生理状态检测、医疗健康服务与机器人的智能化。早在20世纪70年代，国际上就已开始对电子皮肤触觉传感器进行探索与研究，但进展缓慢。20世纪80年代触觉研究增长迅速，压阻式、电容式、光电式等原理均得到应用，但精度低且对于微小作用力更是束手无策。20世纪90年代触觉传感技术研究继续增长并向多方向发展。21世纪以来，尤其是近几年，电子皮肤触觉传感器在柔性化、弹性化、透明化、可扩展性、轻量化和多功能化等方面取得显著进展。电子皮肤触觉传感器种类繁多，可广泛应用于工业生产与医疗设备中，其中用于接触压力测量的电子皮肤触觉传感器是最具挑战性且应用潜力最大的。

近年来，人们探索采用新材料和新结构实现触觉传感器柔性化。针对导电橡胶的体压阻效应和界面压阻效应的多层网状阵列式结构和单层阵列式结构的柔性触觉传感器在体育训练、康复医疗以及智能机器人等领域有很广泛的应用。用接触印制法将平行的半导体纳米线阵列附着于柔性材料的电子皮肤柔性触觉传感器，能够检测动态压力并且在经历超过2000次的弯曲半径为2.5mm的弯曲后仍保持其功能性与稳定性。将纳米管制作的薄膜晶体管、压敏橡胶和有机发光二极管阵列集成于聚酰亚胺基底材料，制作的第一款用户交互式电子皮肤柔性触觉传感器，可广泛应用于交互式输入/控制设备、智能壁纸、机器人和医疗/健康监测设备。新材料结合新制作技术增加了电子皮肤触觉传感器的功能。

电子皮肤触觉传感器通过采用新型柔性材料、多种传感器阵列结构、新型制作工艺实现了柔性化，利用空心球微结构的锯齿状压阻薄片或采用石墨烯、单壁碳纳米管等材料可实现在较小量程压力范围内的高灵敏度，而兼具高柔弹性、宽量程的高灵敏度与多功能的电子皮肤可以更好地模仿人类皮肤，同时实现多维压力、温度、湿度、表面粗糙度等多种参数的实时检测。但现有的触觉传感器阵列大部分功能单一，主要集中在压力测量，只有少数具有可同时检测拉力或温度等参数的功能。因此，开发兼具高柔弹性、宽量程的高灵敏度与多功能的电子皮肤，使其更加接近甚至超越人类皮肤的性能是今后课题研究的重要努力方向，而触觉传感器都要求精简布线方式，那么如何从采集到的数据中区分不同的激励信号，是实现触觉传感器多功能的关键之一。

人类的皮肤具有自我修复机械损伤的能力，同样具有自愈合能力的电子皮肤触觉传感器在仿生机器人、医疗保健及其他领域具有很高的实用价值，通过自体修复，可以延长触觉传感器的使用寿命，这一功能主要通过将自愈合的特性引入弹性材料来实现。目前已经有研究人员实现了电子皮肤触觉传感器的自愈合。此外，电子皮肤触觉传感器的自清洁功能也具有重要的意义，在机器人、医疗设备等领域具有广阔的应用前景。

为电子皮肤触觉传感器提供便携、可移动并经久耐用的电源是一个难点，目前，已经发现太阳能电池、超级电容器、机械能量收割机、无线天线等很多先进的技术可以实现发电，并能将电能传输或储存在弹性系统之中。将这些技术应用于电子皮肤触觉传感器，可实现能量自供给。采用高透明度的聚二甲基硅氧烷（PDMS）等材料可实现电子皮肤触觉传感器的透明化，进而保证利用太阳能驱动的机械设备对光能的吸收。

电子皮肤触觉传感器可应用于机器人、医疗健康、军事、智能制造、汽车安全和日常生活等领域，具有广泛的应用前景。电子皮肤触觉传感器不仅要模拟人类皮肤的压力、温度、湿度、表面粗糙度等综合感知的多功能，还应具有高柔性、高弹性、高灵敏度、高分辨力、透明化和轻量化等多方面的特性。近年来，各种传感原理均已应用于电子皮肤触觉传感器研究，并得益于新的敏感材料、新的传感器结构和微结构以及纳米制造、3D 打印等先进技术的出现，电子皮肤触觉传感器在柔弹性化、透明化、高灵敏度以及多功能等方面已取得了突破性的研究进展，接近甚至超越了人类皮肤的部分特性。

2.5.2　机器人触觉在医疗领域的应用

20 世纪 80 年代，机器人被首次引入医疗行业，经过 40 余年的发展，机器人被广泛应用于危重患者转运、外科手术及术前模拟、微损伤精确定位操作、内镜检查、临床康复与护理等多个领域。医疗机器人已经成为一个新型的、前沿性的学术领域，不仅促进了传统医学的革新，也带动了新技术、新理论的发展。

医疗机器人是目前国内外机器人研究领域中最活跃、投资最多的方向之一，其发展前景非常看好，美、法、德、意、日等国学术界对此给予了极大关注。医疗机器人中最广为人知的是达·芬奇（da Vinci）机器人手术系统，如图 2.36 所示。达·芬奇机器人手术系统是在麻省理工学院研发的机器人外科手术技术基础上研发的高级机器人平台，也可以称为高级腔镜系统。其设计的理念是通过使用微创的方法，实施复杂的外科手术。达·芬奇机器人手术系统已经用于成人和儿童的普通外科、胸外科、泌尿外科、妇产科、头颈外科以及心脏手术。目前，我国已经配置近百台达·芬奇机器人，主要分布在一线城市和大科医院。由于大型设备采购监管放开，一些沿海发达地区省会和地市级三甲医院也正计划采购手术机器人。可以想象，随着机器人技术的不断进步，在不久的将来，那些高难度的复杂手术都将会由机器人完成，医生只需要用一个操纵杆遥控就能获得高度稳定和精确的结果。

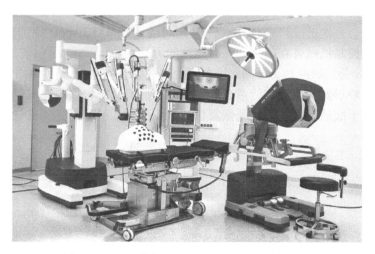

图 2.36　达·芬奇（da Vinci）机器人手术系统

医疗机器人是将机器人技术应用在医疗领域，根据医疗领域的特殊应用环境和医患之间的实际需求，编制特定流程、执行特定动作，然后把特定动作转换为操作机构运动的设备。医疗机器人技术是集医学、材料学、自动控制学、数字图像处理学、生物力学、机器人学等诸多学科为一体的新兴交叉学科。简单来说，可以把医疗机器人看作一种医疗用途的服务机器人。机器人触觉在医疗机器人领域有着广泛的应用。

1. 康复机器人和辅助机械臂

对于各种原因引起的肢体残障患者来说，其生存质量的高低取决于肢体功能恢复的程度。患者经过急性期的手术和药物治疗后，其运动功能的恢复主要依赖于各种康复运动疗法。如何运用现代先进康复治疗技术，改善患者肢体运动功能，使患者在尽快摆脱病残折磨的同时，恢复其自主生活的能力，一直是康复工作者研究和实践的重点。

机器人产品服务于残疾人始于20世纪60年代，由于技术水平的限制和价格太高的影响，直到20世纪80年代才真正步入产品研究阶段。康复机器人主要分为上肢康复机器人和下肢康复机器人。

第一台商业化的上肢康复机器人是1987年英国Mike Topping公司研制的Handy，因为研制较早，受当时的技术限制，整个控制系统比较简单。现在的Handing以PC104技术为基础，可以辅助患者完成日常生活所需的活动。2010年，日本松下电器公司研制了一套专门为偏瘫患者而设计的康复辅助设备。该设备重约4 lb（1.814 kg），有8个由空气驱动的人工肌肉。这套类似于衣服的设备在患者健康手臂的肘部和腕部装有传感器，从而控制患者偏瘫侧的手臂动作。这套设备也是通过采集使用者正常手臂的运动信息来实现对偏瘫侧手臂的控制。MyoPro康复机器人是美国Myomo公司专为中风、肌萎缩侧索硬化症、脑脊髓损伤和其他神经肌肉疾病的患者设计的可穿戴的肌电上肢康复机器人，如图2.37a所示。它将使用者肌体信号反馈作为运动信号，从而不断激励障碍肢体以达到恢复的目的。

日本安川电机公司研制的下肢康复机器人TEMLX2typeD主要针对处于急性期的下肢疾病患者，使患者尽快恢复部分肢体功能，甚至恢复行走能力。这套设备拥有多重安全保护，带动患者下肢匀速运动或在一定角度内运动。特别是针对关节炎、膝关节造型术、十字韧带术后患者，由于术后患者关节韧带十分脆弱，所以康复训练时要特别注意施加于这些部位上的力/力矩不能太大，否则会再次造成严重创伤。针对此问题，TEMXL2typeD特别设计了一种套具加以保护，并且严格控制机械臂在康复训练时施加的力。

瑞士的Hocoma公司研制的Lokomat机器人也可以用于下肢恢复，如图2.37b所示，该机器人由机器人步态矫形器、重量支持系统和一个跑步机组成，根据预先编程设置的个性化生理步态参数引导患者下肢运动，从而达到恢复目的。

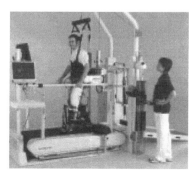

a) MyoPro康复机器人　　　　　　　　　b) Lokomat下肢恢复机器人

图2.37　康复机器人

上述康复机器人通常由操纵杆控制，所以在四肢瘫痪的情况下，这些辅助臂的控制受到挑战。

所以近年来，已经提出了新的基于口内舌的计算机界面来控制计算机的方法。舌头的高度灵活性允许精确选择口内传感器以产生高度可靠的控制信号。此外，在高水平脊髓损伤后，有研究证明舌头的颅神经支配常常使其感觉运动控制完好无损。丹麦研究人员 Lotte N. S. 等人为 C 级脊髓损伤的个体开发了一种新的辅助机器人控制方法，通过舌头运动控制机器人。经过 30 min 训练，80% 身体健全的实验参与者可以用舌头控制机器人捡起一卷胶带。此外，100% 四肢瘫痪患者可以成功地用舌头控制辅助机器人够到并触摸一卷胶带，50% 的患者可以捡起胶带。四肢瘫痪患者还控制机器人抓起一瓶水，并把里面的水倒进杯子里。

2. 机械手搬运式自动化药房

自 20 世纪 90 年代起，在现代药品管理思想的指导下，一些西方国家的相应机构展开了药房内药物的自动发放这一领域的探索与研究，并且推出了诸多的自动化药房设施。由于西方国家与我国医疗体制不同，医疗服务和药物供应是分离运作的，因此，这些设施均能很好地适应西方国家药店的特点。

机械手搬运式自动化药房主要依靠一个机械手来完成包装盒类药物的出库及入库，其主要工作原理是利用真空吸附和机械加持相互配合协调动作的机械手，完成药品在特定空间内的转移。药品密集存储在水平的储药架上，每种药品都有自己特定的位置。该种形式的药房自动化设备能够实现药品的密集存储和智能管理。机械手搬运式自动化药房的典型代表是德国 ROWA 公司的自动化药房（见图 2.38）。

图 2.38　德国 ROWA 公司的自动化药房

但是，由于机械手单次只能实现一盒药品的出库或入库，其工作效率会受到较大的限制，因此这种自动化药房设备只适用于处方处理量少的国外药店，并不能适用于我国这种药品发放和存储相对集中的情况。

医疗机器人按主要功能可以分为医院服务机器人、神经外科机器人、血管介入机器人、腹腔镜机器人、胶囊机器人、前列腺微创介入机器人、乳腺微创介入机器人、骨科机器人、康复机器人等。

2.5.3　机器人触觉在水下机器人领域的应用

水下的环境恶劣且复杂，人的潜水深度有限，所以开发海洋资源行业对水下机器人的需求也越来越大，而目前水下机器人主要运用在海上救援、石油开发、地貌勘察、科研、水产养殖、水下船体检修与清洁、潜水娱乐、城市管道检测等领域。其中，水下机器人手爪水下自主作业是非常重要的关键技术之一。当前国内外水下机器人都没有比较完善的信息感知系统，极大地制约了水下机器人手爪的作业能力。与陆地上使用的机器人触觉技术不同，水下机器人手爪感知系统还应该考虑一些特殊需求。

与陆地上使用的智能机器人手爪不同，抓取作业的稳定性和柔顺性对水下机器人手爪作业显得特别重要；同时由于水下机器人手爪的工作环境十分复杂，对控制系统的可靠性和鲁棒性也有较高要求；另外，为对水下动态对象进行操作，还应有一定的实时性。其次，还应考虑水下压力问题。水下每下潜 100 m 压力就增加 10 atm（1 atm = 101325 Pa），为了保证系统的可靠性，必须使水下机器人所有部件都能承受起这种压力的变化，在此高压环境下，耐高压、耐腐蚀的密封结构和技术也是水下机器人的一项关键技术。最后是水下温度的影响，高纬度水面温度可到−2℃，而低纬度水面温度可以达到 36℃ 的高温。即使水面温度较高，水下大部分区域的温度也在 0~3℃ 之间，差距较大。

北京理工大学郭书祥教授提出了母子机器人系统，其中多个微型机器人作为子机器人，以及一个两栖球形机器人作为母机器人。对于母机器人，它的设计目的是能够在陆地上行走，以及使用矢量水射流机制在水中移动；它的结构包含用于运输微型机器人的空间和保护微型机器人免受水流和水中障碍物影响的两个可打开的外壳。所以，母体机器人在总体设计时的基本理念如下：

1）球形：相比较其他形状，球形机器人有最大的内部空间，同时由于其对称性可以让其在复杂环境中更加灵活。

2）水陆两栖：扩大了整体系统的运动范围，可以使机器人在潜水和其他类似情况下同时具有较高的运动性能。

压力传感器是一种高精度检测仪器，在军事、航空航天中应用都有严格要求，压力传感器的稳定性和可靠性均较高，需要确定执行任务时的具体环境，实现对机器人改变动作方式或深度自主调节的闭环控制的同时保障机器人的安全。日本松下公司 ADPW11 压力传感器被固定在机器人的中央板上以测量机器人所在位置的气压和水压，传感器主体在防水的上半球，传感喷嘴通向下半球，完成水平推力测试。母子机器人的水平推力实验如图 2.39 所示。传感器的模拟输出选择通过 16 通道模/数转换器转换为数字数据，然后发送到微控制器。通过对数据的分析可以确定机器人是在陆地上还是在水下以及机器人在水下的深度，从而实现对机器人改变动作方式或深度自主调节的闭环控制。

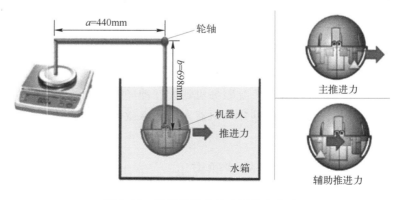

图 2.39 母子机器人的水平推力实验

水下机械手是遥控水下机器人的核心工具，其性能决定了遥控水下机器人的作业能力。机械手按驱动方式可分为液压驱动式和电动机驱动式，两者各有优缺点。液压机械手负载能力强，压力补偿技术的应用使其适用于全海深作业，但是液压机械手体积、质量都大，液压系统复杂、庞大，控制精度低。目前水下电动机械手基本都是采用关节直接驱动式结构，驱动电动机置于关节内部，并配置减速器、电位计等部件，在关节内部走线。这种机械手具有体积小、重量轻、控制精度高等优点，但是负载比较小，适用于轻型遥控水下机器人。

1. 水下液压机械手

水下液压机械手作为一种水下通用作业工具，自从 20 世纪 50 年代开始伴随水下机器人的发展，目前已经达到相当高的水平。深海液压机械手的研制涉及结构、液压、流体、电子、控制、计算机等在内的多门学科，并且对水下工程材料、大深度的密封技术等都有很高要求。

水下液压机械手由动力单元、控制单元、执行单元和辅助单元构成。动力单元主要指的是液压泵，由水下电动机驱动，把机械能转化为液压能。控制单元包括液压系统压力控制阀、流量控制阀和方向控制阀等，用来控制执行单元所需要的运动方向、速度、力或扭矩。执行单元包括液压缸和马达，将液压能转换为机械能，驱动机构工作。辅助单元是一些管路、管接头、过滤器、补偿器等。水下液压机械手液压控制系统需要由各个单元模块协同工作，以完成对水下液压机械手的驱动与控制。

水下环境复杂多变，海流、低温、高压等各种极端条件对水下液压机械手系统都是严峻的挑战，所以设计一个可靠的控制系统来保证它安全、准确地工作至关重要。对一个水下机械手控制系统来说，决定其控制效果的是系统所采用的控制方式。控制方式分为开关式控制、单杆式控制、主从式控制等。

国外水下液压机械手的研究中，美国、英国、法国、日本等国研究较早，水下机械手的控制技术比较成熟，研制的水下机械手大部分应用在遥控水下机器人和载人潜水器上，用于水下工程、打捞、科考等领域，以主从伺服操作模式为主。典型的水下液压机械手基本结构是 6 自由度加夹钳，各个关节的配置和动作顺序基本相同，唯一不同的是机械手关节的运动角度和作业范围。当前生产水下液压机械手的公司有 Schilling Robotics 公司、Kraft Telerobotics 公司、Hydro-Lek 公司等。

我国深海潜水器的发展始于 20 世纪 80 年代，液压机械手的研制更晚，"十二五"前，国内大深度潜水器用机械手基本依赖进口。中国科学院沈阳自动化研究所致力于潜水器的作业工具开发，早期以水下五功能和六功能液压机械手为典型代表，采用液压动力驱动，主从式伺服控制或开关式控制，可以完成较复杂的操作，如抓取海底物品、采样、带缆挂钩、清理现场、辅助定位、配合其他工具进行作业等。自 2005 年开始，中国科学院沈阳自动化研究所研制五功能重型开关型液压机械手，并装备在 1000 m 作业型遥控水下机器人上使用。2012 年开始，在 863 计划项目支持下研制了 7000 m 七功能主从伺服液压机械手和六功能开关型液压机械手系统，于 2013 年 12 月完成 7000 m 整机在线压力试验。其中，2015 年 7 月七功能主从伺服液压机械手搭载于"发现"号遥控水下机器人在冷泉区完成首次科考作业，被选为我国 4500 m 载人潜水器的配套设备，实现了深海液压机械手系统的国产化及替代进口产品。图 2.40 所示为中国科学院沈阳自动化研究所研制的七功能主从伺服液压机械手实物图。

此外，浙江大学、哈尔滨工程大学、华中科技大学等科研院所也开展了水下液压机械手的相关研究。

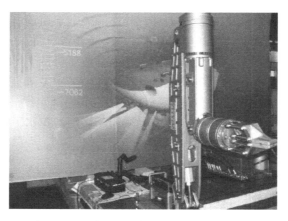

图 2.40　七功能主从伺服液压机械手实物图

2. 水下电动机械手

与液压机械手相比，水下电动机械手不需要庞大的液压系统配套支持，更易实现轻质、高精度等，但其负载能力较小，水下密封特别是深海密封较液压机械手困难，应用没有液压机械手广泛，其产业化程度也不如液压机械手。当前国际上电动机械手产品主要面向中小型遥控水下机器人应用，虽然产业化程度不及液压机械手，但其特性更适合未来潜水器自主作业的发展需求，因此，针对水下电动机械手的研究工作并不少见。

水下电动机械手设计涉及的问题比较多，相对陆地上的电动机械手需要考虑内部器件密封耐压的问题。设计中可以借助成熟的陆地电动机械手设计思路和水下液压机械手的密封耐压技术，但目前还没有形成全面的水下电动机械手系统设计理论，其设计和实现还受到相关技术如电动机功率和外形尺寸等问题的限制。随着大扭矩小尺寸驱动电动机、精密高效小型化减速器、高精度传感器的实现及水下材料、密封技术的发展，轻型大负载深海电动机械手将更容易实现。

近年来，国内许多单位开展了水下电动机械手的研发工作，如中国科学院沈阳自动化研究所、哈尔滨工程大学、华中科技大学等。中国科学院沈阳自动化研究所在水下电动机械手方面开展了大量工作，研发出多款水下电动机械手，包括三功能水下电动机械手、四功能关节直驱式水下电动机械手、五功能直线缸驱动式深海电动机械手以及七功能直线缸驱动式深海电动机械手。

2.6　小结

触觉感知系统是智能机器人非常重要的一部分，在体育训练、康复医疗和人体生物力学等诸多领域均有广泛应用。通过触觉压力分布信息的测量，可以提供精确触觉信息。随着触觉技术的发展，智能机器人触觉在医疗、制造、军事、航空航天和娱乐等领域都展现出勃勃生机。

触觉是人类进化史中最早发育与最原始的感知能力，也是人类五种感知中唯一一种具有主动、双向交互的感知与交互能力，在日常生活中发挥着视觉无法取代的作用。人类既可通过触摸感知到的触觉评估物体的大小、形状等属性，又能通过接收到的压力、振动等感觉信息感知周围环境并规避潜在危险。同样，机器人触觉是其理解现实世界物体交互行为的重要手段。通过触觉感知，机器人能够获取物体的重量、刚度、变形等触觉信息，从而顺利实现对物体的精准定位以及执行各种操作任务。操控智能化是机器人技术领域研究和发展的主要趋势之一，而系统的感知和反馈是高级智能行为的必要手段。本章对智能机器人触觉感知技术的理论、发展、最新技术以及实际应用做了一个较为详尽的讲述。从最近的研究报告来看，进一步考查更理想的触觉传感器特性和在未来的传感器技术方面再多做一些工作，仍然是十分必要的。毫无疑问，柔性化、阵列化、微型化、多传感融合、多轴力同时感知和主动触觉传感器必然是智能机器人触觉感知技术的未来发展趋势。

参考文献

[1] TEE C K, WANG C, ALLEN R, et al. An electrically and mechanically self-healing composite with pressure and flexion-sensitive properties for electronic skin applications [J]. Nature nanotechnology, 2012, 7 (12): 825-832.

[2] LIAO Z P, LIU W H, WU Y, et al. A tactile sensor translating texture and sliding motion information into electrical pulses [J]. Nanoscale, 2015, 7 (24): 10801-10806.

[3] LIANG G, WANG Y, MEI D, et al. Flexible capacitive tactile sensor array with truncated pyramids as dielectric layer for three-axis force measurement [J]. Journal of microelectromechanical systems, 2015, 24 (5): 1510-1519.

[4] PARK H, PARK K, MO S, et al. Deep neural network based electrical impedance tomographic sensing methodology for large-area robotic tactile sensing [J]. IEEE transactions on robotics, 2021, 37 (5): 1570-1583.

[5] PAN X, WANG Q, HE P, et al. A bionic tactile plastic hydrogel-based electronic skin constructed by a nerve-like nanonetwork combining stretchable, compliant, and self-healing properties [J]. Chemical engineering journal, 2020, 379: 122271.

[6] AN J, CHEN P F, WANG Z M, et al. Biomimetic hairy whiskers for robotic skin tactility [J]. Advanced materials, 2021, 33 (24): 2101891.

[7] LIN W, WANG B, PENG G, et al. Skin inspired piezoelectric tactile sensor array with crosstal-free row+column electrodes for spatiotemporally distinguishing diverse stimuli [J]. Advanced science, 2021, 8: 2002817.

[8] WAN C, GENG C, FU Y, et al. An artificial sensory neuron with tactile perceptual learning [J]. Advanced materials, 2018, 30: 1801291.

[9] RONGALA U B, MAZZONI A, SPANNE A, et al. Cuneate spiking neural network learning to classify naturalistic texture stimuli under varying sensing conditions [J]. Neural networks, 2020, 123: 273-287.

[10] WANG Y, WU H, XU L, et al. Hierarchically patterned self-powered sensors for multifunctional tactile sensing [J]. Science advances, 2020, 6: 9083.

[11] YANG J, LUO S, ZHOU X, et al. Flexible, tunable and ultrasensitive capacitive pressure sensor with micro-conformal graphene electrodes [J]. ACS applied materials & Interfaces, 2019, 11: 14997-15006.

[12] ZHAO Y, GAO W, DAI K, et al. Bioinspired multifunctional photonic-electronic smart skin for ultrasensitive health monitoring, for visual and self-powered sensing [J]. Advanced materials, 2021, 33: e2102332.

[13] LI H, ZHENG H, TAN Y J, et al. Development of an ultrastretchable double-network hydrogel for flexible strain sensors [J]. ACS applied materials & Interfaces, 2021, 13: 12814-12823.

[14] SU G, YIN S, GUO Y, et al. Balancing the mechanical, electronic, and self-healing properties in conductive self-healing hydrogel for wearable sensor applications [J]. Materials horizons, 2021, 8: 1795.

[15] KONG W W, ZHOU C G, DAI K, et al. Highly stretchable and durable fibrous strain sensor with growth ring-like spiral structure for wearable electronics [J]. Composites, Part B. Engineering, 2021, 225: 109275.

[16] LU D J, LIU T, MENG X J, et al. Wearable triboelectric visual sensors for tactile perception [J]. Advanced

materials, 2023, 35: 2209117.

[17] LIU Y, XU H Y, DONG M, et al. Highly sensitive wearable pressure sensor over a wide sensing range enabled by the skin surface－like 3D patterned interwoven structure ［J］. Advanced materials technologies, 2022, 7: 2200504.

[18] LI L H, XIANG H Y, XIONG Y, et al. Ultrastretchable fiber sensor with high sensitivity in whole workable range for wearable electronics and implantable medicine ［J］. Advanced science, 2018, 5: 1800558.

[19] STRUIJK L A, EGSGAARD L L, LONTIS R, et al. Wireless intraoral tongue control of an assistive robotic arm for individuals with tetraplegia ［J］. Journal of neuro engineering and rehabilitation, 2017, 14: 110.

[20] SHI L W, GUO S X, MAO S L, et al. Development of an amphibious turtle－inspired spherical mother robot ［J］. Journal of bionic engineering, 2013, 10: 446－455.

第3章 机器人视觉感知

视觉感知是机器人与环境交互时的一种最为常用的感知手段，是机器人系统组成的重要部分之一。本章主要介绍机器人视觉感知技术。首先，对机器人视觉感知进行概述，包括机器人视觉感知的基本概念和族谱、机器人视觉感知系统的组成、机器人视觉感知的发展。其次，介绍几种机器人视觉感知传感器，包括位置敏感探测器（PSD）、电荷耦合器件（CCD）图像传感器以及互补金属氧化物半导体器件（CMOS）图像传感器。再次，介绍多目标跟踪、基于视觉的三维重建以及基于深度学习的超分辨力重建等先进视觉感知技术。最后，介绍机器人视觉感知在识别、追踪、定位等方面的发展趋势，以及在三维成像、同步定位和图像识别等领域的实际应用。

3.1 机器人视觉感知的介绍

3.1.1 机器人视觉感知概述

如果机器人需要和外界环境进行交互，那么机器人首先必须要感知周围的环境。机器人视觉是最为常用的一种感知周围环境的方法。下面将对机器人视觉感知进行介绍。

1. 机器人视觉的定义

机器人视觉是指使机器人具有视觉感知功能的系统，是机器人系统组成的重要部分之一。在基本术语中，机器人视觉涉及使用相机硬件和计算机算法的结合，让机器人处理来自现实世界的视觉数据。例如手机系统可以使用一个二维摄像头检测到机器拾取的对象，更复杂的例子是使用一个 3D 立体相机来引导机器人将车轮安装到移动的车辆上。另外，机器人视觉不仅是一个工程领域，也是一门有自己特定的研究领域的科学，为区别于纯计算机视觉研究，机器人视觉必须将机器人技术纳入其技术和算法中。

2. 机器人视觉的族谱

机器人视觉与机器视觉密切相关。如果机器人视觉与机器视觉谈论的是一个"族谱"（见图 3.1），计算机视觉可以看作它们的"父母"。然而为了详细地了解机器人视觉与机器视觉在整个系统中的位置，需要更进一步地对整个系统进行介绍。

（1）光学 从上往下看图 3.1 所示的族谱可以看到，光学对图像处理和计算机视觉这两个物理领域影响较大。光源作为机器视觉系统输入的重要部件，它的好坏直接影响输入数据的

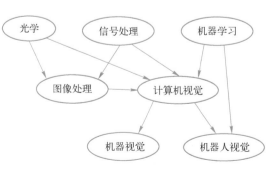

图 3.1 机器人视觉的族谱

质量和应用效果。由于没有通用的机器视觉光源设备，所以针对每个特定的应用实例，要选择相应的视觉光源，以达到最佳效果。常见的光源有 LED 环形光源、低角度光源、背光源、条形光源、同轴光源、冷光源、点光源、线型光源和平行光源等。

（2）图像处理与计算机视觉　　图像处理是用计算机对图像进行分析，以达到所需结果的技术，又称为影像处理。图像处理一般指数字图像处理。数字图像又称为数码图像或数位图像，是因为二维图像是用有限数字、数值像素表示的。计算机视觉是使用计算机及相关设备对生物视觉的一种模拟，就是指用摄影机和计算机代替人眼对目标进行识别、跟踪和测量等，并进一步做图形处理，用计算机处理成为更适合人眼观察或传送给仪器检测的图像。计算机视觉和图像处理就像"堂兄妹"，但它们有着很不同的目标。

（3）信号处理　　信号处理是对各种类型的电信号按各种预期的目的及要求进行加工过程的统称。任何东西都可以是一个信号，或多或少。各种类型的信号都可以被处理，如模拟信号、数字信号、频率信号等。图像基本上只是二维（或更多维）的信号，对于机器人视觉，人们感兴趣的是针对图像的处理。

（4）机器学习　　机器学习（Machine Learning）是研究计算机怎样模拟或实现人类的学习行为，以获取新的知识或技能，重新组织已有的知识结构使之不断改善自身的性能。它是人工智能的核心，是使计算机具有智能的根本途径，其应用遍及人工智能的各个领域，它主要使用归纳、综合，而不是演绎。机器学习在人工智能的研究中具有十分重要的地位。一个不具有学习能力的智能系统难以称得上是一个真正的智能系统，但是以往的智能系统都普遍缺少学习的能力。随着人工智能的深入发展，这些局限性表现得愈加突出。正是在这种情形下，机器学习逐渐成为人工智能研究的核心之一。它的应用已遍及人工智能的各个分支，如专家系统、自动推理、自然语言理解、模式识别、计算机视觉、智能机器人等领域。

（5）机器视觉　　机器视觉完全不同于之前谈到的术语。它更侧重于特定的应用而不仅仅是关注技术的部分。机器视觉是指工业用途的视觉来进行自动检测、过程控制和机器人导引。族谱的其余部分是科学领域，而机器视觉是一个工程领域。某种程度上可以认为机器视觉是计算机视觉的"孩子"，因为它使用计算机视觉和图像处理的技术和算法。虽然它可以用来指导机器人，但它又不完全是机器人视觉。

（6）机器人视觉　　机器人视觉采用了所有之前的技术。在许多情况下，机器人视觉和机器视觉相互交替使用，然而还是有些微妙的差异，一些机器视觉应用，如零件监测，与机器人无关，该零件仅放置在一个用来探测不良品的视觉传感器前面。此外，机器人视觉不仅是一个工程领域，也是一门有自己特定的研究领域的科学。区别于计算机视觉研究，机器人视觉必须将机器人技术纳入其技术和算法。

3.1.2　机器人视觉感知系统的组成

机器人视觉感知系统是指用计算机来实现人的视觉功能，也就是用计算机来实现对客观的三维世界的识别，从客观事物的图像中提取信息进行处理并加以理解，最终用于实际检测、测量和控制。

1. 机器人视觉感知系统的主要组成部分

机器人视觉感知系统主要由硬件和软件两部分组成（见图 3.2），硬件方面主要有视觉传感器（组）、图像采集卡、计算机（主处理机）、机器人及其附属的通信和控制模块等；软件方面主要包括视觉处理软件、计算机系统软件和机器人控制软件等。

（1）机器人视觉的硬件系统

1）视觉传感器。光电传感器包含一个光传感元件，而视觉传感器具有从一整幅图像捕获光线的数以千计像素的能力。图像的清晰和细腻程度通常用分辨率来衡量，以像素数量表示。如图 3.3 所示，邦纳工程公司提供的视觉传感器 P40MNI 能够捕获 130 万像素。因此，无论距离目标数米或数厘米远，传感器都能"看到"细腻的目标图像。在捕获图像之后，视觉传感器将其与内存中存储的基准图像进行比较以做出分析。

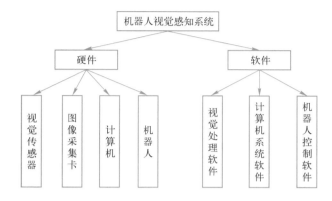

图 3.2　机器人视觉感知系统的组成

图 3.3　视觉传感器 P40MNI

2）图像采集卡。图像采集卡可以实现模拟信号向数字信号的转换，对整个机器视觉系统的图像采集工作起着重要的作用。而机器视觉系统图像采集卡的这一模/数转换称为 A/D 转换，相应的实现模/数转换的组件称为 A/D 转换器。在工业生产检测过程中，有时需要多台视觉系统同时运作才能保证一定的生产率，因此为了满足系统运行的需要，图像采集卡需要同时对多个相机进行 A/D 转换。在计算机上通过图像采集卡可以接收来自视频输入端的模拟视频信号，对该信号进行采集、量化成数字信号，然后压缩编码成数字视频。大多数图像采集卡都具备硬件压缩的功能，在采集视频信号时，首先在卡上对视频信号进行压缩，然后通过 PCI（外部设备互连）接口把压缩的视频数据传送到主机上。因此实现实时采集的关键是每一帧所需的处理时间。

3）计算机。计算机及其外部设备根据系统的需要，可以选用不同的计算机及其外部设备来满足机器人视觉信息处理及机器人控制的需要。

4）机器人。机器人或机械手及其控制器。

（2）机器人视觉的软件系统

1）计算机系统软件。计算机系统软件选用不同类型的计算机，就有不同的操作系统和它所支持的各种语言、数据库等。

2）视觉处理软件。机器视觉处理软件主要用来完成输入图像数据的处理，并通过一定的运算得出结果，这个输出的结果可能是 PASS/FAIL 信号、坐标位置、字符串等。常见的机器视觉处理软件以 C/C++图像库、ActiveX 控件、图形式编程环境等形式出现，可以是专用功能的［比如仅仅用于 LCD（液晶显示器）检测、BGA（球阵列封装）检测、模版对准等］，也可以是通用目的的（包括定位、测量、条码/字符识别、斑点检测等）。主流机器视觉处理软件有侧重图像处理的图像软件包 OpenCV Halcon、美国康耐视（Cognex）的 VisionPro、侧重算法的 MATLAB 和 LabVIEW、侧重相机 SDK 开发的 eVision 等。

3）机器人控制软件。很多的机器人控制软件都是借助 CODESYS 实现的，CODESYS 是一款付费的 PLC 软件工程工具。简单来说，它包括两部分：Development System 和 Runtime System。Development System 就是用来编程的软件界面［就像 Visual Studio、Eclipse 等软件，也可以称为 IDE（集成开发环境）］，设计、调试、编译 PLC 程序都在 IDE 中进行，这部分是用户经常打交道的。PLC 程序写好以后就要把它转移到硬件设备中运行，但是这时生成的 PLC 程序自己是无法运行的，它还要在一定的软件环境中才能工作，这个环境就是 Runtime System，这部分是用户看不到的。两者安装的位置通常不同，IDE 一般安装在开发计算机上，Runtime System 则位于起控制作用的硬件设备上，两者一般使用网线连接，程序通过网线下载到 Runtime 中运行。CODESYS 在国内知名度不高，但是在欧洲久负盛名，尤其在工业控制领域。

2. 机器人视觉感知系统的分类

依据视觉传感器的数量和特性，目前主流的移动机器人视觉感知系统有单目视觉、双目立体视觉、多目视觉和全景视觉等。

单目视觉系统只使用一个视觉传感器，该系统在成像过程中由于从三维客观世界投影到 N 维图像上，从而损失了深度信息，这是此类视觉系统的主要缺点。双目立体视觉系统由两个摄像机组成，利用三角测量原理获得场景的深度信息，并且可以重建周围景物的三维形状和位置，类似人眼的立体视觉功能，原理简单。多目视觉系统采用三个或三个以上的摄像机，以三目视觉系统居多，主要用来解决双目立体视觉系统中匹配多义性的问题，并提高匹配精度。全景视觉系统是具有较大水平视场的多方向成像系统，其突出的优点是有较大的视场，可以达到 360°，这是其他常规镜头无法比拟的。全景视觉系统可以通过图像拼接的方法或者通过折/反射光学元件实现。混合视觉系统吸收各种视觉系统的优点，采用两种或两种以上的视觉系统组成，复合视觉系统多采用单目或双目立体视觉系统，同时配备其他视觉系统。

3.1.3　机器人视觉感知发展

机器人学是一门发展非常迅速的综合性前沿学科，其核心内容大致分为三个方面：感知（Perception）、操作（Manipulation）和思维（Thinking）。机器人视觉系统按其发展可分为三代。第一代机器人视觉的功能一般是按规定流程对图像进行处理并输出结果。这种系统一般由普通数字电路搭成，主要用于平板材料的缺陷检测。第二代机器人视觉系统一般由一台计算机、一个图像输入设备和结果输出硬件构成。视觉信息在机内以串行方式流动，有一定学习能力以适应各种新情况。第三代机器人视觉系统是目前国际上正在开发使用的系统，采用高速图像处理芯片和并行算法，具有高度的智能和普通的适应性，能模拟人的高度视觉功能。

1. 国外机器人视觉感知的发展

机器人形象和机器人一词最早出现在科幻和文学作品中。1920 年，一名捷克作家发表了一部名叫《罗萨姆的万能机器人》的剧本，剧中叙述了一个叫罗萨姆的公司把机器人作为人类生产的工业品推向市场，让它充当劳动力代替人类劳动的故事，引起了人们的广泛关注。后来这个故事就被当成了机器人的起源。但真正机器人的出现则是 1959 年。当时美国人英格伯格和德沃尔制造出了世界上第一台工业机器人，标志着机器人正式诞生。其中视觉传感器的原型机最早诞生于美国，但受限于当时单片机的计算能力以及板上资源，其支持的机器视觉任务相对简单，这也限制了它的进一步推广应用。自 20 世纪 90 年代以来，伴随着嵌入式机器视觉和半导体技术的发展，视觉传感器逐渐成为学术界和工业界的研究热点，相关的技术积累也在不断增长，同时亦有商业化程度较高的产品广泛投入使用，尤其是在工业制造领域和视频监控领域方面的应用。在国外随着视觉传感器在各个领域中的应用越发普遍，从事其研发和生产视觉传感器的公司也不在少数。作为全球名列前茅的视觉系统制造商——美国康耐视公司推出了兼具性价比和易用性的 In-Sight 系列视觉传感器，可适用于简单的防错应用。国外一些视觉传感器的典型代表如图 3.4~图 3.7 所示。

图 3.4　康耐视 IN-SIGHT 2000 视觉传感器

图 3.5　KEYENCE 基恩士 IV-H2000MA 图像识别传感器

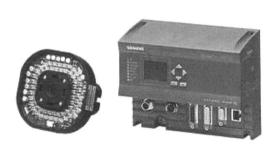

图 3.6　SIMATIC VS120 视觉传感器

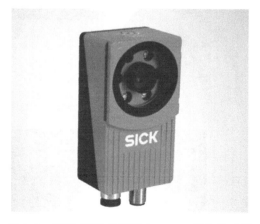

图 3.7　德国 SICK 公司的 Inspector 视觉传感器

国外由于起步早，在机器视觉领域有非常多经典的理论技术，至今依旧是行业内的主流，例如 OpenCV 开源计算机视觉库中的大多数经典算法。同时在原有领域上涌现了大量的新技术、新方法，特别是近几年深度学习的爆发性增长，人工智能在图像视觉领域对已有的很多经典方法进行了挑战。在视觉感知主要项目之一的目标识别与检测中，深度学习的爆发性发展带来了这一领域前所未有的快速进步。

2. 国内机器人视觉感知的发展

国内机器视觉起步晚，目前处于快速成长期。国内机器视觉源于 20 世纪 80 年代的第一批技术引进。自 1998 年众多电子和半导体工厂落户广东和上海，机器视觉生产线和高级设备被引入我国，诞生了国际机器视觉厂商的代理商和系统集成商。我国的机器视觉发展主要经历了三个阶段。

第一个阶段是 1999—2003 年的启蒙阶段。这一阶段我国企业主要通过代理业务对客户进行服务。我国开始出现跨专业的机器视觉人才，从了解图像的采集和传输过程、理解图像的品质优劣开始，到初步地利用国外视觉软硬件产品搭建简单的机器视觉初级应用系统。第二个阶段是 2004—2007 年的发展阶段。这一阶段国内机器视觉企业开始起步探索由更多自主核心技术承载的机器视觉软硬件器件的研发，多个应用领域取得了关键性的突破。国内厂商陆续推出的全系列模拟接口、USB2.0 的相机和采集卡以及 PCB（印制电路板）检测设备、SMT（表面安装技术）检测设备、LCD 前道检测设备等逐渐开始占据入门级市场。第三个阶段是 2008 年以后的高速发展阶段。这一阶段众多机器视觉的各种核心器件研发厂商出现，从相机、采集卡、光源、镜头到图像处理软件。这些产品在广泛实践中不断完善，国内企业的视觉技术能力也得到了长足的累积和进步。

国内机器视觉的起步晚于国外，因此在各方面依旧处于追赶的状态，但经过 20 多年的奋力追赶，国内外差距已经快速缩小甚至在部分领域实现反超，一些典型代表如图 3.8 和图 3.9 所示。

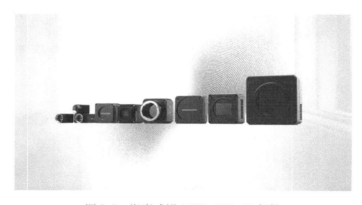

图 3.8　海康威视 21MP CXP-12 相机

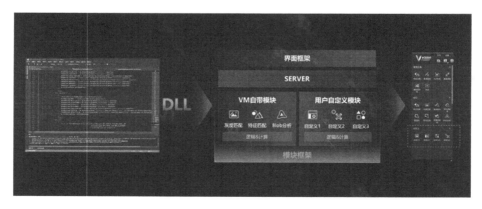

图 3.9　VM 算法开发平台

3. 机器人视觉研究存在的问题

（1）目前机器人视觉研究主要存在的问题

1）如何准确、高速（实时）地识别出目标。

2）如何有效地构造和组织出可靠的识别算法并且顺利地实现。这期待着高速的阵列处理单元以及算法（如神经网络法、小波变换等算法）的新突破，这样就可以用极少的计算量高度地并行实现功能。

3）实时性是一个难以解决的重要问题。

4）稳定性是所有控制系统首先考虑的问题。对于视觉控制系统，无论是基于位置、基于图像或者混合的视觉伺服方法都面临着如下问题：当初始点远离目标点时，如何保证系统的稳定性，即增大稳定区域和保证全局收敛；为了避免伺服失败，如何保证特征点始终处在视场内。

（2）机器人视觉应当进一步研究的问题

1）图像特征的选择问题。

2）结合计算机视觉及图像处理的研究成果，建立机器人视觉系统的专用软件库。

3）加强系统的动态性能研究。目前的研究多集中于根据图像信息确定期望的机器人运动这一环节上，而对整个视觉伺服系统的动态性能缺乏研究。

4）利用智能技术的成果。

5）利用主动视觉的成果。

6）多传感器融合问题。视觉传感器具有一定的使用范围，如果能有效地结合其他传感器，利用它们之间性能互补的优势，便可以消除不确定性，取得更加可靠、准确的结果。

通过本节对机器人视觉技术的介绍可以看出，机器人视觉技术受到越来越多的重视，其在生活、工业、农业等传统领域，以及在工业、医学、交通等热门应用领域均发挥着重要作用。机器人视觉技术为工业生产、人类日常生活等多方面提供便利，提高生产率和降低劳动力需求无疑是人类发展的大势所趋。

3.2　机器人视觉感知传感器

机器人是一种复杂的智能机电设备，它将机械、电气、控制、感知等系统集结为一体，在研究、设计和制造过程中，由以上多个系统共同协调进行。视觉感知系统在机器人众多系统中占据重要位置，它可以获取外部的感知视觉信息，相当于人类的"眼睛"。人类从外界获取的70%以上的信息都来自于视觉系统。机器人视觉感知传感器就是机器人为了模仿人类的视觉感知系统，从外部环境中获取信息进行形态和运动识别，完成一系列任务所安装的"眼睛"。

3.2.1　位置敏感探测器

位置敏感探测器（Position Sensitive Detector，PSD），是一种利用光敏面上的光信号转化为电信号再转化为位置信号的器件。PSD 还被称为坐标光电池，具有原理简单、外形轻便、检测灵敏、检测范围大、噪声低、分辨力高、处理速度快等优点。PSD 实物图如图 3.10所示。

1. PSD 的结构与工作原理

图 3.11 所示为 PSD 的结构原理图。PSD 的结构由三层构成，分别为最上层 P 层、最下层 N 层和中间层 I 层，形成 PIN 结构。I 层为较厚的高阻层，具有耗尽区宽、结电容小的特点。光照产生的载流子几乎全在该高阻层中产生。

图 3.10 PSD 实物图

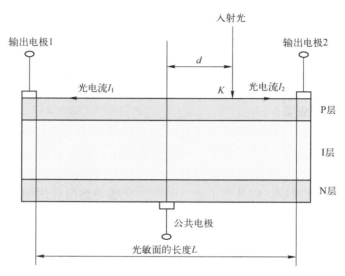

图 3.11 PSD 的结构原理图

如图 3.11 所示，当 PSD 表面 K 处受到光照射时，在位置 K 处就会产生和光照能量成正比的电子空穴对，流经 P 层，从两边的输出电极上输出光电流 I_1 和 I_2。由于电阻 P 层是均匀的，所以输出光电流与流经的电阻距离成反比，它们之间的关系为

$$\frac{I_1}{I_2}=\frac{R_2}{R_1}=\frac{\dfrac{L}{2}-d}{\dfrac{L}{2}+d} \tag{3.1}$$

式中，d 为光斑位置 K 到 PSD 光敏面中心的偏移距离（m）；I_1、I_2 分别为两个电极的输出电流（A）；L 为光敏面的长度（m）。

由式（3.1）可知，只要计算出电流之比就能计算出被探测物的位置。

由上可知，PSD 良好的光心位移特性使得入射光相对于光敏面中心的偏移位置可通过两侧输出电极的电流值间接获得。

PSD 可分为一维 PSD 和二维 PSD。二维 PSD 的结构原理图如图 3.12 所示，它有四个电极，一对为 x 方向，另一对为 y 方向。光敏面的几何中心设为坐标原点。当光入射到 PSD 上任意位置时，在 x 和 y 方向各有唯一的信号与之对应。同一维 PSD 的分析过程一样，光点 M 的坐标为

$$x = k\left(\frac{I_1 - I_2}{I_1 + I_2}\right) \tag{3.2}$$

$$y = k'\left(\frac{I_3 - I_4}{I_3 + I_4}\right) \tag{3.3}$$

式中，k 和 k' 是与 PSD 有关的常数。二维 PSD 与一维 PSD 的工作原理类似，但因为其结构不同，光斑位置和输出电流的关系也不相同。所以在具体应用时，还需要根据具体结构来确定两者之间的关系。

2. PSD 的特性参数

PSD 的主要特性参数有感光面积、信号光源频率响应范围、位置检测误差、位置分辨力和饱和光电流等。

1）感光面积。在测量位置信息时，位置不同，感光面上的光点也随之移动，所以感光面积与能够检测的位置范围、位移距离等同，都与 PSD 的长度密切相关。

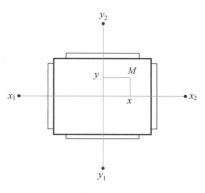

图 3.12　二维 PSD 的结构原理图

2）信号光源频率响应范围。PSD 的输出电流随信号光源的频率变化而变化的关系称为信号光源频率响应范围。

3）位置检测误差。位置检测误差是指光斑位置与检测位置的差值，在测量移动距离时，也指光斑的实际变化与两侧输出电极输出电流计算得到的移动量之间的差值。这个误差最大为全受光面长度的 2%~3%。

4）位置分辨力。位置分辨力是指 PSD 光敏面能检测到的最小位置变化量，PSD 的尺寸越大，其位置分辨力就越高。

5）饱和光电流。

3. PSD 的应用

PSD 主要用于位置检测，同时也可用来测距、测角、测位移（含角位移）、测振动体和旋转体的状态、机加工零部件的定位，以及作为机器人的"眼睛"等。

（1）直线度测量　以基于 PSD 的直线度测量系统为例，某数控机床公司开展的直线度测量现场图如图 3.13 所示。该系统的测量原理如图 3.14 所示，将半导体激光器固定在支架上，PSD 精确地沿着被测导轨运动，并探测来自半导体激光器的激光，理想情况下，半导体激光器发出的光束始终照射在 PSD 上的同一位置，输出信号始终不变。但实际上，待测导轨通常存在一个直线度，使得 PSD 的输出在导轨的不同位置发生不同的变化。

图 3.13　某数控机床公司开展的直线度测量现场图

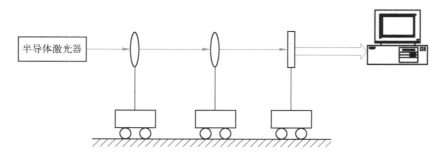

图 3.14　PSD 用于直线度测量的原理

（2）自准直仪　PSD 在国防军事领域中的应用主要有基于 PSD 的自动准直系统、模拟射击系统等。与 PSD 的其他应用一样，自准直系统和模拟射击系统都是通过将照射在 PSD 光敏面上的光斑信息转换成电流信号来实现的。图 3.15 所示为由中国计量科学研究院研制的基于 PSD 的自准直仪，目前已经获得应用。它的自准直角度测量原理是，将一个反射镜固定在被测物体上，该反射镜的偏转将导致其反射光在 PSD 上的入射位置不同，从而通过处理 PSD 上的光斑位置信息来实现反射镜偏转角的测量。

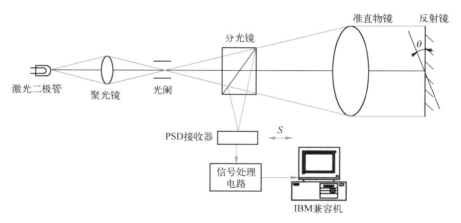

图 3.15　基于 PSD 的自准直仪

3.2.2　CCD 图像传感器

电荷耦合器件（Charge Coupled Device，CCD）图像传感器，是一种可以将信号大小转换为电荷量大小，并利用耦合方式进行信号传输的检测元件。CCD 图像传感器的实物图如图 3.16 所示。它的核心器件是组合成排的感光元件和电荷耦合元件，可以直接将光信号转化为电流模拟信号，并通过放大器和数/模转换器，实现对图像信息的获取、传输、储存和处理等功能。

1. 深耗尽状态和表面势阱

CCD 图像传感器中最基本的单元是金属氧化物半导体（Metal Oxide Semiconductor，MOS）电容器。MOS 电容器的结构如图 3.17 所示，其中金属电极就是 MOS 结构的电极，也称为"栅极"。P 型 Si 半导体作为衬底电极，在两电极之间加上一层 SiO_2 绝缘体。

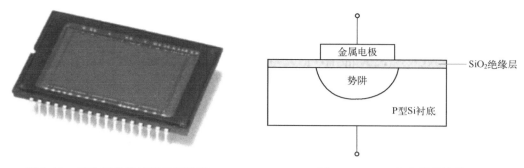

图 3.16　CCD 图像传感器的实物图　　　　　　图 3.17　MOS 电容器的结构

当电容器上未加任何电压时，该金属氧化物半导体的能带结构如图 3.18a 所示，达到平带条件。若在金属电极和半导体衬底间加电压 U_c，对于 P 型半导体，空穴被排斥出表面，受体离子被留下，导致半导体的表面层形成负电荷耗尽层，其中电子能量带从内部到界面由高到低弯曲，如图 3.18b 所示。当之间附加电压 U_c 超过某个阈值 U_{th} 时，能带进一步向下弯曲，半导体表面聚集电子浓度增加形成反型层，把 U_{th} 称为 MOS 管的开启电压。由于电子都汇集到半导体处，势能较低，对电子而言，半导体表面形成了能容纳聚集电荷的势阱，其示意图如图 3.18c 所示。

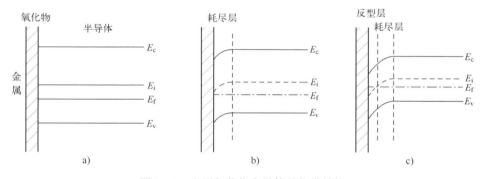

图 3.18　金属氧化物半导体的能带结构

2. CCD 图像传感器的结构与原理

CCD 图像传感器的结构示意图如图 3.19 所示，CCD 图像传感器的最小单元就是 MOS 电容器，将大量 MOS 电容阵列集合到同一衬底下，再加上输入和输出端就构成了 CCD 器件的主

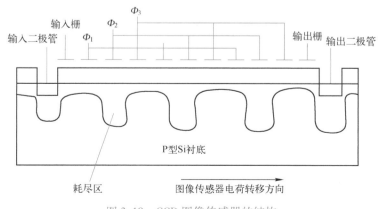

图 3.19　CCD 图像传感器的结构

要组成部分。CCD 的基本工作原理主要是信号电荷的产生、存储、转移和检测。图 3.20 所示为三相时钟控制方式 CCD 的工作过程。

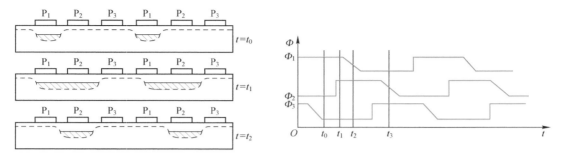

图 3.20　三相时钟控制方式 CCD 的工作过程

3. CCD 图像传感器的分类

CCD 图像传感器通常可分为线型 CCD 图像传感器和面型 CCD 图像传感器。

（1）线型 CCD 图像传感器　线型 CCD 图像传感器由一列光敏单元阵列和一列 CCD 并行而构成的。两者之间还有一个转移控制栅，其基本结构如图 3.21a 所示。每个光敏单元都与一个 CCD 元件对应，光敏单元阵列的各元件都是由光栅控制的光积分 MOS 电容器构成，为了使 MOS 电容器的电极透光，它们彼此相隔一定的距离。目前实用的线型 CCD 图像传感器大多为双行结构，其结构示意图如图 3.21b 所示，在一排 CCD 图像传感器的两侧，排列着两排遮光移位寄存器。光电传感器中的信号电荷分别传输到上移位寄存器和下移位寄存器，然后在时钟脉冲的作用下，信号电荷从左向右移动。从两个寄存器出来的脉冲序列在输出端交替合并，输出端的顺序与每个光电传感器中的信号电荷相同。

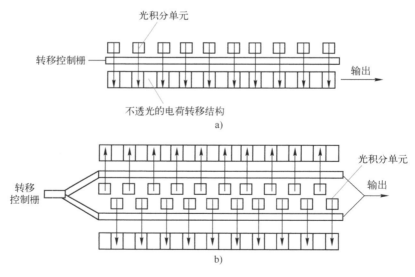

图 3.21　线型 CCD 图像传感器

（2）面型 CCD 图像传感器　面型 CCD 图像传感器的结构如图 3.22 所示，该结构是用得最多的一种结构形式。它将一排光敏元件与一排不透明存储单元交替排列，即光敏元件与存储元件分开排列，在光积分结束时，转移控制栅打开，电荷信号由光敏元件转移到存储区。在每个积分周期内，存储区中的电荷都会进行一次上移位和右移位，移动到输出寄存器中，经过检波二极管，形成图像或视频信号输出。它具有结构简单、操作容易和输出图像清晰等优点。

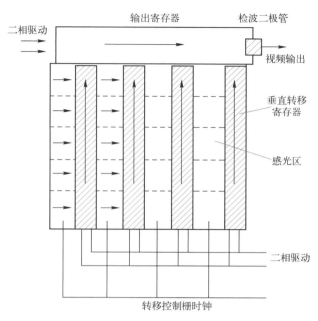

图 3.22　面型 CCD 图像传感器的结构

4. CCD 图像传感器的特性参数

CCD 图像传感器的物理性能可以用特性参数描述，该特性参数可以分为内部参数和外部参数两类。内部参数描述的是与 CCD 存储和转移信号电荷有关的性能，是器件理论设计的重要依据，外部参数描述的是与 CCD 应用有关的性能指标。

1）电荷转移效率与转移损失率。CCD 图像传感器的电荷转移效率是指转移前后的电荷之比，如果上一个电极中原有的信号电荷量为 Q_0，转移到下一个电极中的信号电荷量为 Q_1，两者的比值称为转移效率，用 η 表示，即

$$\eta = \frac{Q_1}{Q_0} \times 100\% \tag{3.4}$$

在电荷转移过程中，没有被转移的电荷量设为 $Q' = Q_0 - Q_1$，Q' 与原信号电荷量 Q_0 之比即为转换损失率，记作 ε，即

$$\varepsilon = \frac{Q'}{Q_0} \times 100\% = \frac{Q_0 - Q_1}{Q_0} \times 100\% \tag{3.5}$$

转换 n 个电极后，所剩总的信号电荷量记作 Q_n，则总转移率记作：

$$\frac{Q_n}{Q_0} = \eta^n = (1 - \varepsilon)^n \tag{3.6}$$

如果 $\eta = 0.99$，经过 24 次转移以后，总转移率为 79%；而经过 192 次转移后，总转移率为 15%。由此可见，能否提高转移效率是 CCD 是否实用的关键。电荷转移效率和转移损失率关系到器件性能的好坏。影响转移效率的因素包括自感应电场、热扩散、边缘电场、电荷表面态及体内缺陷的相互作用等，其中最主要的因素是表面态对信号电荷的俘获。

2）驱动频率。CCD 图像传感器必须在驱动脉冲的作用下完成信号电荷的转移，输出信号电荷。驱动频率一般泛指加在转移控制栅的脉冲的频率。在信号的转移过程中，为了避免热激发所产生的少数载流子对信号电荷的影响，信号电荷从一个电极转移到另一个电极的转移时间 t 必须小于少数载流子的平均寿命 τ，即 $t < \tau$。在正常工作条件下，对于三相 CCD 而言，$t = T/3 = 1/(3f)$，得到驱动脉冲工作频率下限为

$$f \geqslant \frac{1}{3\tau} \tag{3.7}$$

可见 CCD 驱动脉冲频率的下限与少数载流子的平均寿命有关，而载流子的平均寿命与器件的工作温度有关，工作温度越高，热激发少数载流子的平均寿命越短，驱动脉冲频率的下限越高。

当驱动频率升高时，驱动脉冲驱使电荷从一个电极转移到另一个电极的时间 t 应大于或等于电荷从一个电极转移到另一个电极的固有时间 ζ，才能保证电荷的完全转移；否则，信号电荷跟不上驱动脉冲的变化，将会使转移效率大大下降，即 $t = T/3 \geqslant \zeta$，驱动脉冲频率的上限为

$$f \leqslant \frac{1}{3\zeta} \tag{3.8}$$

CCD 图像传感器的驱动脉冲频率应该选择在上限与下限之间。

3）光谱响应。CCD 图像传感器的光谱响应是指器件在相同光能量照射下，输出的电压 U_o 与光谱长 λ 之间的关系，光谱响应率由器件光敏区材料决定。光谱响应随光波长的变化而变化的关系称为光谱响应曲线。

4）分辨力。CCD 图像传感器的分辨力是指组成 CCD 的光敏单元能检测到的景物光学信息的最小空间分布。分辨力与光敏单元的数量成正比，数量越多，其分辨力也就更高，分辨力是所有图像传感器的重要特性。

5）灵敏度。CCD 图像传感器的灵敏度 S_v 是指入射在 CCD 像敏单元上的单元能流密度 σ 与输出电压 U_o 之比，即

$$S_v = \frac{\sigma}{U_o} \tag{3.9}$$

6）电荷存储容量。CCD 图像传感器的电荷存储容量是指金属电极下的势阱中可以存储电荷量的最大值 Q，可以近似表示为

$$Q = C_{ox} U_G A \tag{3.10}$$

式中，C_{ox} 为 SiO_2 层的电容单位面积的电容量（F）；U_G 是栅极电压（V）；A 为电极有效面积（m^2）。电荷存储容量与许多因素有关，其中主要因素有电极的面积、结构、时钟驱动方式和驱动脉冲电压等。

7）暗电流。在正常工作时，MOS 电容器处于未饱和的非平衡态。随着时间的推移，由于热激发而产生的少数载流子使系统趋于平衡。因此，即使没有光照或其他方式对器件进行电荷注入，也会存在不希望有的暗电流。为了减小暗电流，应采用缺陷尽可能少的晶体并尽量避免玷污，降温也是可以采取的一种方法。据计算，每降低 10℃，暗电流可降低 1/2。目前，采用的更有效的方法是从已获得的图像信号中减去参考暗电流信号，从而降低暗电流对拍摄的影响。

5. CCD 图像传感器的应用

CCD 图像传感器在工业机器人中的应用极其广泛，它可以代替人工完成大量的重复性和

高精度要求的工作。图 3.23 所示为一种基于 CCD 图像传感器的工业机械臂分拣系统实物图。此系统的原理图如图 3.24 所示，模型包括计算机、传送带、CCD 图像传感器和接口等。该系统中当光信号入射到 CCD 图像传感器后经过光积分，并由图像处理单元对信号进行数字化处理传入计算机。经过视觉算法对数据进行处理后，将物品位姿和类型等信息传送给机器人，以便机器人可以对传送带上的物品进行跟踪、抓取或分拣等任务。

图 3.23　工业机械臂分拣系统实物图

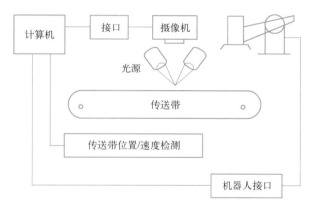

图 3.24　CCD 图像传感器的应用原理图

　　图 3.25 所示为 CCD 图像传感器在工业探测内窥镜上的应用实物图，在工业质量控制、测试及维护中，正确地识别裂缝、应力、焊接整体性及腐蚀等缺陷是非常重要的，但是传统的光线内窥镜的光纤成像常使检验人员难以判断是真正的瑕疵还是图像不清造成的结果。而 CCD 工业探测内窥镜电视摄像系统利用了光电图像传感器，可以使难以直接观察的地方通过电视荧光屏形成一个清晰的、色彩真实的放大图像。根据这个明亮且分辨率高的图像，检查人员能够快速而准确地进行检查工作。

图 3.25　CCD 工业探测内窥镜

　　CCD 工业探测内窥镜的工作原理如图 3.26 所示，光源通过导光传光束照射在物体上，被测对象的反射光经过探头前部的成像物镜通过传像束被 CCD 图像传感器所捕获，将光学图像信号转化为电信号，该信号经过放大、滤波和时钟分频等操作最终显示在显示器上。通过更换不同的 CCD 图像传感器可以得到高质量的色彩或黑白图像。另外，CCD 工业探测内窥镜摄像系统具有伽马校正电路，可以将图像黑暗部分的细节显示出来，令图像层次更加丰富。

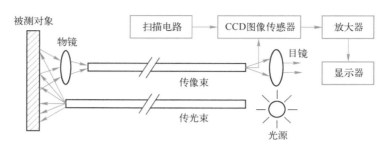

图 3.26　CCD 工业探测内窥镜的工作原理

3.2.3　CMOS 图像传感器

　　CMOS 图像传感器及其主要应用实物图如图 3.27 所示。CMOS 中一对由 MOS 组成的门电路在瞬间要么 PMOS 导通，要么 NMOS 导通，要么都截至，比线性晶体管的效率高得多，因此其功耗很低。与 CCD 不同的是，CMOS 的每个像素点都有一个单独的放大器转换输出，因此 CMOS 没有 CCD 的"瓶颈"问题，能够在短时间内处理大量数据，满足输出高清影像的需求。除此之外，CMOS 图像传感器还适合批量生产，在低价格和摄像质量要求高的应用领域中占据较大的市场。

图 3.27　CMOS 图像传感器及其主要应用实物图

1. CMOS 图像传感器的结构

　　CMOS 图像传感器的结构如图 3.28 所示，主要组成部分为像敏单元阵列、列放大器、多路模拟开关、输出放大器、A/D 转换器、接口电路和时序控制逻辑电路等。它们被集成到硅片上。像敏单元阵列有横轴和数轴两个方向排列形成方阵，其中每一个单元格又有其对应的 X、Y 地址，并且该地址可由地址译码器进行选择。

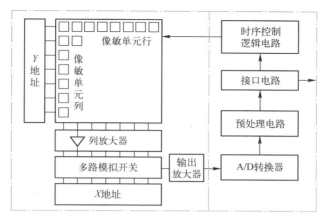

图 3.28　CMOS 图像传感器的结构

2. CMOS 图像传感器的工作原理

CMOS 图像传感器的工作核心是像敏单元阵列中的每个单元格，即像敏单元，它的结构如图 3.29 所示，三个场效应晶体管中，VT_1 构成光电二极管的负载，VT_2 是跟随放大器的原极，VT_3 是选址模拟开关。当复位脉冲出现时，首先 VT_1 导通，然后光电二极管复位。当脉冲结束时，VT_1 截止，光电二极管对光信号进行积分。VT_2 可以将光电二极管输出的电流进行放大，当选通脉冲出现时，VT_3 导通。将放大的电流输出到列方向上的中线上，最后经过输出放大器输出。图 3.30 所示为上述过程的时序。

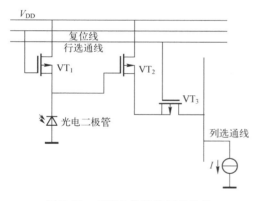

图 3.29　CMOS 像敏单元的结构

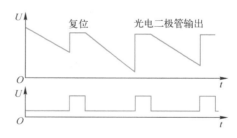

图 3.30　像敏单元的工作时序

像敏阵列中像信号的输出过程如图 3.31 所示，像敏阵列的 X 轴和 Y 轴方向上都配有 X 移位寄存器和 Y 移位寄存器，首先当光照信号出现时，在 Y 地址译码器的控制下，依次打开每行的像敏单元的模拟开关（图中标志的 $S_{i,j}$），信号经过开关（图中标志的 S_j），再通过 X 地址译码器控制，传输到放大器中。

3. CMOS 图像传感器的特性参数

（1）填充因子　CMOS 图像传感器的填充因子是指光敏面积和全部像敏面积之比。增大光敏面积可以提高填充因子，进而可以提高器件的灵敏度、降低噪声、加快信号响应速度。

（2）像素总数和有效像素数　在 CMOS 图像传感器中，像素分为不成像的像素和成像像素，像素总数是指这两者所有像素的总和，它是衡量 CMOS 图像传感器的主要技术指标之一。

在 CMOS 图像传感器的总像素中，用于有效光电转换和输出图像信号的像素为有效像素。有效像素总数为像素总数的一部分，直接决定了 CMOS 图像传感器的分辨率。

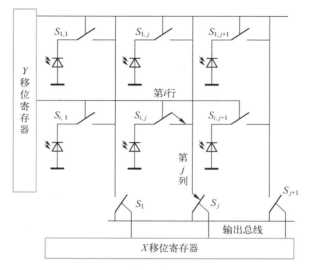

图 3.31　CMOS 像敏单元阵列的工作原理

（3）动态范围　CMOS 图像传感器的动态范围是指传感器的工作范围，是输出信号的最高电压和噪声电压的均方根之比。动态范围由信号处理能力和噪声决定，通常用 dB 表示。

（4）噪声　噪声一直是限制 CMOS 图像传感器占领市场的重要因素之一。噪声来源主要是光敏器件的噪声、MOS 场效应晶体管中的噪声和 CMOS 图像传感器中的工作噪声。

4. CMOS 图像传感器与 CCD 图像传感器的比较

CMOS 与 CCD 图像传感器的光电转换原理相同，均在硅集成电路工艺上制作，工艺线的设备亦相同，但不同的制作工艺和不同的器件结构使两者在器件的能力与性能上具有相当大的差别。

1）随机读取能力不同。CMOS 图像传感器中，每一个像敏单元都有各自的 X、Y 地址和放大器，它具备对任意感兴趣像素读取的能力，而 CCD 图像传感器利用电荷移位寄存器按序读取信号，限制了对感兴趣像素操作的能力。

2）光谱响应范围和灵敏度不同。由于 CCD 图像传感器的耗尽层较深，而 CMOS 图像传感器采用标准 CMOS 工艺，且工作电压较低，耗尽层深度较浅，使得两者的光谱响应范围和灵敏度不同，CCD 图像传感器可以响应可见光和近红外光，而 CMOS 图像传感器对红光和近红外光响应困难。

3）信号读取速度不同。CMOS 图像传感器将 MOS 图像传感器与其他处理电路集成在一个芯片上，驱动信号以及其他信号传输距离短，延迟低，信号读取采用 X、Y 两方向寻址方法，CMOS 图像传感器的信号读取速度要明显优于 CCD 图像传感器。

4）噪声与动态范围不同。由于 CCD 图像传感器的物理结构和 CMOS 图像传感器的物理结构不同，CMOS 图像传感器噪声要高于 CCD 图像传感器。噪声不同又决定了 CCD 图像传感器的动态范围比 CMOS 图像传感器高。

5）耗电量不同。CMOS 图像传感器的图像采集方式为主动式，光电二极管所产生的电荷会直接由晶体管放大输出。而 CCD 图像传感器为被动式采集，必须外加电压让每个像素中的电荷移动至传输通道。而外加电压通常需要 12~18 V，因此 CCD 图像传感器还必须有更精密的电源线路设计和耐压强度，高驱动电压使 CCD 图像传感器的耗电量远高于 CMOS 图像传感器，为 8~10 倍。

6）成本不同。由于 CMOS 图像传感器采用一般半导体电路最常用的 CMOS 工艺，可以轻易地将周边电路集成到传感器芯片中，因此可以节省外围芯片的成本。而 CCD 图像传感器采用电荷耦合方式传送数据，只要其中有一个像素不能运行，就会导致一整排的数据不能传送，因此控制 CCD 图像传感器的良品率比 CMOS 图像传感器困难许多，使得 CCD 图像传感器的制造成本高于 CMOS 图像传感器。

5. CMOS 图像传感器的应用

目前在应用领域，CCD 图像传感器凭借其低噪声、高分辨率、高灵敏度等高性能牢固占据着图像传感器的高端市场，如精密测量、军事目标探测与跟踪。CMOS 图像传感器则以其高集成度、高速、小体积、低价格、低功耗、使用方便等特点在低端市场，如视频通信、手机、家用摄像机、文字识别或低噪声应用等场合占据着巨大的份额。

（1）数码相机　CMOS 图像传感器最大的应用市场是数码相机，无论是作为道路交通控制和安全防范等领域的监控、监管系统的图像采集，还是作为机器人视频信息的获取，CMOS 相机都有着巨大的应用。佳能 EOS CMOS 数码相机实物图如图 3.32 所示，其工作原理如图 3.33 所示，包括 CMOS 彩色图像传感器、A/D 转换器、CPU、存储卡等，这些是传统相机所不具备的。

图 3.32　佳能 EOS CMOS 数码相机实物图

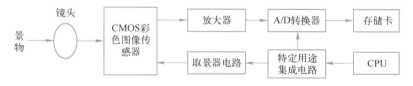

图 3.33　数码相机的工作原理

（2）手机摄像头　目前广泛应用的智能手机所使用的摄像头就是 CMOS 图像传感器。华为 Mate 系列手机摄像头实物图如图 3.34 所示，其工作原理如图 3.35 所示，物体光线照射到 CMOS 彩色图像传感器中，COMS 彩色图像传感器将图像转换为串行模拟脉冲信号，经过 A/D 转换器送至液晶屏显示。按下拍照键，即液晶显示屏上选定的景物的数字图像信号经过数字信号处理器压缩后送入存储器存储，完成拍照。若是摄像，则会将液晶显示屏上选定的景物的数字图像信号以一定的速度转换为串行模拟脉冲信号输出。该信号经 A/D 转换器转换为数字信号，由于信号量很大，需要送至数字信号处理器进行压缩，压缩后的数字图像信号送入存储器存储。

（3）自动驾驶　图 3.36 所示为自动驾驶的场景图。自动驾驶技术的关键之一就是环境感知技术，随着人工智能与物联网的不断普及和自动驾驶的出现，人们对于车载摄像头的需求越发提高，从传统的倒车雷达影像到现在的电子后视镜、倒车影像、360°全景成像、路障识别、防撞检测和无人驾驶等，CMOS 图像传感器在汽车摄像头中的应用也越来越广泛。除 CMOS 图像传感器以外,自动驾驶的视觉核心传感器还有镜头、镜头模组、滤光片、数据传输部分。

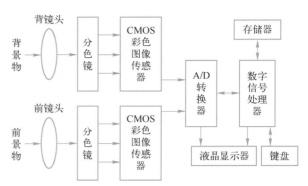

图 3.34　华为 Mate 系列手机摄像头实物图　　　　图 3.35　手机摄像头的工作原理

图 3.36　自动驾驶的场景图

3.3　机器人视觉感知先进技术

3.3.1　多目标跟踪

1. 多目标跟踪概述

多目标跟踪是指在有噪声的传感器测量时间序列中确定多个目标的如下特性:动态目标的个数、每个动态目标的状态(和单目标跟踪相同)。对比单目标跟踪与多目标跟踪后发现,多目标跟踪处理问题多了一项,即确定动态目标的个数。图 3.37、图 3.38 分别展示了多种算法实现单目标跟踪与多目标跟踪的效果。

单目标跟踪是指在有噪声的传感器测量时间序列中确定单个目标的状态,包括:位置、描述目标运动的状态量、一些其他感兴趣的特征。本质上单目标跟踪就是一个滤波问题。单目标跟踪的基本流程:输入初始帧(第一帧)并初始化目标框,在下一帧中产生众多候选框(产生有可能的目标框),提取这些候选框的特征(特征提取),然后对这些候选框评分(计算候选框的置信分数),最后在这些评分中找一个得分最高的候选框作为预测的目标,或者对多个预测值进行融合得到更优的预测目标。

图 3.37　单目标跟踪

图 3.38　多目标跟踪

目标跟踪的前提是进行目标检测。在机器人视觉中，目标检测是在图像和视频（一系列的图像）中扫描和搜寻目标，概括来说，就是在一个场景中对目标进行定位和识别。目标检测的传统算法中分为三步：区域选取、特征提取和特征分类。常用的目标检测算法如下：

（1）R-CNN　识别图像中的物体往往涉及为各个对象输出边界框和标签，这需要对很多对象进行分类和定位，而不仅仅是对其中主要个体对象进行分类和定位。为了避免在大量位置上使用卷积神经网络（Convolutional Neural Networks，CNN）并大幅增加计算的复杂度，研究人员提出了区域（Region）这一概念来找到可能包含对象的图像区域，以减少计算复杂度。R-CNN 就是基于候选区域方法提出来的首个目标检测算法，通过使用选择性搜索方法生成候选区域，然后对候选区域进行分类和回归来生成对象的边界框，以完成目标检测任务。选择性搜索算法先将图片简单地划分成很多个小区域，然后通过层级分组的方式合并相似的区域，并最终得到候选区域。其算法的思路如下：

1）将一张图像分为大约 2000 个候选区域，每个候选区域将被调整成 227×227 的固定大小，并送入 CNN 模型中得到一个特征向量。

2）该特征向量被送入分类器中，预测出候选区域中的物体属于哪个类别的概率。每个类别训练一个分类器，并从该特征向量中推测出候选区域的物体属于该类别的可能性。

3）最后训练一个边界框回归模型，以提升边界框的精度和保证定位的准确性。R-CNN对每个类别单独地采用最小均方误差损失函数进行回归器的训练。

（2）Fast R-CNN R-CNN 对于每个候选区域的特征都需要使用一个 CNN 模型进行计算，这导致了该算法的时间复杂度较高。Fast R-CNN 的提出就是为了减少候选区域重复使用 CNN 模型进行特征向量的计算，将整张图片都送入 CNN 模型中得到整幅图像的特征向量，再通过感兴趣区域池化（Region of Interests Pooling）和选择性搜索方法提取各个候选区域所对应的特征向量。感兴趣区域池化是根据候选区域按照比例从整幅图像的特征图中找到对应的特征区域，然后将其分割成几个子区域，并分别运用最大池化得到固定大小的特征向量。通过这种方法避免了对每个候选区域进行 CNN 的分别计算，该方法只需要进行一次 CNN 的计算，从而可大幅提升算法的运行速度。

（3）YOLO YOLO 算法全称为 You Only Look Once：Unified Real-Time Object Detection。其中，You Only Look Once 只需要进行一次 CNN 的计算，Unified 代表该算法有一个统一的框架，提供端到端的目标检测，而 Real-Time 代表该算法运行速度快、所消耗的时间短。

YOLO 算法不再采用广泛的滑动窗口的方法，而是直接将原始图片分割成互不重合的小方块，然后使用卷积产生对应的特征图，并预测那些中心点在该小方格内的目标。YOLO 首先将整幅图片分割成正方形网格，然后每个单元格检测那些中心点落在该格子内的目标。每个单元格都会预测边界框及每个边界框的置信度。边界框的置信度包含两个方面：

1）该边界框含有目标的可能性。

2）该边界框的准确度（即预测框与真实框的差异）。

置信度为这两者的乘积，同时反映含有目标的可能性和边界框的准确度，而不仅仅代表边界框含有目标的概率。需要注意的是，边界框的位置用四个值 (X, Y, W, H) 来表征。其中，(X, Y) 是边界框的中心坐标，是相对于每个单元格左上角坐标点的偏移值较整个单元格的比例；(W, H) 为边界框的宽和高，是相对于整幅图像的宽和高的比例。因此，X、Y、W、H 应该位于 $[0,1]$ 之间。对于每一个单元格还需要预测出类别的概率值，其表征的是该单元格负责预测的目标属于各个类别的概率。但是这些概率值是在各个边界框置信度下的条件概率，同时也可以计算出各个边界框类别置信度。边界框类别置信度表征的是该边界框中目标属于各个类别的可能性大小以及边界框的准确度。

YOLO 算法只采用了一个 CNN 来进行目标的分类及定位，是一种单管道的策略，因此运算效率和速度比较快。同时其对整张图片进行卷积操作，检测的精度较高，不容易误判，同时其泛化能力强，容易进行迁移学习。然而由于其每个单元格仅仅预测了两个边界框，对小物体的检测效果不好，边界框的定位也不是很准确。YOLO 在物体的长宽比方面的泛化能力低，无法定位非寻常比例的物体也是其一个重要缺陷。

（4）SSD SSD 算法全称为 Single Shot Multibox Detector。其中，Single Shot 代表该算法只需要进行一次 CNN 的计算，Multibox 代表该算法是多框预测算法。与 YOLO 在全连接层之后做检测不同，SSD 采用了 CNN 来直接进行检测。同时为了克服 YOLO 算法在检测小目标方面存在定位不准的缺点，SSD 算法做了以下两个重要的改进：

1）通过提取不同尺度的特征图来进行检测，大尺度特征图可以用来检测小物体，而小尺度特征图用来检测大物体。

2）采用了不同尺寸和长宽比的先验框来不断回归提升定位的准确度。

综上所述，SSD 较 YOLO 不同的核心设计理念可以总结如下：

1）采用多尺度特征图进行检测。所谓多尺度特征图就是不同大小的特征图，在 CNN 中一般之前的特征图会比较大，而后面通过采用卷积或者池化操作来不断降低特征图的大小。采用多尺度特征图的好处在于，较大的特征图可以用来检测相对较小的目标，而小的特征图可以用来检测大目标。

2）设置不同的先验框。SSD 借鉴了 Faster R-CNN 中先验框的理念，每个单元设置了不同尺寸和长宽比的先验框，然后以这些先验框为基础来预测边界框，从而在一定程度上减少了训练的难度。对于每个单元的每个先验框来说，SSD 都会输出一套独立的检测值。

3）采用 CNN 卷积进行检测。SSD 采用了卷积进行特征图的提取和检测。对于形状为 $M×N×P$ 的特征图，只需要采用 $3×3×P$ 的小卷积核即可得到检测结果。

通过上述三种设计理念，SSD 的准确度比 YOLO 的更好，同时提升了对小目标检测的效果和边界框的精度。

（5）目标跟踪和目标检测　有两种方式来"跟踪"一个目标，即密集跟踪和稀疏跟踪。跟踪是一系列的检测，假设在交通录像中想要检测一辆车或者一个人，可使用录像不同时刻的快照来检测。然后通过检查目标如何在录像不同的画面中移动（对录像的每一帧进行目标检测，比如 YOLO 算法就能知道目标在不同画面里的坐标），由此实现对目标的追踪。比如要计算目标的速度，可以通过两帧图像中目标坐标的变化来计算目标移动距离，再除以两帧画面的间隔时间即可求得。

因为要处理录像所有快照的像素，这些算法需要密集的跟踪方法来实现，对于每一帧画面图像都要进行目标检测，拿滑动窗口法来举例，则需要处理图像中的所有像素，所以这种方法进行目标跟踪，计算量将会非常大。当人们只是把跟踪处理为"一系列的检测"时，就会得到一系列跟踪的轨迹。根据不同时间点目标的位置，把这些位置坐标由时间线串联起来得到目标轨迹。

上述方法实际上并没有"跟踪"，而是在不同的时间点来"检测"它。改进以后的方法是"动态检测"，考虑同样的场景，想要跟踪路上的一辆车或者一个人，通过检查它在某个时刻 T 的位置，首先估计它在其他某个时刻的位置，比如 $T+5$ 时刻。所以，要试图判断出车的轨迹，使用刚才的估计和车在 $T+5$ 时刻的实际图像，用不同的算法来跟踪它。当只处理估计位置附近的像素时，就是稀疏跟踪方法。当然，这种方法处理速度更快（处理更少的像素），只需要检测估计位置附近的像素即可，相比于密集跟踪方法减少了大量的计算。使用动态检测方法可得到更平滑的曲线来刻画目标的轨迹，因为它将估计和一般的认识应用到了跟踪中。

目标检测和目标跟踪的异同如下：

1）目标检测可以在静态图像上进行，而目标跟踪需要基于录像或视频。如果对每秒的画面进行目标检测，也可以实现目标跟踪。

2）目标跟踪不需要目标识别，可以根据运动特征来进行跟踪，而无须确切地知道跟踪的是什么，所以如果利用视频画面（帧之间的临时关系），单纯的目标跟踪可以很高效地实现。

3）基于目标检测的目标跟踪算法计算非常昂贵，因为需要对每帧画面进行检测才能得到目标的运动轨迹。而且，只能追踪已知的目标，因为目标检测算法只能实现已知类别的定位和识别。

因此，目标检测要求定位+分类，图 3.39 展示了目标检测算法在处理不同场景下的定位和分类能力。每个子图显示了算法在不同距离条件下观测船只的表现。而目标跟踪、分类只是一个可选项，根据具体问题而定，可以完全不在乎跟踪的目标是什么，只在乎它的运动特征。实际中，目标检测可以通过目标跟踪来加速，然后间隔一些帧进行分类。在一个慢的线程上寻找目标并锁定，然后在快的线程上进行目标跟踪，这样运行更快。

图 3.39　目标检测

2. 经典跟踪算法

早期的目标跟踪算法主要是根据目标建模或者对目标特征进行跟踪。

（1）基于目标模型建模的方法　该方法通过对目标外观模型进行建模，然后在之后的帧中找到目标。例如区域匹配、特征点跟踪、基于主动轮廓的跟踪算法、光流法等。最常用的是特征匹配法，首先提取目标特征，然后在后续的帧中找到最相似的特征进行目标定位。常用的特征有 SIFT 特征、SURF 特征、Harris 角点等。

（2）基于搜索的方法　随着研究的深入，人们发现基于目标模型建模的方法对整张图片进行处理实时性差。人们将预测算法加入跟踪中，在预测值附近进行目标搜索，减少了搜索的范围。常见的预测算法有卡尔曼（Kalman）滤波、粒子滤波算法。另一种减小搜索范围的方法是内核方法：它运用最速下降法的原理，向梯度下降方向对目标模板逐步迭代，直到迭代到最优位置，如 Meanshift、Camshift 算法。

1）粒子滤波算法。粒子滤波算法是一种基于粒子分布统计的方法。以跟踪为例，首先对跟踪目标进行建模，并定义一种相似度度量确定粒子与目标的匹配程度。在目标搜索的过程中，它会按照一定的分布（比如均匀分布或高斯分布）撒一些粒子，统计这些粒子的相似度，确定目标可能的位置。在这些位置上，下一帧加入更多新的粒子，以确保在更大概率上跟踪上目标。卡尔曼滤波算法常被用于描述目标的运动模型，它不对目标的特征建模，而是对目标的运动模型进行建模，常用于估计目标在下一帧的位置。

2）Meanshift 算法。Meanshift 算法是一种基于概率密度分布的跟踪方法，使目标的搜索一直沿着概率梯度上升的方向，迭代收敛到概率密度分布的局部峰值上。首先，Meanshift 算法会对目标进行建模，比如利用目标的颜色分布来描述目标，然后计算目标在下一帧图像上的概率分布，从而迭代得到局部最密集的区域。Meanshift 算法适用于目标的色彩模型和背景差异比较大的情形，早期也用于人脸跟踪。由于 Meanshift 算法的计算速度快，它的很多改进方法也一直适用至今。

可以看到，传统的目标跟踪算法存在以下两个致命的缺陷：

1）没有将背景信息考虑在内，导致在目标被遮挡、光照变化以及运动模糊等干扰下容易出现跟踪失败。

2）跟踪算法执行速度慢（每秒 10 帧左右），无法满足实时性的要求。

（3）基于相关滤波的跟踪算法　人们将通信领域的相关滤波（衡量两个信号的相似程度）引入目标跟踪中。一些基于相关滤波的跟踪算法（MOSSE、CSK、KCF、BACF、SAMF 等）也随之产生，速度可以达到数百帧每秒，已被广泛地应用于实时跟踪系统中。

（4）基于深度学习的跟踪算法　随着深度学习方法的广泛应用，人们开始考虑将其应用到目标跟踪中。人们开始使用深度特征并取得了很好的效果，之后，考虑用深度学习建立全新的跟踪框架进行目标跟踪。在大数据背景下，利用深度学习训练网络模型得到的卷积特征输出表达能力更强。在目标跟踪上，初期的应用方式是把网络学习到的特征直接应用到相关滤波的跟踪框架里，从而得到更好的跟踪结果。

各种算法的比较如下：

1）相比于光流法、卡尔曼滤波算法、Meanshift 算法等传统算法，相关滤波类算法跟踪速度更快，深度学习类方法精度高。

2）具有多特征融合以及深度特征的追踪器在跟踪精度方面的效果更好。

3）使用强大的分类器是实现良好跟踪的基础。

4）尺度的自适应以及模型的更新机制也影响跟踪的精度。

3. 多目标跟踪的任务

通常情况下，多目标跟踪基于传感器的检测。机器人视觉来源于一些传感器，比如照相机、雷达和激光雷达。这些传感器将收集大量的原始数据，包括照相机捕获的目标边界框、雷达在极坐标下测得的方位和多普勒测量结果，以及激光雷达生成的点云数据。这些数据随后将被输入检测模块中，以便对目标进行初步识别。之后，这些经过处理的信息将进一步被传递到多目标跟踪模块。多目标跟踪模块则根据这些连续的、单帧的信号以获得目标状态的后验分布。一般情况下，检测器处理的是单帧数据，而多目标跟踪需要处理多帧数据。传感器负责接收外界数据，检测器通过算法对这些数据进行处理，并将计算结果输出给多目标跟踪系统。这些结果包括目标的边界框位置和其他由算法计算得出的相关信息。多目标跟踪模块则根据这些单帧的被测量进行目标跟踪，最后获得目标相对机器人坐标系的位置以及速度。

4. 多目标跟踪的类型

由于每个目标可能产生不同数量的被测量，对应的被测量数目取决于传感器的分辨率，也取决于检测器，同时还取决于跟踪对象的类型。根据每个目标对应的被测量数目等标准可将目标跟踪分为以下几种类型：

（1）点目标跟踪　这是最传统的多目标跟踪类型，基于"小目标"的假设，即：每个目标都是独立的；每个目标均被建模为点，而没有任何扩展；在一个时间周期内，每个目标至多产生一个对应的被测量。所谓点跟踪就是在初始图像帧的目标上找一些具有跟踪价值的点，用点周围的一小块区域的特征对其进行描述，在后续的图像帧中根据特征描述寻找这些点移动到的新位置。这里需要解决三个问题，即特征点选择、特征点描述和特征点匹配。

（2）扩展目标跟踪　此跟踪类型目标一般有不止一个被测量，其目标的形状一般是未知的，可动态发生变化。通过递归滤波更新可以确定目标的形状。此种目标使得跟踪系统变得复杂，非线性程度上升，例如用于汽车目标的形状检测。扩展跟踪是一个概念，即目标的姿势信息将可用，即使目标不再在摄像机的视场中或由于其他原因无法直接跟踪。扩展跟踪利用设备跟踪器提高跟踪性能并保持跟踪，即使目标不再在视图中也能保持跟踪。

（3）目标群跟踪　　几个目标被看作一个群，当然单一目标也可以看作一个群，如图3.40所示。目标群跟踪不对目标细节进行描述，而是检测出大致范围。这种跟踪检测的目的不是进行精确的识别，而是进行类似障碍物躲避的检测，只需要检测出大致范围就能够满足要求。

图3.40　目标群示意图

5. 多目标跟踪的挑战

（1）第一个挑战

1）视场范围内多少个目标不知道，每个目标的位置不知道。

2）目标在视场内到处移动。

3）存在旧目标离开视场或新目标进入视场，涉及目标的出现与消失，术语叫作"路径诞生"与"路径死亡"，需要进行航迹管理。

4）遮挡问题：某一帧中一个目标被另外一个目标遮挡，传感器检测不到。

（2）第二个挑战　这个挑战是由于传感器的缺陷导致的。

1）传感器的漏检。在检测过程中，若前方有障碍物时传感器漏检，则可能出现功能性失败产生严重危害，此时需要后面的模块进行弥补，也就是多目标跟踪。漏检产生的可能原因：①环境问题或目标被遮挡；②目标本身的特性，比如小物体或颜色与环境相近的物体都不是很容易被雷达检测到。

2）传感器的虚警。在检测过程中，即使前方空空如也，传感器仍上报存在目标，这就可能造成机器人产生不必要的动作，此时也需要后面的模块进行弥补，也就是多目标跟踪。虚警产生的可能原因：①其他的地方反射了雷达波；②一些物体被误认为目标。

（3）第三个挑战 这个挑战就是数据关联。数据关联是多目标跟踪中最重要的问题之一，通俗地讲就是在 $K-1$ 时刻感知若干个目标，在 K 时刻感知若干个目标，多目标跟踪模块需要把这些目标对应起来，确认哪些属于同一个目标，这其中不能关联错误，否则会引入错误信息，丢失目标。数据关联是挑战的原因：①没有先验信息，不知道哪些检测是之前有的目标，哪些是新生成的目标，抑或是虚警；②传感器噪声影响，可能导致目标状态估计不准确，脱离算法限制，导致关联上错误目标；③目标彼此之间很近，也容易关联错误。试想在交通拥堵场景，车与车之间距离很近，如若传感器噪声较大，测量不准，就很容易关联错误。

如图 3.41 所示，纵轴 1、2、3 分别对应三个时刻，标号为 0 的部分为虚警或新生成的路径，同一目标已用同一个标号标出。通过图示可以清晰地看出哪些目标应该关联在一起。

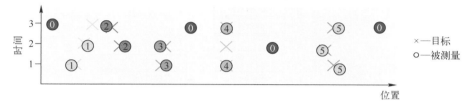

图 3.41 多目标跟踪实例

然而如果把标号去掉，仅有 3 个时刻的被测量，肉眼就不好分辨了，如图 3.42 所示。尤其是对于激光雷达与雷达，这些目标多、虚警多的传感器，数据关联算法就变得格外重要。

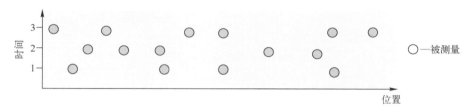

图 3.42 标号去掉后的多目标

3.3.2 基于视觉的三维重建

三维重建经过数十年的发展已经取得巨大的成功。基于视觉的三维重建在计算机领域是一个重要的研究内容，其主要通过使用相关仪器来获取物体的二维图像数据信息，然后对获取的数据信息进行分析处理，最后利用三维重建的相关理论重建出真实环境中物体表面的轮廓信息。基于视觉的三维重建具有速度快、实时性好等优点，能够广泛应用于机器人领域，具有重要的研究价值，也是未来发展的重要研究方向。三维重建技术分类如图 3.43 所示。

1. 基于视觉的三维重建的背景和意义

人类通过双眼来探索与发现世界。人类接收外部信息的方式中有不到三成来自听觉、触觉、嗅觉等感受器官，而超过七成、最丰富、最复杂的信息则是通过视觉进行感知的。机器人视觉便是一种探索给机器人装备眼睛（摄像头）与大脑（算法）的技术，以使机器人能够自主独立地控制行为、解决问题，同时感知、理解、分析外部环境。三维重建作为环境感知的关键技术之一，在机器人视觉领域举足轻重。机器人视觉不仅仅要做到对周围环境的识别，更要感知三维环境。因为人们生活在三维空间中要做到交互和感知，就必须将世界恢复到三维。因此机器人视觉的下一步必须走向三维重建。

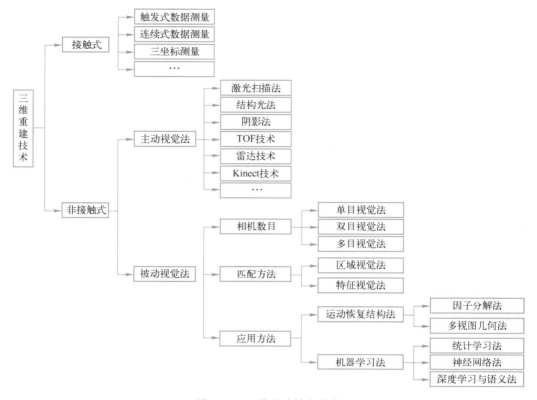

图 3.43　三维重建技术分类

2. 基于视觉的三维重建的定义

三维重建技术主要通过视觉传感器来获取外界的真实信息，然后通过信息处理技术或者投影模型得到物体的三维信息（以深度图、点云、体素、网格等形式），也就是说，三维重建是一种利用二维投影恢复三维信息的技术。如图 3.44 所示，常见的三维重建表达方式有以下四种：①深度图，其每个像素值代表的是物体到相机 XY 平面的距离；②体素，体素是三维空间中一个有大小的点，一个小方块相当于三维空间中的像素；③点云，点云是某个坐标系下点的数据集，点包含了丰富的信息，包括三维坐标 (X, Y, Z)、颜色、分类值、强度值、时间等；④三角网格，三角网格就是由三角形组成的多边形网格。

3. 基于视觉的三维重建的类型

基于视觉的三维重建技术包括主动视觉法和被动视觉法。主动视觉法可以获得物体表面大量的细节信息，重建出精确的物体表面模型，不足的是成本高昂，操作不便，同时由于环境的限制不可能对大规模复杂场景进行扫描，其应用领域有限，后期处理过程也复杂。被动视觉法是通过分析图像序列中的各种信息，对物体的建模进行逆向工程，从而得到场景或场景中物体的三维模型，这种方法不直接控制光源，对光照要求不高，成本低，操作简单，适用于各种复杂场景的三维重建，不足的是对物体的细节特征重建不够精确。主动视觉法主要包括激光扫描法、结构光法、阴影法、TOF 技术、雷达技术、Kinect 技术等。被动视觉法根据相机数目的不同，分为单目视觉法、双目视觉法和多目视觉法；根据匹配方法不同，又可以分为区域视觉法、特征视觉法等；根据应用方法不同，可分为运动恢复结构法和机器学习法等。

图 3.44 常见的三维重建表达方式

（1）基于主动视觉的三维重建技术

1）激光扫描法。激光扫描法其实就是利用激光测距仪来进行真实场景的测量。首先，激光测距仪发射光束到物体的表面，然后根据接收信号和发送信号的时间差确定物体离激光测距仪的距离，从而获得测量物体的大小和形状。激光扫描法数据处理流程如图 3.45 所示。

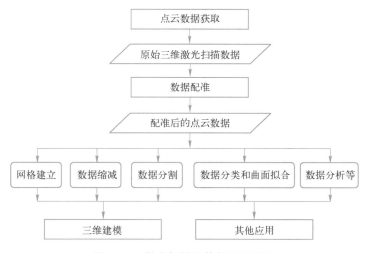

图 3.45 激光扫描法数据处理流程

2）结构光法。结构光法的原理是首先按照标定准则将投影设备、图像采集设备和待测物体组成一个三维重建系统，其次在测量物体表面和参考平面分别投影具有某种规律的结构光图，然后使用视觉传感器进行图像采集，从而获得待测物体表面以及物体的参考平面的结构光图像投影信息，最后利用三角测量原理、图像处理等技术对获取到的图像数据进行处理，计算出物体表面的深度信息，从而实现从二维图像到三维图像的转换，如图 3.46 所示。按照投影图像的不同，结构光法可分为点结构光法、线结构光法、面结构光法、网格结构光法和彩色结构光法。

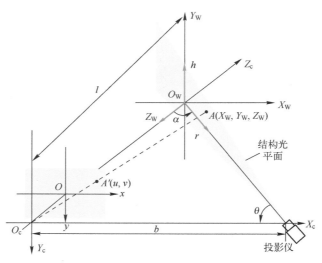

图 3.46　结构光法示意图

3）阴影法。阴影法是一种简单、可靠、低功耗的重建物体三维模型的方法。这是一种基于弱结构光的方法，与传统的结构光法相比，这种方法要求非常低，只需要将一台相机面向被灯光照射的物体，通过移动光源前面的物体来捕获移动的阴影，再观察阴影的空间位置，从而重建出物体的三维结构模型，如图 3.47 所示。

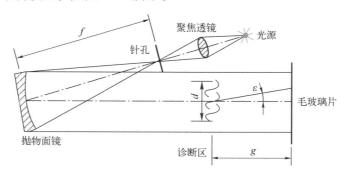

图 3.47　阴影法示意图

4）TOF 技术。TOF（Time of Flight）技术是主动测距技术的一种，可从发射极向物体发射脉冲光，遇到物体反射后，接收器收到反射光时停止计时。由于光和声在空气中的传播速度是不变的，从而通过发射到接收的时间差来确定物体的距离，进而确定场景的深度信息。其计算原理如下：

$$d = \frac{n + \dfrac{\varphi}{2\pi}}{2}\lambda \tag{3.11}$$

式中，λ 表示脉冲的波长（m）；n 表示波长的个数；φ 表示脉冲返回时的相位（°）；d 表示物体与发射极之间的距离（m）。

5）雷达技术。雷达作为一种很常见的主动视觉传感器，可以通过发射和接收的光束之间的时间差来计算物体的距离、深度等信息。其计算原理如下：

$$d = \frac{c\Delta t}{2} \tag{3.12}$$

式中，c 为光速（m/s）；Δt 为发射与接收的时间间隔（s）；d 表示雷达与物体之间的距离（m）。

6）Kinect 技术。Kinect 传感器是最近几年发展比较迅速的一种消费级的 3D 摄像机，它直接利用激光散斑测距的方法获取场景的深度信息。Kinect 传感器如图 3.48 所示。Kinect 传感器中间的镜头为摄像机，左右两端的镜头被称为 3D 深度感应器，具有追焦的功能，可以同时获取深度信息、彩色信息以及其他信息等。Kinect 传感器在使用前需要进行提前标定，大多数标定都采用张正友标定法。

图 3.48　Kinect 传感器

（2）基于被动视觉的三维重建技术　基于被动视觉的三维重建技术是通过视觉传感器（一台或多台相机）获取图像序列，进而进行三维重建的一种技术。这种技术首先通过视觉传感器（一台或多台相机）获取图像序列，然后提取其中有用的信息，最后对这些信息进行逆向工程的建模，从而重建出物体的三维结构模型。

1）根据视觉传感器的数量和特性分类。

① 单目视觉法。单目视觉法是仅使用一台相机进行三维重建的方法。空间中任意一个三维点 P 从世界坐标系转换到二维图像坐标系之间的关系，可表示为

$$\begin{pmatrix} u \\ v \\ 1 \end{pmatrix} = \begin{pmatrix} f_x & 0 & u_0 \\ 0 & f_y & v_0 \\ 0 & 0 & 1 \end{pmatrix} \begin{pmatrix} \boldsymbol{R} & \boldsymbol{t} \\ 0 & 1 \end{pmatrix} \begin{pmatrix} X_W \\ Y_W \\ Z_W \\ 1 \end{pmatrix} \tag{3.13}$$

式中，(X_W, Y_W, Z_W) 为空间中的三维点坐标；$(\boldsymbol{R}, \boldsymbol{t})$ 为旋转矩阵和平移向量；f_x 和 f_y 为相机在两个方向上的焦距；(u_0, v_0) 为相机主点在图像坐标系下的坐标；(u, v) 为图像坐标系下的坐标。

通过式（3.13）可以求解出空间中任意一点的三维坐标。其中涉及四个坐标系，如图 3.49 所示。

世界坐标系：根据情况而定，可以表示任何物体此时是由于相机而引入的。

相机坐标系：以相机光心为原点（在针孔模型中也就是以针孔为光心），z 轴与光轴重合，也就是 z 轴指向相机的前方（也就是与成像平面垂直），x 轴和 y 轴的正方向与物体坐标系平行。

图像物理坐标系（也称为平面坐标系）：用物理单位表示像素的位置，坐标原点为相机光轴与图像物理坐标系的交点位置。

像素坐标系：以像素为单位，坐标原点在左上角。

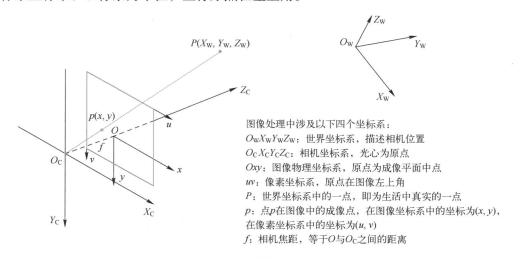

图像处理中涉及以下四个坐标系：
$O_WX_WY_WZ_W$：世界坐标系，描述相机位置
$O_CX_CY_CZ_C$：相机坐标系，光心为原点
Oxy：图像物理坐标系，原点为成像平面中点
uv：像素坐标系，原点在图像左上角
P：世界坐标系中的一点，即为生活中真实的一点
p：点p在图像中的成像点，在图像坐标系中的坐标为(x,y)，在像素坐标系中的坐标为(u,v)
f：相机焦距，等于O与O_C之间的距离

图 3.49   视觉四坐标

单目视觉的三维重建流程及结果展示分别如图 3.50 和图 3.51 所示。单目视觉中常用的方法有 X 恢复形状法。其中，X 可以是单幅图像明暗、纹理、光度立体、运动以及轮廓等。

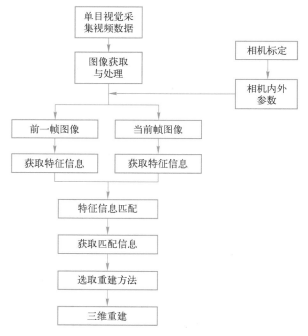

图 3.50   单目视觉三维重建流程

a. 从明暗恢复形状法。从明暗恢复形状（Shape From Shading，SFS）是计算机视觉中三维形状恢复问题的关键技术之一，其任务是利用单幅图像中物体表面的明暗变化来恢复其表面各点的相对高度或表面梯度等参数值，为进一步对物体进行三维重构奠定基础。在人类视觉感

知过程中，阴影发挥着重要作用。人类通过眼睛和大脑能够准确地由阴影恢复出三维信息。多年来，人类视觉研究工作者们一直尝试着理解和模拟这一机理。

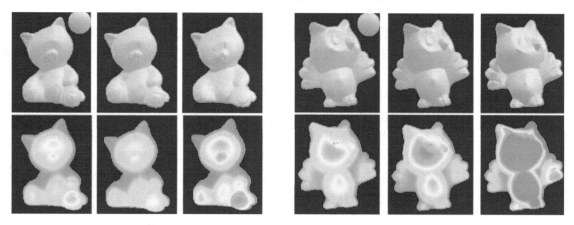

图 3.51　单目视觉法结果展示（深蓝色表示近距离，浅蓝色表示远距离）

对实际图像而言，其表面点图像亮度受到了许多因素，如光源、物体表面材料性质和形状，以及相机（或观察者）位置和参数等的影响。为简化问题，传统 SFS 方法均进行了如下假设：光源为无限远处点光源；反射模型为朗伯体表面反射模型；成像几何关系为正交投影。

b. 由纹理恢复形状法。由纹理恢复形状法是利用物体表面的纹理信息确定表面方向进而恢复出表面的三维形状。纹理由纹理元组成，纹理元可以看作图像区域中具有重复性和不变性的视觉基元，纹理元在不同的位置和方向反复出现。由纹理元的变化可以对物体表面法向量方向进行恢复。常用的纹理恢复形状法有三类：利用纹理元尺寸变化、利用纹理元形状变化以及利用纹理元之间关系变化对物体表面梯度进行恢复。

c. 光度立体法。光度立体法避免了对应点匹配问题，使用单目多幅图像中蕴涵的三维信息恢复被测对象的三维形状。一幅图像像素点的灰度主要由如下因素决定：物体的形状、物体相对于光源和相机的位置、光源和相机的相对位置以及物体的物理表面反射特性等。光度立体法固定相机和物体的位置，通过控制光源方向在一系列不同光照条件下采集图像，然后由这几幅图像的反射图方程求解物体表面法向量，进而重构物体的三维形状。

d. 由运动恢复形状法。当目标与相机在发生相对运动时，相机拍摄对应的图像序列，可通过分析该图像序列获得场景的三维信息。相机与场景目标间有相对运动时所观察到的亮度模式变化显示出的运动称为光流。光流表示图像的变化，它包含了目标的运动信息，由此可以确定观测者与目标的相对运动，并且可以根据光流求解表面法向量。由运动恢复形状法适用于被测对象处于运动状态，利用目标与相机相对运动来获得场景中目标之间的位置关系，需要多幅图像，不使用静态的场景。同时序列图像像素间的匹配对测量计算精确度影响较大。

e. 由轮廓恢复形状法。图像的轮廓是物体表面的边缘在图像平面的投影。可将轮廓线分为两类：一类是不连续轮廓线，它对应物体表面的中断或转折处，形成原因是物体表面法向量在这里发生不连续变化；另一类是 Occluding 轮廓线，它对应物体表面的法向量光滑地与相机垂直，形成原因是物体表面到相机的距离在这里发生不连续变化。不连续轮廓线应用于多面体结构的重构和定位，Occluding 轮廓线用于恢复物体表面的局部特征或全局特征。

② 双目视觉法。双目视觉法的工作原理来源于人类的双目视觉系统，也就是说，从不同的视角通过两个相同的相机捕获同一个位置下的左右两侧图像，然后利用三角测量原理获取物体的深度信息，通过这些深度信息重建出物体的三维模型。融合两只眼睛获得的图像并观察它们之间的差别，可以获得明显的深度感，建立特征间的对应关系，将同一空间物理点在不同图像中的映像点对应起来，这个差别称为视差图像。目前，基于双目视觉的三维重建方法是三维重建技术中的热点和难点。

平行式光轴双目视觉系统是比较理想的一种系统，如图 3.52a 所示。在平行式光轴视觉系统中，左、右相机互相对齐，它们的光轴也要互相平行，形成一个共面的成像平面。由于左、右相机只在轴上的位置不同，而焦距等其他参数是相同的，因此，左、右相机拍摄的同一物点所成的像分别在左、右两图像上对应的对集线上，可以较好地实现立体匹配。

汇聚式光轴双目视觉系统是将平行式光轴双目视觉系统中的左、右相机分别绕光心沿顺时针方向和逆时针方向旋转一定角度，从而形成汇聚式双目视觉系统，如图 3.52b 所示。

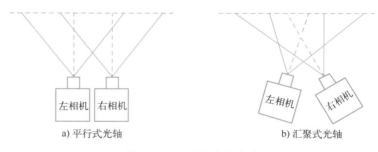

图 3.52　双目视觉法光路

双目视觉法流程图及结果展示如图 3.53 和图 3.54 所示。恢复场景的三维信息是立体视觉研究中最基本的目标，为实现这一目标，一个完整的立体视觉系统通常包含六个模块：图像获取、相机标定、特征提取、图像匹配、三维恢复和视频分析（运动检测、运动跟踪、规则判断、报警处理）。

图 3.53　双目视觉法流程

a. 图像获取。数字图像的获取是立体视觉的信息来源。常用的立体视觉图像一般为双目图像，有的采用多目图像。图像获取的方式有多种，主要由具体运用的场合和目的决定。立体图像的获取不仅要满足应用要求，而且要考虑视点差异、光照条件、相机性能和场景特点等方面的影响。

b. 相机标定。立体视觉系统相机标定是指对三维场景中对象点在左、右相机图像平面上的坐标位置与其世界空间坐标之间的映射关系的确立，是实现立体视觉三维模型重构中基本且关键的一步。

c. 特征提取。特征提取的目的是要获取匹配赖以进行的图像特征，图像特征的性质与图像匹配的方法选择有着密切的联系。目前还没有建立起一种普遍适用的获取图像特征的理论，因此导致了立体视觉研究领域中匹配特征的多样化。特征可以是像素和相位。相位匹配是近 20 年才发展起来的一类匹配算法。

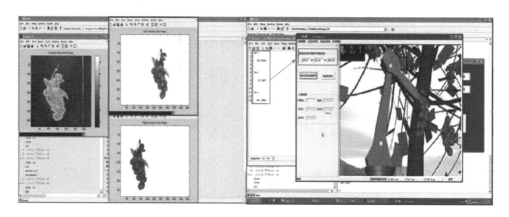

图 3.54　双目视觉法结果展示

　　d. 图像匹配。在立体视觉中，图像匹配是指将三维空间中一点 A（X，Y，Z）在左、右相机的成像面 C_1 和 C_r 上的像点 $a_1(u_1,v_1)$ 和 $a_r(u_r,v_r)$ 对应起来。图像匹配是立体视觉中最重要也是最困难的问题，一直是立体视觉研究的焦点。

　　e. 三维恢复。在完成立体视觉系统的相机标定和图像匹配工作以后，就可以进行被测对象表面点的三维信息恢复。影响三维测量精度的因素主要有相机标定误差、CCD 成像设备的数字量化效应、特征提取和匹配定位精度等。

　　f. 视频分析（运动检测、运动跟踪、规则判断、报警处理）。通过视差计算得到全屏幕的视差图像后，采用背景建模的方式得到运动前景物体的视差图像，再通过膨胀和腐蚀算法进行图像预处理，得到完整的可供分析的前景运动物体视差图。采用运动跟踪算法，全屏实时检测物体的大小、运动轨迹，并与事先设置的规则进行对比，如果有人进入或离开设置报警区域，系统则实时报警。

　　③ 多目视觉法。多目视觉法是双目视觉法的一种延伸，它是在双目视觉法的基础上增加一台或者多台相机作为辅助进行测量，从而获得不同角度下同一物体的多对图像。多目视觉法大多数的理论与双目视觉法是相同的，唯一不同的是多目视觉法采用了三个或三个以上的相机进行环境中目标物体的获取。多目视觉法的优点是当测量物体表面倾斜的角度太大，导致其中

的一个或两个 CCD 相机不能接收到漫反射光时，其他的相机可继续工作，其结果展示如图 3.55 所示。

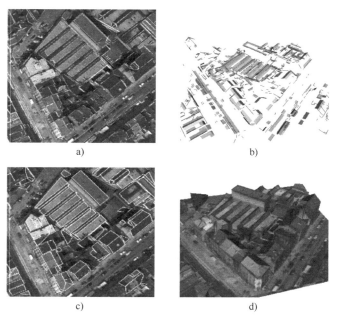

图 3.55　多目视觉法结果展示

2）根据匹配方法分类。三维环境重建技术一直是机器视觉和数字图像处理领域的重点研究对象，众多学者针对三维环境重建提出了很多不同的算法。而图像特征信息匹配的质量在三维环境重建过程中起着十分关键的作用。根据匹配的方法不同，三维重建技术可以分为区域视觉法和特征视觉法。

① 区域视觉法。区域视觉法就是基于区域立体匹配算法的三维重建技术。该算法利用对极几何约束和连续性，提高了稠密匹配的效率和三维重建的质量。

② 特征视觉法。基于特征视觉的三维重建技术其实就是通过相机获取二维图像，然后提取图像中的角点作为特征点，以双目立体视觉理论为基础，利用匹配算法，获得特征点匹配对，再通过三角测量原理获取深度值，从而获得物体表面的三维模型。

3）根据应用方法分类。基于被动视觉的三维重建技术根据所选取方法不同，所重建的效果有明显差别，但每种方法都有不同的优点和缺点。因此，根据应用方法，三维重建技术可以分为运动恢复结构法和机器学习法。

① 运动恢复结构法。如果获取的图像是从多个视点捕获的多张图像，就可以通过匹配算法获得图像中相同像素点的对应关系，再利用匹配约束关系，结合三角测量原理，获得空间点的三维坐标信息，进而重建出物体的三维模型，这种方法被称为运动恢复结构法。运动恢复结构法通过三角测量原理来恢复场景的三维结构，不仅是三维重建的一种重要方法，而且也是一种结构测量的方法，能够广泛地应用在测绘、军事侦察等领域。运用运动恢复结构法获得的三维结构如图 3.56 和图 3.57 所示。

② 机器学习法。机器学习其实就是使机器具有学习的能力，从而不断获得新知识以及新技能，使机器性能得到有效提升。机器学习在三维环境重建中一直是重点研究对象。因此，机器学习可以分为常用的几种方法，分别是统计学习法、深度学习与语义法。

图 3.56　运动恢复结构法效果（浅蓝点是相机，深蓝色区域是重构结果）

a) 使用传统数码相机　　　　　　　　　　b) 使用无人机

c) 图像重建

图 3.57　运动恢复结构法效果对比

  a. 统计学习法。统计学习法就是需要通过不断的学习再学习的过程。该方法以大型数据库为基础，例如人脸数据库、场景数据库等。这种方法首先需要对数据库中的每一个目标进行特征统计，这些特征主要包括亮度、纹理、几何形状、深度等，然后对重建目标的各种特征建立概率函数，最后计算重建目标与数据库中相似目标的概率大小，取概率最大的目标深度为重建目标的深度，再使用差值计算和纹理映射进行目标的三维重建。统计学习法可以对大型场景、人脸及人体进行重建。通过统计学习法得到的重建结果如图 3.58 ~ 图 3.59 所示。

  b. 深度学习与语义法。基于深度学习的三维重建最近几年取得了非常大的进展，是当前计算机视觉领域比较流行的方法之一。基于语义的三维重建可以运用在移动的行人或车辆等大的场景，这种方法能够精确地对环境中的目标物体进行识别，而深度学习技术也是最近几年兴起的比较有优势的识别方法。因此，深度学习和语义相结合的三维重建是未来几年的研究趋势，也会受到该领域的研究者们广泛关注。通过深度学习与语义法对单个建筑、多建筑群以及场景物体进行三维重建，得到的结果如图 3.60 ~ 图 3.62 所示。

图 3.58　统计学习法结果（大型场景）

图 3.59　统计学习法结果（人脸识别）

4. 基于视觉的三维重建的挑战

基于主动视觉的三维重建技术可用于不同环境下的三维重建。该类方法不足的是成本高昂，需要购买扫描仪等专用设备，如果操作稍有差错，就会导致重构的结果不精确。另外，由于环境的限制，主动视觉法不大可能对大规模复杂场景进行扫描，导致其只能应用在小规模领域，并且其后期处理过程也较为复杂。基于被动视觉的三维重建技术对物体的细节特征重建还不够精确。基于其他被动视觉的三维重建方法在三维重建中的时间比较长，实时性不高。应用此类方法需要了解相机精确的内外参数，因此，在相机内外参数估计的过程上花费了较长的时间。

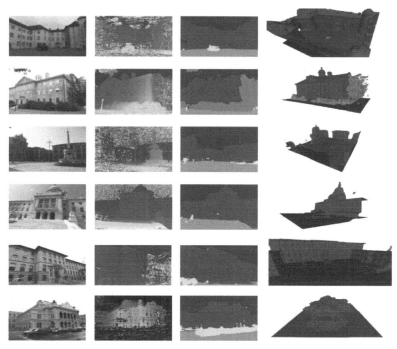

图 3.60　深度学习与语义法结果（建筑三维重建）

图 3.61　深度学习与语义法结果（范围性建筑三维重建）

图 3.62　深度学习与语义法结果（场景细节重建）

3.3.3　基于深度学习的超分辨率重建

1. 基于深度学习的超分辨率重建的背景和意义

图像是人类获取信息的重要手段。随着计算机多媒体技术和数字图像处理技术的发展，人们对数字图像的分辨率要求越来越高。高分辨率意味着图像的像素密度高，能够提供更多的图像细节，在医疗、生物、遥感等诸多领域有非常广泛的应用。但是由于数字图像的分辨率受限于下面两个因素：①由于图像传感器是由像敏单元阵列组成的，这就从原理上决定了数字图像的空间分辨率受限于像敏单元的大小（物理因素）；②数字图像的灰度分辨率受成像系统的传递函数影响（算法因素）。

图像超分辨率重建技术在多个领域都有着广泛的应用范围和研究意义，主要包括：

（1）图像压缩领域　在视频会议等实时性要求较高的场合，可以在传输前预先对图片进行压缩，等待传输完毕，再由接收端解码后通过超分辨率重建技术复原出原始图像序列，极大减少存储所需的空间及传输所需的带宽。

（2）医学成像领域　对医学图像进行超分辨率重建，可以在不增加高分辨率成像技术成本的基础上，降低对成像环境的要求，通过复原出的清晰医学影像实现对病变细胞的精准探测，有助于医生对患者病情做出更好的诊断。

（3）遥感成像领域　高分辨率遥感卫星的研制具有耗时长、价格高、流程复杂等特点，由此研究者将图像超分辨率重建技术引入了该领域，试图解决高分辨率的遥感成像难以获取这一挑战，从而在不改变探测系统本身的前提下提高观测图像的分辨率。

（4）公共安防领域　公共场合的监控设备采集到的视频往往受到天气、距离等因素的影响，存在图像模糊、分辨率低等问题。通过对采集到的视频进行超分辨率重建可以为办案人员恢复出车牌号码、清晰人脸等重要信息，为案件侦破提供必要线索。

（5）视频感知领域　通过图像超分辨率重建技术，可以起到增强视频画质、改善视频质量、提升用户视觉体验的作用。

2. 基于深度学习的超分辨率重建技术的定义和过程

超分辨率（Super Resolution，SR）重建技术是指由一些低分辨率（Low Resolution，LR）模糊的图像或视频序列来估计具有更高分辨率（High Resolution，HR）的图像或视频序列，同时能够消除噪声以及由有限检验器尺寸和光学元件产生的模糊，是提高降质图像或序列分辨率的有效手段。深度学习近年来在图像领域发展迅猛，它的引入即基于深度学习的超分辨率重建为单张图片超分辨率重构带来了新的发展前景。基于深度学习的超分辨率重建过程如图 3.63 所示。

3. 基于深度学习的超分辨率重建算法的类型

近几年深度学习是机器学习研究领域中的一个新热点。其动机在于模拟人脑，建立模型来进行神经网络的分析与学习，并通过模仿人脑的机制来解释数据信息。其目的是通过组合低层的数据特征来形成更加抽象的高层表示（属性类别或特征），以发现数据的分布式特征表示。根据广泛运用情况、输出图像的质量和算法的迭代更新，下面简单介绍几种超分辨率重建算法。

（1）超分辨率卷积神经网络（Super-Resolution Convolutional Neural Network，SRCNN）算法　SRCNN 是首次在超分辨率重建领域应用卷积神经网络的深度学习模型。对于输入的一张低分辨率图像，SRCNN 首先使用双立方插值将其放大至目标尺寸，然后利用一个三层的卷积神经网络去拟合低分辨率图像与高分辨率图像之间的非线性映射，最后将网络输出的结果作为重建后的高分辨率图像。SRCNN 的结构如图 3.64 所示。

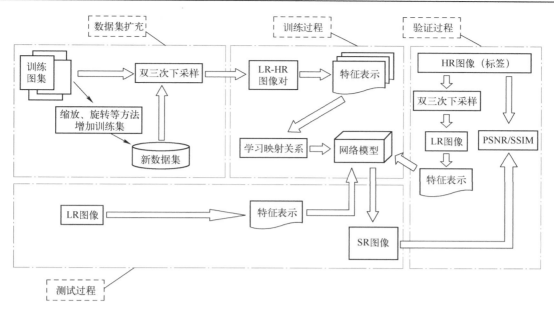

图 3.63　基于深度学习的超分辨率重建过程

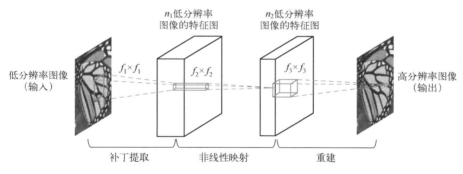

图 3.64　SRCNN 的结构

SRCNN 是 CNN 应用在超分辨率重建领域的开山之作。虽然 Dong 等人尝试了更深的网络，但是相比于后来的神经网络，如 DRCN（深度递归卷积网络），算是很小的模型了。受限于模型的表达能力，最终训练的结果还有很大的提升空间。

SRCNN 的流程如下：

第一步，图像块提取。先将低分辨率图像使用双三次插值放大至目标尺寸（如放大至 2 倍、3 倍、4 倍，属于预处理阶段），此时仍然称放大至目标尺寸后的图像为低分辨率图像，即图 3.65 中的输入。这个过程实现从低分辨率输入图像中提取图像块组成高维的特征图。

第二步，非线性映射。第一层卷积：卷积核尺寸 9×9（$f_1 \times f_1$），卷积核数目 64（n_1），输出 64 张特征图。第二层卷积：卷积核尺寸 1×1（$f_2 \times f_2$），卷积核数目 32（n_2），输出 32 张特征图。这个过程实现两个高维特征向量的非线性映射。

第三步，重建。第三层卷积：卷积核尺寸 5×5（$f_3 \times f_3$），卷积核数目 1（n_3），输出 1 张特征图，即为最终重建的高分辨率图像。

（2）FSRCNN（Fast Super-Resolution Convolutional Neural Networks）算法　FSRCNN 是对 SRCNN 的改进（主要起到加速的作用，40 倍）。改进结果体现在非常快的处理速度上和稍稍

提高的输出质量。其主要贡献有三点：

第一，在最后使用了一个反卷积层放大尺寸（并将反卷积层放于最后，可以缩小计算时间）。

第二，非线性映射部分也十分耗费计算时间（通过缩小网络规模来提高实时性）。

第三，可共享其中的卷积层，如需训练不同上采样倍率的模型，只需微调最后的反卷积层。

SRCNN 与 FSRCNN 的结构对比如图 3.65 所示。

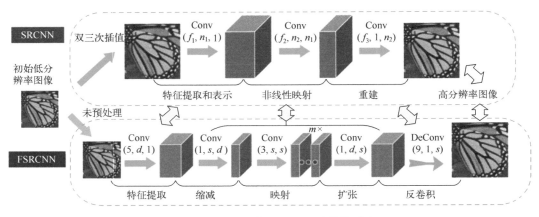

图 3.65　SRCNN 与 FSRCNN 的结构对比

FSRCNN 分为五个步骤（每个卷积层的激活函数采用 PReLU）：

第一步，特征提取。SRCNN 中针对的是插值后的低分辨率图像，选取的核大小为 9×9。而 FSRCNN 是直接对原始的低分辨率图像进行操作，因此可以选小一点，设置为 5×5。

第二步，缩减。在 SRCNN 中，特征提取完就进行非线性映射，但当特征图的深度较大时，计算复杂度较高。

第三步，非线性映射。非线性映射是影响超分辨率重建最重要的步骤，主要体现在每一层的滤波器数目以及层数，即深度。

第四步，扩张。

第五步，反卷积层（卷积层的逆操作）。如果步长为 n，那么尺寸放大 n 倍，实现了上采样的操作。

（3）高效亚像素卷积神经网络（Efficient Sub-Pixel Convolution Neural Network，ESPCNN）算法　之前的 SRCNN 通过双三次插值直接从低分辨率图像得到了高分辨率图像（输入是双三次插值的高分辨率图像，类似于粗糙的高分辨率图像），那么在网络卷积中就会造成粗糙的高分辨率图像和标签需要进行计算，这样计算时间和复杂度较大。ESPCNN 的结构如图 3.66 所示。

如图 3.67 所示，在 ESPCNN 中引入一个亚像素卷积层（Sub-Pixel Convolution Layer）来间接实现图像的放大过程。这种做法极大地降低了 SRCNN 的计算量，提高了重建效率。SRCNN 算法的缺点主要有：①依赖于图像区域；②收敛速度慢；③尺度固定；④计算量大，模型输入为原始低分辨率图像。

（4）VESPCNN 算法　VESPCNN 算法是一种基于时空网络和运动补偿的实时视频超分辨率（Real-Time Video Super-Resolution with Spatio-Temporal Networks and Motion Compensation）算法。

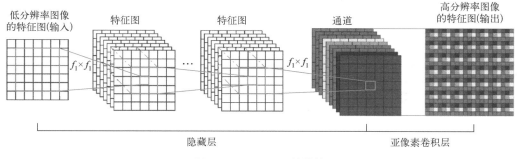

图 3.66　ESPCNN 的结构

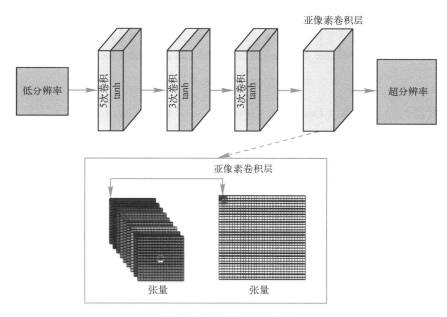

图 3.67　亚像素卷积原理

ESPCNN 算法是一种 SISR（单图像超分辨率）方法，但也可以针对视频做超分辨率（视频只不过是连续多帧的图像）处理。它利用亚像素卷积实现了非常高效的性能，但它只能处理独立帧，对视频的简单扩展未能利用帧间冗余，也无法实现时间一致性。对此提出了能够利用时间冗余信息的时空亚像素卷积网络 VESPCNN。该方法主要针对视频超分辨率将 ESPCNN 结构扩展成时空网络（Spatio-Temporal Network）结构，将时间信息加入网络中，可以有效地利用时间冗余信息提高重建精度，同时保持实时速度。

（5）超分辨率生成对抗网络（Super-Resolution Generative Adversarial Network，SRGAN）算法　与上述几种方法类似，大部分基于深度学习的图像超分辨率重建技术使用均方误差作为其网络训练过程中使用的损失函数，但是由于均方差本身的性质往往会导致复原出的图像出现高频信息丢失的问题。而生成对抗网络（Generative Adversarial Network，GAN）则通过其中的鉴别器网络很好地解决了这个问题。如图 3.68 所示，SRGAN 由一个生成器和一个鉴别器组成。生成器负责合成高分辨率图像，鉴别器用于判断给定的图像是来自生成器还是真实样本。通过一个二元零和博弈的对抗过程，使得生成器能够将给定的低分辨率图像复原为高分辨率图像。

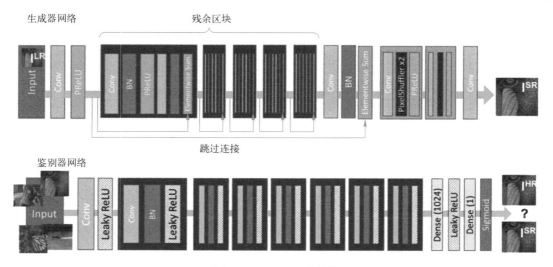

图 3.68　SRGAN 的结构

（6）深度递归卷积网络（Deeply-Recurisive Convolutional Network，DRCN）算法　DRCN 将插值后的图像作为输入，并像 SRCNN 中一样预测目标图像。

DRCN 的结构如图 3.69 所示。该网络分为三个部分。第一部分是嵌入网络，是指获取输入图像并将其表示为一组特征图，相当于 SRCNN 中的特征提取。第二部分是推理网络，是解决超分辨率任务的主要组件，由单个递归层完成大图像的分析，每个递归都应用相同的卷积，相当于特征的非线性映射。第三部分是重建网络，对于大于 1×1 的卷积滤波器，每次递归后都会扩大感受野。虽然来自递归层最终应用的特征图表示高分辨率图像，但还是需要由重建网络将它们（多通道）转变为原始图像（单通道或三通道）。

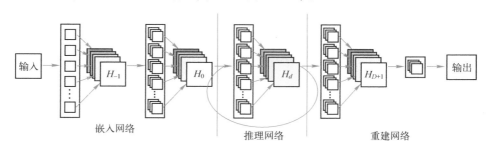

图 3.69　DRCN 的结构

其中递归层存在于推理网络中，如图 3.70 所示。其中，左边为递归层，右边为其展开结构。网络的最终模型具有递归监督和跳过连接。除了推理网络的层是递归的，其他网络与具有单个隐藏层的 MLP（多层感知器）非常相似。

（7）非常深的超分辨率（Very Deep Super-Resolution，VDSR）算法　VDSR 是在 SRCNN 的基础上改进的网络。其最大的特点就是层数很多。其最终效果准确率非常高，并且还比 SRCNN 快。SRCNN 有三个缺点：

1）学习的信息有限。SR 是一个逆问题，解决 SR 问题是借助大量的学习信息得到结果。直观地认为，如果学习的数据越多、学习的上限越大，那么得到的准确率越高。在深度学习中，就是感受野越大，理论上得到的准确率越高。而 SRCNN 只有三层，得到感受野只有 13×13，结果受限于这 13×13 个像素。

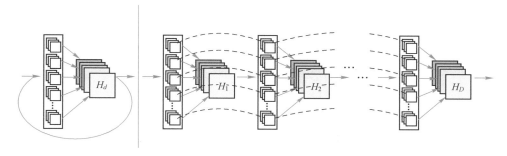

图 3.70　DRCN 的展开推理网络示意图

2）收敛速度太慢。虽然 SRCNN 相比于当时其他的 SR 算法已经算快了，但还是无法满足实际需求，SRCNN 训练一个网络需要一个星期之久，而 SR 的应用领域非常多，要实现实际的应用，对算法收敛速度的提升是很有必要的。

3）无法实现统一模型的多尺度方法。虽然放大倍数是在训练前人为设计的，但在生活中人们放大一张图可以是任意倍数的（包括小数）。SRCNN 的一个网络只能训练一个放大倍数，若对每一个倍数都训练一个 SRCNN，那是不现实的。所以人们期望一种新的网络能实现不同倍数的超分辨率训练。

这三个缺点也是人们针对 SRCNN 的改进方向，最终创造了一种多层网络能优化以上缺点，命名为 VDSR。

（8）非常深的残差编码器-解码器网络（Very Deep Residual Encoder-Decoder Network，RED）算法　卷积层-反卷积层结构有点类似于编码器-解码器结构。其结构是对称的，每个卷积层都对应有反卷积层，卷积层将输入图像尺寸减小后，再通过反卷积层上采样变大，使得输入和输出的尺寸一样。卷积层用于提取图像的特征，相当于编码器的作用。而反卷积层用于放大特征的尺寸并恢复图像细节。而每一组镜像对应的卷积和反卷积由跳过连接将两部分具有同样尺寸的特征（要输入卷积层的特征和对应的反卷积层输出的特征）做相加操作［ResNet（残差网络）那样的操作］后再输入下一个反卷积层。这样的结构能够让反向传播信号直接传递到底层，解决了梯度消失问题，同时能将卷积层的细节传递给反卷积层，恢复出更干净的图片。

（9）深度递归残差网络（Deep Recursive Residual Network，DRRN）算法　DRRN 算法可以看作 ResNet+VDSR+DRCN 的结果。DRRN 中的每个残差单元都共同拥有一个相同的输入，即递归块中的第一个卷积层的输出。每个残差单元都包含两个卷积层。在一个递归块内每个残差单元内对应位置相同的卷积层参数都共享。VDSR 是全局残差学习。DRCN 是全局残差学习+单权重的递归学习+多目标优化。

（10）拉普拉斯金字塔超分辨率网络（Laplacian Pyramid Super-Resolution Network，LapSRN）算法　LapSRN 可以看成由多级组成的分级网络，每一级完成一次 2 倍的上采样（若要实现 8 倍，就要 3 级）。在每一级中先通过一些级联的卷积层提取特征，接着通过一个反卷积层将提取出的特征的尺寸上采样 2 倍。反卷积层后连有两个卷积层，一个卷积层的作用是继续提取特征，另外一个卷积层的作用是预测出这一级的残差。输入图像在每一级也经过一个反卷积层，使尺寸上采样 2 倍，再与对应级的残差相加，就能重构出这一级的上采样结果。LapSRN 的结构如图 3.71 所示。

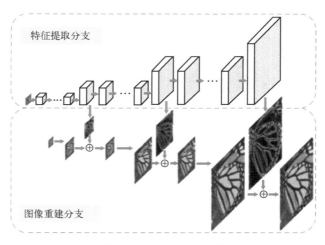

图 3.71　LapSRN 的结构

（11）超分辨率密集网络（SRDenseNet）算法　密集网络（DenseNet）在密集块（Dense Block）中将每一层的特征都输入给之后的所有层，使所有层的特征都串联起来，而不是像 ResNet 那样直接相加。这样的结构给整个网络带来了减轻梯度消失问题、加强特征传播、支持特征复用、减少参数数量的优点。SRDenseNet 中一个密集块的结构如图 3.72 所示。

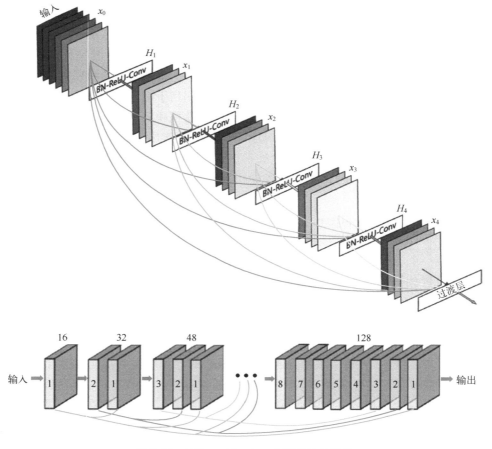

图 3.72　SRDenseNet 中一个密集块的结构

（12）增强型深度超分辨率（Enhanced Deep Super-Resolution，EDSR）网络算法　EDSR网络为单幅图像超分辨率增强型深度残差网络。EDSR网络最有意义的模型性能提升是去除了SRResNet的批量标准化（Batch Normalization，BN）层。由于批量标准化层对特征进行了标准化，因此通过标准化特征可以摆脱网络的范围可变性，最好将其删除，从而可以扩大模型的尺寸来提升结果质量。EDSR网络相当于SRResNet的改进。

4. 基于深度学习的超分辨率重建的现实意义和发展空间

深度学习在图像超分辨率重建领域已经展现出了巨大的潜力，极大地推动了该领域的蓬勃发展。但距离重建出既保留原始图像各种细节信息，又符合人的主观评价的高分辨率图像这一目标，深度学习的图像超分辨率重建技术仍有很长的一段路要走。它主要存在以下几个问题：

1）深度学习的固有性的约束。深度学习存在需要海量训练数据、高计算性能的处理器以及过深的网络容易导致过拟合等问题。

2）类似传统的基于人工智能的学习方法，深度学习预先假定测试样本与训练样本来自同一分布，但现实中两者的分布并不一定相同，甚至可能没有相交的部分。

3）尽管当前基于深度学习的重建技术使得重建图像在主观评价指标上取得了优异的成绩，但重建后的图像通常过于平滑，丢失了高频细节信息。

因此，进一步研究基于深度学习的图像超分辨率技术仍有较大的现实意义和发展空间。

3.4　机器人视觉感知的发展趋势

视觉感知（Vision Perception）通常指的是以摄像头等设备作为传感器的输入设备，经过一系列的计算机处理与分析过程，对采集到的相关信息进行分析处理，从而实现对周围环境进行精确的感知，有利于做出更为精准的决策。自1959年第一台工业机器人诞生以来，机器人经历了漫长的发展过程，相关技术的发展也日臻成熟，在医疗、工业生产、国防、航空、航天、航海等领域应用广泛。从机器人视觉感知的构成系统及信息处理角度出发，影响机器人视觉感知的关键技术主要包含以下三个方面：

1）图像识别与追踪技术。识别即从获取的图像中找寻需要的目标信息，这期间涉及硬件设备的选取及识别追踪算法的确定。

2）机器人定位技术。定位技术是在识别技术的基础上，对机器人的运动姿态进行定位控制。机器人定位技术主要包括两个方面：一方面是根据周围环境特征结合输入的环境模型对机器人的整体目标位置进行定位；另一方面是根据操作对象的特征对机器人的运动进行控制，如进行分拣、焊接、贴片、铸造等工作。

3）视觉与机器人的关联技术。直观来讲，视觉与机器人的关联技术是通过将感知到的视觉信息传递到机器人本体，使得机器人能够对相关视觉信息做出及时有效的处理与决策。

随着机器人技术的不断发展，以上三方面的关键技术成为制约国家机器人视觉感知发展技术的瓶颈。对以上三方面的技术进行深入剖析与展望，科研人员聚焦于自主研发机器视觉感知新型关键技术，从硬件到软件并驾齐驱，积极响应"十四五"规划、"工业4.0"以及"推进新型工业化"等号召，攻克机器人视觉感知技术的技术难点，打破国际技术垄断，将有助于我国机器人技术的进一步发展，创造新的奇迹，有助于我国从制造大国走向制造强国。

3.4.1　机器人视觉感知技术——识别与追踪

图像识别技术主要经历了以下三个阶段的发展：①文字的识别；②数字的图像处理与识别；③物体的识别。文字的识别起源于1950年，最初是基于对数字、字母、符号等的识别，经历了从印刷字体到手写字体的发展过程。数字的图像处理与识别开始于1965年，数字图像具有易于存储、传输方便、可压缩、难以失真等优势。物体的识别主要来源于对三维环境的物体的感知与认识，这属于高级的计算机视觉范畴，此技术融合了新型智能计算机科学技术，如机器学习、深度学习、自然语言处理等，大大促进了该技术的发展，在多元环境的感知上显现出了独特的优势，为工业生产和生活带来了极大的方便。下面将着重从机器视觉感知技术的硬件和软件层面进行剖析与展望，进而推动该技术的发展与完善。

1. 硬件设备

光源、视觉传感器、工业相机、图像采集卡、显示器等硬件设备都是影响图像质量的相关关键因素，对相关硬件设备的核心部件进行优化，将助力机器人视觉感知技术的升级，对信息的获取具有重大意义，贯穿机器人视觉感知技术的整个发展历程。研制更加精密、轻巧的视觉传感器对机器人技术的发展至关重要。

2. 识别与追踪算法

在图像信息进行获取后，需要进行下一步的分析与处理，这期间涉及相关的成像识别算法与追踪算法。国外由于起步早，因而在机器视觉领域有非常多经典的算法理论技术，至今仍然是行业内的主流算法。机器视觉与深度学习的结合取得了惊人的效果，让许多团体和公司都看到了其在未来的重要性。因此，业界组织纷纷提出自己的深度学习框架，抢先制定该行业的标准。在科研领域，由伯克利视觉与学习中心（BVLC）与开源贡献者开发支持的开源深度学习框架——Caffe，凭着它的功能完善、网络定义方便、速度快、简单易用等优点成为计算机视觉与深度学习研究者最喜爱的学习工具之一。

3. 基于学习的目标识别方法

随着计算机性能的提升，基于学习的方法成为近年来炙手可热的研究方向。基于学习的方法可分为基于特征的学习和基于卷积神经网络的学习，前者通过对特征的学习进行姿态估计，但该方法在面对对称物体时性能不佳，后者是目前单目图像物体识别和姿态估计的常用方案。计算机软硬件、人工智能、大数据等学科的发展，机器学习与深度学习的加入，促使机器人视觉感知的发展更加迅速。

4. 基于深度学习的三维重建算法

随着人工智能技术的发展，基于深度学习的三维重建算法展现出了独特的优势。通过在传统重建算法中加入深度学习的思路进行拓展。如Wang等人提出DeepVO算法结合深度递归卷积神经网络（RCNN），通过多幅RGB图即可推算出位置姿态，优势在于未使用视觉里程计（Visual Odometry，VO）的任一模块。Tang等人提出的BA-Net通过在神经网络的其中一层中融入运动结构恢复（SFM）的集束调整优化算法，从而获得更佳的基函数网络，使得后端优化过程简单化，通过融合深度学习及多视图几何算法的优点来提升性能。CNN-SLAM（同步定位与地图构建）通过结合CNN估计的密集深度图和SLAM的输出值，该方案在后者较差的图像位置处赋予较大权重给前者，以改善重建的效果。

3.4.2　机器人视觉感知技术——定位

1. 定位方式

双目立体视觉是机器人视觉感知定位技术的主要方式,通过不同位置的两台或者一台相机经过移动或旋转拍摄同一幅场景,计算空间点在两幅图像中的视差,获得该点的三维坐标值。双目视觉定位技术已经应用到各行各业,从三维扫描仪到如今被认为是未来的虚拟现实技术,都能看到双目视觉技术的身影。双目视觉能让机器人感知环境信息,提高机器人的智能程度。

机器人视觉定位包括二维定位和三维定位。在工业领域中,工业机器人定位实际是通过其他传感器给机器人执行动作提供判断的依据,其中主要以在线检测传感器为主,这主要是因为图像是所有传感器中提供信号所包含信息量的载体。

2. 定位算法

2006 年前,定位算法主要依赖于模板匹配算法。通过将获取得到的目标图片截取包含目标的像素块作为目标,基于此模板在待检测图片上进行移动计算,对应像素灰度误差之和小于给定阈值,即可判定此目标物体位于当前区域内。该识别算法计算简便,特征简单,故仅限于像素特征较为简单的物体识别。当前主流的定位算法有基于滤波器的卡尔曼滤波算法(KF)、稀疏扩展信息滤波算法(SEIF)、粒子滤波算法(PF)、扩展卡尔曼滤波(EKF)、无迹卡尔曼滤波算法(UKE),以及基于单目视觉的结合里程计的算法等。

3.4.3　机器人视觉感知技术——视觉与机器人的关联

基于图像分析的视觉技术在机器人引导相关应用中的主要作用是精确获取对象物(待抓取物体)和目标物(待组装物体)的坐标位置和角度,并将图像坐标转换为机器人能识别的机器人坐标,指导机器人进行纠偏和组装。因此,手眼标定和定位引导是机器视觉在机器人感知系统中应用的核心。一般手眼标定方法分为三类:标准手眼标定、基于旋转运动的手眼标定及在线手眼标定。在机器人与视觉的关联方面,着重于 Eye-in-Hand 技术的更新迭代,提高机器人作业的灵活性与稳定性,将进一步促进机器人视觉感知技术的发展。

3.4.4　机器人视觉感知技术应用及未来发展

为了应对新一轮的全球科技革命,我国提出了推进新型工业化,把机器人放在了大力推动的核心领域之一。尤其在工业及制造业上,我国对工业机器人及自动化加工装备的需求将逐步增加。在农业生产上,农业机器人在降低农民劳动强度、改善农民劳动环境和提高作业效率等方面具有重要意义。因此,机器人在我国的发展潜力极大,其技术必须被加速发展并迅速解决其中各种关键技术问题。在生产制造行业,安全和防范意识的提升,以及对于重复性劳动带来的伤害的重视,都成为工业机器人视觉大行其道的助推力,同时在大批量工业生产过程中,用人工视觉检查产品质量效率低且精度不高,用机器视觉检测方法可以大大提高生产率和生产的自动化程度,而且机器视觉感知易于实现信息集成,是实现计算机集成制造的基础技术。

在机器人视觉感知技术领域存在以下几个未来发展的趋势:

1)RGB-D 相机的发展与应用。相较于传统彩色相机,RGB-D 相机除了提供彩色图像,也提供深度图像,为机器人视觉感知提供丰富的数据信息,极大地推动了基于机器人技术的三维重建、虚拟感知等方面的应用,将 RGB-D 相机与以卷积神经网络的深度学习等学习算法相结合将成为其未来发展的一大趋势。另外,研究更高精度的 RGB-D 相机是其发展的另一趋势。

2）三维动态环境与物体的感知。未来的环境将处于更加多变动态的场景中，运用机器视觉感知技术感知周围的三维信息，实时、准确、高精度地获取信息，将研发的重点放在研究更为精确的识别与追踪算法，是未来该技术的发展方向。

3）研发更高性能的算法。在机器人视觉感知领域，各个阶段涉及相关软件算法，如图像识别算法、图像追踪算法、位姿定位算法、标定算法等。现如今多数算法与深度学习、机器学习等领域结合，促进了机器人视觉感知领域的爆发式增长，如何在人工智能发展的同时保持机器人视觉感知领域的技术同步式甚至超越式发展是未来值得深入研究的问题。

4）机器人视觉感知技术可以考虑与其他多种新型产业的融合，增加技术的应用范围，如与 AI+AR 技术融合提高机器人作业的准确性，提高机器人的视觉感知能力，进而实现与人的更加智能的交互。

视觉感知技术将助力机器人技术进一步的发展，未来机器人技术还将存在以下发展趋势：

1）普及度的提升。其实机器视觉由于专业度和应用领域方面的局限性，在大众认知上还存在一定陌生感，不过随着市场的逐渐扩大，应用逐渐从工业领域向人们的日常生活深入，未来机器视觉越来越"亲民"，会有更多消费者了解和接受相关产品。

2）应用度会加速深化。当前随着智能化趋势的不断凸显，机器视觉的应用领域将会进一步拓展和深化，从工业、制药、印刷、检测等领域逐渐向更多新兴领域迈进。未来在智能机器人、自动驾驶、人脸识别、安防、医疗等领域的应用将会越来越多。

3）竞争度会日臻激烈。随着普及度和应用度的不断变化，未来进军机器视觉的企业将会越来越多，那时不管是国内外企业竞争还是国内企业竞争都会加速白热化，群雄逐鹿之际有可能强强联合、强弱兼并、后来居上等戏码都将上演，直到新的平衡到来之前全球机器视觉市场都将是一派火热景象。

随着人工智能的发展，机器人将更加智能化，从工农业生产等领域将跨步到生活服务领域，面对更为动态复杂未知的环境，机器人视觉感知技术将面临更具挑战性的研究，人们能做的就是在挑战来临面前未雨绸缪，平稳应对，集全力攻克技术难关，创新技术研究，实现机器人感知技术的升级优化，造福于国民生产生活。

3.5　机器人视觉感知的实际应用

3.5.1　三维成像

传统的编程来执行某一动作的机器人已经很难满足现今的自动化需求了，在很多应用场景下，需要为机器人安装一双眼睛，即机器人视觉成像感知系统，使机器人具备识别物体、分析、处理等更高级功能，可以正确对目标场景的状态进行判断与分析，做到灵活地自行解决发生的问题。

1. 三维成像系统的硬件组成

三维成像系统可以分为图像采集、图像处理和运动控制三大部分。基于个人计算机的三维成像系统如图 3.73 所示。

相机和镜头属于成像器件，一般视觉系统是由一套或多套这样的成像系统组成的，如果有多路相机，可能由图像采集卡切换来获取图像数据，也可能由同步控制同时获取多相机通道的

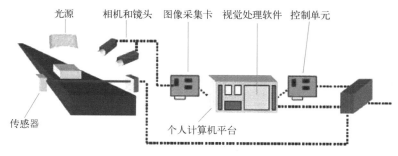

图 3.73　三维成像系统示意图

数据。根据应用的需要，相机可能输出标准的单色视频（RS-170/CCIR）、复合信号（Y/C）、RGB 信号，也可能是非标准的逐行扫描信号、线扫描信号、高分辨率信号等。焦距就是从镜头的中心点到胶片平面（胶片或 CCD）上所形成的清晰影像之间的距离。工业相机镜头焦距的参数用毫米来划分，常规的有 6 mm、8 mm、12 mm、16 mm、25 mm、35 mm、50 mm、75 mm。一般 6 mm 镜头的观察范围在 15 m 以内，视角约 50°；8 mm 镜头的观察范围在 20 m 以内，视角约 40°；12 mm 镜头的观察范围为 30～40 m，视角约 30°；16 mm 镜头的观察范围为 40～60 m，视角约 20°。光圈是一个用来控制光线通过镜头进入机身内感光面光量的装置。它通常是在镜头内通过面积可变的孔径光栅来控制镜头通光量。景深是指在被摄物体聚焦清楚后，在物体前后一定距离内其影像仍然清晰的范围。

　　景深随镜头的光圈值、焦距、拍摄距离而变化。光圈越大、景深越小（浅），光圈越小、景深越大（深）。焦距越长、景深越小，焦距越短、景深越大。距离拍摄物体越近时景深越小，拍摄距离越远时景深越大。成像原理如图 3.74 所示。

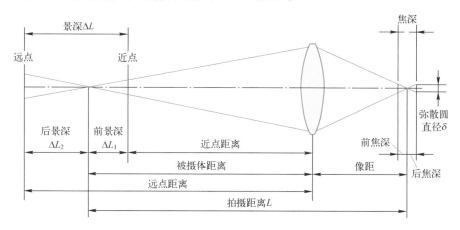

图 3.74　成像原理

　　工业相机镜头接口常用的有 C 接口、CS 接口、F 接口、M42 接口、M72 接口等。接口类型的不同和工业镜头的性能及质量并无直接关系。C 接口和 CS 接口是工业相机与镜头连接，最常见的国际标准接口为螺纹连接口，C 接口和 CS 接口的螺纹连接是一样的，区别在于镜头与相机接触面至镜头焦平面的距离不同，即 C 接口的后截距为 17.5 mm，CS 接口的后截距为 12.5 mm。所以 CS 接口的工业相机可以和 C 接口及 CS 接口的镜头连接使用，在使用 C 接口的镜头时需要加一个 5 mm 的适配环，但 C 接口的工业相机不能用 CS 接口的镜头。图 3.75 所示为 C 接口和 CS 接口示意图。

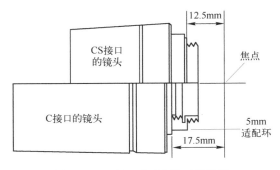

图 3.75　C 接口和 CS 接口示意图

相机实际拍摄到的区域尺寸，视场角分为物方视场角和像方视场角。一般光学设备的使用者关心的是物方视场角。大多数光学仪器视场角的度量都是以成像物的直径作为视场角计算的，如望远镜、显微镜等。而对于照相机、摄像机类的光学设备，由于其感光面是矩形的，因此常以矩形感光面对角线的成像物直径计算视场角，如图 3.76 所示；也有以矩形的长边尺寸计算视场角的，如图 3.77 所示。

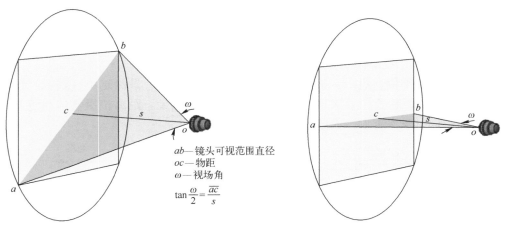

图 3.76　以可视范围直径确定的视场角

图 3.77　以成像幅面的长边尺寸可拍摄范围决定的视场角

2. 成像的结构形式

模拟人眼视觉成像与智能判断和决策的功能是三维视觉系统的核心功能，采用图像传感技术获取目标对象的信息，通过对图像信息提取、处理并理解，最终用于机器人系统对目标物体实施测量、检测、识别与定位等任务，或者用于机器人自身的伺服控制。在实际应用中，机器人视觉系统以机器人手眼系统最具有代表性。根据成像单元安装方式不同，机器人手眼系统分为两大类：固定成像眼看手系统（Eye-to-Hand）与随动成像眼在手系统（Eye-in-Hand 或 Hand-Eye），如图 3.78 所示。

在有些场合，为充分发挥机器人手眼系统的性能，充分利用随动成像眼在手系统局部视场高分辨率、高精度和固定成像眼看手系统全局视场的性能，采用两者混合协同模式工作，如用固定成像眼看手系统负责机器人的定位，使用随动成像眼在手系统负责机器人的定向，如图 3.79 所示。

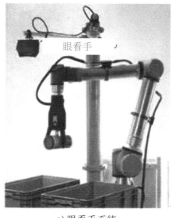

a) 眼看手系统　　　　　　　　　　　　　　b) 眼在手系统

图 3.78　两种手眼系统的结构形式

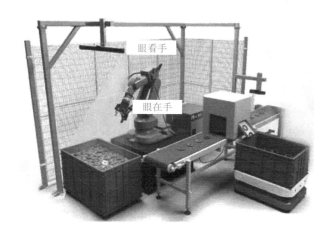

图 3.79　协同视觉系统原理

3. 机器人视觉三维成像方法

三维成像可分为非光学成像与光学成像方法，现在应用较多的是光学成像方法。光学成像方法包括飞行时间三维成像、扫描三维成像、立体视觉三维成像等，下面分别介绍其原理。

（1）飞行时间三维成像　飞行时间（TOF）三维成像利用光的飞行时间差来获取物体的深度信息。TOF 三维成像可用于大视野、远距离、低精度、低成本的三维图像采集，其特点是检测速度快、视野范围较大、工作距离远等，但精度较低，易受环境光的干扰。

（2）扫描三维成像　扫描三维成像的方法包括扫描测距、主动三角法和色散共焦法。扫描测距是利用一条准直光束通过一维测距扫描整个目标表面实现三维测量。主动三角法是基于三角测量原理，利用准直光束、一条或多条平面光束扫描目标表面完成三维成像，如图 3.80 所示。色散共焦法通过分析反射光束的光谱获得对应光谱光的聚集位置，如图 3.81 所示。

扫描三维成像的最大优点是测量精度高。在测量透明物体与表面光滑的物体时，色散共焦法还有其他方法不具备的优点，但缺点是速度慢且效率低；用于机械手臂末端时可实现高精度三维测量，但不适合机械手臂实时三维引导与定位，因此应用场合有限。另外，主动三角扫描在测量复杂结构面形时，容易产生遮挡，需要通过合理规划末端路径与姿态来解决。

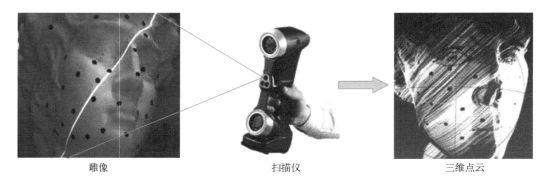

雕像   扫描仪   三维点云

图 3.80 线结构光扫描三维成像示意图

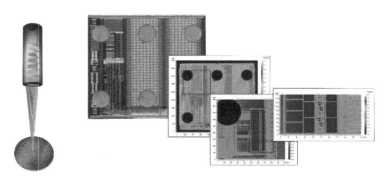

图 3.81 色散共焦扫描三维成像示意图

（3）立体视觉三维成像　立体视觉通常是指从不同的视点获取两幅或多幅图像重构目标物体三维结构或深度信息，通俗地讲就是用一只眼睛或两只眼睛感知三维结构，如图 3.82 所示。

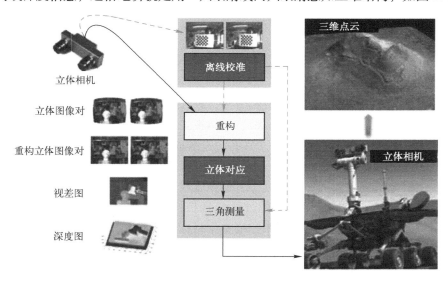

立体相机

立体图像对

重构立体图像对

视差图

深度图

离线校准

重构

立体对应

三角测量

三维点云

立体相机

图 3.82 立体视觉三维成像示意图

3.5.2 同步定位与地图构建

同步定位与地图构建（SLAM）最早由 Hugh Durrant-Whyte 和 John J. Leonard 提出。SLAM

主要用于解决移动机器人在未知环境中运行时定位导航与地图构建的问题。SLAM 通常包括特征提取、数据关联、状态估计、状态更新以及特征更新等，对于其中每个部分均存在多种方法。SLAM 既可以用于二维运动领域，也可以应用于三维运动领域。这里仅讨论二维领域内的运动。

目前比较常见的测距单元包括激光测距、超声波测距和图像测距三种。

其中，激光测距单元比较精确、高效，并且其输出不需要太多的处理。其缺点是价格一般比较昂贵（目前已经有一些价格比较便宜的激光测距单元）。激光测距单元的另外一个问题是其穿过玻璃平面的问题。另外，激光测距单元不能用于水下测量。

超声波测距以及声波测距等在过去得到了十分广泛的应用。相对于激光测距单元，超声波测距单元价格比较便宜，但其测量精度较低。激光基本上可以看作直线。相对而言，超声波的发射角达到了 30°，因而其测量精度较差。但在水下，由于超声波穿透力较强，因而是最为常用的测距方式。

图像测距方式是通过视觉进行测距的。传统上来说，通过视觉进行测距需要大量的计算，并且测量结果容易随着光线变化而发生变化。如果机器人运行在光线较暗的房间内，那么视觉测距方法基本上不能使用。但最近几年，已经存在一些解决上述问题的方法。一般而言，视觉测距使用双目视觉或者三目视觉方法进行测距。使用视觉方法进行测距，机器人可以更好地像人类一样进行思考。另外，通过视觉方法可以获得相对于激光测距和超声波测距更多的信息。但更多的信息也就意味着更高的处理代价，但随着算法的进步和计算能力的提高，上述信息处理的问题正在慢慢得到解决。

在 SLAM 中使用激光测距方法进行距离测量，可以很容易实现较高的测量精度。

1. SLAM 的一般过程

SLAM 通常包含几个过程，这些过程的最终目的是更新机器人的位置估计信息。由于通过机器人运动估计得到的机器人位置信息通常具有较大的误差，因而不能单纯地依靠机器人运动估计机器人位置信息。在使用机器人运动方程得到机器人位置估计后，可以使用测距单元得到的周围环境信息更正机器人的位置。更正过程一般通过提取环境特征，然后在机器人运动后重新观测特征的位置实现。SLAM 的核心是 EKF（扩展卡尔曼滤波器）。EKF 用于结合上述信息估计机器人的准确位置。上述选取的特征一般称为地标。EKF 将持续不断地对上述机器人位置和周围环境中的地标位置进行估计。SLAM 的一般过程如图 3.83 所示。

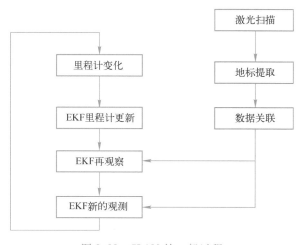

图 3.83　SLAM 的一般过程

当机器人运动时，其位置将会发生变化。此时根据机器人位置传感器的观测提取得到观测信息中的特征点，然后机器人通过 EKF 将目前观测到的特征点位置、机器人运动距离、机器人运动前观测到的特征点位置相互结合，对机器人当前位置和当前环境信息进行估计。图 3.84 所示为估计的详细过程。图中，三角形表示机器人，星号表示路标。

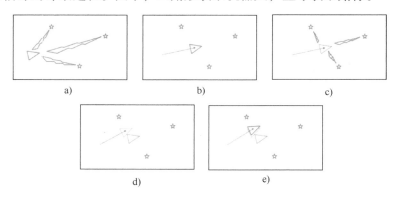

图 3.84　机器人当前位置和环境信息估计的详细过程

2. 机器人自身运动模型

SLAM 的另外一个很重要的数据来源是机器人通过自身运动估计得到的自身位置信息。通过对机器人轮胎运行圈数的估计，可以得到机器人自身位置的一个估计，其可以被看作 EKF 的初始估计数据。另外一个需要注意的是，需要保证机器人自身位置数据与测距单元数据的同步性。为了保证其同步性，一般采用插值的方法对数据进行前处理。由于机器人的运动规律是连续的，因而一般对机器人自身位置数据进行插值。相对而言，由于测距单元数据的不连续性，其插值基本上是不可以实现的。

3. 特征提取

根据上述步骤确定需要提取的特征后，接下来需要从测距单元获得的信息中准确地提取出需要的特征。特征提取的方法有很多种，其主要取决于需要提取的特征以及测距单元的类型。下面以如何从激光雷达得到的信息中提取有效特征为例进行说明。这里使用两种典型的特征提取方法，即 Spike 方法和 RANSAC（随机采样）方法。

Spike 方法使用极值寻找特征。通过寻找测距单元返回数据中相邻数据差距超过一定范围的点作为特征点。通过这种方法，当测距单元发射的光束从墙壁上反射回来时，测距单元返回的数值为某些值，而当发射光束碰到其他物体并反射回来时，此时测距单元将返回另外一些数值，两者将具有较大的差别。RANSAC 方法可用于从激光测距单元返回数据中提取系统特征。其中，测距单元返回数据中的直线将被提取为路标。在室内环境中，由于广泛存在墙壁等，在测距单元返回的数据中将存在大量的直线。

在使用 EKF 估计机器人位置和环境地图时，EKF 需要将地标按照距离机器人当前的位置和方位表示出来。人们可以很容易地使用三角几何的方法将提取到的直线转变为固定的特征点，如图 3.85 所示。

Spike 方法和 RANSAC 方法均可用于室内环境中特征的提取。相比较而言，Spike 方法较为简单，

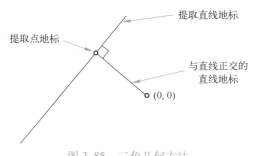

图 3.85　三角几何方法

并且对室内环境中的活动物体不具有鲁棒性。RANSAC 方法通过提取直线的方法提取环境中的特征，相对较为复杂，但对室内活动的物体具有更好的适应性。

4. 数据关联

数据关联是将不同时刻位置传感器提取到的地标信息进行关联的过程，也称为重观察过程。举例来说，假设人们在一个房间内看到了一把椅子，当人们离开房间过一段时间后再次回到房间，如果人们再次看到了椅子，那么可以认为这把椅子很有可能就是之前看到的椅子。但是如果房间内有两把完全一样的椅子，重复上述过程，当人们再次来到房间后可能无法区分看到的两把椅子。但人们可以猜测，此时左边的椅子仍然是之前看到的左边的椅子，右边的椅子仍然是之前看到的右边的椅子。在实际应用中进行数据关联时，可能会遇到下面的问题：①可能上一次看到了某个地标，但下一次却没有看到；②可能这次看到了地标，但之后却再也看不到这个地标；③可能错误地将现在看到的某个地标与之前看到的某个地标进行关联。

根据选择路标时的标准，人们可以很容易地排除上面第①和第②个问题。但对于第③个问题，如果发生了，将会对导航以及地图构建造成严重的问题。

现在讨论解决上面第③个问题的方法。假设现在已经获得了每时每刻采集处理得到的路标的方位信息，并将其中的特征存储在一个数据库中。该数据库初始阶段是空的，首先建立的第一条规则是除非该特征已经出现了 N 次，否则并不将其加入数据库。当得到一条新的传感器信息后，进行下面的计算：

1）得到一条新的传感器信息后，首先利用上面的特征提取方法提取特征。

2）将提取到的特征与数据库中已经出现 N 次的并且距离最近的特征关联起来。

3）通过验证环节验证上面的关联过程是否正确。如果验证通过，则表明再次看到了某个物体，因而其出现次数+1；否则表明看到了一个新的特征，在数据库中新建一个特征并将其记作 1。

5. SLAM 技术中机器人常用的定位导航技术分类

（1）视觉定位导航　视觉定位导航通过视觉传感器来实现，机器人借助单目摄像头、双目摄像头、深度摄像机、视频信号数字化设备或基于 DSP（数字信号处理器）等其他外部设备获取图像，进而对周围的环境进行光学处理，将采集到的图像信息进行压缩，反馈到由神经网络和统计学方法构成的学习子系统，然后由子系统将采集到的信息与机器人的实际位置进行关联完成定位。视觉定位导航涉及的领域广泛，主要应用于无人机、交通运输、农业生产等领域。但其图像处理量庞大，普通计算机难以完成计算，进而导致实时性较差，并且受环境的光线条件限制，在光学不明亮的环境中难以工作。

（2）超声波定位导航　超声波定位导航原理示意图如图 3.86 所示。超声波传感器的发射探头向外发射出超声波，超声波在介质中遇到障碍物时被反射后由接收装置接收，根据超声波在介质中传播的速度以及超声波发出及回波接收时间差计算出传播距离，进而可以得到物体与机器人之间的距离 S，即有公式：$S = Tv/2$。式中，T 为超声波发射和接收的时间差；v 为超声波在介质中传播的波速。

图 3.86　超声波定位导航原理示意图

（3）红外线定位导航　红外线定位导航的原理是，红外线标识发射调制的红外线，通过安装在室内的光学传感器接收进行定位。其测量距离远，在无反光板和反射率低的情况下能测量较远的距离；有同步输入端，能够采用多个传感器同步测量；测量范围广，响应时间短。但该方式也有不足之处，能够检测的最小距离过大；红外线测距仪容易受环境的干扰，对于近似黑体或者透明的物体无法检测距离，只适合短距离传播；有其他遮挡物的时候无法正常工作，需要每个房间、走廊安装接收天线和铺设导轨，因此其造价比较高。

（4）iBeacon 定位导航　iBeacon 定位导航原理示意图如图 3.87 所示。iBeacon 是一项低耗能蓝牙技术，工作原理类似之前的蓝牙技术，由 Beacon 发射信号，蓝牙设备定位接收反馈信号。当用户进入、退出或者在区域内徘徊时，Beacon 的广播有能力进行传播，可计算用户和 Beacon 的距离（可通过接收信号强度计算）。通过三个 iBeacon 设备，即可对其进行定位。

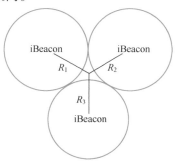

图 3.87　iBeacon 定位导航原理示意图

iBeacon 定位导航精度比传统的 GPS（全球定位系统）高，可从一米到几十米，且功耗小、成本低、时延低、传输距离远，但容易受到环境干扰，信号射频不稳定，安装、开发和维护方面均存在需要克服的难点，使用时要保证设备信号不被遮挡。

（5）灯塔定位导航　灯塔定位导航技术在扫地机器人领域使用得相对较多。导航盒向三个不同角度发射出信号，可以模拟 GPS 卫星三点定位技术，让其精准定位起始位置和目前自身所在坐标，导航盒的作用为发射信号，引导机器人进行移动和工作。其优点是稳定性高，路径规划可自动设置；缺点是灯塔定位没有地图，容易丢失导航，需要充电桩或者其他辅助装备，精度较低。

（6）激光定位导航　激光定位导航原理示意图如图 3.88 和图 3.89 所示。激光定位导航的原理和超声波、红外线的原理类似，发射出一个激光信号，通过计算收到从物体反射回来的信号的时间和发射的时间之差来计算这段距离，然后根据发射激光的角度来确定物体和发射器的角度，从而得出物体相对于发射器的方向和距离。激光定位导航连续使用的寿命长，后期的改造成本相对较低，是目前最稳定、最可靠、最高性能的定位导航方法之一。激光定位导航主要应用于服务机器人的导航与定位、需要长时间连续工作的服务机器人、工业领域、环境扫描与三维重建等领域。

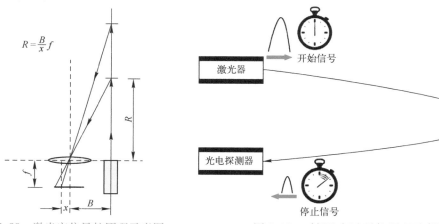

图 3.88　激光定位导航原理示意图　　　　图 3.89　时间飞行法导航原理示意图

3.5.3 机器人图像识别

在具体应用实践中，图像识别除了要弄清识别的对象是什么样的物体外，还应该明确其所在的位置和姿态。当前图像识别已经被广泛应用到各个领域中，例如交通领域中的车牌号识别、交通标志识别，军事领域中的飞行物识别、地形勘察，安全领域中的指纹识别、人脸识别等。

1. 图像识别技术的原理

图像识别的原理主要是需处理具有一定复杂性的信息，处理技术并不是随意出现在计算机中，主要是根据研究人员的实践，结合计算机程序对相关内容模拟并予以实现。该技术的计算机实现与人类对图像识别的基本原理基本类似，在人类感觉及视觉等方面，只是计算机不会受到任何因素的影响。人类不只是结合储存在脑海中的图像记忆进行识别，而是利用图像特征对其分类，再利用各类别特征识别出图片。计算机也采用同样的图像识别原理，对图像重要特征的分类和提取，并有效排除无用的多余特征，进而使图像识别得以实现。有时计算机对上述特征的提取比较明显，有时就比较普通，这将对计算机图像识别的效率产生较大影响。

2. 图像识别技术的过程

由于图像识别技术的产生是基于人工智能的基础上，所以计算机图像识别的过程与人脑识别图像的过程大体一致，归纳起来该过程主要包括 4 个步骤：

1）获取信息，主要是指将声音和光等信息通过传感器向电信号转换，也就是对识别对象的基本信息进行获取，并将其向计算机可识别的信息转换。

2）信息预处理，主要是指采用去噪、变换及平滑等操作对图像进行处理，基于此使图像的重要特点提高。

3）抽取及选择特征，主要是指在模式识别中抽取及选择图像特征，概括而言就是识别图像具有种类多样的特点，如采用一定方式分离要识别图像的特征，获取特征也称为特征抽取。

4）设计分类器及分类决策，其中设计分类器就是根据训练对识别规则进行制定，基于此识别规则能够得到特征的主要种类，进而使图像识别的辨识率不断提高，此后再通过识别特殊特征，最终实现对图像的评价和确认。

3. 图像识别技术的常见形式

图像识别的发展经历了三个阶段：文字识别、数字图像处理与识别、物体识别。文字识别的研究是从 1950 年开始的，一般是识别字母、数字和符号，从印刷文字识别到手写文字识别，应用非常广泛。数字图像处理与识别的研究开始于 1965 年。数字图像与模拟图像相比具有存储、传输方便，可压缩，传输过程中不易失真，处理方便等巨大优势，这些都为图像识别技术的发展提供了强大的动力。物体识别主要指的是对三维世界的客体及环境的感知和认识，属于高级的计算机视觉范畴。它以数字图像处理与识别为基础，结合人工智能、系统学等学科的研究方向，其研究成果被广泛应用在各种工业及探测机器人上。

4. 基于神经网络的图像识别技术

目前基于神经网络的图像识别是一种比较新型的技术，它以传统图像识别方式为基础，并有效融合神经网络算法。在此，神经网络主要是指人工神经网络，它不是动物体的神经网络，而主要是指人类采用人工模拟动物神经网络方式的一种神经网络。目前，在基于神经网络的图像识别技术中，遗传算法有效结合 BP（反向传播）神经网络是最经典的一种模型，该模型可在诸多领域中进行应用。如智能汽车监控中采用的拍照识别技术，若有汽车从该位置经过时，检测设备将产生相应的反应，检测设备启动图像采集装置，获取汽车正反面的特征图像，在对车牌字符进行识别的过程中，就采用了基于神经网络和模糊匹配这两类算法。

5. 基于非线性降维的图像识别技术

采用计算机识别图像是基于高维形式的一种识别技术，不管原始图片的分辨率如何，该图片产生的数据通常都具有多维性特征，这在一定程度上增大了计算机识别的难度。为使计算机的图像识别性能更为高效，采用随图像降维方法就是一种最直接而有效的方法。一般情况下，可将降维划分为非线性降维与线性降维两类，比如最普遍的线性降维方式就是主成分分析与线性奇异分析等，该方式的特点是简单、理解更容易等，再对数据集合采用线性降维方式处理求解的投影图像，使该数据集合的低维最优。

在信息技术中，作为近年来新兴的图像识别技术已广泛应用于众多应用领域，随着信息技术的日新月异，图像识别技术也得到十分迅猛的发展。在众多社会领域中有效应用图像识别技术将使其社会与经济价值得到充分发挥。

3.6 小结

本章全面介绍了机器人视觉感知技术，包括其概念、系统组成、发展历程，以及多种视觉感知传感器如 PSD、CCD、CMOS。先进技术如多目标跟踪、三维重建、超分辨率图像重建也被提及。此外，本章还展望了技术发展趋势，并探讨了其在三维成像、同步定位、图像识别等领域的应用。总体来说，视觉感知技术对于机器人智能化进程具有关键意义。

参考文献

［1］ DAVIES E R. Machine vision：theory algorithms practicalities ［M］. 北京：机械工业出版社，2013.

［2］ Cognex Inc. In-sight 2000 series vision sensors Datasheet ［EB/OL］. 2015.

［3］ Keyence Inc. IV-H series vision sensor catalogue ［EB/OL］. 2016.

［4］ Siemens Inc. SIMATIC VS120 vision sensor operating instruction ［EB/OL］. 2018.

［5］ SICK Inc. Inspector VSPI-1R111 datasheet ［EB/OL］. 2018.

［6］ 王庆有. CCD 应用技术 ［M］. 天津：天津大学出版社，2000.

［7］ 张广军. 光电测试技术 ［M］. 北京：中国计量出版社，2003.

［8］ 苏俊宏，尚小燕，弥谦. 光电技术基础 ［M］. 北京：国防工业出版社，2011.

［9］ 刘笃仁，韩保君，刘靳. 传感器原理及应用技术 ［M］. 西安：西安电子科技大学出版社，2009.

［10］ LEDIG C, THEIS L, HUSZAR F, et al. Photo-realistic single image super-resolution using a generative adversarial network ［C］//2017 IEEE Conference on Computer Vision and Pattern Recognition. New York：IEEE，2017：105-114.

［11］ FLEET D, PAJDLA T, SCHIELE B, et al. Learning a deep convolutional network for image super-resolution ［C］//13th European Conference. Zurich Switzerland：［s. n.］，2014.

［12］ 苏衡，周杰，张志浩. 超分辨率图像重建方法综述 ［J］. 自动化学报，2013，39(8)：1202-1213.

［13］ KIM J, LEE J K, LEE K M. Deeply-recursive convolutional network for image super-resolution ［C］//2016 IEEE Conference on Computer Vision and Pattern Recognition. New York：IEEE，2016：1637-1645.

［14］ TAI Y, YANG J, LIU X M. Image super-resolution via deep recursive residual network ［C］//IEEE Conference on Computer Vision and Pattern Recognition. New York：IEEE，2017：2790-2798.

［15］ LIM B, SON S, KIM H, et al. Enhanced deep residual networks for single image super-resolution ［C］//2017 IEEE Conference on Computer Vision and Pattern Recognition Workshops. New York: IEEE, 2017.

［16］ SHI W Z, CABALLERO J, HUSZÁR F, et al. Real-time single image and video super-resolution using an efficient sub-pixel convolutional neural network ［C］//2016 IEEE Conference on Computer Vision and Pattern Recognition. New York: IEEE, 2016: 1874-1883.

［17］ LAI W S, HUANG J B, AHUJA N, et al. Deep Laplacian Pyramid networks for fast and accurate super-resolution ［C］//IEEE Conference on Computer Vision and Pattern Recognition. New York: IEEE, 2017: 5835-5843.

［18］ MAO X J, SHEN C H, YANG Y B. Image restoration using convolutional auto-encoders with symmetric skip connections ［C］//Proceedings of the advances in neural information processing systems. New York: IEEE, 2016.

［19］ DONG C, LOY C C, HE K M, et al. Learning a deep convolutional network for image super-resolution ［C］//ECCV. ［s. l.］: Springer International Publishing, 2014.

［20］ TONG T, LI G, LIU X J, et al. Image super-resolution using dense skip connections ［C］//IEEE International Conference on Computer Vision. New York: IEEE, 2017: 4809-4817.

［21］ KIM J, LEE J K, LEE K M. Accurate image super-resolution using very deep convolutional networks ［C］//IEEE Conference on Computer Vision and Pattern Recognition. New York: IEEE, 2016: 1646-1654.

［22］ CABALLERO J, LEDIG C, AITKEN A, et al. Real-time video super-resolution with spatio-temporal networks and motion compensation ［C］//2017 IEEE Conference on Computer Vision and Pattern Recognition. New York: IEEE, 2017: 2848-2857.

第4章　机器人接近觉感知

接近觉感知介于触觉感知与视觉感知之间，不仅可以测量距离和方位，而且可以融合视觉和触觉传感器的信息。本章主要介绍机器人接近觉感知技术。首先，概述机器人接近觉感知技术，包括接近觉感知的定义及功能，以及常见的接近觉感知传感器的发展现状。其次，详细介绍几种接近觉传感器的组成、原理和常见应用，包括红外传感器、微波传感器和激光传感器。最后，介绍机器人接近觉感知在智能化、网络化方面的未来发展趋势，以及在医疗健康、工业生产和飞行控制等领域的实际应用。

4.1　机器人接近觉感知的介绍

4.1.1　接近觉感知概述

1. 接近觉感知的定义及功能

随着科学技术的发展，机器人的发展逐渐呈现智能化，这要求覆盖在机器人表面的大面积、多功能传感系统能够完美地实现交互过程中各类信息的量化。20世纪80年代，对机器人感知的研究多集中于视觉感知以及触觉感知，但是在实际场景下，机器人更需要具备接近觉感知的能力，实现对正在接近或将要接触的物体的感知功能，使得机器人能够拥有人类的"预判"反应能力，对即将接触的物体做出相应的判断。

在日常生活中，接近觉感知传感器最常见的使用场景就是各个场所的自动感应装置，如图4.1所示的汽车车窗防夹装置、电梯口的感应装置以及自动感应门等，其工作原理就是当感应门的感应器探测到有人或物体时，将脉冲信号传给主控器，主控器判断后通知电动机运行，同时监控电动机的转速，以便通知电动机在一定时候加力和进入慢行运行。同理，机器人主要也是依靠这种传感器实现避障和防止冲击的功能，确保机器人实现各种预期功能，达到安全、灵敏的人机交互。在实际应用场景下，往往存在机器人与物体相距较小但仍未接触到物体的情况，存在一定盲区导致视觉传感器被遮挡无法捕捉距离信息，触觉传感器由于未接触也无法正常获取物体信息，因此，在机器人的运行过程中，依靠触觉传感器和视觉传感器对目标物进行抓取的行为受到了限制。

接近觉感知传感器就是当机器人在靠近但尚未接触对象物体的情况下，能够检测出物体表面的距离、斜度、表面状态等物理量的传感器。机器人在检测到这些物理量时，通过反馈调节出不同的行为，为下一步运行做准备。这种传感器主要感知较小物距下的距离信息（几毫米至几厘米），在弥补视觉、触觉感知系统"盲区"的同时，使得机器人在视觉捕捉物体、接近物体、抓取物体全过程中，连续地检测物体以及环境信息，可以帮助机器人及时预测并反馈外部物体位置、形状等信息，将这些信息汇总处理，达到指导机器人下一步行动的目的。

图 4.1　日常生活中接近觉感知传感器的常见使用场景

2. 常见的接近觉感知传感器

接近觉感知传感器已经被逐渐应用到各种机器人中，为机器人实现不同环境的感知提供了新途径，辅助视觉传感器和触觉传感器得到更准确完整的环境感知信息，提高了机器人各种操作的成功率。其主要作用介于触觉传感器和视觉传感器之间，着重用于感知周围环境，也可以用于沟通视觉和触觉的信息。依据多变的感知应用场景，近年来衍生了许多种接近觉感知传感器，依据不同的检测原理，主要分为以下几种：

（1）光电式接近觉感知传感器　光电式接近觉感知传感器种类多、用途广，能检测直径小至 1mm 或距离大至几米的目标，具有检测速度快、抗干扰能力强、测量点小、适用范围广等优点。所有的光电式接近觉感知传感器都由几个基本组件组成：发射器光源（发光二极管、激光二极管），用于检测发射光的光电二极管或光电晶体管接收器，以及用于放大接收器信号的辅助电子设备。图 4.2 所示为几种光电式接近觉感知传感器。

a) 基恩士强力光型光电式传感器PZ-G　　　　　b) BANNER QS30EQ World-Beam QS30

图 4.2　几种光电式接近觉感知传感器

根据光的传播途径，光电式接近觉感知传感器主要有三种类型，即反射式、对射式和漫射式。图 4.3 所示为长江传感公司的这三类产品。

a) CPK-RMR6MR3/K镜面　　　b) CPD-TRP300N1对射式　　　c) CPA-DR1MN3漫射式
反射式光电式传感器　　　　　　光电式传感器　　　　　　　光电式传感器

图 4.3　长江传感公司的光电式接近觉感知传感器

反射式发射器产生激光、红外光或可见光光束，并将光投射到专门设计的反射器上，通过反射器将光束偏转回接收器，也就是当从传感器发出的光在光电接收器处反射回来时，反射式接近觉感知传感器会检测到物体。由此可见，反射式接近觉感知传感器的发射器和接收器位于同一个外壳中，面向同一个方向，因此反射式只需在一侧安装即可，可以大大节省元器件和时间成本。

根据测量原理，光电式接近觉感知传感器也分为三种，分别是基于三角测量原理、光强调制原理和相位调制原理的传感器。基于三角测量原理的接近觉感知传感器主要用于测距，其基本原理是平面三角测量原理（见图4.4），用一束光照射到被测物面上，由物体表面散射或反射测出像点位置，再通过光电传感器的 CCD 将光信号转换为电信号。在物面移动时，像点相应移动，即可求出位移量。实际上，三角测量原理根据光束与被测物面的夹角的不同，分为斜射和直射两种方法。图4.4所示为直射法。斜射法的测量精度高于直射法，但直射法光斑小、光强集中，对于测量表面较粗糙和左右倾斜不定的对象时，受干扰引起的误差小。同时传感头在结构上采用直射法时易于做得紧凑，因而在机器人的工程应用上，多选用直射法。

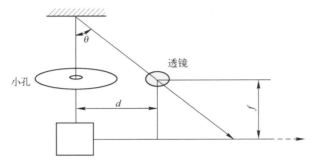

图 4.4   三角测量原理

因而可以看出，三角测量原理用于测距具有线路简单、体积小、精度较高等优势，但同时其价格也略微昂贵。目前，在我国多家单位（如中国科学院合肥智能机械研究所）研制的机器人（见图4.5）就是采用该类型的接近觉感知传感器。

a) 下肢康复机器人   b) 番茄采摘机器人

图 4.5   中国科学院合肥智能机械研究所研制的下肢康复机器人和番茄采摘机器人

基于光强调制方法是利用了反射光量随物体表面位置而变化的现象。光强调制原理如图4.6a所示。根据光强调制公式：

$$\psi = \frac{\pi \gamma_s}{3d^2}(1-\cos^6 \beta_s) + b \tag{4.1}$$

式中，ψ 为发射光和接收光信号之间的调制函数；d 为传感器与被测目标表面的距离（m）；γ_s 为取决于传感器和被测目标光度特性的参数；β_s 为传感器结构所决定的参数；b 为传感器输出的补偿参量。实际上，如果被测目标的颜色、方位角和光源信号强弱的不同，γ_s、β_s、b 要相应改变。除了上述用于测距 Y 型传感器，图 4.6b 所示的光电式接近觉方位传感器也被广泛应用于机器人领域。经标定的传感器样品，对于 99.9% 的置信区间，测量精度达 ±0.5°。这种传感器能消除被测目标的反射率、光源输出功率等因素对传感器的影响，因此该传感器的成功研制，对光强调制光电式接近方位角技术的发展起到了较大的促进作用。基于光强调制的光电式接近觉传感器具有结构简单、成本低、容易实现的特点，在要求不是很高的场合不失为一种有效的方法，该技术目前在国内得到了广泛的应用。

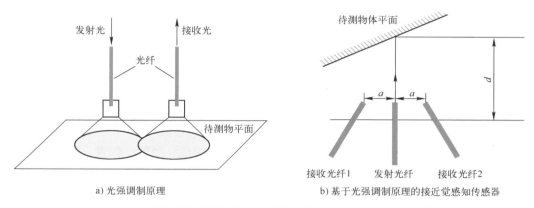

a) 光强调制原理　　　　　　　　　　b) 基于光强调制原理的接近觉感知传感器

图 4.6　光强调制原理及基于光强调制原理的接近觉感知传感器

相位调制法是利用调制光源发出很高频率的调制光波，通过接收器收到的反射光的相位变化来推算距离。基于相位调制原理的接近觉感知传感器的工作原理是发光二极管 LED_1、LED_2 按 $\sin\omega t$、$\cos\omega t$ 发光，设 LED_1、LED_2 和光电接收期间的间距分别为 a 和 b，那么测量距离 x 时的相位移 φ 为

$$\varphi = \arctan \frac{a^2 + b^2}{b^2 + x^2} \tag{4.2}$$

机器人可根据位移偏移 φ 推算出距离 x，若将对称配置的发光二极管以同样的方式驱动后，可以推测出方位角 δ 导致的相位移 φ 为

$$\varphi = \arctan \frac{x - b\tan\delta}{x + b + \tan\delta} \tag{4.3}$$

相应地，也可以推算出方位角 δ，使用这种方式可以获得消除反射率变化影响的特性。但这种方法电路复杂，精度不及三角测距法，因此使用这种接近觉感知传感器的机器人极少。

（2）电容式接近觉感知传感器　电容式接近觉感知传感器可以检测粉末、颗粒、液体和固体形式的金属和非金属目标。其主要原理与图 4.7 所示的平行电容器结构原理相同，当忽略边缘效应时，电容器产生的电容 C 为

$$C = \frac{\varepsilon A}{d} = \frac{\varepsilon_0 \varepsilon_r A}{d} \tag{4.4}$$

式中，A 为电容板面积（m²）；d 为电容板间距（m）；ε_r 为相对介电常数；ε_0 为真空介电常

数，$\varepsilon_0 = 8.845 \times 10^{-12}$ F/m；ε 为电容板间的环境介质介电常数（F/m）。

由式（4.4）可知，电容板间距改变就会改变电容的大小，也就是说，传感器表面与待接近物体表面间的距离改变，就会改变传感器的电容。电容式接近觉感知传感器对有色金属材料的感应能力极强，使其被广泛应用于玻璃监视、储罐液位检测和料斗粉/液位识别。

但是这种传感器一般是要求传感器本身作为一个电容板，待接近物体作为另一个电容板，也就意味着这种结构要求待接近物体必须接地，这在一定程度上限制了感知物体的位置。图 4.8 所示为深浦公司 DV 系列电容式接近觉感知传感器。

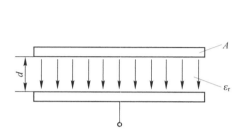

图 4.7　平行电容器结构原理

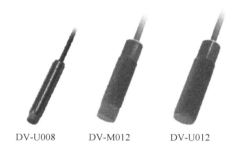

DV-U008　DV-M012　DV-U012

图 4.8　深浦公司 DV 系列电容式接近觉感知传感器

但是电容式传感器容易受周围环境的影响，如温度、湿度、照明、位置，这些会对传感器数据的准确性产生不利影响。近年来，使用机器学习分类器或其他深度学习方法对原始传感数据进行后处理被广泛使用，这种方式不对转换后的离散距离进行处理，可以有效缓解因部署的特定环境条件而导致的传感数据变异性和噪声，这有望解决这些关键问题。

（3）电感式接近觉感知传感器　电感式接近觉感知传感器的工作原理如图 4.9 所示。当金属靶进入电磁场时，金属的感应特性会改变磁场的特性，从而发出检测到金属靶存在的信号，由于利用电磁场进行接近觉感知，因此它只能检测金属目标。根据金属的感应程度，可以在更远或更近的距离处检测到目标。电感式接近觉感知传感器主要由四个部分组成：带线圈的铁氧体磁心、振荡器、施密特触发器和输出放大器。

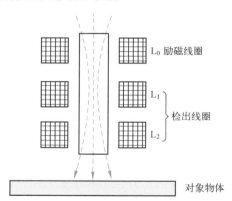

图 4.9　电感式接近觉感知
传感器的工作原理

但需要注意的是，金属污染物（如切割应用中的锉刀）有时会影响传感器的性能，因此，电感式接近觉感知传感器外壳通常采用镀镍黄铜、不锈钢或 PBT（聚对苯二甲酸丁二酯）塑料，日本发那科公司将电感式接近觉感知传感器用于搬运机器人和焊接机器人，用于跟踪焊缝，如图 4.10 所示。

（4）超声波式接近觉感知传感器　超声波式接近觉感知传感器是利用超声波的特性研制而成的传感器，超声波在碰到杂质或者处于分界面的时候能产生显著的反射形成回波，当碰到运动的物体时会产生多普勒效应，从而达到检测的目的。由于超声波不受光线影响，对固体和液体的穿透力很强，因此基于超声波式的接近觉感知传感器被广泛应用于工业、国防、生物医学等方面。在机器人应用方面，超声波式接近觉感知传感器常用于距离的测量，有效解决了移动机器人在复杂环境中的实时避障问题，提高了机器人避障的精度，延长了机器人的使用寿命，降低了自主移动机器人的生产成本。

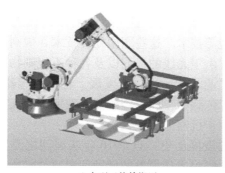
a) 大型工件的搬运

b) 高速焊接

图 4.10　日本发那科 FANUC R-2000IC 机器人

超声波发射器向某一方向发射超声波，在发射时刻的同时开始计时，超声波在空气中传播，途中碰到障碍物就立即返回来，超声波接收器收到反射波就立即停止计时，具体测距过程如图 4.11 所示。通过计时器记录超声波的传播时间，再根据测量温度下的超声波传播速度，即可计算出发射点距障碍物的距离，这个距离为传播时间与传播速度之积的一半，这就是所谓的时间差测距法。

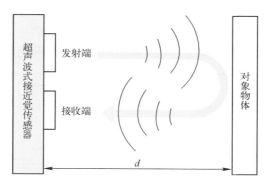

图 4.11　超声波式接近觉感知传感器基本原理

4.1.2　接近觉感知传感器的发展和现状

1. 接近觉感知传感器的发展

近年来，随着机械结构、电子技术、控制理论、计算机技术、传感器技术、人工智能等学科领域的发展，机器人技术的研究已经逐步从示教再现型机器人转向具有感觉功能的适应控制型机器人，这就要求机器人需要具有相应的感知系统，感知外界环境的变化从而做出相应的调节动作。这种系统通过感觉传感器，使机器人"感知"自身和外部环境的变化，接近觉感知传感器就是这类传感器中的一种。与被大众所熟知的视觉感知传感器、触觉感知传感器相比，机器人的接近觉感知传感器发展历程较短。

20 世纪 60 年代，人们开始了移动机器人的探索研究工作，从每小时只能移动几米的 Shakey 机器人到能够按照车道线移动的户外机器人，在这之后的 20 年内，人们研究的思路主要集中在基于图像分割、边缘检测等的视觉控制算法，但当时的图像处理计算量过于庞大、计算速度过慢，极大地影响了实时感知的效果，使得机器人无法准确做出下一步的工作计划。

1983年，美国国防高级研究计划局（Defense Advanced Research Projects Agency，DARPA）启动战略性计算研究发展计划（Strategic Computing Program）。这一计划有效地促进了图像处理领域的发展，如图像分割、模糊图像识别及处理等技术。这些图像处理技术在规则图形环境下还是有不错的表现效果，但是在自然界环境下，由于光线的强弱以及各种不规则物体曲线等原因，室外环境识别效果不是很显著。随着世界工业时代的进一步发展，各种传感器日趋成熟。研究机器人避障算法的科学家逐渐将目光转向了传感器，利用传感器来获取机器人对环境的感知情况，同时，也开启了接近觉感知传感器应用于机器人的正式篇章。

　　单一的超声波传感器的发展已经具有百年的发展历史，自1916年法国朗之万发明了世界上第一部超声波传感器到现在，超声波传感器已经完成从简单的借助回声定位到能够分析处理复杂信号的转变，其测量精度和可靠性都非常高。但在机器人的导航定位中，由于超声波传感器自身的缺陷，如镜面反射、有限的波束角等，给充分获得周边环境信息造成了困难，因此，通常采用多传感器组成的超声波传感系统，建立相应的环境模型，通过串行通信把传感器采集到的信息传递给移动机器人的控制系统，控制系统再根据采集的信号和建立的数学模型采取一定的算法进行对应数据处理，便可以得到机器人的位置环境信息。交叉相关联和正弦发生器技术应用在超声波测距系统中，将超声波测距系统的分辨率进一步的提高，将超声波测距技术继续向前推进，该系统装置的示意图如图4.12所示，主要采用两种方法提高超声波在空气中测距的分辨率。一是将交叉相关联技术与超声波发送信号与接收信号相融合，来检测超声波在空气中的传播时间。二是采用正弦发送装置与其他的发送和接收信号来检测超声波传播过程中的相位移，正弦发送装置可以将相位移的影响排除，能够得到高的超声波测距分辨率。

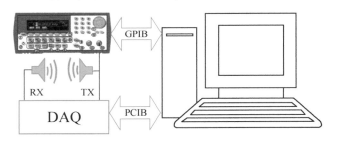

图4.12　超声波测距系统装置的示意图

GPIB—通用接口总线　PCIB—外围设备互连总线　RX—接收装置　TX—发送装置　DAQ—数据采集模块

　　在实际应用中，电容式接近觉感知传感器具有对光线、噪声、待测物的颜色、表面纹理等不敏感、检测范围较大等优点，这使得电容式接近觉感知传感器机器人在实际操作场景下具有极大的稳定性。因此，人们将电容式接近觉感知传感器完全包围在机器人的手臂，通过电容式传感器所产生的电场实现任何方向的障碍物检测。随着检测需求的提高，人们逐渐意识到单一性能的传感器不能满足高性能机器人的需求，便开始了多功能传感器的探索。兼备触觉和接近觉感知能力的电容-电感双模式接近觉感知传感器应运而生，其具体结构如图4.13所示，这种传感器制作时是由PDMS（聚二甲基硅氧烷）和多个带状铜电极的机械结构组成的，相较传统的电容器的三层结构，在两电极之间增加绝缘层和间隔层，这使得其制造工艺更复杂。

　　除此之外，随着制作工艺的提高，现有工艺可以满足更精细的加工需求。因此，采用MEMS（微机电系统）工艺制作加工的垂直结构的电容-电感双模式接近觉感知传感器逐渐被使用，其结构示意图如图4.14所示，其中电感线圈采用平面螺旋结构，而电容探测极板位于介质层下方。

图 4.13　兼具触觉与接近觉感知的传感器

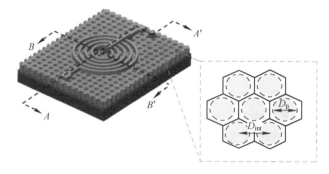

图 4.14　垂直结构的电容-电感双模式接近觉感知传感器的结构示意图

但当机器人安装大量高刚度材料构成的传感器时，容易引发安全性问题，不适合应用在人机交互频繁的场景。虽然通过复杂的保护或稳定控制算法可以提高人机交互的安全性，但这种处理方法的成效是不尽人意的，安全性问题仍然无法完全解决。为了让具备电容式接近觉感知传感器的服务型机器人安全完成与人交互的任务，需要提高传感器的柔性。柔性的器件能够在发生碰撞时，产生减振缓冲，提高安全性，还能够在曲面、被拉伸等苛刻环境中正常工作。

兼具压力传感和接近觉传感功能的高导电、可伸缩银纳米线接近觉感知传感器正好满足了这种高柔性的需求，如图 4.15 所示。采用丝网印刷工艺制作银纳米线带状导体，并固化为银纳米线/PDMS（聚二甲基硅氧烷）膜，两块膜面对面垂直放置，中间采用 Ecoflex（一种超柔软、加成固化硅胶材料）复合，形成 4×4 的阵列传感器。在接近觉传感模式下，手指和手指指尖分别接近或离开传感器时，目标物体与传感器表面的距离变化会引起不同程度的电容响应，这说明传感器的电容响应程度与待测物体的形状和大小相关。在

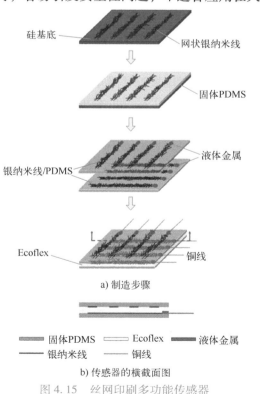

a) 制造步骤

b) 传感器的横截面图

图 4.15　丝网印刷多功能传感器

物体接近和离开这两段动作对应的两段电容响应曲线是不对称的，也就是同一距离下对应的电容值会存在较大差异，因此，能够检测的最大距离范围会随着待测物的改变而变化，使传感器的灵敏度等性能指标具有灵活性。

2. 接近觉感知传感器的现状

机器人中的接近觉感知传感器的作用是探测对象物与机器人操作部件（如手爪、手臂）之间的距离和接近的速度。在视觉系统被挡住而无法发挥作用时，起到视觉的功能，即判断对象物的方位、外形，以便操作部件能够确定从何种角度去操作，以及在靠近对象物时适时采用合适的速度接近对象物。这时传感器已不起避障的作用。因此，对于接近觉感知传感器，要求其探测距离在零到几十毫米，且连续测距精度要高，能够精准识别并获取对象物的表面形状和方位等信息。

在过去的几十年里，接近觉感知传感器的发展并不如力觉传感器、视觉传感器乐观，除了发展缓慢外，目前还存在一些有待于解决的问题。例如，光电式容易受到对象物颜色、表面粗糙度和环境亮度的限制。电容式容易受到周围杂散电场的干扰，测量范围一般也仅为几毫米，且超过这个距离它的灵敏度将急剧下降。电磁式只能用于检测铁磁物质，而且作用的距离比较短，一般仅为零点几毫米。超声波式在空气中衰减很厉害，因此，频率通常不高（20 Hz 以下），所以提高分辨率很困难，而且它的电路也比较复杂。

我国开展机器人接近觉感知传感器的研究时间并不长，在研究水平上与国外相比，还有一段差距。这些差距并不是表现在理论研究上，而是在具体实现这些原理的技术上，如元器件的性能、加工、装配水平等。国内接近觉感知传感器的研究，既要充分考虑到跟踪国际先进水平，又要考虑到目前我国机器人研究的总体水平和当前的要求，无需求的研究只能是无的放矢，水平也不可能提高。从目前国内外接近觉感知传感器的研究与制作水平来看，尽管各种原理的传感器很多，从理论上讲，这些传感器都可进行接近觉感知探测，但由于环境的复杂性和对象物的多样性，使得这些传感器大多数在性能上有些不足，存在性能不稳定、可靠性差或成本过高等劣势，大部分接近觉感知传感器达不到实用化、商品化的阶段。

因此，我国接近觉感知传感器研究重点应放在提高现有传感器的性能稳定性、可靠性上，并将成本降低到可接受的程度。在此基础上，要进一步提高传感器的其他性能，如探测精度等，并进一步增加传感器的功能。随着传感技术的发展，基于光学、电磁、电容、超声波等原理制成的传感器，经过多年的研究性能已有很大提高，这将会进一步促进机器人传感器研究的开展。如北京理工大学研制的电涡流传感器，其探测距离为 1～25 mm，精度为 0.1% 和 0.05%，直径为 5 mm，从精度上来看，已能够满足机器人接近觉感知传感器的要求。另外，随着对机器人传感器要求的提高，原来单一功能的传感器已不能满足要求，因此，必须增加传感器的功能，如确定对象物形状、大小和方位，可以通过采用新型器件、构建阵列式传感器以及使用扫描装置等方法实现。由于传感技术的发展，新原理、新材料、新工艺的传感器不断出现，许多新型传感器的研究并不是直接用于机器人，但应注意针对机器人的具体要求，将这些传感器引入机器人传感器研究之中。

有学者认为，感知、思维和动作是机器人具有智能的三要素，也是衡量机器人是否具备智能成分的标准。接近觉传感处于"感知"这个重要环节，它的发展将对机器人的发展有一定的影响，如何克服当前接近觉感知传感器存在的问题，认清它的发展趋势是十分有必要的。随着人工智能机器人的快速发展，市场对于接近觉感知传感器的需求将达到一个新的高度。

4.2　红外传感器

4.2.1　概述和系统组成

接近觉感知传感器的主要优点是无接触，而由于所有的物质都会在温度的作用下将内能转化为电磁波向外辐射能量，所以为了实现电磁波的无接触测量，红外传感器应运而生。红外检测技术借助红外线对温度的敏感性，实现对目标物无接触检测，使其成为接近觉感知传感器的重要分类，被广泛应用于距离测试、温度测试、气体检测、生物监测等方面。

普朗克定律［见式（4.5）］表明，热力学温度、能量和波长三者之间存在对应关系，红外总能量与温度呈正相关，峰值波长与温度呈负相关。斯特藩–玻尔兹曼定律进一步表明，红外总能量正比于热力学温度的四次方。维恩定律表明，随着温度的升高，峰值波长向短波移动。由以上定律可知，红外对温度的变化十分敏感，通过使用红外传感器，可以实现对目标物的高分辨率检测。

其中普朗克定律为

$$u(\lambda, T) = \frac{8\pi hc}{\lambda^5} \frac{1}{e^{\frac{hc}{\lambda kT}} - 1} \tag{4.5}$$

式中，T 为热力学温度（K）；k 为玻尔兹曼常数（J/K）；h 为普朗克常数（J·s）；c 为真空中的光速（m/s）；λ 为波长（m）。

它给出了辐射场能量密度按频率的分布。

普朗克公式在高频范围 $h\nu \gg kT$ 的极限条件下，过渡到维恩公式

$$w(\nu, T) = \frac{8\pi h\nu^3}{c^3} e^{-\frac{h\nu}{kT}} d\nu \tag{4.6}$$

式中，ν 为频率（Hz）。

在现代社会中，远距离实现目标物的检测是发展热点，例如，在军事安全领域，远距离实现领域监控有利于减少人员财产损失；在工业生产中，部分应用场景，例如高压锅炉等要求实现温度的远距离测量以保证生产安全；在生产生活中，远距离实现有害气体检测有利于保证人民的生命健康安全；在生物监测中，无接触实现生命指标检测有利于减轻患者所遭受的痛苦。以下是五类红外传感器的功能简单介绍。

1）辐射计：主要用于检测微波辐射和光谱测量（见图 4.16a）。微波辐射检测通常用于雷达和卫星通信等领域，而光谱测量则常用于化学和环境监测等领域。

2）搜索和跟踪系统：主要用于跟踪目标并确定其位置，能够持续跟踪目标运动轨迹。这种传感器通常用于军事、航空航天等领域。

3）热成像系统：主要用于获取目标物红外辐射的分布图像（见图 4.16b）。这种传感器能够在夜间或低光照条件下检测目标物体表面的温度分布，通常用于军事、航空航天、医学等领域。

4）红外测距和通信系统：主要用于无接触测距和实时通信。这种传感器可以通过红外辐射来测量距离，并能够实现短距离通信，通常用于机器人控制、智能家居等领域。

5）混合系统：这种传感器结合了多种不同的传感器技术，能够实现更加复杂和精确的检测任务。例如，将辐射计和热成像系统结合，可以实现对目标物体的红外辐射和温度分布的同

时检测。这种传感器通常用于航空航天、军事等领域。

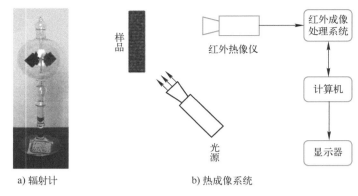

a) 辐射计　　　　　　　　　b) 热成像系统

图 4.16　红外检测传感器

4.2.2　红外传感器原理

1. 红外检测基本原理

红外光作为太阳光谱的一部分，其具有光热效应和辐射能量，相比于其他的光谱范围，由于大气无法吸收固定波长的红外线，所以物体的红外辐射能量产生的损耗小。红外光与所有的电磁波一样，具有散射、反射、吸收、折射等性质。作为一种不可见光，其在真空中的传播速度为 $3×10^8$ m/s。

所有的物体包括冰在内，均具有辐射能量，当红外光穿过介质时光能量会产生衰减，其中由于金属的固有材料损耗，使得其传播衰减很大，在液体中也存在对红外辐射吸收较大的情况，因此，若被测物体有玻璃遮挡，或遭遇雨雪气候的情况下，使得被测物体表面有水遮挡，则均无法利用红外装置测量物体参数。但是红外辐射仍能在大部分半导体、塑料和气体中传播。

不同介质对红外辐射的吸收程度不同，而在外界环境中，大气层也对不同波长的红外光产生不同的吸收带。经测试和研究表明：在波长范围为 $1～5\ \mu m$、$8～14\ \mu m$ 的红外光，大气吸收效率较低，也即在应用场景中进行传播时，大气损耗较小。在现实生活中的任何物体，只要其温度在绝对零摄氏度以上，都会产生红外辐射，区别在于辐射的强度以及辐射的方式，这与介质和物体的表面粗糙度有关。不同物体的红外光热效应各不相同，热能强度也不相同，例如，在理想状态下的黑体（即能够吸收透射到物体的全部红外辐射）、镜体（即能够实现红外辐射的全反射）、透明体（即能够将所吸收的全部辐射透射出去）、灰体（即实现红外辐射的部分反射和吸收）。这四种物体将具有不同的光热效应，严格上讲，自然界中不存在除灰体外的其余三种物体。

2. 红外探测器

红外探测器本质上就是指将不同的光热效应转化为电信号实现检测的装置，是整个红外测试系统的核心，其余为辅助电路。

红外探测器按照检测机理可分为光电探测器和热电探测器。

光电探测器主要利用的是光电效应和光电磁效应，其特点是：①对红外波长的辐射光谱响应具有一定的选择性，存在截止波长；②响应速度快，相比于热探测器，其响应速度高几个数量级，光电探测器的响应时间通常在微秒级别，光伏探测器的响应时间在纳秒级别甚至可以更短。

热电探测器主要利用的是热辐射效应，探测敏感元件将辐射转化为热能，表现为温度升高，探测器将其转化为可处理的信号（大部分为电信号）。检测信号变化，便可探测出辐射变化。机理是当组件接收到由物质所投射出的红外辐射后，探测元件发生非电量的物理变化，再通过转换电路按照一定的规律转化为电量变化，其特点是：①响应速度慢，其响应时间一般在毫秒级别；②应用范围广，其受到温度的限制较小，一般不需要附加冷却装置，可实现高温物体的检测。

4.2.3　功能与目前研究实现

红外检测可以实现无接触性，因为红外辐射可以穿透很多材料，例如玻璃、塑料、木头等，而且可以在原始环境中进行检测，不需要对被测物体进行破坏或接触。这种特性使得红外检测在很多领域都有广泛的应用，例如工业、医疗、安防等领域。同时，红外检测具有宽范围和高精度的特点，可以检测到很小的温度差异，并且可以对不同波长的红外辐射进行分析，从而实现更加精确的检测。因此，红外检测已成为现代科技中不可或缺的一部分，被广泛应用在远距离温度检测、无破坏故障检测、远距离多气体检测、生物检测等方面。

1. 温度检测

温度检测在生产生活中具有十分重要的作用，从大型设备保持正常运转到农作物的正常生长以及人类生活的适宜程度都与温度息息相关，红外温度检测作为无接触温度检测的重要方式被广泛应用，下面以地表气温检测为例对红外检测方式进行介绍。

地表气温是影响农作物生长的重要指标，是评估农业干旱遥感监测的重要参数。研究人员就现有的各种遥感干旱指数和现存地表水指标建立了模型，而建立模型的基本输入参数是地表气温；另外，对地表温度的测量在监控土壤与大气的相互作用以及探测土地情况也具有十分重要的意义，也就意味着地表气温在监测全球气温变化、农作物的干旱指标和天气预测等方面发挥重要作用。如今国内外红外传感器不管是从数量和质量上都有很大的提高，下面对部分国内外红外传感器进行介绍。

（1）国外卫星热红外传感器　搭载在 NOAA（美国国家海洋与大气局）卫星上的 AVHRR（先进甚高分辨率辐射仪）红外探测器（见图 4.17）主要经历了三代发展，型号分别为 AVHRR1、AVHRR2、AVHRR3。最新的 AVHRR3 具有 6 条光谱通道，其被 15 号 NOAA 卫星于 1998 年 5 月携带至外太空。这 6 条通道包含一条中红外光谱（3.55~3.93 μm）通道、两条相邻的热红外通道（10.30~11.30 μm、11.50~12.50 μm），其星下点分辨率是 1100 m。

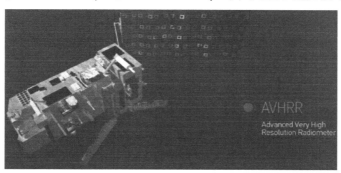

图 4.17　AVHRR 红外探测器

（2）国内卫星热红外传感器　搭载在 HJ-1A/1B 上的 VISSR（可见红外旋描辐射计）、搭载在风云三号卫星 A 与 B 上的 VIRR 和 MERSI 等为近年来我国的热红外传感器。其中，VIRR 为可见光红外扫描辐射计，MERSI 为中分辨率光谱成像仪。

风云二号为我国自主研发的地球静止卫星，隶属于第二批业务运载卫星，其中 FY-2C 于 2004 年 10 月 19 日发射升空，其静止在赤道上空 105°E。FY-2D 于 2006 年 12 月 8 日发射升空，其定点在赤道上空 86.5°E。其中，VISSR 是 FY-2C 卫星的重要可靠负载。搭载在风云二号系列卫星上的 VISSR 具有一个热红外波段（10.5~12.5 μm），最大地表分辨率为 300 m，最大扫描角度可达到 30°，具有 5 个被动遥感通道，将辐射能量转化为电信号，每两天便可更新数据，所以其以更新数据快、分辨率高等特点在地表温度检测和灾害预警方面得到广泛应用。

搭载在风云三号（FY-3D）气象卫星的中分辨率光谱成像仪 II 型（MERSI-II）共包括 25 个通道，风云三号卫星为我国自主研发的极轨卫星，中分辨率光谱成像仪既实现了卫星的高时间分辨率观测能力，同时实现了 250 m 的远红外波束空间分辨率，从分辨率方面提升了数据精度，为后续算法处理提供了更加具体的数据库。

2. 故障检测

红外无损缺陷检测是利用红外辐射对材料的透射、反射、散射特性进行缺陷检测的一种方法。其机理是利用红外辐射在材料表面与内部缺陷之间的不同反射和透射特性来检测缺陷的存在和位置。当红外辐射照射到材料表面时，会在材料表面和内部缺陷之间发生反射、透射和散射。通过检测这些反射、透射和散射的红外辐射，可以判断材料内部的缺陷情况，例如裂纹、气泡、缺陷等。这种方法可以非常精确地检测出材料内部的缺陷，而且无须接触材料表面，不会对材料造成任何损伤。图 4.18 所示为卷扬机的可见光图像与红外热像图的对比图，用于无损故障检测。

a) 可见光图像　　　　　　　　　　　　b) 红外热像图

图 4.18　卷扬机的可见光图像与红外热像图的对比图

总之，红外无损缺陷检测的机理是利用红外辐射的透射、反射、散射特性来监测材料内部的缺陷情况。通过对红外辐射的分析和处理，可以精确地检测出材料内部的缺陷，为工程和科学领域提供了一种非常重要的检测手段。所以，红外检测可实现对大型机器设备、不可损伤材料以及其他的待测物体无标记、无破坏的检验和测量。红外检测的基本方法分为以下两种：

（1）有源红外检测法　又称主动红外检测，顾名思义，其存在外部热源，通过外部热源向待测物体发射能量，待测物体中原本的热平衡被打破，出现热流的变化，而在经过内部缺陷时，这种热流的变化会出现异常，表面温度分布区发生变化。根据检测形式，此种方法又具有透射式和反射式两种，如图 4.19 所示。

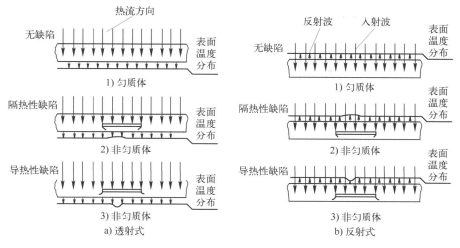

图 4.19　两种红外无损检测方法

（2）**无源红外检测法**　该方法不附加热源对待测物体进行能量注入，仅仅依靠物体本身的热流动异常进行检测。红外检测方法最早应用在大型仪器设备的电力行业中，近年来，随着技术的发展和进步，开始广泛应用于其他行业，例如建筑业、轧钢、冶炼等。在建筑业中最开始利用其检测建筑的节能保温效果，成本降低后开始用于混凝土结构的内部检测，例如是否存在裂缝、装饰面是否牢固、保温性能等。存在裂缝是混凝土结构中较为常见的情况，而结构开裂对于建筑的影响最大，所以实现混凝土结构的监测具有十分重要的意义。混凝土中存在裂缝时，裂缝处与周围环境温度就存在偏差。对于裂缝，无法通过破坏主体结构顺利检测，所以红外无损检测方法对于裂缝检测十分有效。

自 20 世纪 70 年代以来，热传导理论与红外无损检测建立了联系，许多研究人员致力于此方面的研究。A. Lehto 建立了关于热波的幅值和相位数学模型，并实现了对含有微小缝隙的金属的测量，同时说明了不同调制激励下热波的区别，建立了红外相位法无损检测的基础。随着研究理论的进一步发展，Vavilov、D. P. Alomond 和 Favro 等人实现了不同激励和维度下的热传导模型，并通过数值计算求出解析解和数值解。由此，红外检测技术被广泛应用于建筑、路面、管道中。近年来，在缺陷检测方面，研究人员提出利用热波在金属中的传播效应测量表面的缺陷和金属膜的厚度，但是此种方法探测的深度被限制在毫米范围内。Almond 等人利用前人未做过研究的缺陷边缘效应，利用缺陷材料热导率与缺陷大小相关的方法进行确定。另外，由于一个维度的热扩散限制太大，影像传感器的准确度，所以三维的热扩散模型通过脉冲热成像技术被建立起来。

相比于国外的发展，国内红外无损检测技术发展较晚，在脉冲加热红外无损技术方面已经取得了一定的成果。李艳红等人以检测缺陷深度为目标，利用脉冲激励的特点实现了对平底洞样品的检测。利用编程语言通过傅里叶变换得到位相热图序列，分析不同深度缺陷下的盲频分布，实现对不同缺陷深度的检测。徐振业等人用在三维针刺 C/SiC 复合板上绘制的盲孔作为试样，模拟材料表面以下的孔缺陷，测量了盲孔的深度，并使用两种分析方法，即最大温差法和二阶 $\ln T$-$\ln t$ 曲线的最大导数法对产生的缺陷进行了分析。汤雷等人提出了一种红外超声波混凝土无损检测方法。其开发了一套红外热成像检测系统，并对三种类型的样品，即混凝土柱、混凝土梁和混凝土墙进行了测试。结果表明，裂缝、松动等使温升很明显，在热图像中很容易被检测出来，同时抗干扰能力增强，可以避免信号的混淆。

3. 气体检测

红外成像技术能够实现危险气体的远距离非接触探测，具有灵敏度高、响应时间短、检测范围大等优点，且成像动态直观，能够实现危险气体泄漏的在线实时监控，故被广泛应用于气体储运、油矿开采、工业制造等领域。不同气体对于环境的影响不同，与人民的生命健康安全以及生产生活息息相关，所以实现对不同气体的检测对人民的生命健康安全至关重要。例如，甲烷是仅次于二氧化碳的温室气体，严重影响全球的气候和环境。因此，在生产生活以及环境保护方面，研制响应时间短、覆盖范围广、检测精度高的气体传感器具有十分重要的意义。

红外检测传感器可以实现无接触气体检测，其中一种方式是利用红外吸收光谱技术。该技术利用气体分子对红外辐射的吸收特性，来检测气体的存在和浓度。其具体实现方式如下。

1）发射红外辐射：将发射器发出的红外辐射照射到被测气体中。

2）气体吸收红外辐射：被测气体中的分子会吸收部分红外辐射，吸收量与气体浓度成正比。

3）接收红外辐射：利用接收器接收被测气体吸收后的红外辐射。

4）分析处理：分析接收到的红外辐射，计算出被测气体的浓度。

这种无接触气体检测方式具有以下几个特点：①非接触式测量，避免了接触式测量可能带来的污染和损伤等问题；②可以实现实时测量，能够及时监测被测气体的浓度变化；③精度高，可以检测到非常小的气体浓度变化。

非分光型红外（Non-Dispersive Infrared，NDIR）传感器自 20 世纪 30 年代应用于气体检测以来，已被用于检测各种空气污染物，如 SO_2、CO、CO_2、氨气、氮氧化物、氯化氢和 CH_4。传统的 NDIR 传感器系统由一个光源、一个气室和一个检测器组成。其大多采用一个大波长范围的光源，光源完整地进入气室后，如果需要进行滤波，可以采用检测器中的滤光片进行滤波。图 4.20 所示为 NDIR 气体传感器的检测原理示意图。由此可以看出，NIDR 气体传感器由于无须对光源进行处理，使得前端电路结构简单，对光源的要求低，产品造价低；由于光源未经过分光处理，进入系统中的光信号强度大，输出功率高。但是其也存在着部分缺点，比如由于光信号强度产生的热量大，设备需要自备良好的散热系统。Adil Shah 等人提出一种 NDIR 甲烷气体传感器。该传感器被应用于向大气中排放甲烷气体的测试。他们将由 Sense Air AB 的 NDIR 传感器、气泵、过滤器、GPS 模块、微处理器模块构成的封装器件固定在无人机上（见图 4.21），实现了不同高度下的甲烷气体指标检测。通过程序和蓝牙传输实现甲烷浓度和具体位置的实时传输，检测精度达到 $10^{-6}/Hz$ 的量级。

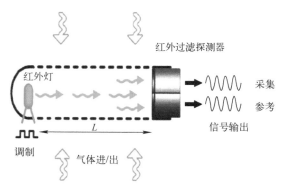

图 4.20　NDIR 气体传感器的检测原理示意图

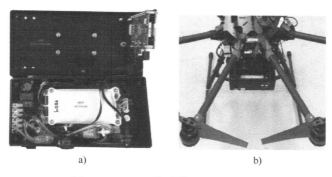

图 4.21　NIDR 传感器及无人机系统

2019 年，意大利的 Vincenzo Spagnolo 和山西大学的董磊课题组开发了一种多通道石英增强光声光谱传感器，可同时检测近红外和中红外波段。该传感器使用了一个 1.392 μm 的近红外激光二极管和一个 7.71 μm 的量子级联激光器，分别用于检测水蒸气和甲烷等气体。甲烷和氧化亚氮的检测分别采用了波长为 1297.47 cm^{-1} 和 1297.05 cm^{-1} 的量子级联激光器。为了提高信噪比，使用了定制的石英音叉，音叉上有两组微谐振器管，分别位于石英音叉的基频和第一泛音弯曲模式的波点处。采用了波长调制复用技术，不同的激光器使用不同的频率信号调制，然后使用同一个探测器进行检测，检测原理如图 4.22 所示。

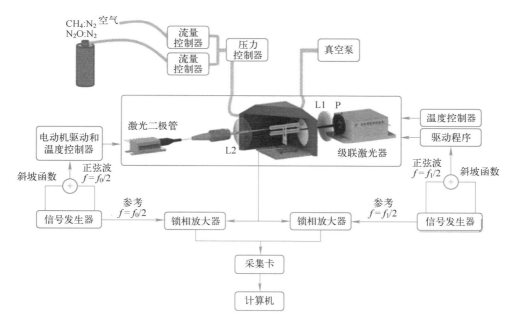

图 4.22　多通道石英增强光声光谱传感器的检测原理

光腔衰荡光谱（CRDS）技术是一种基于光腔衰荡现象的红外传感器技术，用于气体检测。气体样品浓度与衰减时间呈负相关。样本吸收光信号的能力是由衰减时间决定的，避免了激光光源强度变化所带来的信号干扰。另外，腔镜的反射率高，使得即使被测气体被传递长达几千米后仍能被检测到。CRDS 技术对源通常具有三种源调制技术，信号处理方式由调制技术决定，如图 4.23 所示。

总的来说，CRDS 技术具有以下优点：①具有高灵敏度和高精度，能够检测到非常低浓度

的气体成分；②对光源的要求低，可以使用一般的激光器；③具有一定的抗干扰能力；④可以
进行在线实时监测，方便快捷；⑤可以实现对不同气体成分的检测，具有广泛的应用前景。

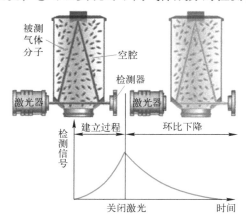

图 4.23　基于 CRDS 原理的气体传感器的检测原理

但是，CRDS 技术也存在一些缺点：①对检测系统信号处理能力要求较高；②光的衰减时
间常数较长，需要进行拟合处理，复杂度较高；③需要较高的运算资源和较高的误差值；④系
统成本相对较高。因此，在实际应用中，需要根据具体情况选择合适的检测技术，并综合考虑
其优缺点。

由于对源的调制技术不同决定了不同的信号处理方式。第一种是对可快速关断的连续激
光，在激光关断后，检测信号的时间衰减指数；第二种是对单脉冲输入的光源，其形成脉冲包
络呈指数衰减；第三种是实现对连续光源的快速调制，检测输出信号的相位移动。图 4.24 展
示了车载甲烷检测系统的实例。

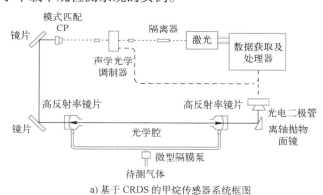

a) 基于 CRDS 的甲烷传感器系统框图　　　　　　　　b) 车载CRDS甲烷传感器照片

图 4.24　车载甲烷检测系统的实例

腔增强吸收光谱（Cavity-Enhanced Absorption Spectroscopy，CEAS）技术采用高精细的光
学腔，通过增加有效光程长度来增强气体与光的相互作用程度，从而提高气体传感器的检测下
限和灵敏度。相较于多反射气室，CEAS 系统体积小，可以实现集成化。CEAS 技术的测量对
象是利用光的强度信号反演气体的浓度信息，与 CRDS 技术不同。目前，被广泛应用的 CEAS
技术包括噪声免疫腔增强光学外差分子光谱、光学反馈腔增强吸收光谱、光学频率梳腔增强吸
收光谱、非相干宽带腔增强光谱技术及离轴腔增强吸收光谱。这些技术在各个领域中得到了广
泛应用。

　　CEAS 技术的优点在于可以利用高精细的光学腔体实现几十到几百千米的光程,从而提高气体传感器的检测下限和灵敏度。然而,CEAS 技术也存在一些挑战和限制。其中一个主要的限制是需要高精细的反射设备,这使得镜片表面处理过程存在困难。此外,在使用高反射率的镜片时,必须注意灰尘和水分,否则可能导致光强损失。

4. 生物检测

　　随着嵌入式计算机系统和各种模式识别技术的不断进步,人们对智能化的工作和生活环境的需求日益渐增,如何提高智能系统的实际应用能力成为当代社会人工智能的研究热点。而在室内,人类的活动位置定位和行为模式识别作为智能化模式研究的主要内容也受到了极大的关注,这两者在各个领域都有着非常广泛的应用前景和重大应用价值。人体目标定位指的是确定人体目标是否存在以及当前所在的位置。定位场景分为室内和室外,室外定位方式已被大家众所周知,就是利用全球定位系统(Global Positioning System,GPS),GPS 技术已经被广泛地应用在各个行业,其精确度达到了很高的标准。但是由于室内环境复杂、多径衰落严重和建筑材料对卫星信号的阻挡,导致 GPS 定位不适用于室内,红外传感器弥补了部分 GPS 定位所存在的缺点。

　　人体动作识别指的是对目标的动作方式进行识别。目前研究最多的人体动作识别方法是从摄像头采集到的人体运动图像将待识别的人体从图像中分离出来,最后经过特征提取与分析得到人体的具体动作信息。然而随着现代社会黑客技术的发展,摄像头这类侵入式传感器所采集的图像视频信息很容易被劫取并被破解,即使经过加密,最后往往会成为罪犯违法犯罪的工具。基于此考虑,专家们采用可穿戴传感器设备来识别人体动作,将一些检测运动的微型传感器集成到可穿戴设备上来监视人体的运动信息。然而这种方式需要被检测目标随身携带可被检测设备,在生活和工作过程中非常不方便。

　　鉴于上面人体目标定位和动作识别相关方法存在的一些问题,从人体散发的红外热辐射信号上寻找与人体运动和位置相关的隐含信息的方法被提出,人体散发的热辐射信号波长通常在 $8 \sim 14\ \mu m$ 之间。这是由于人体的温度通常处于 $36 \sim 37 \degree C$,对应着波长为 $8 \sim 14\ \mu m$ 的红外辐射。这种辐射称为远红外辐射,常用于无接触体温测量和人体行为检测等应用中,通过调制传感器的视场角便可以得到想要的人体运动的相关信息,此外它还具有低成本、低功耗、高灵敏度、便于安装部署等特点,目前在各行业均有广泛的使用。

　　(1)基于 Passive Infrared(PIR)传感器的室内定位　PIR 是指通过感应人体的红外辐射来实现人体检测和控制的技术,中文名称为“被动式红外检测技术”或“热释电传感器技术”。PIR 传感器可以感应静态或移动的热源,例如人体、动物、车辆等,通过检测其辐射的红外能量来判断其是否存在。PIR 传感器通常由一个或多个红外探测器、信号处理电路和输出接口等组成。当红外辐射进入 PIR 传感器的探测范围时,会产生热电信号,被传感器接收并转换成电信号,经过信号处理后,输出对应的控制信号给其他设备,例如安防监控系统、智能家居系统等。PIR 传感器的优点是无须接触被检测物体,不会受到检测物体颜色、形状等因素的影响,具有响应速度快、灵敏度高、功耗低等特点。因此,PIR 传感器被广泛应用于安防监控、智能家居、自动照明等领域。AL-Jazzar 等人利用两个 PIR 传感器的热通量接收信号强度,结合 PIR 传感器检测视场区域的几何形状,来对入侵者进行估计定位范围与跟踪,提出了一种描述入侵者产生的热流特征和相应的 PIR 输出信号的数学模型,定位精度最低可以达到亚米级。

　　(2)基于 PIR 传感器的室内人体动作识别　PIR 传感器除了能检测到某区域的人体目标,还可以发现人体在检测区域中的运动特征信息,包括动作频率、幅度和姿态等多种信息。近年来，国内外针对 PIR 传感器动作识别技术进行了一系列研究。清华大学的杨靖等人在 2009 年通过单个带有球形菲涅尔透镜的 PIR 传感器分析采集的人体模拟输出信号，通过寻峰检测算法实现了一定范围内人体原地踏步和跳跃动作的识别。2014 年 Yun 等人通过三个 PIR 传感器收集了八名受试者的行走数据集，并选择原始数据集的峰峰值和到达峰峰值的时间组成另一个精简数据集，然后使用基于实例的学习和支持向量机等机器学习算法对这两个数据集进行分析，最后可以对运动的方向、速度和距离进行分类，从试验结果上看在原始数据集上的分类准确率达到 92%，在精简数据集上的分类准确率达到 94%。

4.3　微波传感器

4.3.1　概述和系统组成

微波是一种电磁波，具有易于集聚成束、高度定向性以及直线传播的特性，可用来在无阻挡的视线自由空间传输高频信号。电磁波包括的频谱范围极宽，它们的特性因频率不同而不相同，微波属于频率很高的一种电磁波，它的频率为 300 MHz~300 GHz，因此又被称为"超高频电磁波"。其波长为 1 nm~10 m，是分米波、厘米波、毫米波与亚毫米波的统称。上述关于微波的波长或频率范围属于传统意义上的定义，现代微波技术一般认为短于 1 mm 的电磁波（亚毫米波）即属于微波范围。

微波作为一种电磁波具有波粒二象性。微波量子的能量为 1.99×10^{-25}~1.99×10^{-22} J。在真空中其速度等于光速，即 299792458 m/s。与属于机械波的超声波不同，微波很少受气象环境影响，且制作的传感器方向性和传输特性良好。鉴于其优越的特性，微波技术已经融入各行各业中。在化学科研中，通常用微波来剥离、萃取制备产物；在食品行业中，在低温下用微波进行消毒灭菌；在通信行业中，微波用来进行卫星通信和移动通信，传输电视信号；在国防军事中，可用于制作电子对抗设备、天线系统和超高速计算机。

微波相对于波长较长的电磁波具有下列特点：①定向辐射的装置容易制造；②碰到各种障碍物易于反射；③绕射能力较差；④传输特性良好，传输过程中受烟、灰尘、强光等的影响很小；⑤介质对微波的吸收与介质的介电常数成正比，水对微波的吸收作用最强。

4.3.2　微波的特性

微波的基本性质通常呈现为穿透、反射和吸收三个特性。例如，对于玻璃、塑料和瓷器，微波几乎是穿越而不被吸收；对于水和食物等，就会吸收微波而使自身发热；而对金属类东西，则会反射微波。由于微波的特性，其在空气中传播损耗很大，传输距离短，但机动性好，工作频率宽度大，除了应用于 5G 移动通信的毫米波技术之外，微波传输多用于金属波导和介质波导中。

从电子学和物理学观点来看，微波这段电磁频谱具有不同于其他波段的重要特性：

（1）穿透性　微波比其他用于辐射加热的电磁波，如红外线、远红外线等波长更长，因此具有更好的穿透性。微波透入介质时，由于微波能与介质发生一定的相互作用，以微波频率 2450 MHz，使介质的分子每秒产生 24.5 亿次的振动，介质的分子间互相产生摩擦，引起介质温度的升高，使介质材料内部、外部几乎同时加热升温，形成体热源状态，大大缩短了常规加热中的热传导时间，且在条件为介质损耗因数与介质温度呈负相关关系时，物料内外加热均匀一致。

（2）选择性加热　物质吸收微波的能力，主要由其介质损耗因数来决定。介质损耗因数大的物质对微波的吸收能力就强，相反，介质损耗因数小的物质吸收微波的能力也弱。由于各物质的损耗因数存在差异，微波加热就表现出选择性加热的特点。物质不同，产生的热效果也不同。水分子属于极性分子，介电常数较大，其介质损耗因数也很大，对微波具有强吸收能力。而蛋白质、碳水化合物等的介电常数相对较小，其对微波的吸收能力比水小得多。因此，对于食品来说，含水量的多少对微波加热效果影响很大。

（3）热惯性小　微波对介质材料是瞬时加热升温，升温速度快，消耗能量低。另外，微波的输出功率随时可调，介质温升可无惰性地随之改变，不存在"余热"现象，极有利于自动控制和连续化生产的需要。

（4）似光性　微波波长很短，比地球上的一般物体（如飞机、舰船、汽车建筑物等）尺寸相对要小得多，或在同一量级上，使得微波的特点与几何光学相似，即所谓的似光性。因此，使用微波工作，能使电路元件尺寸减小，使系统更加紧凑；可以制成体积小、波束窄、方向性很强、增益很高的天线系统，接收来自地面或空间各种物体反射回来的微弱信号，从而确定物体方位和距离，分析目标特征。

4.3.3　微波传感器的原理、分类、组成与特点

1. 微波传感器的原理与分类

微波传感器利用微波特性来检测某些物理量，如物体的存在、运动速度、距离、浓度等信息。其工作原理为，由微波发射器定向发出微波信号，遇到被测物体时，微波信号部分被检测物体吸收，部分则被反射，使微波功率发生变化。利用接收天线接收通过被测物体或者由被测物体反射回来的微波信号，检测其电磁参数，并将它转换为电信号，再由测量电路处理，即可以显示出被测量，就实现了微波检测。根据微波传感器工作原理的不同，可将微波传感器可分为反射式微波传感器和遮断式微波传感器。

（1）反射式微波传感器　反射式微波传感器的发射天线和接收天线位于检测物体的同一侧，通过检测微波信号从发出到接收到的时间间隔或者相位偏移来检测被测物体的位置、厚度和位移等参数。图 4.25 所示为西门子公司的微波物位计产品图。

（2）遮断式微波传感器　遮断式微波传感器的发射天线和接收天线位于检测物体的两边，通过接收天线接收到的微波信号功率的大小，判断发射天线和接收天线之间是否有被测物体、被测物体的厚度和位置等参数信息。具体的遮断式微波传感器有微波测厚仪、微波液位计、微波物位计等。图 4.26 所示为西门子公司的智能雷达物位计产品图。

图 4.25　西门子公司的微波物位计产品图　　　　图 4.26　西门子公司的智能雷达物位计产品图

2. 微波传感器的组成与特点

微波传感器通常由微波振荡器（微波发射器）、微波天线及微波检测器三部分组成。

（1）微波振荡器及微波天线　微波振荡器和微波天线是微波传感器的重要组成部分。微波振荡器是一种产生微波的装置。由于微波很短，频率很高（300 MHz～300 GHz），要求振荡电路有非常小的电感与电容，因此不能用普通晶体管构成微波振荡器。构成微波振荡器的器件有速调管、磁控管或一些固体元件，小型微波振荡器也可以采用体效应管。为了使发射的微波具有一致的方向性，微波天线应具有特殊的结构和形状。如图4.27所示，常用的微波天线有扇形喇叭天线、圆锥形喇叭天线、旋转抛物面天线、抛物柱面天线等。圆锥形喇叭天线结构简单，制造方便，可以看作波导管的延续。圆锥形喇叭天线在波导管与空间之间起匹配作用，可以获得最大的能量输出。

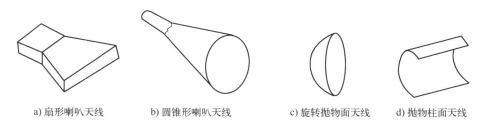

a) 扇形喇叭天线　　　　b) 圆锥形喇叭天线　　　　c) 旋转抛物面天线　　　　d) 抛物柱面天线

图4.27　常用的微波天线

微波振荡器主要利用频率合成技术产生需要的频率或波形信号，其在微波毫米波仪器及系统中应用范围广且需求大。频率合成技术是通过把晶体振荡器产生的具有高频谱纯度和高稳定度的低频标准参考信号，在频域内进行线性运算，利用倍频、混频、分频等技术，得到具有相同稳定度和低相噪等满足各项指标要求的一个或多个频率、频段的信号。从频率合成的发展史来看，频率合成方式依次经历了直接模拟合成、锁相技术和直接数字合成。

（2）微波检测器　电磁波作为空间的微小电场变动而传播，所以使用电流-电压特性呈现非线性的电子元件作为探测它的敏感探头，敏感探头在其工作频率范围内必须有足够快的响应速度。作为非线性的电子元件，在几兆赫兹以下的频率通常可用半导体PN结，而对于频率比较高的可使用肖特基结。在灵敏度特性要求特别高的情况下，可使用超导材料的约瑟夫逊结检测器、SIS（安全仪表系统）检测器等超导隧道结元件，而在接近光的频率区域可使用由金属-氧化物-金属构成的隧道元件。微波检测器的性能参数有频率范围、灵敏度-波长特性、检测面积、FOV（视角）、输入耦合率、电压灵敏度、输出阻抗、响应时间常数、噪声特性、极化灵敏度、工作温度、可靠性、温度特性、耐环境性等。微波传感器作为一种新型的非接触传感器，具有如下特点：

1）有极宽的频谱（波长为1.0 nm～1.0 m）可供选择，可根据被测对象的特点选择不同的测量频率。

2）在烟雾、粉尘、水汽、化学气氛以及高、低温环境中，对检测信号的传播影响极小，因此可以在恶劣环境下工作。

3）时间常数小，反应速度快，可以进行动态检测与实时处理，便于自动控制。

4）微波传感器将非电量变换成电磁量，电磁信息的传输、处理和利用十分方便而有效，极易实现实时、在线、快速测量。

5）微波传感器无严重的辐射危险，操作使用安全。

6）微波传感器所用微波功率电平很低，对待测物料没有影响，测量时可用待测物料的全部或一部分，因而容易实现无损、非接触、连续自动测量。

微波传感器存在的主要问题是零点漂移和标定问题，这些问题尚未得到很好的解决。传感器都有零点漂移和温度漂移，这两种漂移很影响传感器的测量精度，由于传感器桥路中元件参数本身就不对称，弹性元件和电阻应变计的敏感栅材料的温度系数、线胀系数不同，组桥引线长度不一致等综合因素，最后导致传感器组成电桥后相邻臂总体温度系数有一定差异，当温度变化时，相邻臂电阻变化量也不同，从而使电桥臂产生输出不平衡，即产生了零点漂移。

4.3.4　微波传感器的常见应用

1. 微波测距

利用接收天线接收被测物反射回来的微波信号，检测其电磁参数，再由测量电路处理，就实现了微波检测。如图 4.28 所示，微波测距就是将微波发射器和微波接收器架设在相距为 d 的位置，当发射器发出一定功率的微波信号，该微波信号到接收器将有一部分功率损耗，根据微波接收天线接收到的微波功率大小，即可换算出待测面和微波发射器的距离 h，从而实现了微波测距。

雷达是微波最早的应用之一。雷达的英文是 Radar——radio detection and ranging，其中文意思是无线电探测和距离检测。科学家们通过研究蝙蝠的回声定位得到了微波雷达原理：根据接收和发出的电磁波信息，得到待测物体的距离和速度信息。

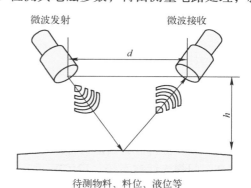

微波发射　　　微波接收

待测物料、料位、液位等

图 4.28　微波测距原理

微波雷达运行可靠，测量距离远。随着现代社会的不断发展，人们对交通安全和科学领域的关注大大增加，微波雷达传感器已经成为一个新型的高科技产业，依据其性能广泛应用于交通安全和军事领域。微波雷达在智能交通和现代化工业中有着广泛应用，如车速监控、车流量检测、防撞雷达、倒车控制系统、卫星通信系统、微波成像监视系统等，是 21 世纪传感器研究及交通行业研究的热点。

按照不同的辐射种类，雷达系统可分为两类：调频连续波（Frequency Modulation Continuous Wave，FMCW）雷达和脉冲频率调制（Pulse Frequency Modulation，PFM）雷达。脉冲频率调制雷达具有周期性，是可以发射高脉冲的微波技术，一般应用于短距离测量，常用的脉冲频率调制雷达有单脉式和圆锥扫描式。脉冲频率调制雷达一般采用脉冲测距法。不同脉冲调制的连续波按照发射信号的形式又分为非调制单频连续波雷达、调频连续波雷达、多频连续波雷达。

在一个基本的连续波雷达系统中，已知稳定频率连续波无线电信号被发射，被无线电信号路径上的物体反射，并被雷达系统中的接收机捕获。连续波雷达可以在各种模式下工作，有非调制或调制连续波雷达。其中，最常用的是多普勒模式和 FMCW 模式。

（1）多普勒和干涉测量雷达系统　　通常，多普勒雷达发出频率为 f_0 的单音无线电信号。当击中一个物体时，根据物体移动时的多普勒效应，相关的返回信号频率从发射频率偏移。多普勒雷达通常用于远程确定移动车辆的速度和监控竞技运动的速度，如高尔夫、网球、棒球和赛车。

由于信号的频率和相位是相互关联的，在一个单一频率下工作的类似结构可以用作干涉雷达来检测发射（TX）和接收（RX）信号之间的相位变化。干涉测量技术在天文学、光纤、工程计量、光学计量、地震学、光谱学、量子力学、遥感、生物分子相互作用、表面轮廓、微流体、机械应力、应变测量和测速等众多领域中都是一项重要的测量技术，用于小位移测量，以及折射率变化和表面不规则的检测。图 4.29 显示了干涉雷达在位移测量中的工作机制。发射信号和接收信号具有相同的频率，但由于信号的传播路径，它们存在相位延迟。在不考虑与电子电路有关的噪声和延迟的情况下，$\Delta\phi$ 将与小于 $\lambda/2$ 的位移成比例，其中 λ 是波长。通过检测相位 ϕ 的变化，可以确定目标的位移。雷达接收机采用与本振信号相同的发射信号作为下变频器，从而实现相干检测，具有很高的位移检测精度。

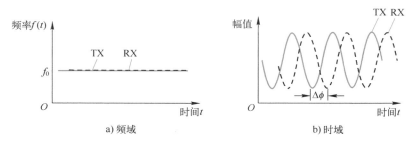

图 4.29　用于位移监测的干涉测量操作

多普勒和干涉雷达具有结构简单、窄带操作、成本低、能实现高精度的速度和位移测量等优点，然而，它们不能测量目标的绝对距离（即距离）。

（2）调频连续波系统　FMCW 雷达能够确定系统与目标之间的绝对距离。发射信号的各种调制是可能的，通常是以正弦波、锯齿波、三角波或方波的形式向上或向下调制的。其基本操作如图 4.30 所示，值得注意的是，FMCW 雷达可以提取与目标速度相关的多普勒信息，当系统的相干性达到时，可以测量目标的位移。

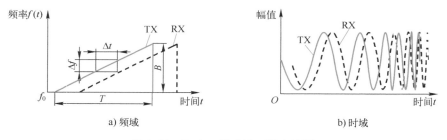

图 4.30　FMCW 雷达用于距离检测

微波雷达测距的对象一般为飞机、车辆、建筑物、云雨等。微波雷达传感器的种类繁多，广泛地渗透于各行各业中。1935 年，为了战争防御，英国科学家第一次使用了雷达发射无线电波。1941 年，苏联军队在飞机上装备预警雷达系统。我国近年来在微波雷达测距上的研究迅猛发展，如基于幅度调制全天候高精度测量的雷达测距法，基于雷达微波的位移测距技术，基于相关取样的微波扩时测距技术，在汽车防撞系统中调频连续波雷达也成了主流技术。放眼国际，微波雷达测距也成了各国技术的竞争热点。

德国博世公司于 2013 年推出中程雷达，自 2016 年以来，该公司已向市场交付了超过 1000万部毫米波雷达产品。博世公司毫米波雷达产品主要集中在 76～77 GHz，其技术先进，主要涵盖中程（MRR）和远程（LRR）系列，其中 LRR4 产品（见图 4.31）的最大探测距离可达

250 m，在同类产品中处于领先地位。

德国大陆集团是全球最大的汽车零部件供应商之一。大陆集团的毫米波雷达产品涵盖 24 GHz 和 77 GHz，以 77 GHz 产品为主，产品种类繁多，包括 ARS411（见图 4.32）、ARS510、SRR520、SRR320 等众多系列。大陆集团长距离毫米波雷达 ARS411 的最大探测距离达到 250 m，是该类产品中的顶级产品。相比之下，大陆集团毫米波雷达产品的探测角度也很突出。

图 4.31　博世公司远程雷达 LRR4

图 4.32　德国大陆集团长距离毫米波雷达 ARS411

森斯泰克公司是国内专业从事毫米波雷达和激光雷达智能传感器产品研发、生产和销售的高新技术企业。在产品层面，森斯泰克公司现有的产品涵盖了自动驾驶、车辆安全、智能交通、智能停车、道闸控制、安全监控等多个领域，频率范围为 24 GHz、77 GHz 和 79 GHz。森斯泰克公司近程雷达 STA79-2 如图 4.33 所示。

德国 ADC 公司依据脉冲测距法制造出毫米波雷达 ASR1100，日产、福特和奔驰等汽车品牌公司积极研制了汽车避撞系统（Vehicle Collision Avoidance System，VCAS）和自适应巡航控制（Adaptive Cruise Control，

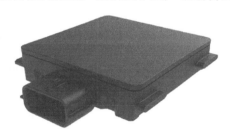

图 4.33　森斯泰克公司
近程雷达 STA79-2

ACC）系统。日本株式会社电装公司、丰田公司及三菱公司采用调频连续波测距形式联手研制出了一款电子扫描式毫米波雷达，对被测物有着优越性的识别，波束扫描更为灵活先进。

图 4.34 所示为使用微波雷达对人行天桥及其运动进行成像。

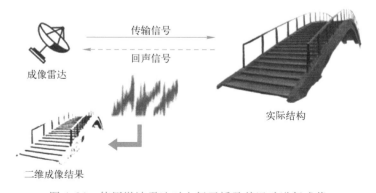

图 4.34　使用微波雷达对人行天桥及其运动进行成像

2. 微波液位计

液位是各种工业过程中的一个重要参数。液位测量方法很多，如差压式、浮力式、磁翻转

式、磁致伸缩式、射频电容式、超声波式等。通常利用与被测介质某个物理参数（如介电率、声速、密度等）相应的液位变化导致某些参量的变化（电容量、传播时间、浮力等）来检测液位。所以液位测量过程与被测介质特性以及工艺环境密切相关。

微波液位计（见图4.35）可分为天线式微波液位计和导波式微波液位计。天线式微波液位计通过天线来发射微波并接收回波，为非接触式测量，也称自由空间雷达，是微波液位计的主要形式。

3. 微波探测仪

多普勒效应来源于生活中的一个现象，当一辆警车呼啸着朝你行驶过来的时候，你会听到声音由远及近是越来越高的，变得刺耳，但是当警车离去时，听到的声音却越来越低，变得低沉。多普勒现象早在1842年便被科学家发现并命名，其原理是，当波源与观察者（接收器）发生相对运动时，辐射的波长会发生变化，频率发生蓝移或红移。蓝移是频率由低变高，红移是频率由高变低。通常人们会根据蓝移和红移的程度来计算目标物体的运动信息，可以连续测速、测距、定位。

微波探测仪会持续发射微波，并接收反射回的微波信号，根据时间差就可以求出物体的运动速度与位移。当探测区内的目标移动时，原发射信号与反射的信号之间会有频率差异，即触发报警，通常称为多普勒效应。微波探测仪的灵敏度取决于目标的移动速度、大小、反射能量的多少以及与微波探测仪的距离。微波探测仪会根据频率改变的大小来生成相应强度的探测信号。一般而言，探测信号的强弱取决于目标的大小以及与微波探测仪的距离，目标越大，距离越短，生成的探测信号就越强。微波探测仪（见图4.36）是利用微波的多普勒效应来探测运动的物体。它采用主动探测技术，利用反射波的频移程度与被测物体的运动速度有关的原理即多普勒效应来探测物体的运动。根据测量到的差拍信号频移，可测定相对速度。微波探测仪在军用雷达和交通安全监控上已有广泛的应用。

图4.35　微波液位计

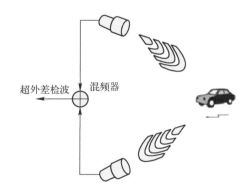

图4.36　微波探测仪

4. 微波无损检测系统

（1）微波无损检测的原理　微波无损检测技术始于20世纪60年代，现在微波无损检测技术已经在大多数复合材料和非金属内部的缺陷检测和各种非电量测量等方面获得了广泛的应用。其原理是利用微波与被测材料（介质）表面的相互作用，如反射、散射、透射以及电磁参数的变化实现的。微波与被测材料相互作用，在复合材料制品中难免会出现气孔、疏松、树脂裂开、分层脱粘等缺陷。这些缺陷在复合材料制品中的位置、尺寸以及在温度和外载荷的作用下对产品性能的影响，可用微波无损检测技术进行评定。介质的电磁特性和对微波场的影响，决定了微波的分布状况和微波幅值、相位、频率等基本参数的变化。通过测量微波基本参数的变化，即可判断被测材料或物体材料是否存在缺陷以及测定其他物理参数。微波无损检测原理示意图如图 4.37 所示。

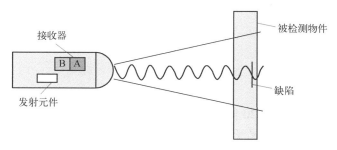

图 4.37　微波无损检测原理示意图

微波在介电材料内部传播时，微波场与介电材料分子相互作用，发生极化现象。介电材料的介电常数越大，材料中存储的能量越多。由于材料内部的极化现象，微波以热能形式损耗。在介电材料内部，微波的传播会受到介电常数、损耗角正切及工件形状、材料和尺寸的影响。若工件内含有非气泡类缺陷，其介电常数不等于空气介电常数，也不等于材料的相对介电常数，而等于复合介电常数。微波可以透过介质并且受介电常数、损耗角正切和材料形状、尺寸的影响，若有不连续处就会引起局部反射、透射、散射、腔体微扰等物理特性的改变。通过测量微波信号基本参数，如幅度衰减、相移量或频率等的改变量来检测材料或工件内部缺陷和测定其他非电量，以此分析评价工件质量和结构的完整性。微波作用于导体表面上时，基本被全反射，利用金属全反射和导体表面介电常数反常，可以检测金属表面裂纹。

（2）微波无损检测的方法　微波无损检测主要有穿透法、反射法、散射法及微波全息技术等。

1）穿透法：将发射天线和接收天线分别放在试件的两边，通过检测接收的微波波束相位或幅值的变化，可得到被检测量的情况。按入射波类型不同，穿透法可分为三种形式，即固定频率连续波、可变频率连续波和脉冲调制波。穿透法可用于透射材料的厚度、密度、湿度、化学成分、混合物含量、固化度等的测量，可用于夹杂、气孔、分层等内部缺陷的检测。

2）反射法：发射法是指利用被检试件表面和内部所反射的微波对试件进行检测的方法。当微波入射到试件表面时，会产生反射和折射，其反射波与试件的材料性质有关，透入试件的折射波若遇到反射界面（如缺陷、试件底面）也会产生反射。通过测取反射波幅值、相位等变化，可以推断试件有无材料的不连续（缺陷）和有关参数的变化。反射法主要包括连续波反射法、扫频波反射法和脉冲调制波反射法。反射法可用于金属材料的表面和内部缺陷（如裂缝、脱粘、分层、气孔、夹杂等）的检查，还可用于测量板厚、密度、湿度、成分等。

3）散射法：散射法是通过测试回波强度变化来确定散射特性。检测时，微波经有缺陷部位时被散射，因而使被接收到的微波信号比无缺陷部位要小，根据这些特性来判断工件内部是否存在缺陷。散射法可用于检测非金属试件内的气孔、夹杂和裂缝等。

4）微波全息技术：微波干涉法与光导全息照相技术结合可以形成微波全息技术。该技术利用微波能穿透不透光介质的特性，摄取被检材料的微波全息图像，完整地记录物体全部信息，并可在适当的光学系统下再现图像。

微波无损检测技术的应用对于保证产品质量、减少不必要的经济损失方面起着很大的作用，对于保证产品可靠性方面已产生良好效益。随着更多的无损检测工程师及技术人员对微波检测能力和局限性的精通，微波检测技术有着广阔的发展前景。

4.4 激光传感器

4.4.1 概述和系统组成

1. 概述

激光技术的研究可以追溯到 20 世纪初，经过近百年的发展，激光传感技术进展飞速，已与多个学科相结合，形成新的交叉学科，如光电子学、信息光学、激光光谱学、非线性光学、超快激光学、量子光学、光纤光学、导波光学、激光医学、激光生物学、激光化学等。这些交叉技术与新学科的出现，使得激光技术的应用范围扩展到几乎所有工业领域。

1954 年，美国物理学家汤斯制成了第一台氨分子束微波激射器。1960 年 12 月，出生于伊朗的美国科学家贾万率人成功地制造并运转了全世界第一台气体激光器——氦氖激光器。1962 年，有三组科学家几乎同时发明了半导体激光器。1966 年，科学家们又研制成了波长可在一段范围内连续调节的有机染料激光器。此外，还有输出能量大、功率高，而且不依赖电网的化学激光器等纷纷问世。自此，激光技术发展进入成熟阶段。

激光与普通光源相比具有以下特性：

1）相干性好。由于受激辐射的光子在相位上是一致的，再加之谐振腔的选模作用，使激光束横截面上各点间有固定的相位关系，所以激光的空间相干性很好。而普通光源是由自发辐射产生，因此普通光源为非相干光。激光为人们提供了良好的相干光源。

2）方向性强。普通光源（太阳、白炽灯或荧光灯）向四面八方发光，而激光的发射角很小，可以限制在小于几毫弧度的立体角内，这就使得在照射方向上的照度提高了千万倍。激光准直、导向和测距就利用了方向性好这一特性。

3）单色性好。光是一种电磁波，其颜色由波长（或频率）决定，而普通光源发射的光子，在频率上是各不相同的。对于光源而言，光辐射的波长分布区间越窄，系统单色性越好。某种激光的波长，只集中在十分窄的光谱波段或频率范围内。如氦氖激光的波长为 632.8 nm，其波长变化范围不到 10^{-4} nm。激光的单色性为精密度仪器测量和激励某些化学反应等科学试验提供了极为有利的手段。

2. 系统组成

激光传感器是新型测量仪表，具有接触远距离测量，速度快，精度高，量程大，抗光、电干扰能力强等优点。目前市面上的激光传感器系统主要包括以下几部分。

（1）激光器　激光器作为产生激光的装置，是激光传感器的核心部件，最基本的组成是泵浦源、谐振腔和激光工作介质，如图 4.38 所示。其按工作物质可分为以下四种：

1）固体激光器。常用的有红宝石激光器、掺钕的钇铝石榴石激光器（简称 YAG 激光器）和钕玻璃激光器等。此类传感器结构大致相同，特点是小而坚固、功率高，钕玻璃激光器是脉冲输出功率最高的器件，已达到数十兆瓦。

2）气体激光器。现已有各种气体原子、离子、金属蒸气、气体分子激光器。常用的有二氧化碳激光器、氦氖激光器和一氧化碳激光器，其形状如普通放电管，特点是输出稳定、单色性好、寿命长，但功率较小、转换效率较低。

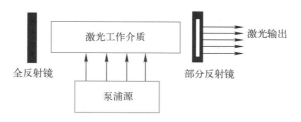

图 4.38　激光器主要部件示意图

3）液体激光器。此类激光器又可分为螯合物激光器、无机液体激光器和有机染料激光器，其中最重要的是有机染料激光器，其最大特点是波长连续可调。

4）半导体激光器。半导体激光器是较新的一种激光器，其中较成熟的是砷化镓激光器。其特点是效率高、体积小、重量轻、结构简单，适宜于在飞机、军舰、坦克上以及步兵随身携带，可制成测距仪和瞄准器；但输出功率较小、定向性较差、受环境温度影响较大。

（2）激光检测器　激光检测器是利用激光扫描检测原理而研制的设备，主要由光学机械扫描器和扫描光学系统构成的激光扫描发射器，由接收光学系统和光电转换电子学系统构成的激光扫描接收器，以单片机为核心的实时控制与数据处理系统构成的控制器以及半导体激光电源组成。

（3）测量电路　一般来说，传感器由敏感元件和转化元件组成，但转化元件输出的电量常常难以直接进行显示、记录、处理和控制。这时就需要将其进一步变化成可直接利用的电信号，而传感器中完成这一功能的部分称为测量电路。

4.4.2　激光传感器原理

1. 激光的基本原理

当原子处于激发态 E_2 时，如果有能量光子射来，在入射光子的影响下，原子会发出一个同样的光子而跃迁到低能级 E_1 上去，这种辐射叫作受激辐射。其中，入射光子需要满足以下条件：

$$E_2 - E_1 = h\nu = \frac{hc}{\lambda} \tag{4.7}$$

式中，c 为真空中的光速（m/s）；λ 为波长（m）；ν 为频率（Hz）；h 为普朗克常数（J·s）。

受激辐射过程能够实现相同状态（频率、相位、振动方向及传播方向均相同）的光子数目的几何级数递增，引起光放大。为解决受激辐射与受激吸收间的矛盾，保证受激辐射占绝对优势，需要利用光学谐振腔来实现光的自激振荡，即激光振荡。实际上，激光器不需要很长的工作介质，而是利用光学谐振腔来解决这个问题，如图 4.39 所示。光学谐振腔通常由两块与

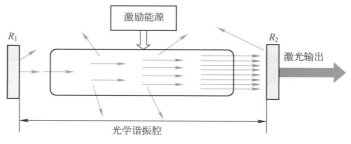

图 4.39　光学谐振腔示意图

激活介质轴线垂直的平面或凹球面反射镜构成,这是为了增加工作介质的有效长度,使受激辐射过程成为主导;谐振腔还对光束有方向选择性,即平行于轴线的放大增强,偏离轴向的逸出腔外,从而获得高度方向性的激光;此外,谐振腔还能选择激光频率(形成驻波)。

2. 激光传感器的工作原理

激光传感器工作时,先由激光发射二极管对准目标发射激光脉冲。经目标反射后激光向各方向散射。部分散射光返回到传感器接收器,被光学系统接收后成像到雪崩光电二极管上。雪崩光电二极管是一种内部具有放大功能的光学传感器,因此它能检测极其微弱的光信号,并将其转化为相应的电信号。常见的是激光测距传感器,如图 4.40 所示,它通过记录并处理从光脉冲发出到返回被接收所经历的时间,即可测定目标距离。如果光以速度 c 在空气中传播,在 A、B 两点间往返一次所需时间为 t,则 A、B 两点间距离 $D = ct/2$。因为光速非常快,所以激光传感器需要精确地测定传输时间。例如,光速约为 3×10^8 m/s,要想使分辨能力达到 1 mm,则要求测距传感器的电子电路能分辨出的极短时间为 3 ps。

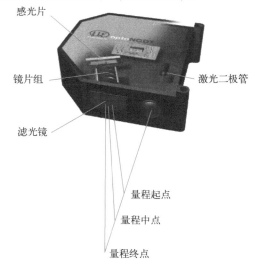

图 4.40 激光测距传感器示意图

分辨能力达到 3 ps,这是对电子技术提出的过高要求,实现起来成本及研发难度较高。但是激光测距传感器利用一种简单的统计学原理(平均法),可以巧妙地避开障碍,实现高分辨率,并且能保证响应速度。

4.4.3 相关应用及研究现状

1. 激光测距

激光测距技术是激光应用领域中最早和最成熟的技术之一。激光自诞生以来,由于它具有普通光源无法比拟的方向性、高亮度等优点,很快就被用于目标距离的探测。同时,因激光具有非接触、测量精度高、作用距离远的特点,被广泛应用于军事、民用和工业等众多领域。

激光测距技术的应用目前已由单一的激光测距机发展为组合仪器,例如,测距和瞄准合一的激光测距瞄准镜、测距和观察合一的激光测距望远镜(见图 4.41)、测距和指示合一的激光测距指示器、测距和寻的合一的激光测距寻的器,它还与夜视仪器配合使用提高仪器的全天候能力,与各种光电跟踪仪、计算机配合组成各种光电跟踪系统。

常见测距方法主要分为相干测量和非相干测量两类。相干测量方式主要有扫频激光干涉测距和多波长干涉测距等。其中,扫频干涉测距的测量原理限制其测量速度,动态性能差,不适合应用于三维跟踪测距;多波长干涉测距虽然可以通过合

图 4.41 激光测距望远镜

成多个波长同时满足测距精度和测量范围的要求,但该方法需要多个激光器合束,增大了系统体积,且对光源技术要求较高。因此,以上两方法在实际使用中采用较少。而常见的非相干式测距有方法有脉冲式和相位式。这两种方法各有特点,分别应用于不同的测量环境和测量领

域。相位法的测量范围从几米到几千米，精度达到毫米级，主要应用于大地测量与工程测量；脉冲法的测量范围从几十米到上万千米，精度为米级，主要应用于科研与军事领域，如地月距离测量等。以下将对脉冲法和相位法测距技术进行简要介绍。

（1）脉冲式激光测距技术　脉冲式激光测距通过激光脉冲信号进行测距。因为激光脉冲时间短，能够选择瞬时功率特别高的激光器发射能量集中的脉冲激光，所以脉冲激光测距具有良好的方向性和较强的抗干扰能力。在有合作目标的测距中，能够进行远距离测量。在进行短程测量时，也能不需要合作目标，仅靠接收漫反射的光信号，也能够对待测目标进行测量。

其工作原理是，测距仪激光发射器发射出的激光经被测目标反射后，又被测距仪激光接收机接收，测距仪同时记录激光往返的时间。脉冲式激光测距可以达到极远的测程，而且不需要目标合作也可以进行测距，如图 4.42 所示。其测距表达式为

$$D = \frac{c\Delta t}{2} \tag{4.8}$$

式中，D 为被测距离（m）；c 为激光在介质中的传播速度（m/s）；Δt 为激光往返一次所用的时间（s）。

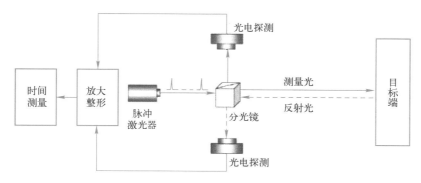

图 4.42　脉冲式激光测距原理

脉冲式激光测距结构简单，不需要合作目标，发出的瞬时高功率适用于远距离测量，测量范围很广。但是其缺点也很显著，该技术是建立在测量激光传播时间这一基础上的，需要对待测时间的起始时刻和终止时刻进行精确测量。时间间隔精度决定了测距系统的精度。而无论是运用模拟方法还是数字方法，其时钟的量化误差、电路的频率响应特性以及外界噪声等因素影响难以去除，导致精度提升困难。

（2）相位式激光测距技术　相位式激光测距同样是目前比较常用的一种激光测距技术，其原理是利用一定的调制频率对激光进行光强正弦调制，并测量调制光束在测量端和被测端之间往返一次产生的相位差，再根据激光的调制波长换算出这一相位差所代表的距离。该方法的实质是间接测量激光的飞行时间进而计算被测距离，其原理如图 4.43 所示。

通过测得的参考光与测量光之间的相位差 φ_D，便可计算出被测距离 D，其换算公式为

$$D = \frac{c}{2f}\frac{\varphi_D}{2\pi} \tag{4.9}$$

式中，φ_D 为相位差（°）；c 为激光在介质中的传播速度（m/s）；f 为频率（Hz）。

相位式激光测距的特点是精度可达亚毫米级，且易于集成。但由于测量中采用连续激光束，在进行远距离测量时为了保证回光能量，通常需要结合合作目标（例如角锥棱镜等）才能实现测量。目前精密的激光测距仪大多采用相位式激光测距技术实现，主要应用于大地测

绘、工程测量、目标扫描跟踪等领域。

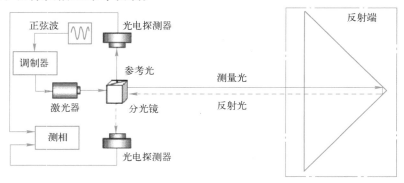

图 4.43　相位式激光测距原理

随着激光技术的发展，激光传感器逐渐向工业和民用领域普及，国外的代表性企业如下：

美国 Bushnell 公司在 1996 年成功研制的 400 型 LD 激光测距机，测量距离可达 400 m，后续又研发了 BUSHNELL PinSeeker1500 型激光测距仪，如图 4.44 所示。该公司的设备主要优势在于：发射和接收均采用保证人眼安全的透明红外激光，测量误差高达 1 m，瞄准器件采用的是高倍液晶来呈现；另外，在天气恶劣的环境下，也可以实现精准测量；即使被测物体和设备之间有障碍物也能完成正常测量；可以实现目标的不间断跟踪；非常容易携带，正由于以上特点，该公司的设备被普遍应用在建筑工程、地质勘测、消防部门等许多行业。

图 4.44　BUSHNELL PinSeeker1500
型激光测距仪

美国图雅得（Trueyard）集团是世界领先的测量系统与设备的开发生产和销售商。激光测距望远镜产品是图雅得集团的十大重要产品之一，图雅得激光测距望远镜在业界以高品质、高精度、易操作而著称，特别是 SP600H 测高-测角-测距三合一测距望远镜，如图 4.45 所示，它是世界上首台长距离可测高-测角的测距仪，打破了只有手持测距仪能够在 300 m 范围内测高-测角的技术瓶颈，让测距望远镜也能远距离测高-测角。德国博世测距仪具有极高的测距反应速度，先后推出了 DLE40、DLE50、DLE70 和 DLE150 等产品，测量精度达到了 1.5 mm。图 4.46 所示为德国博世测距仪。

图 4.45　图雅得激光测距望远镜 SP600H

图 4.46　德国博世测距仪

在激光技术的起步阶段，我国的发展速度飞快，在 20 世纪 70 年代，国内激光器样机的研究就已经出现，在技术上都已接近国际先进水平。在激光测距方面的研究，我国于 1972 年成功研制出了 JCY-1 型精密气体激光测距机。最初大多数国内产品都应用在地质勘测、地震预报和一些工程方面的测量，随着科技发展，我国前后研发了用于其他领域的激光测距产品，比如地形测绘仪、人造卫星等，从某种程度上大大补充了国内激光测距领域的不足。

在远距离测量方面，华中光电技术研究所研制出一款 LD 泵浦的 Nd:Ce:YAG 全固态激光测距仪，工作频率为 20 Hz，最大量程为 20 km，测量精度可达 ±1.5 m。上海天文台研发出一款脉冲式激光测距系统，如图 4.47 所示。该系统的重复频率为 200 Hz，脉冲宽度为 5.5 ns，可实现 400~36000 km 处的目标物探测。

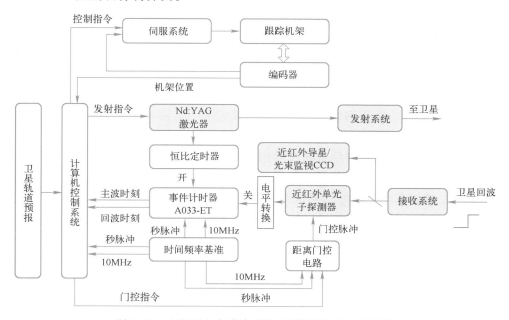

图 4.47　上海天文台脉冲式激光测距系统和改造框图

国内的科研院所和高校在激光测距领域取得了重大的研究成果，国内相关企业也在激光测距技术领域取得重大突破，并且生产出多款性能优异的便携式、小型化测距产品。国内的激光测距仪生产企业主要有深达威、华盛昌科技和优利德科技等，市场上国产激光测距产品众多。图 4.48 所示为深达威公司推出的手持激光测距仪 SW-600A，其测量范围为 3~600 m，更换高倍光学镜头后，其量程最大可达 1500 m，该类激光测距仪通常被用于电力检修、建筑测量、地质勘探等领域。

图 4.48　深达威公司手持
激光测距仪 SW-600A

2. 激光测振

激光多普勒测振仪是利用激光多普勒效应对物体振动进行测量的一种测量仪器，与传统的加速度计等传感器相比，它具有可以远距离测量、非侵入性、空间分辨率高、测量时间短、响应频带宽、速度分辨率高等优点。其物理原理在于从运动物体反射回来的反射光会带有运动着的物体本身的振动特性，即多普勒频移。

多普勒效应是为纪念奥地利物理学家及数学家克里斯琴·约翰·多普勒（Christian Johann Doppler）而命名的，他于1842年首先提出了这一理论。其主要内容为物体辐射的波长因为波源和观测者的相对运动而产生变化。在运动的波源前面，波被压缩，波长变得较短，频率变得较高（蓝移）；在运动的波源后面时，会产生相反的效应，波长变得较长，频率变得较低（红移）；波源的速度越高，所产生的效应越大。根据波蓝（红）移的程度，可以计算出波源循着观测方向运动的速度。而多普勒效应造成的发射和接收的频率之差称为多普勒频移。它揭示了波的属性在运动中发生变化的规律。激光多普勒测振原理就是基于测量从物体表面微小区域反射回的相干激光光波的多普勒频率，进而可以确定该测点的振动速度，公式为

$$\Delta f_D = \frac{2vf}{c} = \frac{2v}{\lambda} \tag{4.10}$$

式中，Δf_D 为激光经振动着的物体反射后所发生的多普勒频移（Hz）；v 为物体的运动速度（m/s）；λ 为激光波长（m）；c 为光速（m/s）。

基于上述光学基本理论，激光多普勒测振仪的典型光路如图4.49所示，由激光器发出频率为 f 的激光束经分光镜入射到被测表面，由于测量表面的振动，反射光将产生多普勒频移 Δf_D，频率为 $f+f_r$ 的参考光束和频率为 $f+\Delta f_D$ 的反射光经反光镜反射后共同投射到光电探测器上产生了拍频信号，经过电子信号处理系统，最后得到频率为 $\Delta f_D - f_r$ 的电信号，由于参考光束增加的 f_r 已知，所以，对激光多普勒测振仪的输出信号 $\Delta f_D - f_r$ 进行分析和处理就可得到所需的物体振动信号。由于光电探测器的输出信号混合了方向、频率已知的参考光束，因

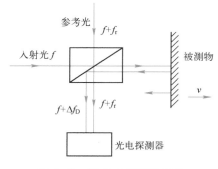

图4.49　激光多普勒测振仪
的典型光路

此能够分辨出被测表面的运动方向、运动幅度（即位移大小）以及运动频率等反映物体本身振动特性的信息。

激光多普勒测振仪自研发后逐渐成为传统接触式振动传感器的有效替代品，被广泛应用于农业和结构健康监测等领域，下面从这两个领域介绍激光测振的研究现状。

（1）在农业领域的应用　农产品质量评价是种植者、经销商和消费者都十分重视的一个问题。而在水果的运输、储存和销售过程中，根据质量对其进行分类是很重要的。近年来，国内外已有许多研究人员采用激光多普勒测振仪检测水果的品质。浙江大学设计的基于激光多普勒测振仪的硬度检测试验系统如图4.50所示，该系统通过加速度计检测电动振动台施加的振动激励，同时利用激光多普勒测振仪获取第二共振频率，实现了西瓜采摘后振动响应的获取。通过激光多普勒测振仪可以测量这些振动并推断出果实的坚固程度，从而推断果实的成熟程度。

（2）在结构健康监测领域的应用　结构健康和施工安全是土木工程中的重要问题，与人们的安全密切相关，更换基础设施或部分结构是昂贵的，因此工程师们开发了各种监测技术，以确保这些结构的安全和结构完整性，并减少事故造成的经济和生命损失。目前，基于激光多普勒测振仪的一些结构健康监测应用已经开发出来，例如，通过远程激光多普勒测振仪和倾角仪估计高层建筑在风荷载作用下的横向位移，该方法可以利用激光多普勒测振仪的数据有效地避免脆性建筑构件的结构损伤，测量系统如图4.51所示。

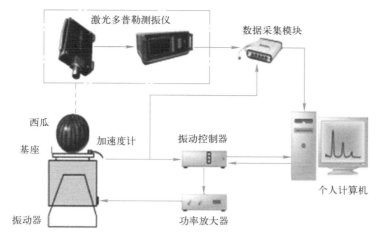

图 4.50　基于激光多普勒测振仪的硬度检测试验系统

a) 遥感测振仪

b) 倾角仪和数据采集系统

图 4.51　测量系统

3. 激光雷达

激光雷达（Lidar）是传统雷达与激光技术相结合的产物。以微波雷达原理为基础，将激光束作为新的探测信号，充分发挥了激光亮度高，具有良好的方向性、单色性和相干性的特点，使激光雷达具备了频率快、峰值功率高、波长范围广、体积小等技术优势。激光雷达系统结合全球定位系统（GPS）和惯性导航系统（INS），可以快速、准确地获取测量点的高精度三维坐标数据，建立数字线划地图、数字正射影像图、数字高程模型等，在各个领域得到了广泛应用，已成为当今科学研究、理论创新的热点，倍受关注。

激光雷达最基本的工作原理与无线电雷达没有区别，即由雷达发射系统发送一个信号，打到被测目标物上，引起散射，经目标反射后被接收系统收集，对回波信号进行处理，提取有用信息。目前，激光雷达按照有无旋转组件分为机械式和固态式两大类型，其中固态激光雷达又包含微机电系统激光雷达、光学相控阵激光雷达和泛光面阵式激光雷达，如图 4.52 所示。

激光雷达相较其他遥感探测技术，具有分辨率高、数据密度大、隐蔽性好、抗有源干扰能力强等优点，使其在很多领域得到了广泛应用，下面从自动驾驶、大气检测两个典型应用领域进行介绍。

（1）自动驾驶领域的应用　车辆自动驾驶技术融合了人工智能系统、传感器、汽车电子系统、网络计算机等多种技术，是目前汽车技术革命中最为热点的研究问题，处于科技最前沿。美国机动车工程师学会（SAE）将自动驾驶分为 L1～L5 五个级别，分别代表辅助驾驶、

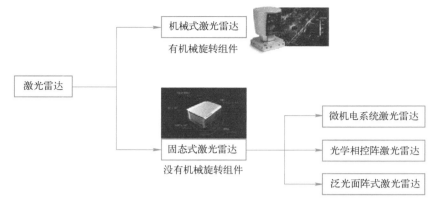

图 4.52　激光雷达的分类

部分自动驾驶、条件自动驾驶、高度自动驾驶和完全自动驾驶。其中，完全自动驾驶在全环境下由车载驾驶系统自动控制汽车的行驶，完全不需要驾驶人参与，是人们对自动驾驶的最高追求。

2007 年，DARPA Grand Challenge（无人驾驶汽车挑战赛）展示了激光雷达感知系统的巨大潜力；冠军、亚军、季军都配备了多个激光雷达，其中冠军和亚军都采用了 64 线激光雷达。2010 年，Google 无人驾驶汽车配备激光雷达在加州道路上试行，2018 年，宝马 7 系配备五颗固态激光雷达在上海地区开启了面向 L4 级的路试。从低端汽车到高端汽车，都配备了激光雷达，多家企业为自动驾驶车辆开发了独特的激光雷达系统。另外，激光雷达的算法也进入快速发展的轨道，未来以激光雷达为中心，配合适应算法的感知系统将会更成熟，新兴的深度学习方法正在加速改变这个领域。

（2）大气检测领域的应用　激光雷达作为一种先进的大气和气象环境监测仪器，已经在大气探测和气象监测中广泛应用于大气温度、湿度、风速、能见度、云层高度、城市上空污染物浓度等的测量。激光雷达具有更高的时空分辨率，激光波长为微米级时，可以实现对微粒目标的探测，能够对大气的垂直结构和成分构成进行有效分析。

气溶胶是由固体和液体小质点分散并悬浮在气体介质中形成的胶体分散体系。气溶胶通过吸收和散射太阳辐射以及地球的长波辐射，影响着地球大气系统的辐射收支，它作为凝结核参与云的形成，从而对局地、区域乃至全球的气候有重要的影响。激光雷达一般采用米散射探测技术来探测大气中的气溶胶，即米散射激光雷达，这种米散射的散射截面较高，所以它的回波信号很强。此外，激光雷达在边界层高度、垂直跨度及边界层内污染物和气溶胶的监测上也具有较好的应用效果。目前，多个国家及地区已经建立双波长偏振雷达观测网，用来对大气气溶胶及边界层进行连续观测。

4.5　机器人接近觉感知的未来发展趋势

随着科技赋能人工智能、大数据、云计算、VR、5G 等技术的发展，接近觉感知传感器逐渐普及化，接近觉感知传感器对人类的生活已经产生了较为深刻的影响。可以预见，随着人工智能技术的快速发展，市场对于接近觉感知传感器的需求将达到一个新的高度，这就对接近觉感知传感器的创新发展提出了新的要求。

4.5.1 智能化

1. 集成化

随着微电子工艺和大规模集成电路的发展，集成式微型智能传感器成为世界范围内热点的研究课题，具有巨大的潜在价值和广阔的应用市场，接近觉感知传感器也不例外。利用集成技术，可以在一个传感器上，使用多种原理实现对障碍物的感知，大幅增强接近觉感知传感器的精度和可靠性，并且集成化传感器具有高信噪比、高性能和信号统一等优点。目前这个趋势已经体现在一些工程研究中，其中微机电系统（MEMS）就是小型化和集成化的主要技术成果之一，现在已有企业在接近觉感知传感器集成化、缩小产品尺寸方面取得了进展。例如，2021年，AMS 就推出了当时业界内最小的一款接近觉感知传感器 TMD2636，如图 4.53 所示，尺寸为 2 mm×1 mm×0.35mm，采用超小型厚度的 0.35 mm 封装，芯片体积为 0.7 mm^3。除了本身器件非常小，中心间距也非常小（孔径中心间距为 1.1 mm）。据了解，这款传感器相较于上一代产品的体积小 30%以上，这意味着可以节省系统空间，能够在耳机中搭载多个传感器，用来提高产品的可靠性或者增加新功能。

2. 微功耗和无源化

随着低功耗超大规模集成电路（VLSI）设计技术的发展，现在利用先进电源管理技术可将微型传感器及低功耗数字信号处理器的功耗控制到极低。微功耗使得收集周围环境能量为微型传感器及其他电子器件供电（即自供能技术）成为可能。

现在常用的接近觉感知传感器一般都是首先将非电量向电量转化，通过电压或电流数据实现信息采集，工作时离不开电源，而在复杂的应用环境，如野外现场或远离电网的地方，通常是用电池或太阳能等方式供电，会导致传感器的使用体积变大，使用起来就很不方便，同时信号也容易受到供电电网波动干扰。目前，很多企业为实现产品提升，在低功耗方面已取得进展。例如，2022 年 6 月左右，美芯晟公司推出了全集成超低功耗光学接近觉感知传感器 MT3101，如图 4.54 所示，其工作平均功耗小于 15 μA，待机功耗低至 1 μA。在尺寸方面，MT3101 采用微型连接网格阵列 LGA8 封装，体积为 2.55 mm×2.0 mm×0.6 mm。据官方介绍，MT3101 改善了传统传感器感应不灵敏、传输速度低等问题，有效降低了误触发频率，并且提升了入耳检测效率。

图 4.53 接近觉感知传感器
TMD2636 及其评估套件

图 4.54 接近觉感知传感器 MT3101

结合上述背景可知，开发微功耗、无源化接近觉感知传感器是可行的，同样也是未来的必然发展趋势，这样不仅可以节省能源，而且可以提高系统的便携性和可靠性。

4.5.2　网络化

网络化是指利用通信技术和计算机技术，把分布在不同地点的计算机及各类电子终端设备互联起来，按照一定的网络协议相互通信，以达到所有用户都可以共享软件、硬件和数据资源的目的。为了解决传感器与各种网络互连的问题，国际电子电气工程师协会（IEEE）和美国国家标准技术研究院（NIST）合作推出了 IEEE 1451 标准，加速了智能网络化传感器的发展进程。从发展的角度看，未来单个传感器独立使用的场合将越来越少，更多的是多传感器系统的应用，以实现多参数的测量和多对象的控制。

1. 人机交互

人机交互是一门研究系统与用户之间的交互关系的学问，指通过计算机输入、输出设备，以有效的方式实现人与计算机对话的技术。系统可以是各种各样的机器，也可以是计算机化的系统和软件。人机交互界面通常是指用户可见的部分，用户通过人机交互界面与系统交流，并进行操作。小如收音机的播放按键，大到飞机上的仪表板或发电厂的控制室，都是人机交互技术的应用。

近距离感知技术已经足够成熟，可通过接近觉感知传感器实现工业和服务领域的人机交互，辅助进行安全检测。当今基于接近觉感知传感器的近距离感知的医疗或服务机器人的研究热度越来越高，并且符合现阶段的市场需求，尤其是在人类和机器人非常接近的情况下，只依靠摄像头保证工作安全是存在巨大隐患的，因此研究如何结合接近觉感知传感器提高人机交互系统的安全性和鲁棒性是未来的一个发展方向。

2. 主动感知（认知机器人）

人机交互的未来是向人机共存、共生或者共融发展，随着人工智能和硬件处理速度的进一步发展，在今后的信息交互过程中，人类的反应速度可能不能满足机器的处理要求，成为人机交互技术发展的瓶颈。在此背景下，认知机器人概念被提出，该机器人的特征之一是主动感知，是一种通过有目的的行动（即探索）实现感知的方式。目前许多机器人学研究都对主动感知原理进行了研究，机器学习在主动感知任务中是必不可少的，同样是当今的一个研究热门，例如物体姿态估计或场景识别，这些任务都是基于接近觉感知完成的。目前，主动感知的一个趋势是视觉和触觉传感器数据结合感知，在不久的将来，将这一趋势扩展到近距离感知是一个重要的研究方向，人们将看到机器人探索方案中包含基于接触式和非接触式的工作模式。因此，为了将近距离感知纳入已有的主动感知和机器人认知方法中，研发能够与视觉和触觉方便结合的接近觉传感技术是未来的一个发展趋势。

4.6　机器人接近觉感知的实际应用

4.6.1　医疗健康

近年来，人机交互（HRI）引起了广泛的研究关注。合作机器人与人共享工作空间，对机器人的安全性和合规性提出了重大挑战。一个电子健康监测网络系统的设计与实现，通常基于智能设备和无线传感器网络，用于实时分析患者的各种参数。通过远程监控患者，方便医生进行诊断。它也有助于对患者进行持续的紧急情况调查，以供参与者和护理人员查看。一套医疗和环境传感器用于监测患者的健康和周围环境，然后使用智能设备或近距离基站将该传感器数据中继到服务器。医生和护理人员通过服务器接收的数据实时监控患者。现在的光学接近觉传感器系统，能够监测心率和血氧饱和度。而在护理机器人中集成了接近觉传感器和触觉传感器，以最大限度地提高患者转移任务的安全性。

1. 护理机器人

护理机器人属于一种特殊类型的合作机器人，直接为接受者提供护理。因此，需要更全面的策略来确保机器人的安全性和合规性。来自中国的 Liang 及其团队设计的机器人触觉皮肤与最先进的机器人皮肤相比，该团队设计建议的皮肤更便宜、更柔软。传感器排列成矩阵，用于检测患者在机械臂上的位置和重量，以便传感器信息用于自动调整手臂的姿势，并被安装在护理机器人的前臂上。16 个接近觉传感器布置在柔性印制电路（FPC）带上，以形成等间距的传感器阵列，该阵列安装在皮肤基板的凹槽中。压力传感器由多个传感器矩阵组成，每个矩阵包含 64 个 8×8 模式的传感器单元，安装在皮肤基板下。该团队设计的皮肤贴片如图 4.55 所示。

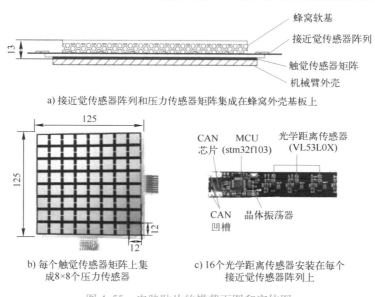

a) 接近觉传感器阵列和压力传感器矩阵集成在蜂窝外壳基板上

b) 每个触觉传感器矩阵上集成8×8个压力传感器　　　c) 16个光学距离传感器安装在每个接近觉传感器阵列上

图 4.55　皮肤贴片的横截面图和实体图

该皮肤的厚度为 13 mm，每个展开的皮肤贴片为 160 mm×160 mm 的矩形。整个皮肤由四块总质量为 860 g 的贴片组成。皮肤的所有部分都由柔性材料制成，使皮肤能够适应不同的曲面。护理机器人手臂上的皮肤安装图如图 4.56 所示。接近觉传感器使用 STM 公司生产的 VL53L0X 光学距离传感器模块。其核心单元由一个激光发射器和一个单光子雪崩二极管（SPAD）红外光接收器组成。物体和传感器之间的距离可以通过测量反射红外光的飞行时间来计算。该模块集成了内部集成电路（I^2C）通信接口，便于使用多个模块制作传感器阵列。VL53L0X 为不同的场景提供四种模式，即默认模式、高精度模式、远距离模式和高速模式。为了实现更高的响应速度，模式被设置为高速。每个接近觉传感器阵列由 16 个飞行时间传感器模块和一个微处理器组成。

典型的合作机器人通过避免接触和碰撞来实现高度安全。然而，护理机器人的服务对象和操作对象是人类。因此，护理机器人需要不同的安全策略。在提升患者的任务中，可能会出现三种类型的危险情况。首先，在触摸前阶段，机械臂可能移动过快，并撞到护理接受者。其次，在接触和转移阶段，患者可能会因姿势和姿势不当而滑倒。最后，由于患者体重过大，机械臂可能会发生机械故障。这三种安全隐患可以通过敏感皮肤检测到，然后通过控制机械臂的运动来消除。

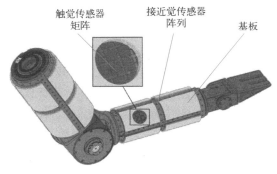

图 4.56 护理机器人手臂上的皮肤安装图

　　预接触阶段的安全控制策略使用接近觉传感器检测机械臂和护理接受者之间的距离，一旦距离足够小，机械臂的速度将自动降低，从而避免与患者发生高速碰撞。值得注意的是，触摸和接触对于护理机器人来说是不可避免的，这与典型的协作机器人不同。也就是说，当机器人即将接触患者时，机械臂仍然需要低速移动以完成提升任务，而不是进入紧急停止状态。

　　在接触和转移阶段，敏感皮肤的触觉信息可用于检测患者与机械臂之间的相对位置和接触力，防止患者滑脱和机械臂故障。将敏感皮肤包裹在护理机器人的前臂上，将患者重心的理想位置设置在前臂中部。接触阶段可能出现的危险情况如图 4.57 所示。其中一种情况是，患者的重心太靠前，导致患者从机械臂上滑落。另一种情况是患者的体重超过了机器人设计的负载，导致了机械臂的损坏和故障。经校准的触觉传感器可以检测到患者的位置和每个手臂支撑的力。

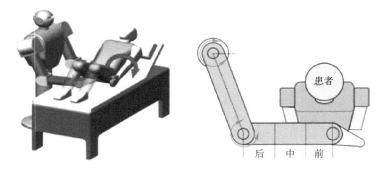

a) 如果患者的重心位于前臂前部，则可能会发生滑动

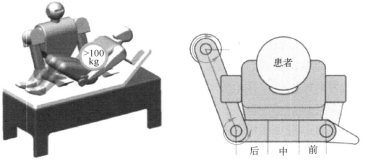

b) 臂上的负载超过100kg可能会导致机械臂故障

图 4.57 接触阶段可能出现的危险情况

　　图 4.58 显示了在护理机器人的圆柱形手臂上安装这种皮肤。每个接近觉传感器阵列上有 16 个距离传感器模块，每个模块的激光路径是一个锥角为 25° 的圆锥体。这意味着空间分辨率将随着距离的增加而增加。相反，由于连接到曲面，传感器的激光路径从平行变为径向，并且由于轴向阵列之间的间隔，不可检测区域随着距离的增加而增加。因此，可检测尺寸由阵列的距离和排列决定。

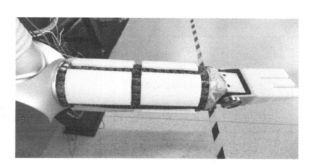

图 4.58　皮肤配备了接近觉传感器阵列和触觉传感器矩阵，安装在护理机器人的前臂上

2. 人体健康监测的接近觉技术

　　监测人体的生命体征对医疗保健和医学诊断非常重要，因为它们包含关于动脉闭塞、心律失常、动脉粥样硬化、自主神经系统病理、压力水平和阻塞性睡眠呼吸暂停的宝贵信息。近年来，随着大多数健身跟踪器和智能手表提供基于光电容积脉搏波（PPG）的心率监测（HRM）功能，用于医疗应用的可穿戴光学传感器获得了发展势头。与传统的心率监护仪相比，光学系统是一体式解决方案，可以轻松集成。下面介绍两种采用该技术的测量系统。

　　（1）声表面波（SAW）滤波器接近觉测量系统　　SAW 滤波器接近觉测量系统如图 4.59 所示。振荡器的谐振频率根据与胸壁的距离而变化。振荡器的输出被送入 SAW 滤波器的输入端。如果振荡器的输出频率在 SAW 滤波器的边缘范围内，则通过 SAW 滤波器的信号幅度也会因呼吸和心跳而改变。这可以通过包络检测器转换为直流电压变化。最后，分析通过运算放大器的信号，可以获得如图 4.60 所示的呼吸和心跳信号。然而，SAW 滤波器的边缘范围非常窄，由于环境的影响，不可能测量超出边缘范围的振荡器频率。

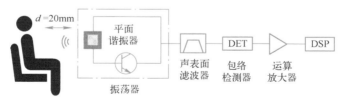

图 4.59　SAW 滤波器接近觉测量系统

　　（2）锁相环接近觉感知系统　　将锁相环（PLL）合成器组合在一起，以防止振荡频率偏离范围，并改善信号质量（见图 4.61）。请注意，与使用 SAW 滤波器的系统不同，传感器振荡器设计为电压可控。当传感器振荡器的频率由呼吸和心跳频率调制时，PLL 电路应用环路控制电压，使振荡器的频率与参考频率匹配，可以对其分析，以找到呼吸和心跳信号，如图 4.62 所示。与使用 SAW 滤波器的系统不同，PLL 的锁定范围可以调整到足够大的值，以便在极端环境中使用。

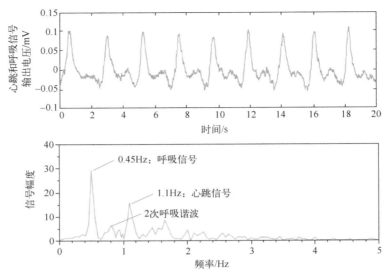

图 4.60　使用 SAW 滤波器的传感系统的测量结果

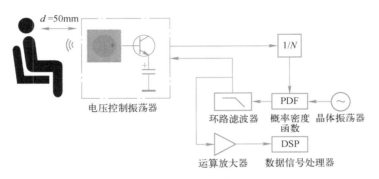

图 4.61　PLL 接近觉感知系统

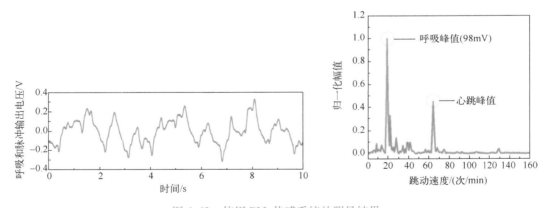

图 4.62　使用 PLL 传感系统的测量结果

该系统的基本工作原理是测量天线的阻抗变化。测量系统包括振荡电路和天线的组合，与传统的 PPG（光电容积脉搏波）或 ECG（心电图）传感器不同，测量无须直接接触皮肤（甚至在衣服上）。虽然测量距离比多普勒雷达方法短，但不需要考虑传感器间干扰。根据测量地点将其分为两类：检测胸壁运动的方法可应用于智能床、智能椅；检测腕部脉冲的方法可应用于智能手表。

4.6.2　工业生产

工业机器人广泛应用于各种应用中，与其他自动化机器相比，它们具有更高的灵活性、多功能性和灵巧性，更具有经济优势，并能提高生产率和质量。在标准的工业装置中，采取了具体措施，在操作过程中防止工人进入机器人工作区。这限制了事故风险，确保了安全，但同时也防止了人与机器人之间进行严格合作的可能性。

如今，利用自动化和人工智能的进步，机器人的智能感知和决策能力增强，从而在一定程度上实现了与人类在共享工作空间中的安全交互。在工业环境中，人与机器人之间的严格合作将使机器人在日常任务中的能力以及人类在监督和监控任务中的智能以综合方式受益。

1. 工业机器人安全控制——分布式接近觉传感器

工业机械手通常与人类工人物理隔离，并安装在不允许人类进入的专用区域。此外，由于移动机器人对人类具有固有的危险性，因此，每当工人进入机器人区域时，监控系统都会发出预防性停车或显著减速的指令。机器人与人类的物理分离意味着工业的巨大成本。这也严重限制了生产系统的灵活性，因为防护屏障的存在阻碍了工厂布局的快速廉价修改。基于传感器的机器人主动控制是解决安全问题最有前途的方法之一。其概念是使用能够感知机器人环境变化的传感器（外部感知传感器，如视觉、力和接近觉传感器）提供的信息，并相应地动态调整机器人行为。

为了开发一个可靠的安全控制系统，有必要以一种最大化在机器人工作空间中检测到人的概率的方式分配接近觉传感器的传感器点，以获得机器人表面上的最佳位置。处理有限数量可用点的优化方法过程如下：首先，有必要选择机器人表面上的一些区域，这些区域实际上是可以承载传感器的点，例如，使用机器人制造商提供的计算机辅助设计（CAD）数据。然后，可以自动生成放置在此类曲面上的等间距节点网格，表示操纵器上允许的点位置。图 4.63a 所示为 ABB IRB 140 机器人的 CAD 模型，可确定传感器的最佳位置。选定的区域将高亮显示，将突出显示选定用于承载传感器点的区域的可能组合。该模型还报告了可容许节点网格的一部分。

将分布式接近觉传感器原型部署在机器人上。它使用 20 个关闭的红外发光二极管（LED）传感器（Sharp GP2Y0A02YK 型）作为传感器点（见图 4.63b）。其工作原理基于三角测量法，因此输出电压与传感器和障碍物之间的距离成反比。连接到 ABB IRC5 控制器的外部个人计算机还通过适当的模拟驱动器与采集板连接，模拟驱动器以 250 Hz 的频率采样信号。通过这种方式，采集的信号可以被外部控制用作输入。试验确定了传感器电压输出与障碍物距离之间的非线性特性曲线，适用于 20~80 cm 范围内的每个传感器点。对输出电压进行一些模拟和数字滤波也是必要的。图 4.64 显示了试验硬件和软件集成的概念图，并已在试验中实现执行控制策略的外部控制与接近觉传感器和 ABB IRC5 工业控制器连接，从

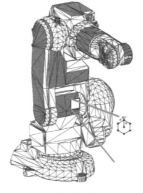

a) CAD模型

b) 20个传感器点

图 4.63　ABB IRB 140 机器人

而将反馈送至 ABB IRB 140 机器人。

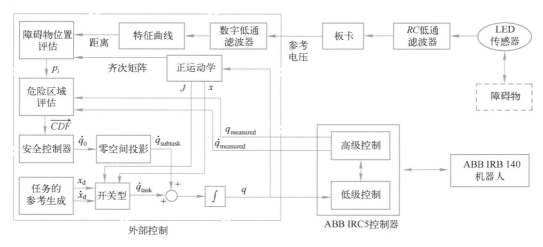

图 4.64 试验硬件和软件集成的概念图

通过之前的描述优化程序，20 个传感器点沿机器人表面分布。首先，考虑了 IRB 140 机器人的网格模型。在机器人的网格表面上选择了一些在尺寸和可达性方面适合放置点的候选区域，并确定了每个区域上的最大允许点位置，总共有 254 个可能的点位置。机器人检测到的障碍物由一个假人表示，可以自由占据机器人工作空间中的每个位置（见图 4.65）。然后进行蒙特卡罗模拟，让机器人假设随机生成的配置，而假人占据同样随机生成的工作空间位置。优化程序允许在所有 254 种可能性中选择这 20 个节点。

图 4.66 显示了关于分布式接近觉传感器原型的一些结果。具体而言，检测概率和成本函数的值被报告为构成分布式传感器的点的数量的函数，从最小的一个点到最大的 254 个点。点的数量存在一个阈值，超过该阈值，分布式传感器检测假人的能力不会显著增加。当使用 20 个点时，

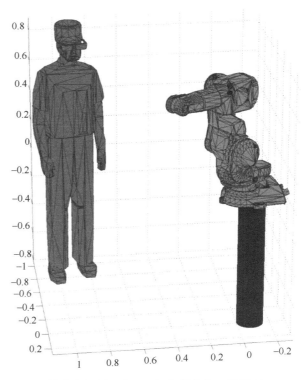

图 4.65 ABB IRB 140 和假人的三维模型

检测到障碍物的能力（即至少有一个点检测到假人的模拟案例数量）的概率为 89%。

在试验过程中，其中一个人拿着一块卡板作为障碍物，由分布式传感器进行检测。

在第一次试验中，机器人固定了一个方向参考值，主要任务是将刀尖的位置和方向（根据欧拉角 φ、θ 和 ψ 定义）保持在参考值上。图 4.67 所示为第一次试验的快照。任务分为两个优先级不同的任务。在这种情况下，由位置任务指定的高优先级任务包含三个刀具尖端的参考位置，而低优先级任务的方向任务包含刀具的三个方向参考。由于机器人有六个自由度，当

高优先级和低优先级任务都处于活动状态时，无法执行回避动作。

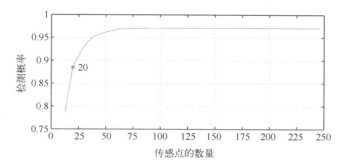

图 4.66　通过蒙特卡罗模拟计算的成本函数和检测概率值

a) 正在启动配置　　　　b) 释放方向任务　　　　c) 释放位置任务　　　　d) 位置重新捕获

图 4.67　第一次试验的快照（固定参考）

注：分布式传感器检测到障碍物。为了增加危险程度，机器人首先释放方向任务，然后释放位置任务。当危险降低时，任务按相反的顺序继续。

第二次试验与第一次类似，一个人在机器人周围移动时携带一块卡板作为障碍物。在这次试验中，主要任务是指定工具尖端的位置和方向，这些位置和方向随时间变化，遵循笛卡儿空间中的线性路径。一旦定义了这种路径的起点和终点，外部控制通过的任务参考生成块在线生成笛卡儿参考向量。图 4.68 显示了在第二次试验中拍摄的一些快照，其中线性路径后面是以蓝色突出显示的刀具尖端。与第一次试验中考虑的因素相同，不同之处在于，在这种情况下，即使在低危险水平的情况下，定向误差范数也不会精确达到 0。

a) 初始配置　　　　b) 最终配置　　　　c) 释放定向任务　　　　d) 释放位置任务

图 4.68　第二次试验的快照（不同的参考，机器人路径以蓝色突出显示）

注：同第一次试验，为了增加危险程度，机器人首先释放定向任务，然后释放位置任务。

第三次试验涉及从工业角度来看的人力资源信息领域的一项更重要的任务。ABB IRB 140 机器人的任务包括使用特定工具从桌子上的支架上取下螺钉，将螺钉移动到另一张桌子上，然后让其落入盒子中。工作循环将继续，操纵器将从支架上拾取不同的螺钉，依次类推。在试验过程中，机器人在附近没有工人的情况下执行任务，如图 4.69a、b 中的快照所示。当分布式接近觉传感器检测到人时，根据计算出的危险等级释放任务，并执行规避行动，以避免碰撞。然后，工人离开，机器人继续其主要任务，将螺钉放在盒子里。另一名工人走近桌子，在支架上拧一个螺钉。在这种情况下，当分布式传感器检测到人类时，机器人任务和参考轨迹的生成也将暂停。执行回避动作，避免与人发生碰撞。当传感器不再检测到人类时，主要任务将恢复，工作循环继续。

a) 从支架上取下螺钉

b) 把螺钉放进盒子里

c) 当机器人拿着另一个螺钉到达时，人类拿着螺钉

d) 回避动作，防止机器人与人类碰撞

e) 机器人放下螺钉继续工作

f) 另一名工人从另一侧接近机器人

g) 回避动作可防止与人发生碰撞

h) 当人类离开时，机器人重新执行任务

图 4.69　第三次试验的快照

注：ABB IRB 140 机器人正在执行拾取和放置任务。该控制策略避免了机器人工作空间不同位置的分布式传感器检测到与人的碰撞。

分布式传感器点的位置是通过一种优化方法获得的，当仅使用 20 个点时，该方法可以保证几乎 90% 的人类被检测到的概率。设计了一种反应式控制策略，将传感器测量得出的危险评估集成到机器人控制中。提出的控制策略允许机器人执行规避动作，以增强人身安全，同时保持任务一致性（完全或部分，取决于危险程度）。控制方案中还包括任务优先级，以应对非冗余机器人。安全控制器已经过试验验证。试验表明，将分布式传感器集成到机器人的控制系统中，可以在工业环境中提高人的安全性。未来的研究应关注分布式传感器的改进，增加点的数量（从而提高检测概率）及其性能，以及分布式传感器与其他监测系统（例如，固定在太空中的监控摄像机或深度空间传感器）的集成，增强控制系统的感知（和预测，通过图像处理）能力。

2. 工业机器人安全控制——电容接近检测

一些先进的传感工作原理包括红外辐射、电感和电容。每种技术都有各自的优缺点，与用于测量的物理效应有关。高性能红外近距离传感器，尽管具有 360° 全方位传感能力，但由于红外传感器依赖反射进行测量，它在光吸收和反射表面方面存在问题。电感式传感器在检测应用中很有用，因为它能提供高精度的测量。而电容式传感器，提供了一种廉价、可靠和灵活的方法，可以原型化和实现用于人机交互的传感器系统。使用电容式传感器的挑战在于，由于物体的形状、大小和材料的变化，它们容易受到误差的影响。尽管存在这些挑战，电容式传感方案为工业安全目标提供了一种更便宜、更可靠的替代方案。

这里介绍一种三模式电容传感器（见图 4.70），它可以为工业人机交互安全应用提供距离测量、平行运动跟踪和形状识别。传感器不仅可以检测物体的存在，而且可以导出定量距离，用于调节机器人的操作。

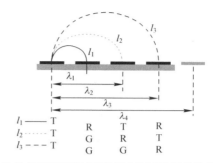

a) 传感器应用示意图　　　　　　　　　　　b) 具有不同穿透深度连接模式的电极矩阵的横截面图

图 4.70　三模式电容传感器

T—发射机　R—接收机　G—接地电极　l_1、l_2、l_3—连接电极的三种潜在方式　λ—波长

电容式传感基于物体与发射电极和接收电极之间产生的电场之间的相互作用。电容式接近觉传感器分为三种模式，即传输模式、发射机加载模式和分流模式。在这些模式中，所谓的分流模式是一种三端测量，其中发射器和接收器都不与物体接触。当物体进入发射电极产生的电场范围内，位移电流以及发射和接收电极之间的电容都会减小。分流模式可以创建许多虚拟传感器，同时根据不同的发射器-接收器配置拥有可管理数量的电极。此外，分流模式检测可与多路复用方法结合使用，允许同时并行访问多个发射机。穿透深度是用来评估电容式传感器性能的最重要的价值指标之一。制造的传感器可以安装在机器人一侧或工人的衣服上，典型应用场景如图 4.70a 所示。而提出的矩阵结构具有很高的灵活性，其横截面图如图 4.70b 所示，因此可以安排电极连接，以实现可变的穿透深度。图 4.70b 说明了传感器穿透深度随着较大的空间波长而增加，并且通过在传感系统中使用不同的连接方案，可以容易地修改空间波长。

使用电容式传感器的主要限制之一是它们对干扰的敏感性。在传感器基板下方添加背板，有助于避免传感器背面的意外检测。然而，由于背板靠近电极，它会迫使大部分电场集中在发射/接收器和其自身内。因此，接近物体引起的电容变化将急剧下降。在此设计中，引入了另一个 4×4 电极矩阵来中和这种副作用。该矩阵位于传感器层和背板之间，每个电极由与其对应电极相同的激励信号驱动。该有源屏蔽层可阻止传感器至背板平行板电容器的形成，从而加强边缘电场。为了进一步增强隔离效果，每个有源屏蔽电极的面积都比传感电极略大。靠近传感器单元阵列的电极矩阵和放大截面图如图 4.71a 所示。三模式操作的传感器系统框图如图 4.71b 所示。

为了跟踪与传感器平行运动的物体，使用铝板模拟平行运动。最初，从可移动铝板中心到传感器左边缘的水平距离为 10 cm，垂直距离为 5 cm。然后，它沿着参考轴（在本例中为 x 轴）向上移动，直到超过传感器的右边缘 10 cm。对于每 1 cm 的位移，对电极矩阵进行编程，以扫描三个相互电容器（C_1、C_2、C_3）。获取的电容读数以及运动示意图如图 4.72 所示。可以看出，通过使用三个电容器中的任何一个，可以可靠地检测到物体的存在，并且可以通过将所有配置组合在一起来跟踪运动方向。

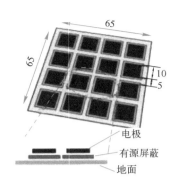

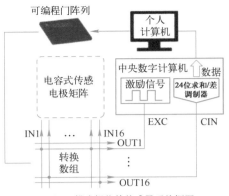

a) 电极的网状结构和靠近一个电极单元的放大截面图   b) 三模式操作的传感器系统框图

图4.71   提出的矩阵结构电容式传感器

球、板和圆柱体代表了制造过程中最可能遇到的三种不同的表面轮廓。对于每个垂直距离，图4.73a 显示了用球调查的五个相对位置：传感器中心上方和四个角。相比之下，对于板而言，最有可能造成混乱的情况是倾斜。除了平面位置，还考虑了四个倾斜位置。图4.73b 表示围绕板的一个中心轴的倾斜位置，沿另一个方向还有两个倾斜位置。圆柱体的平面内旋转可能会干扰分类，因此研究了一系列间隔为

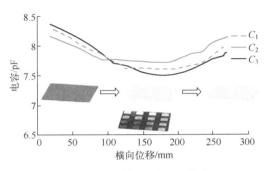

图4.72   平行运动跟踪模式

45°的旋转位置，如图4.73c 所示。因此，球或板形状的类包含五个独立的数据集，而圆柱体形状的类由四个数据集组成。尽管分类正确，但5cm 处的板、5cm 处的圆柱体和10cm 处的球之间的边界在一定程度上是模糊的。这里介绍的三模式电容式接近觉传感器应用于工业人机交互安全。核心传感器由一个4×4 的电极矩阵组成，该矩阵可配置形成多个相互电容器。同一传感平台可实现的三项功能包括垂直距离评估、平行运动跟踪和表面轮廓识别。

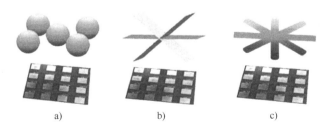

a)   b)   c)

图4.73   不同物体在一定距离上进行的水平动作

4.6.3   飞行控制

室内飞行机器人具有很高的机动性和强大的遥感能力，在现实世界中有着广泛的应用前景。小型飞行机器人可以部署在复杂的人造结构内，比如倒塌的建筑物内，搜寻受伤人员。它们还可以在仓库或工厂中用于监测对人类接触有危险性的化学品或放射性物质。为了在悬停平

台（如四旋翼）上实现无障碍的三维传感，必须考虑传感器的物理结构。

然而，对于所有悬停平台，重要的是不要干扰螺旋桨的气流。干扰或阻塞气流会影响飞行特性并降低效率。因此，这是一个具有挑战性的实际问题。一种解决方案是增加平台的尺寸，以便在中心有足够的空间放置传感器。然而，为了实现无障碍感测，传感器必须一分为二，覆盖上、下半球。如果需要在平台的顶部或底部添加额外的机械装置或传感器（通常情况下），这种实现是不实际的。一种适用于无障碍球形传感的解决方案是在平台结构周围创建一个圆形传感环。如果设计得当，这种解决方案也可以用来保护螺旋桨，如图 4.74 所示。

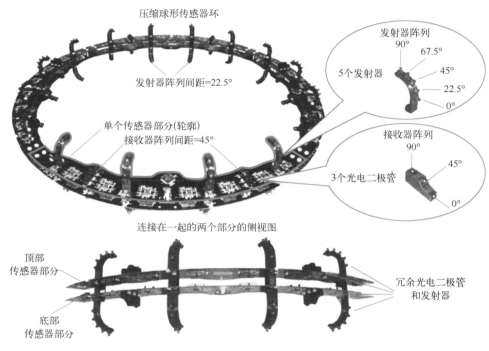

图 4.74 室内飞行机器人

左上：一个完整的压缩球形传感器环，显示了连接在一起的八个传感器部分。

右上：发射器阵列和接收器阵列的特写。

底部：侧视图，显示顶部和底部传感器部分如何连接在一起，以及冗余光电二极管和发射器的位置。

传感器环对小碰撞具有鲁棒性，并且易于更换。因此，传感器被设计成模块化的部分，其中八个传感器部分组合成一个完整的环。对于机械支撑，两个部分被放置在一个三明治结构中，每个传感器部分是相同的，并被设计成插入第二个倒置的传感器部分，然后覆盖球体的 1/4。这样做是为了减少地板和天花板的环境反射。

通过传输过程中的反射信号，使用三维近距离传感检测障碍物。三维近距离传感的角度分辨率由光电二极管的数量及其灵敏度角度定义。开发的三维传感器在飞行器周围的各个方向上有 48 个可检测扇区，提供了良好的近距离覆盖。一个光电二极管的近距离传感检测已经在白色光滑的墙壁和棕色哑光的墙壁上进行了测试。信号强度测量的间隔为 10 cm，从 10 cm 到 300 cm。如图 4.75 所示，白色光滑墙壁的响应比棕色哑光墙壁的响应更强，其中最大检测范围分别为 300 cm 和 200 cm。为了实现室内飞行机器人的集体操作，各个机器人之间的空间协调至关重要。这里介绍的接近觉红外传感器用于实现多个机器人之间的三维空间协调，能够感知多个室内飞行机器人之间的距离、方位和高度，并能在三维空间提供接近感测。根据特定的传感速度和覆盖要求，开发的方法应轻松适应其他机器人和应用。

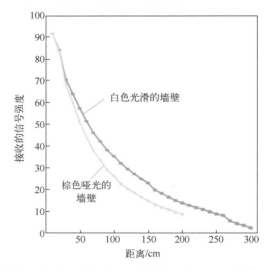

图 4.75　白色光滑墙壁和棕色哑光墙壁下，单个感测扇区的反射信号强度与距离的关系

4.7　小结

　　本章主要介绍了机器人接近觉感知技术。首先，阐述了接近觉感知的定义、功能和常见传感器类型，包括光电式、电容式、电感式和超声波式。其次，重点介绍了红外传感器、微波传感器和激光传感器的工作原理、组成和应用。最后，展望了接近觉感知技术的未来发展趋势，包括智能化和网络化，并在医疗健康、工业生产和飞行控制等领域进行了实际应用的介绍。

参考文献

[1] TARA R Y, ADJI T B. Robust and low-cost proximity sensor for line detection robot using goertzel algorithm [C]//IEEE International Conference on Instrumentation Control and Automation. New York：IEEE, 2012：340- 343.

[2] HUANG S, HSU W, CHAO P C, et al. A new active 3D optical proximity sensor array and its readout circuit [J]. IEEE sensors journal, 2014, 14（7）：2185-2192.

[3] QUEIROS R, CORREA ALEGRIA F, SILVA GIRAO P, et al. Cross-correlation and sine-fitting techniques for high-resolution ultrasonic ranging [J]. IEEE transactions on instrumentation and measurement, 2010, 59（12）：3227-3236.

[4] LEE H K, CHANG S I, YOON E. Dual-mode capacitive proximity sensor for robot application：implementation of tactile and proximity sensing capability on a single polymer platform using shared electrodes [J]. IEEE sensors journal, 2009, 9（12）：1748-1755.

[5] LO P H, TSENG S H, YEH J H, et al. Development of a proximity sensor with vertically monolithic integrated inductive and capacitive sensing units [J]. Journal of micromechanics and microengineering, 2013, 23（3）：35013-35021.

[6] YAO S, ZHU Y. Wearable multifunctional sensors using printed stretchable conductors made of silver nanowires [J]. Nanoscale, 2014, 6（4）：2345-2352.

［7］ 肖景和，赵健. 红外线、热释电与超声波遥控电路 ［M］. 北京：人民邮电出版社，2003.

［8］ LEHTO A, JAARINEN J, TIUSANEN T, et al. Magnitude and phase in thermal wave imaging ［J］. Electronics letters, 2007, 17 (11): 364-365.

［9］ MALDAGUE X, ZIADI A, KLEIN M. Double pulse infrared thermography ［J］. NDT & E international, 2004, 37 (7): 559-564.

［10］ TOUBAL L, KARAMA M, LORRAIN B. Damage evolution and infrared thermography in woven composite laminates under fatigue loading ［J］. International journal of fatigue, 2006, 28 (12): 1867-1872.

［11］ ORSYTH D S, GENEST M, SHAVER J, et al. Evaluation of nondestructive testing methods for the detection of fretting damage ［J］. International journal of fatigue, 2007, 29 (5): 810-821.

［12］ MABROUKI F, GENEST M, SHI G, et al. Numerical modeling for thermographic inspection of fiber metal laminates ［J］. NDT & E international, 2009, 42 (7): 581-588.

［13］ LI C Z, PENG Z Y, HUANG T Y, et al. A review on recent progress of portable short-range noncontact microwave radar systems ［J］. IEEE transactions on microwave theory and techniques, 2017, 65 (5): 1692-1706.

［14］ BERIZZI F, MESE E D, DIANI M, et al. High-resolution ISAR imaging of maneuvering targets by means of the range instantaneous Doppler technique: modeling and performance analysis ［J］. IEEE transactions on image processing, 2001, 10 (12): 1880-1890.

［15］ LIU Y M, BAO Y. Review of electromagnetic waves-based distance measurement technologies for remote monitoring of civil engineering structures ［J］. Measurement, 2021, 176: 109193-1-109193-18.

第 5 章 机器人听觉感知

听觉传感器是一种人工智能设备，是机器人中必不可少的部件。它是利用声音信号处理技术制成的，包括声音信号的采集与处理、将获取到的有用信息传递给机器人并下达如何操作的指令，可用来制作受声音控制的一类机器人，或用于判别发声位置，进行声源定位。听觉传感器是一种可以识别语音和声音的传感器，本章将从人类听觉理论开始讲述，介绍几种不同类型的听觉传感器，并从语音识别和声源定位两方面介绍机器人听觉感知系统的发展现状、原理和系统方案，最后对机器人视听交叉融合传感进行介绍。

5.1　机器人听觉概述

机器人听觉可以认为是在各种程度上对人类耳朵的模仿，通过对耳朵更加精准的模拟，可以让机器人具有更好的听觉。如何理解人类感知声音的方式，是机器人听觉传感器设计时的首要策略，主要是考虑两个方面的问题：一方面，机器人要模拟人类听觉中的传感部分，将外界声音通过听觉传感元件采集下来；另一方面，还要模仿人类处理声音的方法，通过声音与外界进行交互。因此，在讨论机器人听觉之前，首先要对人类听觉有一定的了解。

5.1.1　人类听觉模型

1. 声音的定义

声音是一种物理波动现象，即声源振动或气动发声所产生的声波。声波通过空气、固体、液体等介质传播，便能被人或动物的听觉器官所感知。人类听到的声音基本都是在空气中传播的，振动源周围的空气分子振动形成了疏密相间的纵波传播机械能，一直延续到振动消失。同时，声波具有一般波的各种特性，包括反射、折射和衍射等。声音还是一种心理感受，不仅与人的生理构造和声音的物理性质有关，还受到环境和背景的影响。例如，同样的一段乐曲，轻松时听起来让人愉悦，紧张时听起来却让人烦躁。

从信号的角度看，声音可分为纯音、复合音和噪声。纯音和复合音都是周期性声音，波形具有一定的重复性，具有明显的音高。纯音是只具有单一频率的正弦波，通常只能由音叉、电子器件或合成器产生，在自然环境下一般不会发生。人们在日常生活和自然界中听到的声音大多是复合音，由许多参数不同的正弦波分量叠加而成。因此，复合音信号可用正弦波模型模拟，即任何复杂的周期振动都可以分解为多个具有不同频率、不同强度、不同相位的正弦波的叠加。该模型也称为傅里叶分析或频谱分析，纯音和复合音之间可以互相合成与分解。

声音是一种时间域随机信号，它的基本物理维度包含时间、频率、强度和相位。频率即每秒钟振动的次数，单位是赫兹（Hz），振动越快，音高越高；强度与振幅的大小成正比，单位是分贝（dB），体现为声音的强弱；相位指特定时刻声波所处的位置，是信号波形变化的度量，以角度作为单位。两个声波相位相反会相互抵消，相位相同则相互加强。

声音的分类如图 5.1 所示。从声音特性的角度看，声音可划分为语音、音乐和一般音频三大类。其中，语音是语言的声音载体，语音信号属于复合音，其基本要素是音高、强度、音长、音色等。人类的语言具有特定的词汇及语法结构，用于在人类中传递信息。音乐是人类创造的复杂的艺术形式，组成成分是上述的各种乐音，包括歌声、各种管弦和弹拨类乐器发出的复合音、少量来自环境声的复合音以及一些来自打击乐器的噪乐音。其基本要素包括节奏、旋律、和声、力度、速度、调式、曲式、织体、音色等。除了人类创造的语音和音乐，在自然界和日常生活中，还存在着其他数量巨大、种类繁多的声音，统称为一般音频（或环境声）。目前市场上能够实现音乐识别的技术已相对成熟，主要针对智能手机、智能音箱等设备，在机器人上的应用较少，因此，本章将着重介绍语音和音频的感知。

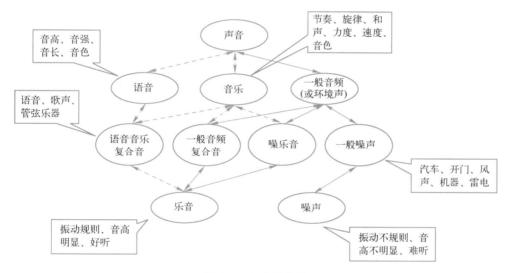

图 5.1　声音的分类

2. 人类听觉中枢

人耳感知声音就是将收听到的声音信号转化为相应的神经脉冲，然后神经脉冲激励大脑感知的一系列过程。人类听觉最精妙之处在于它包括了大脑皮层的处理系统，这些系统可以处理语音、音乐以及其他动物听觉仅凭耳朵、脑干和中脑无法处理的高级声音信息。

外耳鼓膜接收外界声音，鼓膜产生振动，中耳将这种振动放大、压缩和限幅，并抑制噪声。限幅和噪声抑制相当于人眼瞳孔的作用，外界信息太强时，减小接收量。抑制噪声就是有各种噪声干扰时，排除嘈杂的声音，只接收所需的信号。内耳耳蜗相当于一个共鸣器，其内部充斥着大量液体以及很多基底膜。每一基底膜由不同长度的纤维构成，因此可以感受到多种振幅和频率的声音。内耳的主要功能是对不同声音进行分析。纤维将基底膜接收声音时产生的振动变成电信号的平均值时，对应的继电器接通。

由于语音信号的不同，其对应的频率也会有差别，从而导致不同的行波，在不同的基底区域会出现不同的波峰。以这种方式，在基底膜底部附近产生了具有更高频率的基底膜幅度峰值，并且在接近基底膜顶部处出现了具有更低频率的基底膜幅度峰值。

位于耳蜗底部的基底膜使得耳蜗带有相异的电谐振以及机械谐振效应，而且这也是耳蜗具有频率选取特性的最重要原因。所以，耳蜗起到频率分解的作用，类似于频谱分析器，能够把语音信号的不同频率加以分解。简而言之，如果接收到的声音信号中含有不同频率段，那么在基底膜的不同位置会产生由于行波差异导致的某个频率段的最大峰值。

重合神经元主要负责完成突触和细胞体的响应，在整个听觉中枢系统中完成对语音信号的空间方位信息提取与整合。而机器人听觉传感器的总体思想即模仿人的听觉中枢，完成语音信号的信息提取和声源定位。

3. 听觉理论

关于听觉理论，目前有许多理论和模型。亥姆霍兹的音调感知理论是第一个有重要影响力的听觉理论。他的理论认为耳蜗是一种谐振结构，每个位置会与各自窄带内的频率产生谐振，刺激特定的神经，这一理论构成了耳朵作为频率分析器这一概念持续存在的基础。本质上，这个理论是说，感知到的音高对应于最大谐振响应的位置，且对于音调的音质及更复杂的复合声音的所有其他方面都可从频谱中获取，这种理论被称为谐振理论或位置理论。此后，为了更好地解释耳朵如何分析并表征声音，又发展出了一套基于波形沿耳蜗隔膜反射的详尽理论。

许多人难以相信，耳蜗可拥有成千上万个谐振器，用于区分所有可分辨的音调，苏格兰生理学家 Rutherford 提出了一种基于电话工作原理的听觉理论，称为频率理论或时序理论，主要思想是人类耳蜗不是按照谐振原理运行的，而是所有听觉细胞纤毛都像耳鼓一样会在每个音调上振动，也就是在耳蜗内部或耳朵周边结构的其他地方都没有针对复合振动进行分析，是纤毛细胞将声音振动转化为神经振动，其频率及振幅与声音振动一样。神经分子中，单一及复合振动抵达大脑感知细胞，自然不再是声音，而是声音的感知，感知的本质并不取决于所刺激的感知细胞的不同，而是取决于传导进细胞的振动频率、振幅和形式，还可能是通过听神经所有纤维传导的。根据该理论，和声及失调的物理因素被导入大脑，而针对声音的数学分析则经由某一入口进入仍不清晰的意识区域，并在此进行处理。频率理论逐渐演变为"时间模式理论"，与空间模式理论结合后可称为"听觉时空模式理论"。

主动听觉理论将耳蜗行为比作再生式无线电接收器，利用正反馈放大弱信号。当诱发耳声发射和自发耳声发射被观察到之后，主动耳蜗的观点变得流行起来，并引出了主动行波理论和耳蜗功能模型。

人机交互学科的开创者、美国科学家 Licklider 提出的听觉三元理论中，涉及信号检测、语音清晰度和音高感知。其中音高感知部分的理论即双重理论，后发展为听觉图像理论。无论是采用某个早期的仅从概念上刻画耳蜗的简单理论，还是通过基于丰富且精准的现代知识和模型来表征耳蜗的功能，人们都可以在这些层级上利用大脑中间级的模型进行建模。这种模型产生一个或多个类图像的表征，可投射到皮层上。从这些表征人们可以进一步产生派生表征，供听觉使用。

5.1.2　机器人听觉感知

近些年来，模拟人类行为制造的机器人水平稳步提升，且声电信号处理技术的飞速发展，使得模拟人类听觉感知系统而产生的声电智能机器人的研究产生了质的飞跃，逐步成为人工智能领域的重要研究方向。

1. 历史与发展

随着集成电路技术的发展，机器人听觉声源定位系统广泛应用于家庭环境、公共场合、灾害救援以及军事战场等场合。发达国家投入大量人力和物力进行被动声测系统的研究。声源定位系统首先应用于军事，比如 20 世纪 90 年代费兰蒂公司研发的英国皮克特直升机预警防空系统，由一个十字形排列的拾音器阵列组成，采用模式识别和信号处理算法对低空直升机目标进行识别，能够判断出直升机的数目、种类、方位和状态。对悬停直升机的探测距离达到 6 km，方位误差小于 1°。苏联是最早研发反直升机雷达的国家之一，俄罗斯在苏联的基础上研发了"旋律-20"反直升机地雷，质量在 15 kg 以下，能够探测 200 m 高度的直升机目标，并根据样本库判断直升机种类，该地雷在伊拉克战场上被反美武装使用，于 2006 年首次击落美军直升机。美国雷神公司研发的回旋镖反狙击系统，能够探测枪口射击的声音和冲击波来定位敌人位置，并且上传到战场网络引导坦克、无人机等攻击单位发起攻击。在民用领域，交通系统的鸣笛抓拍系统使用声源定位装置对违规车辆进行定位拍照；安防系统中的音频监控设备对异常声响进行记录，弥补了视频监控存在盲区和人为遮挡的问题；家电和会议录音设备中使用传声器阵列进行声源定位和噪声消除，以便对声音信号进行更好的存储和处理。各类服务、救援机器人也加装了机器听觉系统用来语音交互。

2. 听觉感知应用

声波信号在传播过程中可以透过孔隙或障碍物等，一般来说，当智能机器人视线或触觉感知受到限制的时候，可以通过听觉感知装置准确地定位目标，有效地弥补了其他感知系统的缺陷。因此，听觉感知系统是智能机器人十分重要的一部分，可以有效帮助智能机器人在复杂的环境中行动，实现了良好的人机交互功能，是实现机器人智能化的重要方法。目前，机器人听觉感知应用有：

1）声源目标的实时定位。在许多应用场景下，机器人是需要实时与人进行沟通的，目标定位的实时性是机器人定位应用的关键问题，如何进一步提高算法的精度和速度是下一步研究的主要内容之一。

2）多语音识别。很多时候机器人的实际工作环境不可能是单声源的，服务机器人如何在多声源情况下准确辨识、分离、判断任务，是人机互动的前提之一。

3）针对运动声源实现跟踪定位。机器人大多需要不停移动或者被服务对象是运动的，如何针对运动的声源进行定位、追踪，同样是服务机器人进行声源定位的研究内容之一。

4）智能、友好的交互方式。机器人可以透明地、主动与人交互，而人处于被动的方式。因此，服务机器人目标声源定位技术在一定程度上受到相关技术的限制，例如声音的分离、检测以及识别等。

听觉信息处理是一个跨学科领域，涉及多个学科的知识和理论。听觉信息处理涉及的学科关系如图 5.2 所示。这些学科的知识和技术在听觉信息处理领域相互交织，共同推动了人们对听觉感知的理解，以及音频技术的创新和发展。

总的来说，机器人听觉在应用中需要解决以下几个问题：

1）音频时频表示。音频时频表示包括音频本身的表示，如信号或符号、单声道或双声道、模拟或数字、声波样本、压

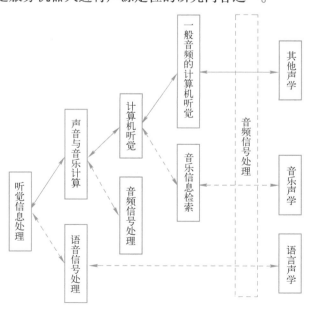

图 5.2　听觉信息处理涉及的学科关系

缩算法的参数等；音频信号的各种时频表示，如短时傅里叶变换、小波变换、小波包变换、连续小波变换、常数 Q 变换、S 变换、希尔伯特-黄变换、离散余弦变换等；音频信号的建模表示由于种类繁多，又通常包含多个声源，无法像语音信号那样被有效地表示成某个特定的模型，如源滤波器模型，通常使用滤波器组或正弦波模型来获取并捕捉多个声音参数。

2）特征提取。音频特征是对音频内容的紧致反映，用来刻画音频信号的特定方面，有时域特征、频域谱特征、T-F 特征、统计特征、感知特征、中层特征、高层特征等数十种。典型的时域特征如过零率、能量，频域谱特征如谱质心、谱通量，T-F 特征如基于频谱图的泽尼克矩、基于频谱图的描述子，统计特征如峰度、均值，感知特征如梅尔频率倒谱系数、线性预测倒谱系数，中层特征如半音类，高层特征如旋律、节奏、频率颤音等。

3）音频相似性。两段音频之间或者一段音频内部各子序列之间的相似性一般通过计算音频特征之间的各种距离来度量。距离越小，相似度越高。在某些时域信息很重要的场合，通常使用动态时间规整来计算相似度，也可通过机器学习方法进行音频相似性计算。

4）声源分离。与通常只有一个声源的语音信号不同，现实声音场景中的环境声及音乐的一个基本特性就是包含多个同时发声的声源，因此声源分离问题成为一个极其重要的技术难点。音乐中的各种乐器及歌声按照旋律、和声及节奏耦合起来，对其进行分离比分离环境声中各种基本不相关的声源要更加困难，至今没有方法能很好地解决这个问题。

5）多模态分析。人类对世界的感知都是结合各个信息源综合得到的。因此，对数字音频和音乐进行内容分析理解时，理想情况下也需要结合文本、视频、图像等多种媒体进行多模态的跨媒体研究。

3. 听觉感知总体技术框架

从实际应用的角度出发，一个完整的机器人听觉感知算法系统应该包括的几个步骤如图 5.3 所示。首先使用声音传感器采集声音数据，之后进行预处理，将多声道音频转换为单声道、重采样、解压缩等；音频是长时间的流媒体，需要将有用的部分分割出来，即进行音频事件检测或端点检测；采集的数据经常是多个声源混杂在一起，还需进行声源分离，将有用的信号分离提取出来，或至少消除部分噪声，将有用信号增强；然后根据具体声音的特性提取各种时域、频域、T-F 域音频特征，进行特征选择或特征抽取，或采用深度学习进行自动特征学习；最后送入浅层统计分类器或深度学习模型进行声景分类、声音目标识别或声音目标定位。

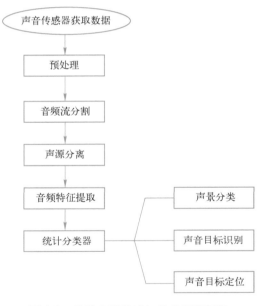

图 5.3　机器人听觉感知技术系统框架

5.2　声音传感器

声音检测技术是根据声学的基本原理，利用检测装置接收声源目标产生或反射的声波，从而达到对声源对象的识别与定位的一种技术。近些年来，声探测技术应用于很多领域，例如事故监测系统、水下潜艇探测、反潜作战、雷达监测、直升机侦察、炮位侦察以及一些攻击型武器系统，在军事、交通等方面取得了长足发展。除此之外，在语音识别、视频会议、语音通信等方面声探测技术也发挥了极大的优势。声探测的第一步，即是声音信号的拾取，这需要借助声音传感器。目前声音传感器的种类多种多样，最常见的应用于机器人的声传感器是传声器。对于不同的应用场景，机器人有时也需要识别不同频率的声波，例如超声波、次声波等。近些年来，随着光学检测技术的发展，新兴的光纤声音传感器在分布式测量方面发挥了优势。

5.2.1 传声器

早期产生的传声器电信号具有低幅值和有限的频率范围，导致声音质量较低，以至于这些设备几乎无法获取清晰的语音。时至今日，传声器是目前常见的将声音信号转换成电信号的装置，也是目前主流的应用于机器人的声音传感器，市场上流行的传声器种类很多，从指向性（装置对不同方向声音响应程度）即可分为全向型（全向式）、单一指向型（心型、超心型、枪型）、双指向型（双指向式）三大类。为实现传声器对周围环境声音信息响应程度相同，机器人听觉感知通常选用全向传声器。

若从原理上分类，传声器中有许多种用于将声波转换为电信号的转换机制，例如电磁式（动圈式）、压阻式、压电式、光学式、自旋电子式和电容式。每一类传声器都有其各自的特点，但最常用的有动圈式传声器、电容式传声器和压电式传声器。

1. 动圈式传声器

动圈式传声器的产生主要是基于电磁感应原理，其结构简单、稳定性好、自身噪声小、容易操作、实用性好、成本低，在广播和扩声系统中得到了广泛应用。但动圈式传声器也存在明显的缺点：灵敏度低、频率范围窄以及对于要求精确感应声音信号的系统效果不太明显。

当发射声波后，膜片产生振动，膜片内部缠绕的线圈（又称音圈）也随之振动。线圈缠绕在磁铁上，在磁铁产生的磁场内发生振动，振动导致电流产生，输出电信号。当传声器采集到声音时，在音圈内产生的电流幅度和方向也会随之改变，获取到的声音信号决定了感应电流变化的大小。

2. 电容式传声器

电容式传声器于 1916 年推出，目前在市场上处于主导地位。电容式传声器的主要功能是将声音信号转化成电信号，其内部含有两个导电膜片，声音信号使导电膜片之间的电容大小产生变化。电容式传声器内包含三部分，即振膜、金属极板和负载电阻。当振膜受到声波振动时，会导致整个电路中的电流随之变化。电流的变化导致负载电阻上产生相对应的电压，因此，接收到的声音信号就变成电信号。电容式传声器在声学传感器领域具有极大的商业价值，主要功能是检测声音信号，属于非谐振型，具有平坦的频率响应。对于语音信号的识别，语音频率范围内灵敏度是统一的，这有利于单通道语音识别处理。然而，电容式传感器存在灵敏度不足、识别距离有限、功耗大、放大电路不稳定等缺点。在电容式传声器的基础上，采用一种聚四氟乙烯材料作为振动膜片，使其永久具有极化电荷，另一面不做处理，这就是驻极体电容式传声器（简称驻极体传声器），其具有灵敏度高、价格低、性能好等特点。

（1）驻极体传声器 毫米级驻极体传声器具有极低的杂散电容、自偏置、可大规模生产、可阵列、可与片上电子器件集成、结构简单且在普通环境中随时间推移极其稳定等特点。由于驻极体传声器性能良好、成本低，其商业性能较高，被各大生产商争相制备，在声控电路、录音机、无线传声器等方面广泛应用，在其生产高峰时每年产量超过 10 亿个。驻极体充当永久电荷源，因此驻极体电容式传声器可以在没有信号的情况下产生信号需要的外部偏置，这减少了系统体积和复杂性。由于出色的电荷存储氟碳聚合物的特性，几乎所有商用非硅驻极体传声器使用碳氟化合物驻极体，例如聚四氟乙烯，且考虑到输入/输出阻抗问题，驻极体电容式传声器在工作时需要直流工作电压。

如图5.4所示，驻极体传声器的结构较为简单，由声电转换和阻抗转换两部分组成。其中，声电转换的关键部分为驻极体振膜。振膜是用一种塑料制成的，其中一侧是一片纯金色的薄膜。在高电压的电场作用下，具有相反性质的电荷分布在驻电极的两边。膜片的镀金表面位于外部，与金属壳体相连。薄膜的另一面与金属片隔离，有一层薄的绝缘内衬。利用该技术，可以在镀金膜与金属电极间形成电容。在声波作用下，驻极体膜发生相应的振动，使金膜和金属板之间的电容器上的电场发生变化，并使交流电压随着声波的变化而发生变化。驻极体膜和金属电极间的电容相对较低，通常在数十皮法左右。因此，其输出电阻非常高，达到了数十兆欧，如此高的阻抗无法与音频放大器直接匹配。

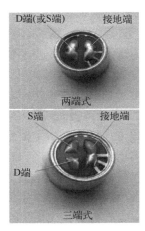

图5.4 驻极体传声器

驻极体传声器具有较低的电容容量和较高的阻抗值，可以达到几百兆欧，因而不能直接与其工作，应先连接到阻抗变换器。一般情况下，阻抗转换器由一个专用二极管可变电阻组成。驻极体内部电气原理如图5.5所示。

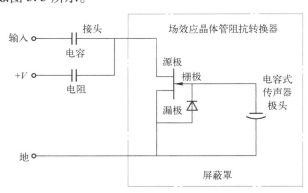

图5.5 驻极体内部电气原理

该电容器的两个电极分别连接在栅极和源极之间，其两端的电压是栅极和源极的偏置电压U_{cs}。当U_{cs}改变时，会使场效应晶体管源漏间的电流I_{dc}随之产生改变，从而达到阻抗转换的目的，普通的传声器经过转换后输出电阻在$2000\,\Omega$以内。

（2）MEMS 电容传感器　微机电系统（Micro-electromechanical Systems，MEMS）电容传声器属于微型传声器，它凭借低成本和小尺寸，2000 年代初在移动电信市场上站稳了脚跟。MEMS 电容传感器实物图片如图 5.6 所示。MEMS 电容传声器具有高可靠性、高稳定性、高一致性、低不良率和低返修率等优点。电容式硅传声器芯片主要包括一个薄而有弹性的振动膜和一个刚性的背极板，背极板和振动膜组成一个平行板电容，振动膜将在声压的作用下产生位移，极板电压会随着振动膜的运动发生变化，从而将声信号转变为电信号。

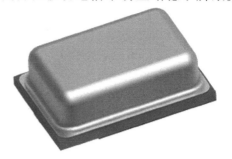

图 5.6　MEMS 电容传感器实物图片

MEMS 电容传感器自从进入移动设备领域以来，市场就开始飙升。其快速增长的主要驱动力为：许多手机制造商在单个移动设备中集成多个 MEMS 电容传声器。它备受欢迎的另一个原因是除了声电信号转换外，该设备用途广泛，可用于替代其他昂贵的传感器，可以对 MEMS 电容传声器阵列进行编程实现其他功能。另一个应用功能是作为接近觉传感器，将 MEMS 电容传声器设置在超声波范围内工作，可以感应悬停在手机触摸屏上方几毫米处的手指运动，以避免身体接触，使手机的屏幕不会变脏和油腻。除手机外，电子制造商正在将 MEMS 电容传声器和其他传感器集成到各种手持设备、智能手表、平板电脑、医疗设备、可穿戴电子设备和物联网（IoT）设备中。根据 Yole Developement 的数据可知，2020 年全球 MEMS 行业市场规模超过800 亿元，预计 2026 年市场规模将达到 1200 亿元以上，2020—2026 年市场规模复合增长率可达 7.17%。2020 年全球 MEMS 产品下游中消费类应用占比达 59%，消费电子依然是 MEMS 产品最大的市场。依赖微机电系统传感器的三大主流产品分别为手机、平板电脑和可穿戴类电子产品，所有这些设备都大量使用 MEMS 电容传声器。这一市场推动和巩固了 MEMS 电容传声器在未来几年的重要市场地位。

MEMS 电容传声器的早期采用者之一是美国苹果公司。自 iPhone 4 开发以来，该公司一直将 MEMS 电容传声器集成到其 iPhone 产品中。美国楼氏电子（Knowles Electronics）和德国英飞凌科技（Infineon Technologies）这两个公司赢得了用于 iPhone 4 中的三个 MEMS 电容传声器的设计权，其中两个用于主音频感应，一个用于背景拾音以消除噪声。楼氏电子的 S4.10 和 S2.14 传声器具有大约 0.5 mm 的圆形顶部可移动振膜，这样的尺寸足以捕获声音波长（在 10 kHz 时约为 34 mm）。两者都具有小于 1.6 mm^2 的芯片面积，具有两个或四个用于互连的引线。楼氏电子传声器在制造过程中利用阻尼孔作为蚀刻释放孔。除了楼氏电子，英飞凌科技还为 iPhone 4 提供了 E2002 MEMS 电容传声器，它具有直径为 1 mm 的圆形振膜。

MEMS 电容传声器的基本结构由两个平行的板组成，即可移动的顶部隔膜和固定的背板。两者由气隙隔开，并使用绝缘体作为隔离物。顶板和底板连接到测量输出信号的单独电极。当施加声压时，膜片会振动，从而产生气隙变化。由此产生的平行板电容为

$$C = \varepsilon_0 \frac{A}{g} \tag{5.1}$$

式中，C 是电容（F）；ε_0 是介电材料的介电常数（F/m）；A 是极板面积（m^2）；g 是空气隙间距（m）。测得的电容值分别与极板面积和空气隙间距的大小成正比和反比。

穿孔背板中间不连续处即为声孔。当隔膜振动时，它们使空气能够流入和流出气隙。如果没有这些孔，隔膜和背板之间的压缩空气就会变成机械阻尼器。它降低了振动膜的振动能力，

尤其是在较高频率下。也就是说，传声器的灵敏度会大大降低。阻尼阻力 R_{ag} 可以用 Skvor 公式表示为

$$R_{ag} = \frac{12\mu}{n\pi g^3}B(Ar) \tag{5.2}$$

$$B(Ar) = \frac{1}{4}\ln\left(\frac{1}{Ar}\right) - \frac{3}{8} + \frac{1}{2}(Ar) - \frac{1}{8}(Ar)^2 \tag{5.3}$$

式中，μ 是流体黏度（Pa·s）；n 是穿孔板上的孔总数；Ar 是孔面积与非孔面积的比值。式 (5.3) 表明，通过增加气隙和穿孔的数量，机械阻尼会降低。MEMS 电容传声器的开路灵敏度 S 为

$$S = S_e S_m = \frac{V_b}{g}\frac{\Delta g}{\Delta p} \tag{5.4}$$

式中，S_e 和 S_m 分别是电气灵敏度（V/m）和机械灵敏度（m/Pa）；V_b、g、Δg 和 Δp 分别是偏置电压（V）、气隙（m）、气隙间距变化量（m）和压力变化量（Pa）。

由式 (5.4) 可以推导出三个重要的关系：①电气灵敏度取决于偏置电压的值和气隙的厚度；②机械灵敏度取决于气隙和压力的变化；③开路灵敏度 S 是 S_e 和 S_m 的乘积。为了获得更高的灵敏度，设计师必须同时解决这两个问题。最后，给出振膜的尺寸和应力与传声器的机械灵敏度 S_m 之间的关系为

$$S_m = \frac{R^2}{8\sigma_d t_d} \tag{5.5}$$

式中，R 是圆形隔膜的半径（m）；σ_d 和 t_d 分别是隔膜的应力（Pa）和厚度（m）。

由式 (5.5) 可以清楚地看出，设计人员必须谨慎选择材料和隔膜尺寸，以提高设备的性能。

3. 压电式传声器

压电式传声器是用晶体或陶瓷（钛酸钡等材料）作为变换元件，利用压电原理将机械振动从声波信号转换为电信号。在压电式传声器中，常见用来制造振动隔膜的压电材料是氮化铝和氧化锌。压电式传声器的优点是灵敏度高、体积小。压电效应是通过变形来产生电荷的，压电元件除了可以作为声音传感元件，压电效应所产生的电信号还可用于感知运动引起的物理或化学效应。

由于压电式传声器的性能优良，因此，在机器人中的应用也尤其重要。声传感器可应用于说话人识别、生物识别、个性化人工智能秘书和智能家电。语音识别系统涉及两个主要部分：声音传感器和语音识别软件。声音传感器检测人类语音信号并转换成数字信号。原始模拟语音信号频率一般为 20 Hz~20 kHz，具有 60 dB 的幅度。大部分语音能量分布在 100~4000 Hz 的频率范围内，其中包括周围的噪声。声学传感器应具有足够的灵敏度，以检测语音频率范围内至少 60 dB 的语音信号。利用快速傅里叶变换和短时傅里叶变换对频域信号进行转换，转换后的信号为语音识别软件提供训练和测试数据。同时，通过优化的机器学习算法过滤周围的声音，如打字、时钟滴答声、汽车喇叭和发动机噪声，对于提高噪声条件下的语音识别十分有效。

除了以上介绍的这三类传声器之外，还有压阻式传声器、光纤传声器和自旋电子传声器等类型。不同声传感器的性能对比见表 5.1。压阻式传声器通过感应电阻变化来检测声音，与电容式传声器类似，但压阻式传感器需要供电，会带来高功耗。光纤传声器的主要优点是不易受电噪声和电磁干扰。自旋电子传声器是基于磁阻转换原理工作的，用于解决困扰压阻式传声器

的低灵敏度问题。关于其他种类的传声器本书中不再赘述。

表 5.1　不同声传感器的性能对比

对 比 项	电 容 式	压 阻 式	电 磁 式	压 电 式
检测信号	电容	电压	电流	电压
外部供电	需要	需要	不需要	不需要
开路灵敏度	低	低	低	高
频率响应	平坦	尖峰	尖峰	声音频带可调

5.2.2　超声波传感器

1. 概念与发展

超声波是一种具有很短的波长（在空气中不到 2 cm）的机械波，它必须通过媒介来传递，在空气中的传播速度没有声音和次声波快，在水里的传播范围要更大一些。超声波传感器是一种集力学与材料学于一体的综合性检测技术。一般来讲，它的测距包括三个主要过程，即超声波的产生、传播和接收。也就是说，一个完整的超声波传感器，首先必须有超声波产生装置，当然像传声器那样拾取声音信号不包含在内。超声波测距是一种非常有用的传感器技术，在机器人领域，例如探测和水下作业等，发挥了巨大作用。所以，国内对超声波的研究越来越多，超声波的反射、折射和衰减是超声波领域的一些重要特征，目前来讲也是研究的重心。

许多国家在 20 世纪针对超声波传感器芯片展开了研究，有了许多优秀的研究结果。现今该领域著名的超声波传感器芯片设计公司有恩智浦半导体、安森美半导体、艾尔默斯半导体等。国内超声检测技术起步和应用都相对较晚，目前国内的主流超声波传感器采用 AT89C51等与 T40、R40 相结合的板级分立设备。图 5.7 给出了目前市场上几款超声波传感器芯片，尺寸约为 2 cm。

a) MaxBotix Inc.(MB1414-000)　　　b) MaxBotix Inc.(MB1443-000)　　　c) TDK InvenSense(MOD_CH101-03-01)

图 5.7　几款超声波传感器芯片

2. 工作原理

超声波沿着一条直线进行传播，其发射频率越高，其反射性能越好。在测距应用中，超声波的特性十分符合测距要求，在超声波传感器中占据着很重要的地位。从原理上来看，目前超声波传感器市场份额最大的是电声型传感器和水力型超声波传感器，电声型传感器包括压电、磁致伸缩和静电三大类，而水力型超声波传感器又分为两类，即气态和液态。目前，市面上一般都会针对不同的工作频率、不同的用途而设计或建议相应的超声波传感器。

超声波传感器是一种应用超声波技术研制而成的传感器，一般是一种可以把各种能量和超声波转换成各种形态的装置。超声波传感器的核心部分是一种能够发出和接收声波的压电片。

作为探头的超声波探头，根据其结构特点，可以分为直探头、双探头、斜探头等。不同的材料、不同的厚度组成了不同的压电片。

压电式超声波发生器是一种采用压电晶体谐振原理的新型超声波发生器。假定由外部向两个电极施加相同频率的脉冲信号，使压电晶体产生共振，由此形成超声波。与之形成对比的是，如果没有外加电压，超声波在共振板上的作用，会迫使压电晶体振荡，将其转换为电子信号，此时，它就是一种超声波接收装置。

超声波接收器的工作原理是利用发电机中的压电晶体共振来生成声波。图 5.8 所示为常见压电式超声波传感器的外观及结构示意图，其内部包括两块压电晶圆和一块喇叭或共振板，它们能在压电晶圆的两端施加不同的脉冲信号，当负载的脉冲信号与压电晶圆的自振频率一致时，它们就会发生共鸣，从而引起振荡，因此形成了超声波信号。反之，在不将脉冲信号导入压电晶圆的两端时，若在扬声器或共振板上检测到超声波，则该扬声器或谐振板将引起振荡，从而使压电晶片产生振动，将物理机械能量转化为电能，而压电晶体在振动时，将会产生电信号，从而使压电晶体的两端产生电信号，这时，超声波发生器就变成了超声波接收器。

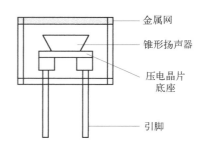

图 5.8 常见压电式超声波传感器的外观及结构示意图

当发电机发出 20~20000 Hz 的声波时，人们就能听见这个范围的噪声。在超过 20000 Hz 的声波中，人们不能辨认出这种频率的声音，所以将其称之为超声波。近年来，在超声测距技术上取得了较大的进步，但其中最成熟、使用最广泛的仍是回程时间测量。超声波发射、反射和接收的整个过程，称为"回程"。如图 5.9 所示，在相同的传输媒介条件下，不考虑其他因素，人们可以得出这样的结论：回程时间只与超声波的传播距离相关。这样，通过计算测出的传输时间，就可以获得所要测量的距离。

根据传感器耦合方式，超声波传感器可分为接

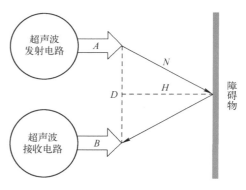

图 5.9 超声波往返时间检测法测距原理示意图

触式和非接触式。接触式超声波传感器主要用于变压器、组合电器等大型电力设备监测，非接触式超声波传感器则主要用于电力电缆、开关柜等电力设备检测。根据国家电网企业标准 Q/GDW 11061—2017《局部放电超声波检测仪技术规范》要求，对于接触式超声波传感器（不含前置增益），其峰值灵敏度一般不小于 30 dB［V/(m/s)］，均值灵敏度一般不小于 40 dB［V/(m/s)］，可以测到不大于 40 dB 的传感器输出信号；对于非接触式超声波传感器，在距离声源 1 m 时，可以测到声压级不大于 35 dB 的超声波信号。因此，对于电力安全巡检机器人来说，超声波传感器是非常好的选择。

　　由于受制造工艺限制、安装不当等因素的影响，电力设备难免会产生表面附着物、内部气泡、表面裂纹等缺陷，进而导致局部放电的发生。在电网运维周期中，主要通过超声波传感器进行电力设备局部放电检测。当电力设备内部绝缘发生局部放电时，会相应产生超声波信号，超声波信号沿绝缘介质和金属导体传导至外壳，并通过介质向外界传播。通过在电力设备外壳或设备附近安装压电式超声波传感器，可以耦合收集到局部放电产生的超声波信号，进而判断电力设备放电情况。

　　另外，在机器人中，目标的定位也是其主要的作用。超声波传感器是一种典型的测距传感器，可以为机器人提供准确的位置信息。超声波测距的基本原理是利用超声波发射机发出声波，在声波到达阻碍后，主要依据时间差测距法，根据声波的返回传播速度和回程时间来确定物体与障碍物之间的距离。超声波是声波中的一类，它的传播速度受到气温、压力等因素的影响，但是当温度的改变较小时，它可以不被考虑，可以采用温度补偿法来改良对距离有很高的测量精度要求的装置。

5.2.3　其他声音传感器

　　除了目前主流的传声器阵列之外，还有一些新型听觉传感器有望应用于机器人听觉感知系统中，例如仿生听觉传感器、柔性压电声学传感器、光纤声学传感器等，本小节将介绍一些满足机器人声源定位需求的国内外新型听觉传感器。

1. 仿生听觉传感器

　　蝗虫可以在数秒内，精确地捕捉到不同方向、不同距离飞过的不同速度的昆虫；蝙蝠通过超声波对目标进行回声定位，其检测、抗噪和自适应能力是现代声呐技术无法比拟的。通过数十亿年的自然演化，这些动物的某些特殊的机能和习性，不但能够充分地适应各种复杂的自然环境，还能够充分地利用能源。通过对它们的这些特殊性能进行研究，人们可以模仿它们设计出很多相似的高端技术。大自然的奥秘为人们提供新的设计可能性，也可能给人类带来新的生存技术。

　　（1）蝙蝠耳仿生传声器　蝙蝠经数以百万年的进化而来的回声定位生物声呐系统，具有极其强大的检波、抗噪、自适应能力，是目前的声呐系统、雷达系统所无法达到的。蝙蝠的外耳一般由耳廓、耳屏或对耳屏、耳道等组成。从外形上看，蝙蝠的耳廓上通常有一些特别复杂的几何形状，如脊状物和沟槽结构。实际应用中，无论是否应用仿生原理，声呐系统通常都不采用很复杂的天线形状。因此，研究蝙蝠的耳廓外形参数是设计仿生传声器的重要环节。一种仅具有蝙蝠耳廓基本特征的斜截式蝙蝠耳扬声器模型能够实现所参照蝙蝠耳朵的主要功能且性能有所提高。由此模型计算所得到的声场在 20~65 kHz 区间具有很强的相似性，均只有一个主瓣，说明此模型的声场分布随频率变化而相对稳定；其中 22~60 kHz 之间的垂直方向上具有较好的频扫特性。

　　（2）仿蝇耳传声器　在传声器定位中，通常利用语音信号在传声器之间的时延和振幅的差值来判断声源的位置。因为目标声源波长的局限性，使得传声器阵列中的相邻阵元之间必须间隔很大，这样就会造成传声器的时间延迟和幅度差异，从而使传统的传声器阵列的总体尺寸变大，难以携带，在分布型阵列中的铺设困难，使用范围受到一定的限制。另外，体积限制也给制备微小型传声器阵列带来了很大的难度。针对小型飞行器探测、听觉感知型智能机器人、穿戴式声音定位装置、小型飞行器探测等新领域的需要，开展小型声定位技术和器件的研制，将是非常有意义的。

（3）仿蚊听觉系统　仿蚊听觉系统中，合适的压电材料是关键。一种方法是通过模具将高温的聚偏二氟乙烯材料拉制成丝，再在表面喷渡金属电极，然后经高温极化处理，在纤维表面刷一层软胶保护膜，最后将拉制的细纤维通过胶黏剂或黏结剂粘到纤维表面，即为制作放大传感器与角度传感器的过程。蚊子的听觉系统位于其头部触角上。当有声音传过来时，触角上的鞭毛会发生弯曲变形，拉动触角中的神经发生形变，使得神经膜内外电位差变化，从而将这种信号传输给蚊子大脑来感知声音信号。

2. 柔性压电声学传感器

最近，模仿人类耳蜗基底膜的柔性压电声学传感器在提高声音传感灵敏度和语音识别率方面有很好的潜力。与电容式和压阻式传感器相比，柔性压电声学传感器的制造优化了压电系数以及多重共振材料的设计，因此能够表现出更高的灵敏度。由于无机薄膜材料的耐用性，基于高灵敏度压电膜的柔性声学传感器可以长期保持高灵敏度特性，而不会因湿度和温度变化而退化。

对于柔性压电声学传感器，压电膜的厚度和形状是影响谐振频率的关键因素，设计时应该重点考虑。薄膜在低频时可以强烈振动，而厚膜则对高频有反应。与其他类型的传声器相比，压电膜的柔性梯形形状可以产生特殊的共振振动，可以从远处检测 60 dB 以下的微小声音。柔性压电膜可以根据通道宽度产生多个频率分量数据集，多通道信号可以获得两倍以上的语音信息进行语音处理，就像人类耳蜗具有超过 10000 个外毛细胞的机制一样。由于压电声学传感器从多通道信号中获取丰富的语音信息，因此具有基于充足数据进行机器学习训练和从多通道输入中选择有用信号的优点。通过采用优化的加权值机器学习算法，有意识地选择离散信息可以过滤噪声信号并增强语音识别。由于在白噪声条件下具有 −76 dB 的高灵敏度和丰富的 7 个通道数据集，灵活的压电声学传感器被证明具有 97.5% 的说话人识别准确率。

3. 光纤声学传感器

光纤声学传感器是一种利用光纤作为光传播的声学传感器媒体或检测单元。与传统的电声传感器相比，它具有灵敏度高、带宽频率响应、抗电磁干扰等，对国家安全、工业无损检测、医疗诊断、消费电子等领域具有重要价值。声场与光的耦合方式有间接耦合和直接耦合两种。前者存在频响不均匀、带宽较窄、动态范围较小等问题，而后者克服了这些缺点，具有广阔的发展潜力。

随着新材料和新工艺的出现，光纤声学传感器的发展日新月异。从光纤参与声传感的方式出发，光纤声学传感器主要分为本征型（光纤本身作为声敏感元件的同时也作为光传输元件）和非本征型（光纤仅作为光信息传输元件，声敏感元件为非光纤的薄膜或其他声压变化量的探测器件），主要研究不同光学参数、声场耦合材料与光纤的融合等内容，并未重点关注引入声场耦合结构对声传感及声场分布的影响。光纤声学传感器根据声场与光的耦合形式的不同，可分为间接耦合型与直接耦合型光纤声学传感器，其中间接耦合型光纤声学传感器使用了声耦合材料，常用的有光纤、声敏感膜片等，声场通过声耦合材料间接与光相互作用；直接耦合型光纤声学传感器无声耦合材料，声场与光直接相互作用。目前发展较为成熟并广泛使用的多为间接耦合型，直接耦合型是近几年才逐渐受到关注的新技术。

一种典型的波长调制型光纤声学传感技术是将光纤布拉格光栅作为声敏感单元，声振动导致光栅常数发生变化，从而改变光栅反射和透射光的中心波长，该技术克服了光强调制型光纤声学传感技术易受强度波动影响的缺点。1996 年，Webb 等首次报道了基于光纤布拉格光栅的声学传感器，通过探测光栅反射波长变化实现了水中 950 kHz 声波的探测。

5.3　语音识别

人类与机器人之间最天然的交流方式是语言，所以，人类的语言能力是其最大的特点。智能机器人的语音识别主要由无词汇量和有词性的语音两部分组成。没有文字的声音，例如铃声、音乐、咳嗽等，都会向机器人发出警报，使其迅速而精确地做出反应。本节主要介绍语音识别技术的发展现状、原理、语音数据的处理方法和目前的语音识别模块的设计。

5.3.1　语音信号特点

本小节主要介绍语音信号的特点，这是机器人语音传感器进行语音识别的依据。

1. 语音的声学特性和短时性

声道是一种具有很多固有共振频率的分布参量体系，因此声道就是一个可以放大一定频率的共振腔，同时也可以削弱其他频率的能量，这种共振频率就是所谓的共振峰值。谐振峰与声道的尺寸相关，不同组之间的谐振峰一一对应。语音的频谱特征主要取决于谐振峰值，在声管中传播时，它的频率形态会发生变化。声门脉冲序列中含有大量的谐波，它们与通道的共振频率交互作用，对声音的音质产生重要的影响。因为不同说话人的声道尺寸是不一样的，所以谐振峰值和说话人有着很大的联系。即便是同样的音位，由于说话人的差异，其共振峰也会发生很大的改变。在语音识别中，需要考虑三个以上的共振峰。

2. 语音信号的特点

语音是汉语的一个重要组成部分，而音位则是一个最小的单位，它指的是一个或多个音节的结合。汉语中每个汉字只代表一个音节，因此，音节就成了一个自然的音位。在语音方面，应了解不同辅音之间的区别：清音是指发声时，声带没有振动；浊音是由声门所发出的周期的气流脉冲激发通道所形成的声音。鼻音的发音特点是气流通过鼻腔释放，同时声带可以振动（浊鼻音）或不振动（清鼻音）。鼻音的发音部位通常是口腔中的某个部位闭合，迫使气流通过鼻腔流出。元音是指在发声过程中，没有气流阻塞、发声器官平衡而产生的紧张感，而气流则比较微弱；而辅音反过来，在发声过程中要通过各种障碍，而在发声器官中，阻滞的部位会更紧张，气流也会更大。

汉语以汉语拼音为基础，包含声母 21 个、辅音 22 个、韵母 39 个。由于开口的开合、上下、扁平、圆敛等多种因素的影响，使得不同的元音产生了不同的声调，从而产生了不同的元音。汉语中每个字节是由声母和韵母组成的，通常一个声母中只有一个辅音，而韵母是一个或几个以上的元音或元音和辅音的结合。

汉语是一种声调语言，汉语声调的识别功能是其最基本的功能，其主要功能是根据调式进行区分不同的音调，汉语声调分为阴平、阳平、上声、去声四类。音高是一个音节，它的长度大约等于一个音节的长度。声调是声带振动状态的一种表征，它的外部表现为音高的高低和变化。声调的声学特征主要体现在基频的高低及其波动模式上，这些特征决定了声调的感知和语言中的意义区分。

英语里的每个句子都有一个重读。在口语中，有时还会出现两个或更多的重读，所以，在口头交流中，重音是表达意义的象征，而重音同时也是一条重要的信息。英语是一种非常强调重读时间的语言。"重音计时"是英语口语最大的特色。"重音计时"指的是两个音节的时间跨度大约相等。有关数据显示，英语中有一个主要的重读音节，大约为 0.5 s。比如，下面的句子：①The cat is interested in protecting box number；②Large cars waste gas。第二句的音节数量比前一句要少得多，但在日常交流中，这两句的使用时间大致相同，前者必须把所有的非重点音节都压缩起来，以便更快速地说出。不需要重读的元音可以被削弱或者不被读出来。总的来说，英语和汉语在重音和韵律上有很大区别，这是英语语音信号的端点检测和特征提取的关键所在。

3. 语音信号的产生与频谱特征

人体的发声器官包括肺、喉、气管、鼻、口等，它们组成了一个复杂的通道，喉的上部叫作声道，根据声音的变化而变化；喉的部位是声门，男人讲话的基音频率在 $50 \sim 200\,\mathrm{Hz}$ 之间，而女人和儿童则在 $200 \sim 450\,\mathrm{Hz}$ 之间。

如果我们细心地观察语音信号的波形，就会发现一些波形表现出比较明显的周期，而另一些则没有。结果发现，在发声过程中，伴随着声带振动的音呈现出明显的周期波动，例如汉语的韵母 a、o、e 等，而无声带振动的音则是非周期的，例如汉语中的 s、c、sh（属于辅音）。按照傅里叶变换的基本原理，周期信号可用傅里叶级数的形式表达，也就是说，周期信号可以被分解为一组由基本频率和它们的共振频率构成的多个正弦波，从而使周期信号具有线性的离散频谱；而非周期信号则可以用傅里叶积分法来表达，也就是说，在一定频段中无周期的声音信号是由非离散的连续频谱构成的。

图 5.10 所示为汉语元音"a"的波形频谱中较平稳的一段。由于语音信号是一个瞬态过程，只能取一段分析，所得结果称为短时频谱。这种线性频谱的声音有一种特殊的音高感，叫作音调，它的音调是由频谱中最小频率成分的频率值决定的，而其他更高成分的频率是基本频率的整数倍，即所谓的谐波成分。一般情况下，基本频率成分在全频段中的振幅比较大，但未必最大。基频的频率强度与声带自身的特性和张弛的程度有很大关系，所以，每个人的声音都会有一定的差别。

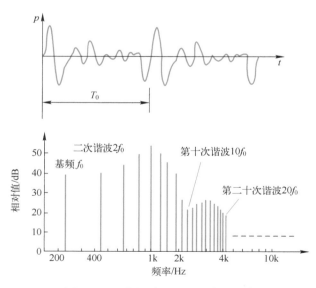

图 5.10　汉语元音"a"的波形频谱

普通的元音有 6~7 个谐振峰，但仅需要 2~3 个谐振峰就能区分出不同的元音。浊声母在频谱中除存在共振峰外，也存在着摩擦成分，在各个谐波间存在着一些杂乱无章的谱线。而在特定的频率区域，清辅音的能量会聚集。

5.3.2　语音识别概述

1. 历史与现状

语音识别是正确理解声音中的词语、短语和句子的重要环节。每个人的口音都是不同的，哪怕是经过特殊训练的人，说出两个音来，也是截然不同的。因此，语音识别系统要适应不同说话人的发音，甚至识别出说话人的身份信息。语音持续时间的不确定性是识别系统中影响最大的因素。

目前的语音识别技术主要是由个人计算机作为开发平台，而基于嵌入式系统的语音识别系统主要是针对一些词汇量和对某些人的识别，例如手机的语音拨号等。这主要取决于嵌入式系统的运算速度和内存容量，而 DSP（数字信号处理）技术的发展必然会使其在小型系统中得到很大的发展。

目前语音识别技术快速发展，并广泛应用于机器人相关的领域中，由此就构成了机器人中的听觉系统。20 世纪 70 年代，Itakura 提出了一种基于线性预测编码的语音识别方法。Sakoe 在 1972 年提出了一种动态时间曲线方法，它能很好地克服语音中的时变现象，从而使人们能够更好地识别出个别人的孤立字。自 20 世纪 80 年代以来，作为语音处理的一个重要理论基础，隐马尔可夫模型已经得到了广泛的应用。

2. 语音识别系统的分类

语音识别技术伴随着机器时代的到来而来，目的是让机器通过对接收到的信号进行翻译和理解，将人类的语言转化成机器能懂的机器语言。根据语音识别系统中对语音的发出、大小和表达方式，可将语音识别系统分为以下几种：

（1）按照说话人分类　一种简单的分类是机器人可以将发声人分成特定人和非特定人，特定人语音识别即由一个指定的人发声，机器只对这个人的声音进行识别；非特定人识别即机器不需要判断说话人，对所有人发出的声音都可以被接收并进行识别。从实现难度上来说，非特定人语音识别比较难，但通用性很好。

关于说话人的识别，可以分为两个方面：一方面是说话人的身份识别，另一方面是说话人的身份的确定。说话人识别又称为声纹辨识，即当说话人的身份不明时，通过声音来判定对方的身份，而说话人的确认则是判断对方的身份。而依据话语内容的限制，可以将其划分为语篇关联与语篇独立。与其他的识别问题一样，说话人的识别包括两大核心技术：特征提取和模板识别。

其中，说话人识别的特征提取与语音识别的特征提取正好相反，语音识别是要找到不同说话人相同语音之间的共性作为特征，而说话人识别则需要使用说话人之间的区别作为特征。说话人识别的特征在层次上又可分为低层的声学特征和高层的语言习惯特征，而在目前的研究水平，可区分性较强、稳定性较高的特征还仅限于低层的声学特征，是基于个人的发声器官的生理特性的特征。具有较好效果的特征主要有如下几种：基于发声原理的管道模型的线性预测系数及其各种变体；语音频谱导出系数组，包括基音轮廓、共振峰、语音强度以及其变迁特性；基于听觉感知原理的特征，以梅尔频率倒谱系数为代表。

（2）按照词汇量分类　大词汇量指的是 500 字以上的识别，小词汇量是指 100 字以下的识别，除此之外，还有中等词汇量的识别。例如，MHINT（普通话听力噪声测试）语料库包含男性发音的 480 个语句，每个语句包含十个汉字，语音采样率均为 16 kHz。

（3）按照表达方式的不同分类　对于一次语音输出，机器可按照连续信号、孤立词、关键词三种方式检索识别。连续语音识别计算量较大，可对一段连续的语音信号进行识别处理；孤立词即机器对一个个孤立的字或词进行识别，所以运算量较小；关键词语音识别即机器从一段语音信号中找出需要的关键词进行识别。

3. 说话人识别

（1）概念与发展历程　人类从 20 世纪就开始了人类的语言识别，一开始是对人类耳朵的听觉能力进行研究，然后进行了一些相关的试验，并对听觉识别的可能性进行了探索。在研究手段和工具上取得突破和改善后，人们的注意力逐步从单纯的人耳听力测试中转移。著名的贝尔实验室首先提出了音波的概念，但其识别技术还不成熟，只能通过视觉来判断。从那时起，随着计算机技术和电子技术的飞速发展，人们对如何用计算机来实现语音的自动识别进行了研究。在此基础上，贝尔实验室提出了一种基于模式识别和方差分析的概率统计的新方法。这种方法在信号处理领域得到了广泛的重视，一时，语音识别的研究也进入了白热化阶段。在此基础上，利用所提取的基本频率分布信息，并将其用于语音识别，通过对其进行分析，得到了一些不能直接反映语音特性的参数，如线性预测编码因子等。

20 世纪 80 年代后期，语音识别的研究重心逐渐转移到频域，把频率转换成频段，然后进行对数操作，把资料转换成倒谱区，从而获得梅尔频率倒谱系数。由于考虑到人类耳朵的听觉机制，该方法在实际应用中得到了良好的效果，而且对噪声也有一定的抗干扰能力，因此迅速地被广泛用于语音识别。与此同时，诸如动态时间规整、支持向量机、隐马尔可夫模型、神经网络等多种模型算法也在语音识别中得到了应用，并逐步发展成为语音识别的关键技术。

20 世纪 90 年代，对说话人的认知研究进入了一个新的研究领域。自 1995 年以来，人们一直致力于运用时域分析、小波多分辨率理论、神经网络等现代信号处理技术来提取新的特征参数。近年来，各种新的说话人识别技术层出不穷，例如在非文字说话人识别系统中采用大规模词汇连续识别技术、从语音信号分析中抽取高级成分信息、基于打分的说话人规则等。但是，迄今为止，最好的非文字独立说话人识别系统依然是以混合高斯模式为基础的。

在多年的研究与实践中，对说话人的识别从实验室转向了实际应用。从实验室到实用化的语音识别，主要集中在语音增强与降噪、语音人与信道间的差异消除、语音适应等方面。20 世纪 80 年代以后，出现了大量的商业语音识别产品。

语音识别技术发展到今天，在国际上已经取得了一定的进展，但在实践中，语音识别技术还存在着一定的缺陷。一般认为，语音识别的困难在于，有些语音在语音识别中很像，甚至有时候人类自己也无法分辨，但这并不是最难解决的问题之一。事实上，最重要的问题在于，语音信号自身的多样性和复杂度，而非相似度。

（2）基本原理　说话人识别系统架构如图 5.11 所示，该系统由语音数据预处理、特征提取、模型训练和模板匹配四部分组成。在训练阶段，系统根据输入的语音数据提取特征，利用声纹识别算法训练出模型；在识别阶段，系统提取输入语音数据的特征，并将该特征输入训练好的识别模型，输出识别结果。

图 5.11　说话人识别系统架构

（3）干扰因素　在语音识别中，除了说话人本身的因素之外，还存在着其他的因素。这些因素集中在声音由声音发出到系统使用的转变和传递中。首要问题是传声器。在语音识别系统中，通过模型的训练和识别，传声器的不同会导致相同语音信号的分布特征发生变化。在语音识别中，传声器的性能不能满足，信道和系统的采集参数不一致，已经成为影响语音识别系统有效性的主要因素。其次是对背景噪声的干扰。在语音信号处理中，背景噪声是最普遍的问题，它的出现与传声器的抗噪性、采集系统所处的背景条件密切相关；语音库中的语音模板主要是在没有噪声、没有混响的环境中进行采集、转换的。另外，在实践中，大部分的语音识别都是为了实现无噪声的语音模板而进行的。但实际应用中存在着大量的干扰、噪声，这些都会影响语音的质量。在这种情况下，传声器不仅可以对声音信号造成影响，而且在高速发展的手机通信服务中，传播通路和通道也会对语音信号造成一定的影响。由于传播通道和通道的差异以及传声器的差异，都会使说话者的声音受到不同程度的干扰。语音信号在传输中的质量问题，可以通过提高传输质量和使用高性能的数字方法来实现。

5.3.3　语音数据处理

从根本上讲，语音识别就是一个模板识别。典型的语音识别系统架构如图 5.12 所示。它包含了语音信号预处理、特征提取、特征训练、识别与后处理判别等多项功能，后处理判别是任选的。前端负责对输入的语音信号进行预处理，将其数字化并转换成适合在计算机系统中进行运算的结构以及调整数据的特性，一般包括预加重和分帧加窗等步骤。特征提取则从语音流中找到声学特征的表达参数，能够有效地包含相应语音段的有效信息。然后根据训练好的声学模型进行匹配分类，得到基于音素、音节或者字、词等级别的符号序列，再根据语言模型，估计出完整的语句。

特征提取就是通过对语音中的声学参数进行分析，并从这些参数中抽取出能够体现语音特性的特征，从而使其具有较小的维数，方便后续的处理。在训练过程中，使用者先将训练的声音输入到语音，再通过预处理、特征提取等方法，获得一个特征向量的参数，最后利用该模型建立一个训练语音的参照库，或者在模板库中修改该参照库。

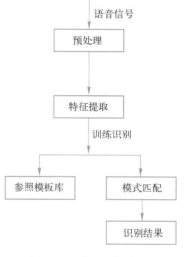

图 5.12　典型的语音识
别系统架构

识别过程是将输入的语音特征向量和参照模板库的相似度进行分析，并将它们的相应类型作为识别的中间候选。后处理判别模块是利用语言模型、词法、句法等多种知识进行最后的辨识，以达到语音识别的目的。

1. 语音信号预处理

语音信号预处理的基本流程如图 5.13 所示。由于接收到的信号中含有一定数量的直流成分，这会对信号的后续分析产生一定的影响，所以在对信号进行分析和处理前，首先要对信号进行预处理，其中包括模拟信号数字化、抗混叠滤波、预加重、语音去噪、分帧加窗、端点检测、信号放大、增益控制等。具体的流程可以根据实际的信号状况来确定。

（1）采样与量化　声带发出的原始声音是连续的，而录音机则会接收到持续的信号，也就是模拟信号，需要取样、量化，然后用计算机进行处理。取样是指在时间线上以某一频率

（也就是间隔一段时间），用每一次模拟信号的模拟量替换原先连续的信号。记录装置在 1 s 内对一个模拟信号的取样次数称为取样频率，取样频率越高，所获得的声音信号越真实、越自然，所描绘的声音频率也越高。

图 5.13　语音信号预处理的基本流程

　　人耳可接收的声音频率范围为 20 Hz~20 kHz，语音信号在频域中的范围一般是 300~3400 Hz，因此以香农采样定理（奈奎斯特采样定理）为依据，将采样频率设置为 8 kHz 即可防止出现混叠失真现象，大概 40 kHz 的采样频率就可以将数字化信号还原出相对完整的模型信号。

　　奈奎斯特取样频率：假定频谱限制信号 $f(t)$，在 $-\omega_m \sim +\omega_m$ 范围内时，可用等间距取样值来唯一地表达信号 $f(t)$。取样间隔应不超过 $1/(2f_m)$（$\omega_m = 2\pi f_m$），也就是说，最小取样频率是 $2f_m$，所以当奈奎斯特取样频率比被取样信号的最大频率大时，可以避免混淆，并且可以将取样后的信号恢复到原来的状态。

　　当一句原始的语音信号录制完成，首先对原始语音信号进行量化，并对其进行离散化，从而使信号在一定程度上得到离散。模拟信号被取样后，所得到的数值和模拟信号的数值一样，但由于数据量太大，数据的属性也有可能出现偏差。为了获得易于处理的有限资料，利用数值方法在振幅轴线上用模拟的电压值对大量的模拟信号进行分级、量化，把最大的电压波动分为若干块，把相同的样品合并为一组，并进行量化。量化后的声音数据质量取决于量化的数据比特，也就是用取样点所代表的数据区间，最常见的是 8 位、12 位、16 位、32 位等。数据的数量越多，音频质量也就越好。通过取样、量化，可以获得在一定时间和振幅上都是离散的数字语音信号，也就是对语音信号进行数字化处理。

　　（2）预加重　在取样并量化语音信号后，下一步要进行预加重处理。由于语音信号的能量频谱受到声门激发和口鼻辐射的影响，因此，在传输过程中，高频成分的衰减速度比低频成分要快，而在高频处 800 Hz 左右的频率则会下降到 6 dB/倍频程。但是，由于信号的频谱密度随频率的增加而增大，在低频带中的信号具有较高的信噪比，在较高的频带中信号又较少，所以较高频带的信号显示不出来。在均衡各个频段的权重时，还必须对其高频成分进行强化，因而必须采用预加重技术来实现对信号与噪声的差异化处理。预加重处理的目的是消除声门激振和口鼻辐射，人为地利用预加重功能强化语音信号中的高频成分，改善高频段的信噪比，降低语音信号在发射时产生的能量损耗，使得声音的高频部分得到增强，从而使得信号的频谱更加扁平。

　　由于语音信号的频率是通过电平变换的速率来确定的，所以一般会在升高或降低边缘处产生语音信号的高频段的信量。所以，预加重技术就是强调上、下沿的振幅，并改变信号的能量。预加重通常将 6 dB 的语音信号进行高频强化，一次 FIR（有限冲击响应）高通滤波器为 6 dB/倍频程，可以过滤低频信号，并合理地提高高频部分的频谱，其公式如下：

$$H(z) = 1 - \mu z^{-1} \tag{5.6}$$

式中，μ 是频域中的预加重因子，决定截止频率，控制预加重的程度，一般取值为 0.9~1，常见取值为 0.95~0.98。经过预加重处理后的信号形式表示如下：

$$y(n) = s(n) - ks(n) \tag{5.7}$$

式中，$s(n)$ 代表输入信号；$y(n)$ 代表输出信号。经过预加重处理以后，语音高频部分信号在语音特征中所占比例有所增加，即语音信号中的高低频部分的比例更为均衡。

（3）分帧与加窗 "短时性"是语音信号的特征之一。语音信号是一类典型的不稳定信号，其特性随着时间的推移而发生改变。然而，人的声音器官肌肉的动作十分迟缓，且在短期内没有明显的改变，因此可以认为，语音信号在一段时间内是平稳的，也就是说，只有在一定的时间内，才会呈现出稳定、一致的特点，即语音信号具有准平稳性。试验结果显示，在 10~30 ms 的时间内，语音信号可以被看作平稳的、近似不变的，从而可以把语音分成短时的语言，每一段都被称作"帧"，所以对语音信号的处理必须基于它的"短时性"。在短时平滑分析中，可以对所含的信息进行分析。在此基础上，可以实现对语音信号的分帧和加窗处理。

分帧是通过窗函数实现语音信号截断，但截断后的短时语音信号会导致信号的频谱特性发生突变，产生无限带宽，原来集中在频率 $\pm f_0$ 处的能量被分散到以 $\pm f_0$ 为中心的两个较宽的频带上，导致部分能量泄漏。为了减少能量泄漏，分帧后的语音片段会加上一个主瓣窄旁瓣小的窗函数，使其全局平滑连接，避免发生"吉布斯效应"。

在语音分帧时，常采用一种可动的有限长窗来进行加权，而窗的选取会影响其短期能量，并将其视为滤波器的单元冲击响应，因为窗函数的中频成分往往较高，而低频成分偏低，故其低通性能较好。常用的是方形窗口和汉明窗口，方形窗口的频谱平滑度较高，但是波形细节易丢失；而汉明窗口能很好地克服某些信号的畸变和漏电，并且具有很好的平滑低通滤波效果，因此被广泛用于信号处理领域。此外，无论窗长是什么，都会影响语音信号的振幅。因此，选取合适的窗口功能，可以很好地解决所选取的短时参数无法正确反映语音信号特性的问题。该方法是先确定所选窗口函数，然后用时间窗函数 $w(n)$ 来表示每帧的语音序列。因此，加窗语音信号 $sw(n)=s(n)w(n)$，一个更简单的窗口是一个矩形窗口，它的表达式为

$$w(n)=\begin{cases}1 & n\in[0,N-1]\\0 & \text{其他}\end{cases} \tag{5.8}$$

式中，N 表示窗长。矩形窗是时间变量的零次幂窗，其优点是主瓣比较集中，而旁瓣较高。但其存在负旁瓣，导致变换中引入高频干扰和泄漏，甚至出现负谱现象。这类窗主要用于语音时域分析，很少用于分析频域信息。因此，目前更多地选择余弦窗，例如汉明窗：

$$w(n)=\begin{cases}0.5-0.46\cos\left(\dfrac{2\pi n}{N-1}\right) & n\in[0,N-1]\\1 & \text{其他}\end{cases} \tag{5.9}$$

汉明窗是一种余弦窗，其主瓣加宽且降低，旁瓣平滑且显著减小。从减少频谱泄漏的角度来看，汉明窗优于矩形窗，但其主瓣加宽相当于分析带宽加宽，降低了频率分辨能力。由于其存在较少的频谱泄漏，常被用于频域信息分析。另外还有一种与汉明窗相似的汉宁窗，函数如下：

$$w(n)=\begin{cases}0.5-0.5\cos\left(\dfrac{2\pi n}{N-1}\right) & n\in[0,N-1]\\0 & \text{其他}\end{cases} \tag{5.10}$$

在分帧处理中，信号通常为 33~100 帧/s，这是由系统与信号自身条件决定的。一般采用交叠分段的方法，如图 5.14 所示。采用该方法是为了使帧和帧之间能够过渡得比较平滑，同时使其信号特征具

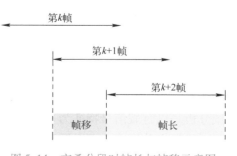

图 5.14 交叠分段时帧长与帧移示意图

有一定的连续性。分帧加窗时语音片段会产生截断效应，即一帧信号的两端会被削弱，故相邻帧存在部分重叠。第 k 帧和后面相邻的第 $k+1$ 帧的交叠部分，称为帧移，帧移与帧长之比通常设定为 0~0.5，例如 1/2 或 1/3。

分帧加窗是将语音信号分成若干帧的短时信号，通过数字信号处理的方法，提取出语音信号的语音特性参数。在进行处理时，将数据逐帧抽取，然后在处理结束后抽取下一帧。在信号处理过程中，这些短时语音帧都是比较稳定的随机信号。

（4）端点检测　在实际的语音识别中，由于语音信号中含有噪声，因此，首先要对语音输入进行判定，并从中找到含有效信息的起始点，从而确保所获取的声音是真正有用的，以提高系统的工作效率。在语音端点检测中，除了对消声或纯噪声部分的干扰，通常采用短时能量、短时平均振幅、短时平均过零率等时域参数来判定有效信号的起始和结束。

语音信号的短时能量定义为

$$E(n) = \sum_{m=-\infty}^{\infty} [x(m)w(n-m)]^2 = \sum_{m=n-N+1}^{n} [x(m)w(n-m)]^2 \qquad (5.11)$$

式中，N 为窗口长度；$x(m)$ 为信号在时间点 m 的样本值。短时能量为一帧样点的加权平方和。

短时能量的主要功能：

①它可以区分清音与浊音，因为在浊音时，短时间内的能量 $E(n)$ 要比清音大；②在信号噪声大的情况下，利用短时能量还可以识别是否有声音；③可以作为语音识别的辅助参数。

语音信号的短时平均过零率定义为

$$Z(n) = \sum_{m=-\infty}^{\infty} |\operatorname{sgn}[x(m)] - \operatorname{sgn}[x(m-1)]| w(n-m) \qquad (5.12)$$

式中，$\operatorname{sgn}(\cdot)$ 为符号函数；$w(n)$ 为窗函数，计算时常采用矩形窗。短时平均过零率可以粗略估计语音的频谱特性，它与语音的清浊特性存在着一定的对应关系。任何一段语音都是由浊音和清音组成的，短时能量用于检测前者，而短时平均过零率用于检测后者，两个值对应确定两个门限来检测语音的起止点。单纯依赖短时平均过零率不可能准确判断清浊音，只能配合短时能量进行判断。

2. 特征提取

提取用以表示特定用户身份信息的语音信号特征向量。该特征用于训练过程中模型参数的计算和识别过程中模型结果的输出。在一段语音输入中，通常利用端点检测的方法滤除这段语音信号中的噪声，得到有效的语音序列，然后对这段有效的语音序列进行特征提取。特征提取的意义在于将一段语音序列进行处理后，提取出能代表这段序列的一些特征因子，并过滤掉和识别相关性不大的冗余信息，组成能代表这段语音信号的特征因子序列。语音信号特征参数的提取是语音识别的关键问题。特征提取必须符合以下几个条件：提取出来的信息要尽可能多地代表语音信号的特征；计算特征参数时尽量选择高效且计算量相对较小的算法；为了不影响系统的实时性，特征参数之间应该相互独立。

一个完整的声音信号的数学模型由三个模型组成：激励模型、声学模型和辐射模型。语音信号的声学特性、时域特性、频谱特性和统计特性是目前研究的主要内容。

声学分析主要是根据声音特征对基音周期、基音轮廓特征、清音或浊音等进行语法分析。时域分析是以时域信号特征为基础的，其时域参数包括短时能量、短时过零率、短时自相关、短时平均振幅差值等。而以频率特征为基础的参量，则主要包括基音频率、线性预测系数、线性预测倒谱系数、共振峰频率及其带宽、梅尔频率倒谱系数等。可以很容易地看到，在这些参数中，倒频域上的系数可以较好地反映说话人的性格。倒谱系数是目前语音识别领域中最常用的一个特征参数。

（1）线性预测系数（LPC）　线性预测的基本概念是，将其以往几次抽样值的权值（线性结合）用于预测，其中每一权重系数都是以最小的预测误差均方值为原则（也就是按照所谓的最小平均方差标准）。实际采样数据和预报数据的差异是预测误差的定义。如果目前的抽样值是由以前的 p 次抽样值的线性组合来逼近的，那么所求解出的预测因子就是 p 级的线性预测系数（Linearity Predicts Coefficients，LPC）。设 $P\{x(n) \mid n=0,1,\cdots,N-1\}$ 为一帧语音采样序列，则第 n 个语音样点值 $s(n)$ 的 p 阶线性预测值为

$$\hat{s}(n) = \sum_{i=1}^{p} a_i s(n-i) \tag{5.13}$$

式中，p 为预测阶数；$a_i(i=1,2,\cdots,p)$ 为线性预测系数。预测误差 $\varepsilon(n)$ 为

$$\varepsilon(n) = s(n) - \hat{s}(n) = s(n) - \sum_{i=1}^{p} a_i s(n-i) \tag{5.14}$$

这样就可以通过在某个准则下使预测误差 $\varepsilon(n)$ 达到最小值来确定唯一的一组线性预测系数 $a_i(i=1,2,\cdots,p)$，这个准则通常采用均方误差准则。某一帧内的短时平均预测误差定义为

$$E\{\varepsilon^2(n)\} = E\left\{\left[s(n) - \sum_{i=1}^{p} a_i s(n-i)\right]^2\right\} \tag{5.15}$$

为使 $E\{\varepsilon^2(n)\}$ 最小，对 a_i 求偏导，并令其为零，有

$$E\left\{\left[s(n) - \sum_{i=1}^{p} a_i s(n-i)\right]s(n-j)\right\} \tag{5.16}$$

上式表明采用最佳线性预测系数时，预测误差 $\varepsilon(n)$ 与过去的语音样点正交。对于一帧从 n 时刻开窗选取的 N 个样点的语音段 $s(n)$，记为

$$\Phi_n(j,i) = E\{s_n(m-j)s_n(m-i)\} \tag{5.17}$$

对于语音段 $s(n)$，它的自相关函数为

$$R_n(j) = \sum_{n=j}^{N-1} s(n)s(n-j) \tag{5.18}$$

自相关函数是偶函数且满足 $R_n(j-i)$ 只与 j 和 i 的相对大小有关，比较式（5.17）和式（5.18）可以定义 $\Phi_n(i,j)$ 为

$$\Phi_n(i,j) = \sum_{m=0}^{N-1-|i-j|} s_n(m)s_n(m+|i-j|) \tag{5.19}$$

因此有

$$\sum_{i=1}^{p} a_i R_n(|i-j|) = R_n(j) \quad (j=1,2,\cdots,p) \tag{5.20}$$

由式（5.20）可得 p 个方程，写成矩阵形式为

$$\begin{pmatrix} R_n(0) & R_n(1) & \cdots & R_n(p-1) \\ R_n(1) & R_n(0) & \cdots & R_n(p-2) \\ \vdots & \vdots & & \vdots \\ R_n(p-1) & R_n(p-2) & \cdots & R_n(0) \end{pmatrix} \begin{pmatrix} a_1 \\ a_2 \\ \vdots \\ a_p \end{pmatrix} = \begin{pmatrix} R_n(1) \\ R_n(2) \\ \vdots \\ R_n(p) \end{pmatrix} \tag{5.21}$$

由这 p 个方程，可以求出 p 个线性预测系数 a_i。上式方程左边的矩阵称为托普利兹矩阵，可用莱文逊-杜宾递推算法求解 p 个线性预测系数。

利用 LPC 的方法，可以从几个帧间的语音中提取出几个 LPC 的参数。每个参数集合构成描述这一帧语音特性的向量，也就是 LPC 的特性参数。利用线性预测倒谱系数、线谱对特征、局部相关系数等，可以从 LPC 特征参数中推导出许多衍生的参数。

（2）线性预测倒谱系数（LPCC） 线性预测倒频谱系数（Linearity Predicts Cepstrum Coefficients，LPCC）是一个较为关键的特征参数，它可以较彻底地消除语音生成时的激励信息，并能很好地反映出语音的共振峰。该方法在线性预测中充分考虑了声场系统的最小相位，从而避免了复杂的相位卷积和复对数的计算。在实际计算中，LPCC 并非直接通过信号获得，而是通过 LPC 的线性预测获得。在线性预测分析中，通道模型是一个完全的极点模式，由方程式（5.22）所表达。

$$H(z) = \frac{1}{1 - \sum\limits_{i=1}^{p} a_i z^{-1}} = \frac{1}{A(z)} \tag{5.22}$$

式中，p 是 LPC 分析的阶数；$a_i(i=1,2,\cdots,p)$ 是线性预测系数。对式（5.22）两边取对数，然后对式 z^{-1} 做傅里叶级数展开，得

$$\ln H(z) = C(z) = \sum\limits_{m=1}^{\infty} c_{lp}(n) z^{-m} \tag{5.23}$$

式中，c_{lp} 为语音信号的线性预测倒谱系数。把式（5.22）代入式（5.23）得

$$\ln \left(\frac{1}{1 - \sum\limits_{i=1}^{p} a_i z^{-1}} \right) = \sum\limits_{m=1}^{\infty} c_{lp}(n) z^{-m} \tag{5.24}$$

式（5.24）两边对 z^{-1} 求导，简化后有

$$\frac{\sum\limits_{i=1}^{p} i a_i z^{-(i-1)}}{1 - \sum\limits_{i=1}^{p} i a_i z^{-(i-1)}} = \sum\limits_{m=1}^{\infty} c_{lp}(n) z^{-(n-1)} \tag{5.25}$$

式（5.25）可以写成如下形式：

$$\sum\limits_{i=1}^{p} i a_i z^{-(i-1)} = \left(1 - \sum\limits_{i=1}^{p} a_i z^{-i} \right) \sum\limits_{m=1}^{\infty} n c_{lp}(n) z^{-(m-1)} \tag{5.26}$$

在式（5.26）中，令方程两边 z^{-1} 各次幂的系数相等，则可以得到线性预测倒谱系数 $c_{lp}(n)$ 与线性预测系数 $a_i(i=1,2,\cdots,p)$ 的关系：

$$\begin{cases} c_{lp}(1) = a_1 \\ c_{lp}(n) = \sum\limits_{k=1}^{n-1} \dfrac{k}{n} a_{n-k} c_{lp}(k) + a_n \quad (1 < n \leqslant p) \\ c_{lp}(n) = \sum\limits_{k=1}^{n-1} a_{n-k} c_{lp}(k) \qquad (n > p) \end{cases} \tag{5.27}$$

线性预测分析的重要意义是，该方法能提供一套简单的语音模型参数，能够更准确地反映出语音信号的波幅，并且其运算量也不大，可以用来做模板，既能提高识别率，又能缩短处理时间。然而，线性预测倒谱系数也有其不足之处，其建立在全极点模式的基础上，因而不能准确地反映清音、鼻音，同时又包含了零点效应，故在理论上应采用极点模式。

（3）梅尔频率倒谱系数（MFCC） 在语音识别中，LPC 是最常用的，但对噪声的影响尤为敏感。因为人体的内耳基膜能在一定程度上调整外部的信息，所以人的耳朵能够通过各种杂

音来感知。在不同的频率和特定的频域范围中，信号对基膜的振动有很大影响。因此，人们可以通过一系列的带通滤波器来模拟人的听觉，从而减少噪声对听觉的影响。

人类听觉系统的生理学研究显示，人类的耳朵对音调的感知并非线性的，因此，对新的频率单元进行了界定。新的频率单元的划分应与物理上所描述的频率相区别，而应将人的听力系统的非线性特征考虑在内。物理频率用赫兹（Hz）表示，而与人类耳朵听力特征相一致的频率，用梅尔（Mel）表示。与人类听力特征相一致的频谱是以临界频谱为基础的，关键频域宽度是梅尔频率标尺的一个重要指标。经过试验发现，在低于 1kHz 的中心频率下，临界带宽基本是线性的，大约是 100 Hz。在 1kHz 以上，随着中心频率的增加，关键波段逐渐增大，所以，适合于人耳的频谱分割，在低频时，其解析度就会降低。梅尔频率与实际频率的具体关系如下：

$$\text{Mel}(f) = 2595 \lg\left(1 + \frac{f}{700}\right) \tag{5.28}$$

以梅尔为单位的频率刻度划分与临界带宽的划分在细节上并不精确相等，但是差别很小。

在求取梅尔频率倒谱系数（Mel-frequency Cepstral Coefficients，MFCC）的过程中，根据梅尔频率与 Hz 的对应关系，类似临界频带的划分，可以将语音频率划分成一系列三角滤波器，即梅尔频率滤波器组（见图 5.15），每个滤波器在以梅尔为单位的频率轴上是不等间距的，但符合临界带宽的分布特性，三角滤波器的频率响应由式（5.29）定义。将各三角滤波器频率带宽中的信号幅值相加，并将其作为一个带通滤波器的输出，然后对所有滤波器的输出做对数运算，最后进行离散余弦变换（Discrete Cosine Transform，DCT），即得到 MFCC。

$$H_m(k) = \begin{cases} 0 & k < f(m-1) \\ \dfrac{k - f(m-1)}{f(m) - f(m-1)} & f(m-1) \leq k \leq f(m) \\ \dfrac{f(m+1) - k}{f(m+1) - f(m)} & f(m) \leq k \leq f(m+1) \\ 0 & k > f(m+1) \end{cases} \tag{5.29}$$

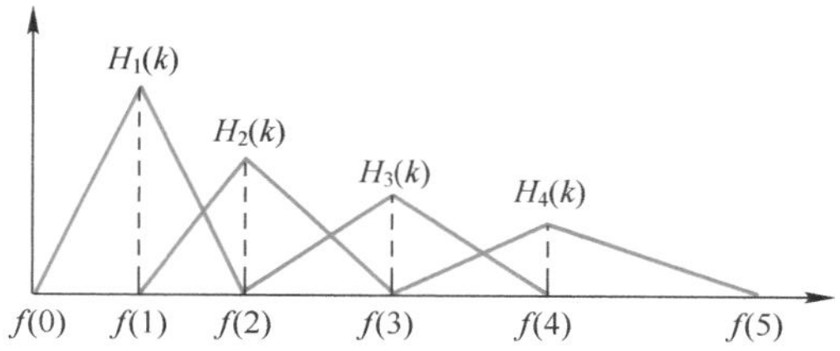

图 5.15　梅尔频率滤波器组

其中，$\sum_{m=0}^{M-1} H_m(k) = 1$。

梅尔滤波器的中心频率定义为

$$f(m) = \frac{N}{F_s} B^{-1}\left(B(f_L) + m \frac{B(f_H) - B(f_L)}{M+1}\right) \tag{5.30}$$

式中，f_H 和 f_L 分别为滤波器组的最高频率和最低频率（Hz）；F_s 为采样频率（Hz）；M 为滤波器组中滤波器的数目；N 为快速傅里叶变换的点数；$B^{-1}(b) = 700\left(e^{\frac{b}{1125}} - 1\right)$。

MFCC 的计算过程如下：

1）对初始的语音信号进行预加重、分帧、加窗等处理，得到每个语音帧的时域信号 $x(n)$，然后经过离散傅里叶变换后得到离散频谱 $x(k)$。设语音信号的离散傅里叶变换为

$$x(k) = \sum_{n=0}^{N-1} x(n) e^{-2\pi jnk/N} \quad (0 \leq k \leq N) \tag{5.31}$$

2）取频谱模的平方 $|x(k)|^2$ 得到离散能量谱。将上述离散能量谱通过梅尔频率滤波器组，计算每个滤波器的输出对数能量：

$$s(m) = \ln\Big[\sum_{k=0}^{N-1} |x(k)|^2 H_m(k)\Big] \quad (0 < m < M) \tag{5.32}$$

3）经 DCT 得到 MFCC：

$$c(n) = \sum_{m=0}^{N-1} s(m)\cos[\pi n(m-0.5)/M] \quad (0 < m < M) \tag{5.33}$$

3. 模型训练与模板匹配

利用特征提取的方法将一段语音输入中的特征参数序列提取出来，然后和模板参数序列进行匹配，模板匹配是语音识别技术中最为关键的一步，直接影响识别的结果。在进行匹配时，应在匹配失真度最小的前提下保证语音信号与失真度之间的变化具有鲁棒性，为了满足这一点，通常使用加权方法使匹配的值与真实值更加接近。目前在语音识别技术的模板匹配中，常用的训练方法有动态时间规整方法、向量量化方法、隐马尔可夫模型方法、概率统计方法、人工神经网络方法等。

（1）动态时间规整（Dynamic Time Warping，DTW）方法 动态时间规整问题是最典型的，其最大的特点是：利用一个有条件限制的时间规整函数来描述模型与样品模板之间的时间对应关系，并在此基础上求出相应的规整函数。在语音识别中，DTW 方法主要用于识别单字词，并采用了模板匹配技术，即将所有的字当作一个辨识单位。在学习过程中，使用者要将每一句话都说出来，并提取出相应的特征，将其生成一个模板存储到模板库中。在完成识别过程后，还要对待识别的单词进行提取，并利用 DTW 方法与模板库中的每个模板进行匹配，计算出相应的距离，找出最接近的距离，也就是最接近的字。

（2）向量量化（Vector Quantization，VQ）方法 向量量化是信号处理、语音处理等诸多方面的一种重要手段。向量量化在语音信号的数字化处理中占有举足轻重的地位。在向量量化的说话人辨识中，利用对应的代码书（也称为代码本）描述了说话人的特点，而代码书则是通过对说话人的训练语音进行特征向量的聚类。如果经过一定的训练，可以认为这本代码书中有说话人的性格。在向量量化的基础上，提出了一种基于向量量化的语音识别算法。

向量量化指的是把说话人当作一个声音信号源，通过向量量化技术对其进行建模（通过训练序列聚合产生 VQ 代码书），使得 VQ 代码书与说话人一一对应，在进行识别时，使用全部码本编码输入的测试序列，并计算出相应的平均量化畸变，再进行比较，确定出失真最小的基准模式，这样就可以实现对说话人的辨识。基于 VQ 技术的说话人识别系统框图如图 5.16 所示。

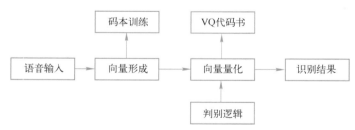

图 5.16 基于 VQ 技术的说话人识别系统框图

对向量进行量化的基本原则：在一个多维空间中，将多组标量数据组合为一个向量（或从一帧语音数据中提取的特征向量）进行总体量化，使得信息量损失很少，并对其进行有效的压缩。设 N 维特征向量 $\boldsymbol{X} = (\boldsymbol{X}_1, \boldsymbol{X}_2, \cdots, \boldsymbol{X}_N)$（$\boldsymbol{X}$ 位于 k 维欧几里得空间 $\boldsymbol{R}^k$ 中），这里的第 i 个向量可以表示为 $\boldsymbol{X}_i = (x_1, x_2, \cdots x_N)$，$i = 1, 2, \cdots, N$，可视为一个由若干帧参数构成的向量，

将 k 维欧几里得空间 $\mathbf{R}^k$ 不漏地分成 J 个不相交的子空间 $\mathbf{R}_1,\mathbf{R}_2,\cdots,\mathbf{R}_J$，从而满足以下条件：

$$w(n)=\begin{cases}\displaystyle\bigcup_{J=1}^{J}\mathbf{R}^k\\[4pt]\mathbf{R}_i\cap\mathbf{R}_j=\varnothing\quad(i\neq j)\end{cases}\tag{5.34}$$

在每个子空间 $\mathbf{R}_J$ 中找到一个表示向量 $\mathbf{Y}_j$ 的符号，J 表示向量可以构成向量集：$\mathbf{Y}=(\mathbf{Y}_1,\mathbf{Y}_2,\cdots,\mathbf{Y}_J)$，由此构成向量量化器，即所谓的代码书或代码本。$\mathbf{Y}_j$ 被称作代码字，它将一个任意向量 $\boldsymbol{x}_i\in\mathbf{R}^k$ 输入向量量化器进行向量量化时，向量量化器先判定其为哪个子空间 $\mathbf{R}_J$，再将其表示为 $\mathbf{Y}_j$ 的向量，即向量量化处理是将 $\mathbf{X}_i$ 表示为 $\mathbf{Y}_j$ 的处理。

（3）隐马尔可夫模型方法　隐马尔可夫模型（Hidden Markov Model，HMM）是过去 50 年里被提出的最为成功的统计建模思想之一，其基本原理如图 5.17 所示。HMM 常常会被应用在自动语音识别、模式识别、生物信息等领域，其中自动语音识别是其最为广泛的应用领域。在研究初期，它与符号主义并存，并进行了很长一段时间的竞争，但大量的实用语音数据样本的研究预示着统计学方法的成功，因此，对于描述声音在符号化水平上对词序列的统计建模，应用了与马尔可夫链模型相结合的 HMM，代表了构建成功的自动语音识别系统的标准技术。

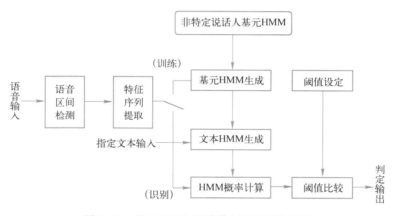

图 5.17　基于 HMM 的说话人识别系统框图

语音信号可以被看作一个可观测序列，用一个模型来描述，就可以对其进行识别。整体上，语音信号表现出不稳定的特征，但信号在很短的时间内表现出接近于稳定的特征，因此整体的信号处理可以被看成从一个比较稳定的特征向另外一个比较稳定的特征的转变。在随机模式下，隐马尔可夫模型是最适用于语音信号的处理方法。而隐马尔可夫模型则是一种以转移概率和输出概率为基础的随机模式，其原因在于，一种具有 n 个状态 $S_1,S_2,\cdots,S_n$ 的模式，将输入的特性从一种状态转换到另一种状态，每次由于无法观测到状态转换序列，因此只能根据已知的输出符号序列进行运算，并对其进行预测，故称为"隐性马尔可夫"模式。

简单来说，就是为每个说话人构建一个特殊的语音模型，然后经过训练，获得一个状态转换的概率矩阵和符号的输出概率矩阵。在辨识时，通过计算状态转换中未知语言的最大概率，并利用最大概率对应的模式判断出说话人的身份。

在语音信号特性随时间发生转移和变化时，隐马尔可夫模型可利用状态表现这种特性。状态转移示例如图 5.18 所示。图中 S_i 为不同的状态，状态间的相互转移表现了语音特征的变化。不同说话人、不同发音内容、不同时间发音都会导致语音特性的不同，语音特征的这种变化也不能一概而论，只能通过统计特性来分析，主要表现为：语音特征由一种状态依一定的概率转移到另一种状态，图中 a 为不同状态间的相互转移概率；同时，处于某一特定状态时又依一定的概率密度输出相关语音特征 x，图中 b 则为每种状态输出概率密度。

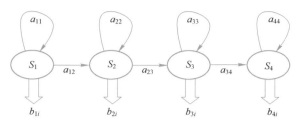

图 5.18　状态转移示例

因此，一个基本的 HMM 有如下四个定义：状态总数 N、从状态 i 到状态 j 的状态转移概率 a_{ij}、在状态 j 时特征向量为 x 的 $b_j(x)$、输出概率密度以及在初始状态时的特征分布。其中，模型中所有状态之间的转移概率可以用 $A = [a_{ij}]$ 表示，由于有个 N 状态，所以是一个 $N×N$ 的矩阵，称为系统的状态间转移矩阵；对于概率密度，满足 $\int_{R^p} b_j(x)\,\mathrm{d}x = 1$，$j = 1, 2, \cdots, N$。为了保证每个训练过程中的初始模式都是一致的，每个状态下的概率密度函数都是统一的，可以用 $b_j(x)$ 来表达各状态中相应的输出概率密度函数，该参数 B 是唯一确定的。

B 是 HMM 最重要的模型参数之一，它主要用来表示系统对观察符号序列处于某一状态下所计算出的输出概率分布。在语言信号的应用中，一般采用基于多维高斯杂散的方法来描述语音参量 X 的输出概率分布，也就是将其作为多种高斯法的权重结合来表示，其公式为

$$b_{ijm}(X) = \sum_{m=1}^{M} w_{ijm} \frac{1}{(2\pi)^{p/2} |\Sigma_{ijm}|^{1/2}} \exp\left\{ -\frac{1}{2}(X - \mu_{ijm})^t \Sigma_{ijm}^{-1} (X - \mu_{ijm}) \right\} \tag{5.35}$$

式中，w_{ijm} 是混合系数，可近似理解为每个概率密度的权重；Σ_{ijm} 是协方差矩阵；μ_{ijm} 是均值向量；$b_{ijm}(X)$ 称为分歧密度，分歧密度是由协方差矩阵与均值矩阵共同作用的结果。考虑到语音信号参数的特征分布比较分散，所以和离散型相比，连续型的表示方式能更好地反映信号的时变特性。

5.3.4　语音识别系统

语音识别技术有两大发展趋势：一是大规模的连续语音识别，主要应用于计算机口述和基于电话网络的语音检索；二是小型化、便携式语音产品的应用，如拨号、汽车设备语音控制、智能玩具、家电遥控等，它们都需要专门的硬件设备来完成。这种听觉感应器能有效地指导机器人的动作，使其成为一个语音控制的机器人。并且现在还在开发能够识别语音合成系统的指令，可以和操作者进行交流。

语音识别系统也可分为离线语音识别系统和在线语音识别系统。前者是在无网络环境下的语音识别，通常具有词语库比较小、属于小词汇量语音识别、不依赖网络环境、识别过程在硬件内部自动完成等基本特征。但受嵌入式硬件平台的限制，导致离线语音识别不能占有过多的存储空间，而且不能进行太复杂的运算处理。目前主要以嵌入式平台为主，通过启动专用语音识别芯片的方法来进行语音识别。而后者则是针对大词汇量的连续语音识别的分布式语音识别系统，通过将算法及词语库存储在服务器，每次识别前将需要识别的语音内容上传至服务器，然后通过服务器进行运算处理，再与词语库中的词语进行匹配，最后将结果反馈给说话人。

离线语音识别是一种从语音信号的采集、预处理、特征提取到最后进行识别分类等这些过

程都在本地实现的快速识别模式。它并不受限于网络信号的强弱，更不存在识别延时等问题，是应用于移动环境较为理想的识别模式，而在线语音识别系统则更适合在固定的以及网络信号较为稳定的环境下进行识别。下面介绍几种常见的语音识别和语音交互模块。

1. 语音识别模块

（1）MEGASUN-M6 语音识别模块　MEGASUN-M6 语音识别模块支持非特定人语音识别，模块内置芯片算法降噪，模块独立运行，通过模块自带的软件平台下载程序，使用 TTL 串口方式与 Arduino 开发板进行通信。

（2）LD3320 芯片　ICRoute 公司开发的 LD3320 是一款基于关键词的识别芯片，外观如图 5.19 所示。它在中文识别方面已经相当成熟，而且容量也比以前大了很多，这是一款类似于自然语言的芯片，内置 Flash 和 RAM，可以直接由微程序控制器来控制。

（3）XFS5152CE 芯片　XFS5152CE 是由科大讯飞公司开发的一款能够进行中文和英文语音合成的高集成语音合成芯片。它还具有语音编码解码功能，可以让使用者进行录制、回放；另外，它还创新地整合了轻量级的声音识别。主要功能有：支持任意中文文本、英文文本的合成，并且支持中英文混读；芯片内部集成 80 种常用提示音效，适合多种场景使用；支持 UART、I^2C、SPI 三种通信方式；支持多种控制命令，如合成文本、停止合成、暂停合成、恢复合成、状态查询、进入省电模式、唤醒等。

2. 硬件开发

典型的语音识别硬件设计结构如图 5.20 所示。通过一个专门的语音识别芯片进行语音信号的处理和识别，由一个单片机对主控芯片加以控制，同时与上位机进行通信。与此同时，为了更好地解决非特定人离线语音识别系统的缺点，通过外接一个可在上位机上直接擦写的外部寄存器，并用主控芯片对其进行读写。送样可以动态地添加和编辑需要识别的词语库，不仅改善了系统的交互友好度，而且从本质上提高了对词语库的识别范围。通过 USB 转串口模块，可以将硬件系统方便地与上位机建立通信，并且以各个操作系统都兼容的 USB 方式与上位机实现交互，使得用户在与系统交互时感觉到友好和便捷。

图 5.19　LD3320 芯片照片

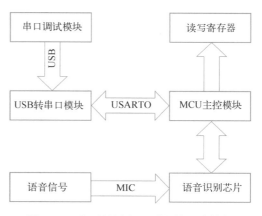

图 5.20　典型的语音识别硬件设计结构

3. 软件开发

（1）Arduino 开源平台　Arduino 是一个以高速嵌入式单片机为基础的开源平台，既包括各种型号的 Arduino 开发板，也包括开源的软件开发环境，其软硬件都是开源的。与其他单片机相比，Arduino 还可以在 Linux 平台上运行，这是其他高速嵌入式单片机不具备的。除此之外，Arduino 将单片机中复杂的寄存器等操作封装起来，对硬件基础不太牢靠的软件开发者只需要调用库文件即可完成编程，这些特点为全球开发者提供了良好的学习平台。随着开源社区用户的增加，Arduino 开源平台提供了一个很好的开发氛围，全世界的开源爱好者都可在社区上传自己的源代码，供开发者学习使用，其丰富的软硬件资源能够满足绝大多数用户的需求。

Arduino 在 Windows 环境下的集成开发环境（IDE）界面非常简洁，不仅提供给用户一些常用的库文件支持，而且用户可以加载自己的本地库文件。Arduino IDE 还给开发者提供一个非常实用的工具，即"串口监视器"，当 Arduino 与计算机进行串口通信时，数据的收发就会在串口监视器中显示，其前提是 Arduino 的波特率与计算机的相同，这个功能也为开发者提供了极大的便利。下载程序时，Arduino IDE 的工具菜单中提供了一些可以选择的相关项，如开发板的型号、处理器类型、端口等。

（2）DeepSpeech 开源平台　　DeepSpeech 开源项目是由 Firefox 的开发组织 Mozilla 团队开发的，它利用了基于百度 Deep Speech 的一篇对机器学习技术训练的模型进行研究的论文，百度 Deep Speech 能够在噪声条件下达到 81% 的识别精度。Mozilla 的 DeepSpeech 开放源码项目利用 TensorFlow 机器学习框架来完成它的功能，同时提高自己的模型，或者将其整合至自己的 Tensorflow 机器学习计划中，而这个项目现在只支持英语。

（3）Kaldi 开源平台　　Kaldi 开源项目使用 C++编写，但由 Bash 和 Python 脚本包装，主要用于声学建模研究。它适用于 Windows、macOS 和 Linux。Kaldi 的开发始于 2009 年，与其他一些语音识别软件相比，其主要特点是可扩展性和模块化，开源社区提供了大量可用来完成任务的第三方模块。

（4）CMUSphinx 语音识别器　　CMUSphinx 简称 Sphinx，是在 BSD（Berkeley Software Distribution）风格许可下发布的独立于说话人的大词汇连续语音识别器。它是由卡内基梅隆大学开发的语音识别系统。在这个开源和免费的语音识别软件中，每个包都是为不同类型的任务和应用程序而设计的。该项目可用于低资源平台，有可用于关键字识别、发音评估和对齐的相关工具。

5.4　声源定位

近年来，电信市场迅速发展，互联网和移动电话服务的使用不断增加。电信技术使迅速获取信息成为可能，并大大减少了为获取信息而旅行的需要。然而，人们可以从面对面的交流中获得比使用电信技术更多的信息。虚拟现实的质量足以满足面对面会议的需要，这被称为网真。有了一个理想的远程呈现系统，人们会觉得自己实际上是在一个遥远的地方，这是电信技术的最终目标。要实现网真需要两种技术：一种是远程机器人技术，它可以在一个遥远的地方与环境进行交互。近几年，由于机器人技术的进步，特别是远程技术的进步，这项技术有了很大的进步。另一种是虚拟现实技术，它可以将现实从一个遥远的地方完美地传递给用户。然而，虚拟现实技术还有很大的改进空间，特别是在声学方面。从声学的角度来看，任何虚拟现实系统在制造虚拟声音环境之前都应该知道头部的姿势和声音的位置。这一限制使得虚拟现实系统难以使用未准备好的声源生成声音环境。此外，人类的听觉系统对时间延迟非常敏感，个体差异较大。这两个因素使得建立一个声学网真系统变得困难。人们认为如果能建立一个听觉远程呈现机器人，就可以用它来阐明人类听觉系统的特征。反过来也是可能的：如果人们能够发现人类听觉系统的新特征，就可以利用这些知识来建造更好的听觉远程呈现机器人。所以弄清人的听觉系统的特性是研制声感机器人的重要步骤。换句话说，阐明这些特性和建造一个声学远程呈现机器人是同一枚硬币的两面，前者是指科学方面，后者是指工程努力。利用人类听觉系统开发的新型听觉传感器，可以用于移动机器人目标定位，不仅可以弥补视觉传感器的局限性，而且能够实现远程声源呈现，这是一个创新，具有重要的理论意义和应用价值。

本节所介绍的机器人声源定位技术主要针对移动机器人，其中涉及的传感系统同样可以应用于静止目标声源定位，内容上包括定位传感装置、定位策略、定位方法以及系统设计。

5.4.1　人耳模型

人类三维听觉定位被认为是由两个传感器组成的系统被动定位的一种特殊情况：耳朵。在大多数人类声音定位研究中，声源被限制在两个平面中的一个：水平面或垂直（中矢）面。水平和垂直定位之间的区别似乎也可以通过水平和垂直定位的主要空间线索（即双耳差异线索与单耳线索）的差异来证明。入射到听者耳朵上的声波会被面对入射波一侧的头部反射，衍射到头部阴影一侧的耳朵，并通过耳廓传输到耳膜。这些反射和衍射产生双耳时间差和双耳强度差，这是众所周知的双耳差异线索。

对于声音的低频成分（人类低于 1500 Hz），相位衍生双耳时间差（ITD）可用于定位声源。对于这些频率，声音的波长至少比头部大几倍，阴影量（取决于声音的波长与头部的尺寸之比）可以忽略不计。ITD 定位是生物学中一个研究得很好的系统，ITD 线索甚至被映射到神经形态模拟 VLSI（超大规模集成电路），但在实际声音信号上的成功率很有限。在频率为 3000 Hz 以上时，双耳相位差变得模糊，是 360 的倍数，不再是可行的本地化线索。这些高频声音的波长足够小，以至于声音的振幅会被头部衰减。耳朵对数振级的强度差提供了一个独特的双耳强度差（ILD），可用于定位。在 1500~3000 Hz 的范围内，刺激的频率太高，无法提供可用的相位线索，且波长太长，无法提供足够的 ILD。对于 1500~3000 Hz 范围内的声音信号，定位性能最差也就不足为奇了。在头部和耳朵对称的情况下，在正中平面上的任何位置呈现的刺激不应产生双耳差异，因此，双耳差异不应为垂直定位提供线索。许多研究表明，当一只耳朵完全被屏蔽后，人类仍然可以在空间中定位声音，但在水平方向的分辨率会差些。单耳定位要求以某种方式从外耳（耳廓）、头部、肩部和躯干的反射和绕射声音的方向依赖效应中提取信息。所谓的头部相关传递函数是一种有效的方向相关传递函数，应用于传入声音，在中耳产生声音。不同的人的耳朵结构也不同，他们的听觉敏感度也有一定的差异。聆听者对于前方声源目标的定位精度远高于后方声源，这与耳朵的屏蔽作用有关。此外，人耳对声源目标水平方位的估计比其垂直仰角的估计要精确得多。

5.4.2　传声器阵列

声音传感阵列也称为传声器阵列，是由若干个具有特定几何结构的感应器构成的。该方法具有很好的空间选择性，能够在一定的距离上对声源进行自适应探测，并能进行轨迹定位。传声器阵列能够有效地解决单一传声器在空间信号接收与处理上的不足。机械人的听力系统通常采用多种形式的传声器，通过多种方法组成一个阵列，从周围环境中采集声音，并对不同方位的声音进行加强。

在机器人声源定位中，最常见的便是传声器阵列，其在各个领域中都有着广泛的应用。其最早的应用要追溯到军事领域中，如被动声呐系统、火炮方位侦察、反狙击手探测系统等。被动声呐系统通过接收战略目标本身的辐射波来获取其在海洋中的航速、航向和方位，实现对战略目标的定位和追踪，从而维护祖国的领海安全；火炮方位侦察通过声测装置发射声波，然后接收声波到达敌方火炮后的反射波，从而达到侦测敌方火炮位置的目的；反狙击手探测系统通过声探测确定狙击手的位置，从而对敌方狙击手起到反制作用。

传声器阵列声源定位在民事领域也发挥着重要作用，如飞机在起飞时或者汽车在行驶过程中因故障偶尔会有异常啸叫声，排除故障的首要任务是定位噪声的产生部件，这时声源定位就显得尤为重要。传声器阵列声源定位的应用在日常生活中也随处可见。例如：医院或者大型商场内的指路机器人通过声源定位来辨别说话人的位置，从而移动到人身旁接收语音指令并提供服务；在音频或者视频会议中通过声源定位来寻找发言人的方位，使得传声器对准发言人方位，定向接收其声音并记录，进一步提高会议效率。

相比单一传声器，传声器阵列技术可以实现语音增强与声源定位，是智能机器人必不可少的技术之一；传声器阵列技术可以识别远场语音，消费者不必通过按键召唤语音助手；而声源定位可以实现定向语音信号的增强，从而抑制噪声，获得更清晰的语音信号。

1. 国内外发展情况

国外对于传声器阵列声源定位的研究最早要追溯到 20 世纪。起初，学者们只是利用传声器阵列实现实际环境中移动声源信号的采集，随着技术不断发展，人们开始尝试在噪声和混响环境下，利用传声器阵列来进行声源定位。1985 年，科学家 Flanagan 首次提出在大型会议中应用传声器阵列，从而达到语音信号增强的目的。传统的音视频通信会议系统中，必须给每一位参与讲话的人配一个传声器，而且传声器与讲话人的位置关系不能改变，否则会影响声音的采集。当改变讲话者时，必须手动切换音频采集通道，并调节视频设备，使之对准新的讲话人。当把传声器替换成传声器阵列后，讲话者则自由切换，即使讲话者在一定范围内发生移动，传声器阵列也能够定位到讲话者的位置信息，并将信息输出给视频采集设备，使之对准讲话人。1996 年，Brandstein 将阵列信号处理技术引入声源定位研究中，拓宽了声源定位领域的发展，标志着声源定位的研究步入正轨。至此，传声器阵列信号处理技术逐渐走向成熟，基于传声器阵列的声源定位研究也正式进入各国研究人员的视野。

21 世纪初，国内的高校、研究所和企业等开始关注声源定位这一领域并进行研究，逐步研发出面向更多用户的智能产品。2015 年，科大讯飞与京东共同推出一款智能音箱"叮咚"（见图 5.21a），该智能音箱用到由 8 个传声器组成的阵列，能够在 5 m 拾音距离内实现 360°声源定位，也就是说，能在 25~30 m² 的空间内实现全范围的语音识别。而在嘈杂的环境中，叮咚依然可以被轻松唤醒。2019 年，华为公司研发出采用 6 个传声器圆形阵列的 Sound X 智能音箱（见图 5.21b），能够实现回声消除和声源定位，同时提供优质的音频体验。

a) "叮咚"智能音箱　　　　　　　　b) Sound X 智能音箱　　　　　　c) 萤石 RK2 儿童陪护机器人

图 5.21　利用传声器阵列进行声源定位与语音增强的智能音箱

进入 21 世纪后，传声器阵列声源定位开始应用于军事领域。2001 年，美国波音公司制造了一台"声学照相机"，该照相机由大型传声器阵列组成，研究人员将其放在飞机跑道上用来实时记录飞机飞过跑道上空时发出的噪声。通过大量的实验并对阵列信号进行处理分析，发现飞机起飞和着陆时发出的噪声主要来源于机翼的侧前方，这项研究成果大大地促进了传声器阵列信号处理技术的普及。除此之外，最受瞩目的当属美国雷神公司推出的 Boomerang 狙击手探测系统，其主要工作原理是利用传声器阵列接收敌方狙击手射击时发出的冲击波，然后根据不同传声器接收到的冲击波信号差异，分析并计算得到敌方狙击手的位置信息，该系统能实现在 1.5 s 内锁定敌方狙击手位置。除此之外，传声器阵列信号处理技术还被用于汽车、轮船等交通工具的发动机上实现噪声定位。2008 年，中国电子科技集团第三研究所研制出反狙击手声探测仪。该系统利用阵列接收敌方狙击手射击时子弹行进产生的弹道波，从而计算出敌方狙击手的方位和俯仰角，确定其位置。

除了军事领域之外，传声器阵列声源定位也被广泛应用于机器人、智能家电等设备。例如，2022 年海康威视旗下的萤石品牌推出的 RK2 儿童陪护机器人（见图 5.21c），它配备了传声器环形阵列，能够精准识别童声。其智能云脑功能可识别常见的语音对话指令，依靠云端计算帮助进行语音交流，实现智能语音对话。

目前声音信号大多采用传声器阵列进行采集处理。传声器阵列采集到的信号中包含丰富的空间域、时域和频域信息，依托这些信息人们可以估计声音的某些特征和参数。按照几何排列形状将传声器阵列划分为均匀线性阵列、圆形阵列、三维球形阵列等。规则有序的排列不仅能给实际应用带来方便，而且能够将一些估计问题简化。不同阵列类型存在的问题是：直线阵列由于其轴对称性，在定位时可能会造成空间定位的模糊；平面阵列可以实现在整个平面对目标进行定位，也可以实现以阵列所在平面为界的半个空间对目标进行定位，但在检测高度方面受到了相应的限制；立体阵列可以实现在整个空间对目标进行定位，但使用的传声器相对数量较多、算法复杂、运算量较大。实际应用中，应根据应用场景具体选择阵列类型以及阵列结构。

与无线阵列相比，传声器阵列的工作原理是不同的。具体原因如下：声音信号是频率丰富的宽带信号，声音信号受噪声和混响影响较大，环境特征和信号是非平稳的。耳听动态范围宽，对通道脉冲响应的弱拖尾敏感，需要较长的滤波模型长度。该传声器阵列可以解决语音处理中的噪声抑制、回波抑制、去混响、单声源定位、声源数估计、多声源定位、声源分离和鸡尾酒会效应等问题。

2. 传声器阵列类型

依据传声器阵列中传声器分布位置，传声器阵列的拓扑结构包括线性阵列、二维平面阵列以及三维立体阵列等几种。

（1）线性阵列　　如图 5.22 所示，左侧为均匀分布的直线阵（Uniform Linear Array, ULA），右侧为非均匀分布的直线阵，非均匀直线阵在日常环境中很少使用。对于 ULA 来说，其指向性模式为

$$D(\theta) = \frac{\sin\left(\dfrac{N\pi df}{c}\sin\theta\right)}{N\sin\left(\dfrac{\pi df}{c}\sin\theta\right)} \tag{5.36}$$

式中，N 为传声器的数目；d 为相邻两个传声器的间距（m）；f 为信号频率（Hz）；c 为信号在介质中的传播速度（m/s）。该类型传声器阵列结构简单，实现起来较为容易。声源目标坐

标由点 $P(r,\theta,\varphi)$ 表示；传声器由 S_i 表示；声源目标与传声器阵列的水平角由 θ 表示，俯仰角由 φ 表示；声源目标与传声器阵列的距离由 r 表示。直线阵声源目标几何关系如图 5.23 所示。

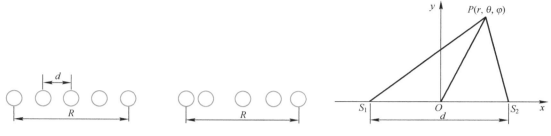

图 5.22　线性阵列示意图　　　　　　　　图 5.23　直线阵声源目标几何关系

（2）二维平面阵列　均匀平面阵（Uniform Planar Array，UPA）也是一种现在应用越来越广泛的结构，如图 5.24 所示。相比较 ULA 来说，它包含了信号的俯仰角信息。其中左侧为均匀环形阵（Uniform Circular Array，UCA），它的指向性模式为

$$D(\theta,\varphi) = \sum_{m=-\infty}^{\infty} \mathrm{j}^{mN} \mathrm{e}^{-jmN\xi} J_{mN}(k_0\rho) \tag{5.37}$$

式中，m 为贝塞尔函数的阶数；j 为虚数单位；J_{mN} 为阶数 mN 的第一类贝塞尔函数；k_0 为常数；且

$$\begin{cases} \rho = R\left\{\left[(\sin\theta\cos\varphi-\sin\theta_0\cos\varphi_0)^2 + (\sin\theta\sin\varphi-\sin\theta_0\sin\varphi_0)^2\right]^{\frac{1}{2}}\right\} \\ \cos\xi = \dfrac{R(\sin\theta\cos\varphi-\sin\theta_0\cos\varphi_0)}{\rho} \end{cases} \tag{5.38}$$

式中，R 为常数。

图 5.24 中，右侧为均匀方阵，每一行、每一列中的相邻两个阵元距离相等，它的指向性模式为

$$D(\varPsi_x,\varPsi_y) = \mathrm{e}^{-\mathrm{j}\left(\frac{N-1}{2}\varPsi_x+\frac{M-1}{2}\varPsi_y\right)} \sum_{n=0}^{N-1}\sum_{m=0}^{M-1} w_{nm}^* \mathrm{e}^{\mathrm{j}(n\varPsi_x+m\varPsi_y)} \tag{5.39}$$

式中，w 为权重系数；且

$$\begin{cases} \varPsi_x = \dfrac{2\pi}{\lambda} d_x\sin\theta\cos\varphi \\ \varPsi_y = \dfrac{2\pi}{\lambda} d_y\sin\theta\cos\varphi \end{cases} \tag{5.40}$$

环形传声器阵列如图 5.25 所示。进一步分析，假设均匀环形阵的半径为 r，将其置于 xOy 平面，取坐标原点为该环形阵的中心，设第 m 个阵元位于圆环上

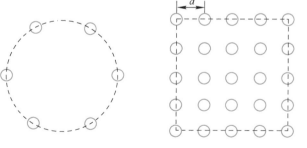

图 5.24　二维平面阵列示意图

的角度为 $\theta_m = 2\pi(m-1)/M$（其中 $m=1,2,\cdots,M$），则其位置可以用三维坐标表示为

$$\boldsymbol{P}_m = [r\cos\theta_m, r\sin\theta_m, 0]^{\mathrm{T}} \tag{5.41}$$

可以得到该均匀环形阵列的导向矢量为

$$\boldsymbol{A} = [\mathrm{e}^{ikr\sin\varphi\cos(\theta_1-\theta)}, \mathrm{e}^{ikr\sin\varphi\cos(\theta_2-\theta)}, \cdots, \mathrm{e}^{ikr\sin\varphi\cos(\theta_M-\theta)}]^{\mathrm{T}} \tag{5.42}$$

除了上述介绍的环形阵列和平面方阵，机器人声源定位中最具代表性的平面阵列之一是平

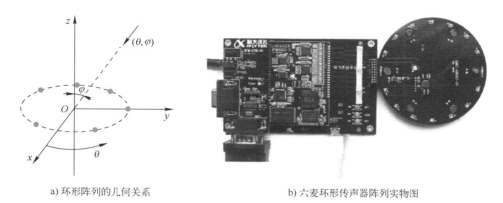

a) 环形阵列的几何关系　　　　　　　　b) 六麦环形传声器阵列实物图

图 5.25　环形传声器阵列

面四元十字阵列。远场模型中声源到对角线上两个传声器的时延近似为 0。图 5.26 所示为由四个传声器组成的二维传声器阵列，便于安装在移动机器人上。声源定位的基本原理是，采集单一声源信号到达不同位置的时间差，再由几何原理算出声源的方位和距离。图中四个点到原点的距离皆为 d，均匀分布在 x、y 轴的正负半轴。用 r 表示声源距离，φ 表示方位角（与 x 轴正方向夹角），θ 表示俯仰角（与 z 轴正方向夹角）。

根据球坐标公式可得声源的球坐标为

$$\begin{cases} x = r\sin\theta\cos\varphi \\ y = r\sin\theta\sin\varphi \\ z = r\cos\theta \end{cases} \tag{5.43}$$

根据几何关系可写出关于声源坐标的方程组：

$$\begin{cases} x^2 + y^2 + z^2 = r^2 \\ (x-d)^2 + y^2 + z^2 = r_1^2 \\ x^2 + (y-d)^2 + z^2 = r_2^2 \\ x^2 + y^2 + (z-d)^2 = r_3^2 \\ x^2 + (y+d)^2 + z^2 = r_4^2 \end{cases} \tag{5.44}$$

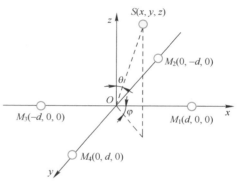

图 5.26　平面四元十字阵列示意图

由速度公式得

$$\begin{cases} r_3 - r_1 = \tau_{13}c \\ r_2 - r_1 = \tau_{12}c \\ r_4 - r_1 = \tau_{14}c \end{cases} \tag{5.45}$$

式中，τ_{ij} 是声音信号到达 M_i 和 M_j 的时间差（s）；c 是声速（m/s）。联立解得

$$\begin{cases} \tan\varphi = \dfrac{y}{x} = \dfrac{(r_4 - r_2)(r_4 + r_2)}{(r_3 - r_1)(r_3 + r_1)} \approx \dfrac{\tau_{24}}{\tau_{31}} \\[2mm] \sin\theta \approx \dfrac{c\sqrt{\tau_{13}^2 + (\tau_{14} - \tau_{12})^2}}{2d} \\[2mm] R = \dfrac{c}{2}\dfrac{(\tau_{12}^2 + \tau_{14}^2 - \tau_{13}^2)}{(\tau_{13} - \tau_{12} - \tau_{14})} \end{cases} \tag{5.46}$$

根据时延的正负可以判断声源所在的象限：

$$\begin{cases} \tau_{31}>0,\tau_{24}\geqslant 0,\varphi\approx\arctan(\tau_{24}/\tau_{31}) \\ \tau_{31}>0,\tau_{24}<0,\varphi\approx\arctan(\tau_{24}/\tau_{31})+360° \\ \tau_{31}<0,\tau_{24}\geqslant 0,\varphi\approx\arctan(\tau_{24}/\tau_{31})+180° \\ \tau_{31}<0,\tau_{24}<0,\varphi\approx\arctan(\tau_{24}/\tau_{31})-180° \\ \tau_{31}=0,\tau_{24}\geqslant 0,\varphi=90° \\ \tau_{31}=0,\tau_{24}<0,\varphi=270° \end{cases} \tag{5.47}$$

当只需要求方位角 φ 时，可将模型简化为双曲线模型，相同情况下误差更小。

根据几何关系可写出坐标方程组：

$$\begin{cases} \dfrac{x^2}{a_1^2}-\dfrac{y^2}{b_1^2}=1 \\ \dfrac{y^2}{a_2^2}-\dfrac{x^2}{b_2^2}=1 \end{cases} \tag{5.48}$$

解得坐标表达式为

$$\begin{cases} x=\sqrt{a_1^2+a_1^2 t} \\ y=\sqrt{b_1^2 t} \\ t=\dfrac{a_2^2(a_1^2+b_2^2)}{b_1^2 b_2^2+a_1^2 a_2^2} \end{cases} \tag{5.49}$$

最终可求出声源方位角为 $\varphi=\arctan\dfrac{y}{x}$。

对于平面阵列，因 n 个方程可以求取 $n-1$ 个时延，故至少需要 4 个阵元获取 3 个时延，以实现三维定位。这里阵元数目不小于 4 仅仅是实现三维全方位定位的必要条件。

（3）三维立体阵列　三维立体阵列是指传声器位置分布在立体坐标系中，一般有多面体阵列和球形阵列。

1）四元正四面体阵列。在笛卡儿坐标系中，四元正四面体的传声器阵列的位置如图 5.27a 所示。在图 5.27b 中，S_1、S_2、S_3、S_4 表示四个传声器，O 同时作为坐标系的原点和正四面体底面的中心。将 Q 作为声源目标，它的坐标用 $Q(x,y,z)$ 来表示。从坐标原点 O 到目标 Q 之间的距离是 r，在 xOy 平面上，OQ 的投影是 OQ'。将 OQ' 和 x 轴之间的角度定义为 α，OQ 和 z 轴之间的角度定义为 β。

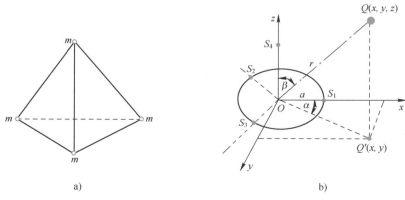

a)　　　　　　　　　　　　b)

图 5.27　四元正四面体阵列结构与位置示意图

假设 S_1 到坐标原点 O 的距离为 a，则四个传声器的坐标分别为 $S_1(a,0,0)$、$S_2(-a/2,$ $-\sqrt{3}\,a/2,0)$、$S_3(-a/2,\sqrt{3}\,a/2,0)$、$S_4(0,0,\sqrt{2}\,a)$。如果用 c 表示声音的传播速度，设目标 Q 到四个传声器的距离分别为 r_1、r_2、r_3、r_4，则目标声音信号到达 S_4 与到达其他传声器的距离之差为

$$d_{4i}=r_4-r_i=cT_{4i} \quad (i=1,2,3) \tag{5.50}$$

式中，T_{4i} 为目标声音信号到达 S_4 与到达其他传声器的时延值。可以构建以下两个方程组：

$$\begin{cases} x^2+y^2+z^2=r^2\sqrt{2}\,a \\ x^2+y^2+(z-\sqrt{2}\,a)^2=r_4^2 \\ \left(x+\dfrac{a}{2}\right)^2+\left(y-\dfrac{\sqrt{3}}{2}a\right)^2+z^2=(r_4+d_{43})^2 \\ \left(x-\dfrac{a}{2}\right)^2+\left(y+\dfrac{\sqrt{3}}{2}a\right)^2+z^2=(r_4+d_{42})^2 \\ (x-a)^2+y^2+z^2=(r_4+d_{41})^2 \end{cases} \tag{5.51}$$

$$\begin{cases} x=r\sin\beta\cos\alpha \\ y=r\sin\beta\sin\alpha \quad (0°\leqslant\alpha\leqslant360°) \\ z=r\cos\beta \qquad\quad (0°\leqslant\beta\leqslant90°) \end{cases} \tag{5.52}$$

在实际应用中，当声源与传声器阵列的距离远大于传声器之间的距离时，可以用远场模型来近似处理，最终得出声源的方位角公式为

$$\alpha\approx\arctan\left(\sqrt{3}\,\frac{d_{42}-d_{43}}{d_{42}+d_{43}-2d_{41}}\right) \tag{5.53}$$

2）五元正四面体阵列。五个全向电容式传声器组成了一个正四面体形的传声器阵列，如图 5.28 所示。S_i（$i=5$、4、3、2、1）分别为五个不同的传声器，S_4 和 S_5 分别用于分离欠定盲信号的两个耳朵，$S_1\sim S_4$ 分别在传声器 S_3 和 S_4 之间的空间范围内形成声源位置模型。与四元正四面体阵列相比，该立体五元阵具有较高的三维分辨率。

3）球形阵列。与线性阵列和二维平面阵列相比，球形传声器阵列（见图 5.29）是立体阵，并且具有三维对称结构、高空间分辨率、空间任意方向的波束形成及球傅里叶正交分解框架等优点，不再出现角度模糊，适合用于对声源定位要求较高的场景中。正是基于这些优点，

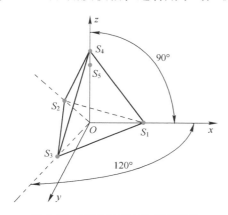

图 5.28　五元正四面体阵列结构

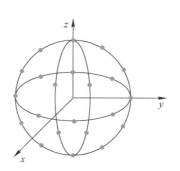

图 5.29　球形阵列示意图

球形传声器阵列在三维空间声场的获取、分析与重放等领域有着广泛的应用前景。而不同的球面空间采样策略会影响传声器的空间位置和所获取声信号的分析带宽以及球傅里叶变换的运用，所以研究球面空间采样策略是实现三维空间声源定位的第一步。

以色列本·古里安大学的 Rafael 首先提出了球面的三种采样方法：等角度采样、高斯采样和均匀采样，总结了这三种方法的优缺点，并对传声器的数目和位置、空间混叠和测量噪声带来的误差进行了理论研究和仿真分析。球面的均匀采样很难实现，但阵列冗余度最低。高斯和等角度两种采样方法在球面一个中心轴线、两个端点附近的传声器过于集中，这影响阵列的实现及球傅里叶分解的阶数。此外，针对开放式球形阵列鲁棒性较差的问题，Rafael 还提出了双开球形传声器阵列，并推导了双球半径的最优比值。另一种方法是将传声器在球表面按照阿基米德、费马和对数螺线等螺旋分布。球形传声器阵列的空间采样策略带来了一个关键问题是空间混叠，因此需要一种能够在信号处理的过程中消除混叠的方法，而不用在物理上修改阵列本身。各种球面采样方法均有各自的优缺点，相比于等角度分布和高斯分布，均匀分布球形阵列具有最小的冗余度，在球阵的最高阶数相同的情况下，所需的阵元数目最少。

基于球形阵列的分布，一种半球形传声器阵列由 19 个电容式传声器分四层以非均匀布点的方式布设在直径为 10 cm 的半球面上，第一层布点在中心点 o，其余三层分别以间隔 60° 排布 6 个传声器，分别对应标号 $a_1, a_2, \cdots, a_6$；$b_1, b_2, \cdots, b_6$；$c_1, c_2, \cdots, c_6$，第二层的 a_1 与第三层对应点 b_1 相对平面投影夹角为 30°。球面上传声器的方向沿着球心到该点的法线方向排布。

从上述分析和各自指向性模式中可以看出，线性阵列有效方位角只有两个（本质上是一维），且存在左右舷模糊问题，故它仅在环境不复杂、对语音采集准确度要求不高的情况下使用。对于平面环形阵列和矩形阵列来说，伴随阵元的增多，虽然主瓣宽度变小，旁瓣幅值也会下降，但有利于波束形成，另外它们包含了方向角和俯仰角信息（本质上是二维），对声音信号处理非常有利。虽然平面阵存在着俯仰角模糊的问题，但是也可以通过其他技术方法规避这一问题带来的不利影响。对于立体阵来说，其性能优良，不存在角度模糊，但是由于结构复杂，一般并不常用，只是应用在某些要求较高的特殊场景下（例如对精度要求较高的声源定位中）。

传声器阵列的几何结构、传声器间距、传声器的个数选择以及声程差计算方法等因素都会直接影响听觉系统的性能。传声器阵列中传声器的数量对系统的性能起决定性作用，在实际设计中不仅要考虑系统的需求，还要考虑成本、实现的难易程度等因素。若传声器数量少，采集到的信息就少，导致系统精确度不够；若传声器数量过多，分布密集，虽然可以有效提高声源定位准确性，却增加了系统的运算量，提高了成本。因此，综合经济投入和实际需求，传声器的数量和结构选择对提高定位精度有一定限制。所以在设计听觉系统时，可以针对具体应用场景和参数需求进行阵列优化。

3. 传声器阵列算法

常用的传声器阵列算法主要分为以下几类，由于神经网络多以自适应框架为基础，在此就不再单独列为一类：

1）固定波束形成。固定波束形成可以看作一种闭环系统，在这种系统中，接收到的信号的随机统计特性决定了其性能的好坏，为了更好地降低噪声和干扰对语音的影响，进行固定波束形成前应知道信号和干扰、噪声的具体位置。它的各项参数在进行波束形成前就由开发人员固定，不因信号的改变而改变。

2）自适应波束形成。该类波束形成算法常以具体准则为基础提出相应的算法，可用较少的传声器取得较好的去噪效果。例如：以线性约束最小方差为基础的线性约束最小方差方法及其衍生方法——广义旁瓣相消器等，是在输出功率上施加线性约束；最小方差无失真响应是以输出功率最小为目标；以最大信噪比（Maximal SNR，MaSNR）为基础的波束形成器，是以保证输出信噪比尽可能大为目标。自适应波束形成算法本质上以信号处理为基础，仍只是将语音看作普通的传输信号处理。

3）盲源信号分离。该算法分为三类，第一类方法被称为独立分量分析（Independent Component Analysis，ICA），它是在信号经过变换后，保证不同的信号分量之间的相依性尽可能地减小。这一类算法主要是使用 ICA 的方式将感兴趣的干净语音进行提炼，然后进行波束形成，相比后面两类来说，这一类应用比较广泛。第二类方法使用一个非线性的传递函数对输出进行转换，使输出分布在一个有限的范围内，并在该范围内服从均匀分布，这一类方法很少使用在语音增强中。第三种方法是 ICA 的一种推广，被称为非线性主分量分析（Nonlinear Principal Component Analysis，NPCA），是在正交约束下进行信号分离的方法。

4）子空间法。子空间法的核心是 Karhunen-Loève 变换（Karhunen-Loève Transform，KLT）和逆 Karhunen-Loève 变换（Inverse Karhunen-Loève Transform，IKLT）。比较典型的一个算法就是刘文举将听觉感知应用于子空间的方法，这种方法使用置信度确定噪声子空间，然后用概率估计出噪声，使用听觉掩蔽效应把信号子空间估计出来的语音中的残余噪声进行抑制。

5.4.3　声源定位方法

人类听觉系统是相当复杂的系统，在很多方位上能十分准确地对声源进行定位。相关研究发现，当声源位于正前方时，人们可以感知到的最小可听角度差约为 1°。S. A. GelFand 通过实践总结出以下三个关于双耳声源定位的机理。

1）双耳间声强差（Interaural Level Difference，ILD）：声源在左右耳的声音强度差。

2）双耳间时间差或相位差（Interaural Time/Phase Differences，ITD/IPD）：点声源抵达左右耳的时间差。

3）频率线索（Spectral Cues）：基于频谱相关特性来进行声源定位。

通过上面三个机理，能较完整地将双耳对方位感知参数化表示。此外头部的移动对提升声源前后定位也是相当重要，例如人往往通过转头来更好地对中垂面上的点进行辨识。在三维空间声场中，空间上的描述可以通过以下三个维度。

1）左右空间方位（方位角，Azimuth）：主要依赖于双耳线索（Binaural Cues），通过声音抵达双耳之间的差异，来判断声音的左右偏向。ITD 是声源抵达双耳的时间差，其范围为 $0 \sim 690 \, \mu s$ 区间。

2）上下空间方位（高程，Elevation）：主要是通过耳廓的形状，造成不同入射角有不同的折射程度而产生的差异。研究结果表明，来自于上方的声源大致而言其声音强度较来自于下方的声源要强。耳廓的形状产生频率上的不一样，因此也称为频谱线索。文献中并没有确定哪些频谱线索决定哪些方向，但大多数频谱线索位于 $4 \sim 16 \, kHz$ 的频率范围内。

3）远近空间方位（距离，Distance）：远近维度其实就是声源到达双耳的能量，能量大听觉上感觉近，能量小听觉上感觉远。

对声音方向定位和声音距离定位进行基础的介绍后，下面详细介绍声音在球极坐标系中的表示、头部相关传递函数的理论知识以及空间声场采集和重放当前研究成果，为双耳重放系统中声音空间采集、头部相关传递函数建模、重放系统搭建和音质客观评估系统的算法改进奠定理论基础。

视听系统是智能机器人上一个非常重要的部分。该系统的基本要求是允许机器人通过语音对话与人类互动。根据这一要求，机器人界目前有几个研究问题。这些问题包括说话人本地化、语音分离和增强、语音识别和自然对话、说话人识别和多模型交互等。其中，使用生物听觉原理传声器阵列的声源定位多年来一直备受关注。经过近几年的研究，关于声源的定位策略主要分为三类：基于声波到达时间差、基于最大输出功率的可控波束形成技术、基于高分辨率谱估计。

1. 基于声波到达时间差

声音定位的基本思想是从一对传声器之间的到达时间差推导出声源的方向。时差可以在短时间内通过通用互相关方法进行估计。通用互相关方法可以通过不同的加权方案进行增强，如相位变换。对于多对传声器阵列，可以通过搜索产生最高能量的方向来获得声音定位，例如转向响应功率、多信号分类或最大似然方法。

2. 基于最大输出功率的可控波束形成技术

"波束形成"起源于早期的空间滤波器，它的形状是用来形成一个铅笔波束，用来接收从某个地方发出的信号，然后从其他地方减弱。为接收空间中的信号而设计的系统经常会遭遇到干扰。当被要求的信号与干扰源占据相同的时间域频段时，无法利用时域滤波器对信号与干扰进行分离。但是，所需信号和干扰信号一般都是在不同的空间位置产生的。利用接收机上的空间滤波器，可以将信号与干扰分开。时域滤波的实现要求对采集到的数据进行处理。类似地，实现空间滤波器需要处理通过空间孔径收集的数据。波束形成器形成标量输出信号，作为传感器阵列接收的数据的加权组合。权重确定波束形成器的空间滤波特性，并且如果具有重叠频率内容的信号来自不同位置，则能够分离这些信号。选择与数据无关的波束形成器中的权重，以提供与接收数据无关的固定响应。根据数据的统计信息选择权重，以优化波束形成器响应。数据统计通常是未知的，并且可能随时间而变化，因此使用自适应算法来获得接近统计最优解的权重。计算方面的考虑决定了使用带有大量传声器阵列的部分自适应波束形成器。为了实现最佳波束形成器，人们提出了许多不同的方法。未来的工作可能会解决信号消除问题，进一步减少大型阵列的计算负载，并改进实现结构。波束形成确实代表了一种多功能的空间滤波方法。

3. 基于高分辨率谱估计

高分辨率谱估计技术一般应用于多个声源环境，但这些方法都是利用采集到的传声器信号来求出空间频谱的相关矩阵。此时，若不了解所使用的空间频谱的相关矩阵，就需要用现有资料进行估算，该方法给出了在一定条件下，保证在平稳状态下不发生变化，且具有充分的平均信号，而在真实情况下，这种情况发生的可能性非常低。这种方法计算量大，相对于传统的波束成形算法，它对声源和传声器模型的错误具有很好的鲁棒性，因而很难应用于现代的其他声源定位系统。当前的位置问题主要是针对线性阵列的远场，一些特征值的分析都局限于远场的线性阵列。

5.4.4　典型案例——基于传声器阵列的机器人声音信号导航系统

随着数字信号处理技术、声学和电磁技术的发展和完善，听觉系统作为人类感官的重要组成部分，已成为机器人学研究领域的重要目标，为机器人传感技术提供了一条新的途径。移动机器人的人工听觉系统可用于三个目的：①定位声源；②分离声源，以便仅处理与环境中特定事件相关的信号；③处理声源，以从环境中提取有用信息。针对上述问题，人们对听觉系统进行了大量的研究。与视觉感知的研究相比，听觉的研究还处于起步阶段。随着人工智能技术、传感器技术、仿生技术、语音信号处理技术等的不断发展，语音声源定位技术在语音识别中的应用越来越广泛。然而，在现有的声源定位技术中，大部分都是从信号处理方面进行的，很少有用于机器人方面的研究。因此，在此基础上，研究人员对移动机器人的听觉建模和相关技术进行了深入的探讨。在本小节中，将详细介绍该系统的应用实例，对多个目标进行定位，并对其进行误差分析，以便对其进行准确的评价。

1. 系统原理

模拟人耳听觉系统的三维空间声源定位系统主要由传声器单元来接收声音信号。机器人的听觉系统由传声器单元来接收声音信号。然后，按照以下原则对初始声音信息进行处理和分析：在多个传声器获取声音信号后，在时域或频域的基础上增加一个空域进行空时处理，以便在空域中识别一个或多个声源的空间坐标，即获取目标源的定位信息。其中，由于传声器输出的电信号很微弱，所以在前面应有可调增益电路模块对其进行放大。放大后通过 A/D 转换将模拟量转换为数字量，通过 USB 接口将 FPGA 控制数据传输到上位机进行实时处理。为了防止数据在实时传输过程中丢失，可以将数据存储在外部存储器 Flash 中，以支持数据回读处理。系统控制和算法实现的主要功能是向采集系统下达指令，根据声源定位方法计算上传数据，估计声源的角度和距离。

2. 方案设计

传声器阵列声源定位系统的整体方案由两大部分构成，分别是信号获取的硬件部分和系统控制及算法实现的软件部分。

使用 Altium Designer 搭建声音信号采集电路（四元十字传声器阵列）、FM 信号采集电路、直流电动机驱动电路（H 桥驱动电路），设计一个电源模块，将输入电压从 7.4 V 转换为 12 V、5 V 和 3.3 V，同时包括线性稳压电源。此外，设计外设通信接口电路，用于陀螺仪、TFT 屏等外设的通信，并选用适当的元件进行 PCB 布局和焊接。运用所学的单片机原理和 C 语言程序设计知识，使用英飞凌 TC264D 双核单片机完成数字信号处理、PID 控制、人机交互等软件编程。熟悉并应用广义互相关算法、快速傅里叶算法测算声源距离和方位，理解麦克纳姆全向轮运动控制原理，使用串级 PID 算法驱动麦克纳姆轮四驱移动平台对声源进行追踪。最后采集原始声音和 FM 数据用 MATLAB 进行算法验证，将真实值和实物测算值进行对比，评估定位效果。

（1）控制算法　一个基本的控制系统应有四个部分：控制器、执行器、被控对象和变送器。例如在串级控制系统中，控制器有两个，执行器是 H 桥驱动电路，被控对象有两个直流电动机和四驱麦克纳姆轮底盘。根据所学 PID 控制知识，有两种数字 PID 控制器可供选择。第一种是位置式 PID 控制器，公式如下：

$$
\begin{aligned}
u(k) &= K_{\mathrm{p}}\left\{e(k) + \frac{T}{T_{\mathrm{i}}}\sum_{j=1}^{k}e(j) + \frac{T_{\mathrm{d}}}{T}[e(k) - e(k-1)]\right\} \\
&= K_{\mathrm{p}}e(k) + K_{\mathrm{i}}\sum_{j=1}^{k}e(j) + K_{\mathrm{d}}[e(k) - e(k-1)]
\end{aligned}
\tag{5.54}
$$

式中，$K_{\mathrm{i}} = K_{\mathrm{p}}\dfrac{T}{T_{\mathrm{i}}}$ 为积分系数；$K_{\mathrm{d}} = K_{\mathrm{p}}\dfrac{T_{\mathrm{d}}}{T}$ 为微分系数；$u(k)$ 表示执行机构应该达到的位置。由于直流有刷电动机驱动能力小，车体搭载的电路板、机械元件比较多，惯性较大，在室内光滑

地板上容易造成轮子打滑，产生积分饱和现象，因此不适合用位置式 PID 控制器。

第二种是增量式 PID 控制器，公式如下：

$$u(k) = K_p e(k) + K_i \sum_{j=1}^{k} e(j) + K_d [e(k) - e(k-1)]$$

$$u(k-1) = K_p e(k-1) + K_i \sum_{j=1}^{k-1} e(j) + K_d [e(k-1) - e(k-2)] \qquad (5.55)$$

$$\begin{aligned} \Delta u(k) &= u(k) - u(k-1) \\ &= K_p [e(k) - e(k-1)] + K_i e(k) + K_d [e(k) - 2e(k-1) + e(k-2)] \end{aligned}$$

式中，$\Delta u(k)$ 表示执行机构的调节增量（即 k 时刻比 $k-1$ 时刻的调节增量）。

增量式 PID 控制器可以在积分饱和时将 PID 控制转为 PD 控制，或者将 PI 控制转为纯比例控制，所产生扰动小，利于编程，因此直流电动机速度控制器多使用增量式 PID 控制器。同时考虑速度控制的精度和稳定性问题，将微分项置零，使用增量式 PI 控制器。速度控制器的设定值为电动机目标转速，一般用控制周期内采集到的编码器脉冲数代替；反馈值是编码器 AB 相脉冲正交解码结果；输出值为控制 H 桥 MOS 管的 PWM 波占空比。但是在车体的姿态控制中，单 PID 控制明显不能满足控制要求，此时可在姿态角的控制中再引入一个 PID 方向控制器。和速度控制不同，方向控制一般对调整时间有着较高的要求，若调整时间过慢，则会导致转向不及时、脱离预设路径的问题，造成难以预料的隐患。因此，使用动态性能良好的 PD 方向控制器。方向控制器的设定值为传声器阵列估计的声源方位角，反馈值是声场坐标系中车头正前方对应的航向角，两者差值为控制器偏差。方向控制器输出为麦克纳姆轮底盘的旋转角速度分量，常与 x 方向速度和 y 方向速度线性叠加作为速度控制器的目标速度。选择凑试法进行 PID 参数的整定，顺序是先内环（速度增量式 PI 控制器）后外环（方向 PD 控制器），先比例（K_p）再积分（K_i）后微分（K_d）。串级控制框图如图 5.30 所示。

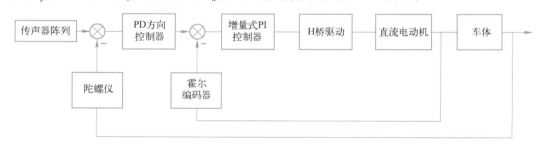

图 5.30　串级控制框图

（2）硬件设计　硬件部分主要由控制主板、电动机驱动板、信号采集板三个部分组成，硬件设计使用 Altium Designer 软件绘制，采用模块化思想。

MAX9814 芯片用于声音信号采集。MAX9814 芯片通常用于声音信号放大，是一款成本低、性能好的传声器放大器。该芯片主要集成低噪声前置放大器、可变增益放大器（VGA）、多级放大电路组成的输出放大器，还配备了自动增益控制电路和低噪声偏置电压电路。低噪声前置放大器的固定增益为 12 dB，可变增益放大器可根据输出电压和自动增益控制阈值电压在 0~20 dB 之间自动调节增益。根据 GAIN 引脚的电平状态，输出放大器可以选择三种 GAIN：8 dB、18 dB 和 28 dB。如果增益关闭自动调整，放大器级联总增益可高达 40 dB、50 dB 或 60 dB。

驻极体电容传声器是通过外界压力和温度的作用将电荷注入其表面，并将电荷长期保存的特殊电介质。和一般的电容相比，驻极体电容电路结构简单，因为不用单独为其配置极化电压电路。该类电容静态工作时输出阻抗高，电容值在 20 pF 以下，不利于微弱电信号的采集，因此常见的驻极体往往内部集成一个场效应晶体管用来做阻抗变换，引出漏极和源级两个引脚。场效应晶体管（Field-Effect Transistor，FET）是一种电子器件，由源极、栅极和漏极组成，其工作原理是基于电场的控制。在某些电路设计中，为了保护场效应晶体管或实现特定的电路功能，可能会在场效应晶体管电路中附加一个二极管。当声音信号较弱时，产生的电信号小于二极管的导通电压，此时二极管截止，GS 之间的阻抗维持在比较高的状态，能够维持一定放大系数。当声音信号较强时，产生的电信号大于二极管的导通电压，二极管导通，场效应晶体管的输入阻抗下降，可以使从电容传声器分得的电压不超过场效应晶体管的夹断电压，避免漏-源极电流 I_{ds} 截止。

自动增益控制调节过程描述如下：当输出电压超过门限电压，启动时间内快速降低传声器放大器增益，改变输出电压幅值。启动时间后，当输出信号的幅值降低时，增益在固定时间 30 ms 内仍然保持衰减状态不变，这段时间称为保持时间。保持时间后，增益逐渐增加，直到输出信号增加到正常值，这段时间称为释放时间，最小为 25 ms。增益调节时间由外部定时电容和 A/R 端电压（可选三种启动和释放时间的比值）设置。自动增益控制门限电压可通过 14 脚电压 V_{th} 调节。增益衰减值是关于输入信号幅值的函数，最大衰减值为 20 dB。传声器测量的声音信号是变化较快的信号，如枪声或击打声，启动时间不应设置过长，以达到快速响应的效果。但是若要提高声音信号的动态范围，可以适当延长启动时间。电路中 GAIN 接地可达到最大的放大效果，A/R 同样接地选择启动释放比为 1∶500 可达到快速响应的效果。MAX9814 工作电压由 AMS1117-3.3 芯片提供。

采用 RDA5807M 收音模块接收从声源处发出的 FM 信号。RDA5807M 使用 3.3 V 工作电压，能够接收 50~115 MHz 的 FM 信号，左、右声道输出的是相同的解调后的声音信号。接收 FM 信号的同时该模块还能检测 FM 信号强度，该值能在一定程度上反映信号源的距离。天线端用导线连接至一根拉杆天线。在使用中拉杆天线偶尔会出现信号不佳情况，此时可以将拉杆天线更换为螺旋天线或者更大的拉杆天线。

（3）主控电路　主控电路包括电源电路、TC264 最小系统、I/O 接口、陀螺仪、FM、蓝牙、无线串口通信电路，共使用了 48 个引脚用来完成控制、通信、采样等任务。由于主控电路起到系统中枢作用，信号类型复杂既有驱动板上的功率信号，又有与各种模块间通信的数字信号和信号采集板上的模拟信号，各种信号之间若连接在同一个地平面上会造成相互间的干扰，所以在 PCB 设计时将地平面分三块，分别是驱动功率地、信号板模拟信号地和芯片数字信号地。各个地平面之间使用 1206 封装的零欧贴片电阻连接。PCB 上有两个开关，上面的开关 2 是给电动机驱动板供电的开关，下面的开关 1 是给主控板和传声器阵列供电的开关。PCB 设计中将主控板分为三个功能区域，中间是 TC264 最小系统和陀螺仪模块固定区域；左侧和上侧是电源区，负责电压的转换；右侧和下侧是各种接口电路，负责与外设模块和其他电路板信号连接。由于引脚众多，地平面网络铺铜曾出现不能连通的情况，经过仔细调整布线和使用过孔最终解决了这个问题。

（4）软件设计　英飞凌 TC264 双核单片机使用 AURIX Development Studio 编译器编写相关代码，它可以对两个核分别控制。在编程时有 CPU0_main 和 CPU1_main 两个主程序对片内资源进行调度使用。使用模块化编程将不同功能的函数放置在不同 C 源文件中，便于主程序调用。CPU0 程序流程图如图 5.31 所示。

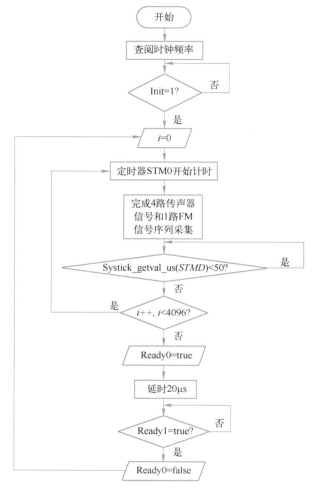

图 5.31　CPU0 程序流程图

3. 定位误差分析

声源目标定位中产生的误差，一方面源于声音信号自身的不稳定，另一方面受限于机器人工作环境和测量方法。由此可知，声源定位系统精度受到多方面因素的影响。

1）声音强度。声源目标定位中，声音强度不是始终不变的，变化的声音强度会给定位带来误差。

2）室内噪声的干扰。绝对寂静的空间是不存在的，环境中的噪声（直接噪声或折射噪声）都会干扰互相关函数，产生实验误差。

3）声音信号与传声器相对位置，即声源与传声器的距离。当声源与传声器间距过大时，声音传输到传声器时强度不能达到装置要求，从而产生误差或错误。

4）声音信号在室内发生反射传播现象。由于声音信号属于全向性传播，遇到墙障碍物时会发生折射，因此传声器采集的声音信号不仅仅是说话人的直接声源信号，还叠加了墙体反射部分的声音信号，从而产生时延误差。

为了验证算法在单片机上运行的正确性，通过无线串口模块将数据传送到计算机端上位机，利用 MATLAB 处理数据。将得到的结果和单片机运算的结果及真实值进行对比。

原始数据中，4 个传声器采集到的数据波形相似，如图 5.32 所示。为了进一步测试阵列的测量精度，在固定方位角为 90°时测量了声源不同距离的数据，见表 5.2，可以看出总体上相对误差在 10%左右，最大不超过 15%。

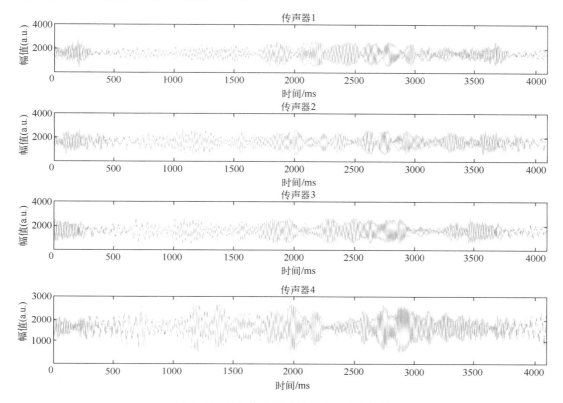

图 5.32　4 个传声器采集的声音信号波形

表 5.2　方位角为 90°时测量不同距离数据

真实距离/cm	测量距离/cm	相对误差（%）
100	88	12
200	182	9
300	278	7.34
400	362	9.5
500	447	10.6

按照同样的方法，在固定声源距离为 2 m 时，将声源放置在不同方位角，由系统的测量结果可以看出方位角最大误差不超过 5°。

经过上述分析，在有噪声和混响的室内环境中，3 m 范围内测量角度误差不超过 5°，测量距离相对误差为 10%左右，最大不超过 15%。误差产生的原因可能有以下几点：

1）空间分辨率。ADC 采样速率会影响声源方位和距离的测量精度。测量距离可采用 10 kHz 采样频率，时延估计距离的分辨率为 3.4 cm。

2）噪声和混响。在室内或者室外建筑会对声波造成反射，当传声器在声源不同方向距离时，受到回声的影响也不尽相同。而且在车体行进时，轮子和地面摩擦碰撞会产生较大噪声。

3）算法局限性。使用的传声器数量有限，只有 4 个，而且广义互相关算法对噪声有一定抑制，但是对于混响效应抑制效果一般。

4）硬件条件一般。由于成本原因，使用的 MAX9814 传声器放大器等电路元件都造价比较低，稳定性和精度有限。若使用专业级传感器可以取得更好效果。同时人工安装阵列有一定误差，也会对最终精度产生影响。

5.5　视觉听觉交叉融合

随着传感器技术的进步，传感器变得更加灵活。此外，为了应对日益复杂的环境，在一个场景中需要更多的传感器。随着传感环境的日益复杂，以及需要处理的大量数据，信息获取问题已经远远超出了人类操作员可以处理的范围。这激发了人们对传感器资源自动和半自动管理的研究兴趣，以改善基本数据融合之外的整体感知性能。多传感器系统在各种军事和民用应用中变得越来越重要。由于单个传感器通常只能感知有关环境的有限部分信息，因此需要多个类似和/或不同的传感器以集成方式提供具有不同焦点和不同视点的局部图像。此外，可以使用数据融合算法组合来自异构传感器的信息，以获得协同观测效果。所以，与单传感器系统相比，多传感器系统的优势在于拓宽机器感知范围，增强对世界状态的感知。目前，多传感器融合技术已在智能机器人、战场信息系统等诸多领域得到应用。

5.5.1　人类视听交叉感知机制

人们从各种感觉中获得的信息是同一时间产生的。比如，两个人说话时，会下意识地留意到彼此嘴巴的活动。所以，在与周围的环境长期互动的情况下，人类和其他的哺乳类在他们的脑中形成了一个跨区域的知觉区域。这类区域的一个显著特征是，能够对单个的感觉和跨型的感知信号做出响应。

人们在感受到一种感觉的同时，也会将各种感觉的信息结合起来，从而达到对周围的感觉的整合。在实际中，视觉信息的典型感知是一个球的"落地"。篮球在空中飞行时，会有各种不同的外界作用力。通过将光的折射作用在人体的视觉上，由感光元件将其转化成生物电子信号，进而形成视觉感受；而篮球和地板接触的时候，会发出撞击的声响，然后被耳蜗转化为神经脉冲，再由听觉通道传递给更高层的大脑。最后，视觉和听力的结合，形成了对篮球的理解。

另外一个具有代表性的视觉-听觉交互模型的应用是在言语识别方面，即麦格克效应。当讲话者讲话不清晰或处于喧闹的情况时，其语意识别的准确度会显著降低。将唇部影像与听声信息融合，并构造成判读的统计模式，再将所要辨认的声音及唇部影像进行特征比对，以达到辨识效果。

视听交叉模式神经元既具有视觉感受野又具有听觉感受野。听觉感受野比视觉感受野大，但它的最佳反应区域大小约等于视觉感受野。当视觉感受野中心和听觉感受野中心重合时，交叉模式神经元激活反应最大。交叉模式空间感知图的点（神经元）和以人头为中心的外界空间坐标系的目标之间建立了一一映射关系。无论目标是以视觉模式、听觉模式为人所感知，还是以视听交叉模式为人所感知，它们都对应于交叉模式空间感知图唯一一点，这体现了交叉模式信息融合的目的，即对同一感知目标做出一致性描述。

视、听觉系统感受环境信息的机理相似，信息量重合，因此大脑对这两种系统获取的信息进行交叉感知，得到统一的感知。但对于视、听觉信息发生的多种情况做出不同反应：

1）互相补充。当两种信息中的一方不能满足环境的感知时，可以通过另一方来获得补充。例如视觉只能对视野内的目标信息敏感，但当发生遮挡和偏转等情况时，听觉系统可以根据目标的声音信息判别出物体，也可以提供物体的方位信息。这样，两者之间的互相补充作用增加了信息的全面性。

2）整合化一。当两者信息相违背时，人脑会对这两种感官信息分析融合，形成单一的认知。

3）对应调整。当两信号持续不一致时，人脑的神经系统会调整信息，最终获得视听一致的信号。例如当发生闪电时，视觉和听觉会对闪电的发生产生不一致的信息，但人脑可以根据声音和视觉的传播差机制将这两种信息整合成单一的闪电信息。

综上所述，大脑对视听觉信息整合促进认知，尤其是当视觉和听觉信息差异不大时，人类更能准确迅速地认知环境。视觉主要感知空间域中的事物，而听觉更倾向于时间的感知。在视觉或听觉刺激比较弱的时候，人类的视听觉交叉感知能力会发挥较大的作用，对视听觉信息进行融合感知，产生统一的感知信息，然后对下层系统做出反馈。视听觉交叉感知技术在一定环境下促进了人们对信息的认知，从而更加适应环境的变化。这一点对于机器人视听交叉融合具有很大的启发意义。当环境中的声音或视觉信号较弱时，采用视听交叉模式来感知外界环境是很好的选择。

5.5.2　视听信息融合识别

1. 说话人识别

人与人之间的交流最直观的手段是音像资料。在现实生活中，单纯依靠声音和视觉是无法适应环境感知的。为了让机器人对周围的环境有更好的感知能力。在很多情况下，移动机器人需要模仿人的互动，以感知和探测周围的环境。视觉-听觉交互感知系统可以让机器人快速地对周围的环境进行感知和处理，并具有一定的判断能力。

本小节主要介绍机器人在一些场合中对说话人的定位与识别功能。通过已经搭建好的传声器阵列模型，采用改进的基于时延估计的声源定位算法对声源位置进行估计。将声源三维坐标位置转化为水平方向角和俯仰角。由云台控制机器人转动到声源所在方向，通过视觉检测视野内是否存在说话人。

人长期处于这样的环境中，就会逐渐地产生与周围环境的互动。即使在新的环境下，大脑也能根据新的信息做出正确的判断，从而获得更多的信息。通过视觉和听觉的相互影响，可以更好地理解声音的来源。人的视觉和听觉通过感知来收集外部的信息，然后将这些信息传递给大脑，再由大脑将这些信息结合起来，最终获得正确的信息。人在处理和做出决定的过程中，将感知所获得的信息进行综合处理，并与神经系统协同作用，最后由相互融合的信息做出决定。

这里以声源定位、说话人和面部识别为实例，分别对声源定位、说话人、面部识别等方面进行了声学和听觉信息的交流。在接收到声音的同时，人体的听觉会被神经网络所接收，然后被大脑处理，从而引导到目标的位置，而在这个过程中，视觉上的信息会被反馈到大脑中，从而产生一种相互影响的感觉，说话人识别中的视听交互感知如图 5.33 所示。

2. 技术方案

多个传感器所获得的声像信息与运动目标之间存在着紧密的关联。而在采集音像资料时，需要移动机器人进行实时的处理，其中所包含的各种信息都要经过一定的处理，才能获得准确的、详尽的信息。机器人视听交互方案流程图如图 5.34 所示。

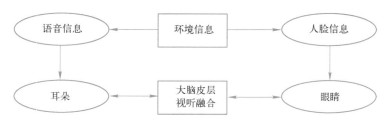

图 5.33 说话人识别中的视听交互感知

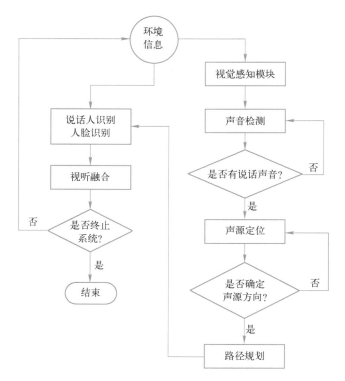

图 5.34 机器人视听交互方案流程图

5.5.3 视听信息交互的目标跟踪

仅依靠声音或图像来追踪目标，仍有许多困难。如果只利用声音，因为角色的动作并不总是会发声，所以在目标不说话的情况下，追踪就会失败；如果只利用图像，在光照条件变化、遮挡等情况下，很容易导致图像的跟踪丢失。因此，针对这一问题，提出了利用视觉与听觉信息相结合的方法来实现对物体的追踪。在视觉听觉融合中，目标追踪技术已有了初步的成果，如日本筑波大学于 2005 年制造的头部机器人（见图 5.35）。该机器人使用了多个传声器阵列，利用贝氏后验统计原理对大量的多个信号进行定位。利用神经网络技术将语音与影像相结合，实现了角色追踪。剑桥大学的研究团队使用了微粒滤波技术，将声音与影像结合起来，通过对声音与影像的结合，建立一个观测模式，以检验各种假设，并估算出目标的位置。实验证明，该算法能够有效地解决某些单一的视频和音频跟踪问题。例如，在角色快速运动的时候，仅仅利用影像信息进行追踪，会造成角色的位置丢失。在加入了语音信息之后，可以在几个画面后还原出角色的位置；当两个人轮流交谈时，利用声音影像融合技术进行追踪，可以侦测到不同的说话人。

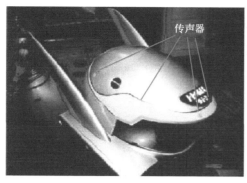

图 5.35　采用声音信号的头部机器人

同样，德国埃尔朗根-纽伦堡大学的远距离通信实验室也将卡尔曼滤波器用于声、视两种信息的融合，一条仿真轨道的追踪效果比单纯依靠听觉或视觉的追踪效果要好。

1. 视觉-听觉融合跟踪

当使用听觉信息和视觉信息结合来进行目标跟踪时，需要一种将这两种信息有效融合起来的工具，粒子滤波器便是其中一种，具体来说是用 ICondensation 算法来融合听觉和视觉信息。该算法先分别单独使用听觉信息和视觉信息进行目标跟踪，再将得到的结果融合起来得到最后的跟踪结果。在 ICondensation 算法中，先验概率的假设提出是由一个重要性函数来提供的，这就避免了单纯采用运动模型估计的盲目性。而这个重要性函数必须能够比较准确地反映目标在空间中可能存在的区域，从而可以在目标存在概率比较高的区域中进行采样，以保证采样的效率。在这个算法中，存在着听觉和视觉两种信息，这两种信息的融合可以分为先验概率假设和观察模型两个阶段。为了更好地融合这两种信息，可以在这两个阶段都对听觉信息和视觉信息进行融合。在先验概率假设阶段，使用听觉信息和视觉信息提出先验概率作为重要性函数。考虑到使用视觉信息进行跟踪时，当前帧的跟踪出发点是上一帧的跟踪结果，因此视觉跟踪本来在时间上就具有一定的连续性；而听觉信息的跟踪，即声源定位则不具有这种性质，因此为了使视觉信息和听觉信息在提出先验概率假设阶段在地位上更为对称，可以使用听觉信息和视觉信息先单独提出一种先验分布。在观察模型阶段，则同时使用听觉信息和视觉信息两种信息建立观察模型。同时由于在跟踪的过程中，各种条件会动态发生变化，包括噪声的干扰、目标的遮挡等，都会使听觉信息和视觉信息本身的可信度发生变化，因此在算法中应引入权值来反映听觉信息和视觉信息的可靠性。听觉信息和视觉信息分别被赋予一个权值。若权值大，则其在算法中的影响也比较大。基于视觉听觉融合的目标跟踪算法结构如图 5.36 所示。

该算法结构包括三个模块，即听觉跟踪模块、视觉跟踪模块和融合模块。使用一个传声器阵列作为听觉跟踪模块的设备，使用一个摄像头作为视觉跟踪模块的设备。听觉信息经过传声器阵列处理后，得到单独使用听觉信息的跟踪结果；视觉信息经过摄像头处理后，得到单独使用视觉信息的跟踪结果。将这两个跟踪结果和它们的权重（可信度信息）一起送到融合模块，经过融合模块处理后，得到最终的跟踪结果。再将该结果反馈给听觉跟踪模块和视觉跟踪模块，供它们修改自己的权重以及做进一步的处理。整个过程结束后算法再进入下一帧的循环。

2. 听觉控制-视觉跟踪

通过机器人听觉接收指令，对特定目标进行追踪的机器人总体控制方案是，较复杂的计算

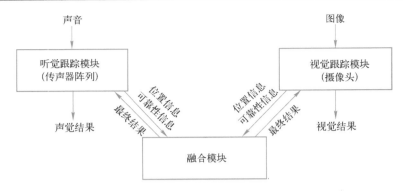

图 5.36　基于视觉听觉融合的目标跟踪算法结构

工作和上级规划由上位机来实现，包括图像信息、传感器信息处理和机器人步态规划、路径规划、轨迹规划，下位机做传感器的数据采集和电动机控制。这主要是考虑到机器人控制器本身有限的计算能力，如果其任务过重，会严重影响机器人对上级命令反应的实时性。为了充分利用机器人控制器有限的处理能力，下位机引入嵌入式实时操作系统进行任务调度和协调，上位机是在强大的开源机器人操作系统上进行控制系统的搭建，这实际上也属于多线程的编程。听觉控制–视觉追踪控制系统方案如图 5.37 所示。

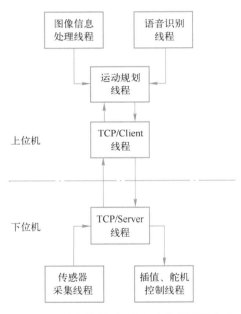

图 5.37　听觉控制–视觉追踪控制系统方案

5.6　小结

本章介绍了机器人听觉感知系统的研究现状和关键技术，包括声音传感器、语音识别、声源定位等，以及视听交叉融合感知技术。这些技术在智能机器人中的应用，可以弥补单一感觉系统的不足，提高机器人对复杂环境的感知能力。随着人工智能和机器人技术的发展，机器人听觉感知系统有望在更多场景中发挥重要作用。

参考文献

[1] LYON R F. Human and machine hearing: extracting meaning from sound [M]. Cambridge: Cambridge University Press, 2017.

[2] HEDWIG B, POULET J F A. Complex auditory behaviour emerges from simple reactive steering [J]. Nature, 2004, 430 (7001): 781-785.

[3] 陈小平. 声音与人耳听觉 [M]. 北京: 中国广播电视出版社, 2006.

[4] LIU H P, FANG Y, HUANG Q H. Efficient representation of head-related transfer functions with combination of spherical harmonics and spherical wavelets [J]. IEEE access, 2019, 7: 78214-78222.

[5] JUNG Y H, HONG S K, WANG H S, et al. Flexible piezoelectric acoustic sensors and machine learning for speech processing [J]. Advanced materials, 2020, 32 (35): 1904020.

[6] ELKO G W, PARDO F, LÓPEZ D, et al. Capacitive MEMS microphones [J]. Bell labs technical journal, 2010, 10 (3): 187-198.

[7] ZHAO H, XIAO Y, HAN J, et al. Compact convolutional recurrent neural networks via binarization for speech emotion recognition [C]//ICASSP 2019—2019 IEEE International Conference on Acoustics, Speech and Signal Processing (ICASSP). New York: IEEE, 2019.

[8] 赵力. 语音信号处理 [M]. 2 版. 北京: 机械工业出版社, 2009.

[9] WANG W S, ZHU L Q. Recent advances in neuromorphic transistors for artificial perception applications: focus issue review [J]. Science and technology of advanced materials, 2023, 24 (1): 10-41.

[10] MARTINSON E, BROCK D. Auditory perspective taking [J]. IEEE transactions on cybernetics, 2013, 43 (3): 957-969.

[11] SHEN M Q, WANG Y Y, JIANG Y D, et al. A new positioning method based on multiple ultrasonic sensors for autonomous mobile robot [J]. Sensors (Basel, Switzerland), 2020, 20 (1): 1-15.

[12] LIU X, CAI C, DONG Z F, et al. Fiber-optic microphone based on bionic silicon MEMS diaphragm [J]. Acta physica sinica, 2022, 71 (9): 094301.

[13] VALIN J M, MICHAUD F, ROUAT J, et al. Robust sound source localization using a microphone array on a mobile robot [C]//Proceedings 2003 IEEE/RSJ International Conference on Intelligent Robots and Systems (IROS 2003), 2003, 2: 1228-1233.

[14] LI T, LI Y, ZHANG T. Materials, structures, and functions for flexible and stretchable biomimetic sensors [J]. Accounts of chemical research, 2019, 52 (2): 288-296.

[15] 乔玉晶, 郭立东, 吕宁, 等. 机器人感知系统设计及应用 [M]. 北京: 化学工业出版社, 2021.

[16] MIWA H, UMETSU T, TAKANISHI A, et al. Human-like robot head that has olfactory sensation and facial color expression [C]//Proceedings 2001 ICRA IEEE International Conference on Robotics and Automation, 2001, 1: 459-464.

[17] VALIN J M, MICHAUD F, ROUAT J. Robust localization and tracking of simultaneous moving sound sources using beamforming and particle filtering [J]. Robotics and autonomous systems, 2007, 55 (3): 216-228.

第6章 机器人感知系统智能化

机器人是最早引入数据融合技术的领域之一。随着机器人技术的不断发展，越来越多的机器人服务于高度动态、不确定与非结构化的环境中，对机器人的环境感知和智能决策能力提出了更高要求。为应对新的挑战，现代智能机器人系统通常配有数量众多、类型丰富的传感器，以满足感知特性互补和多余度感知的需求。

目前信息融合常见应用如图6.1所示。多传感器信息融合在机器人控制系统中的应用对象主要包括物流分拣机器人、码垛机器人、焊接机器人等工业机器人和医疗辅助机器人、清扫机器人、消毒机器人等服务机器人两大类，所应用的传感器类型包括第2~5章中介绍的各类传感器。多传感器融合算法融合了每个传感器的信息，并产生更好的信息，实现传感器间的优势互补，它广泛应用于机器人、无人机和图像处理等领域。

a) 应用于离心血泵装配的ABB　　　　b) 大疆Mavic3无人机　　　　c) 证通电子推出的银行服务机器人小僮
　 协作机器人YuMi

图6.1　目前信息融合常见应用

多传感器信息融合技术是一个十分活跃的研究领域，尽管传感器融合的概念早已提出，但直到最近几年人们才开始真正看到实际的规模应用。多传感器融合的基本原理就像人脑综合处理信息的过程一样，将各种传感器进行多层次、多空间的信息互补和优化组合处理，最终产生对观测环境的一致性解释。在这个过程中要充分利用多源数据进行合理支配与使用，而信息融合的最终目标则是基于各传感器获得的分离观测信息，通过对信息多级别、多方面组合导出更多有用信息。这不仅利用了多个传感器相互协同操作的优势，而且也综合处理了其他信息源的数据来提高整个传感器系统的智能化。事实上，传感器融合已经迅速发展成为一种热门趋势，从发源的智能手机和便携式设备，现在开始拓展到广泛的物联网传感器、新一代自动驾驶汽车以及无人机的环境感知应用。这种爆炸式增长带来了机遇，当然也提出了许多挑战，不仅是纯粹的技术挑战，还涉及隐私、安全以及对未来基础设施发展的更广泛影响。传感器融合的定义相对简单，本质上是一种智能整合一系列传感器数据的软件，然后利用整合结果来提高性能，可以是使用相同或相似类型的传感器阵列来实现极高精度的测量，也可以通过整合不同类型的传感器输入来实现更复杂的功能。在这方面将来的发展方向有多层次传感器融合、微传感器和智能传感器、自适应多传感器融合。

（1）多层次传感器融合　由于单个传感器具有不确定、观测失误和不完整性的弱点，单层数据融合限制了系统的能力和鲁棒性。对于要求具有高的鲁棒性和灵活性的先进系统，可以采用多层次传感器融合的方法。低层次融合方法可以融合多传感器数据；中间层次融合方法可以融合数据和特征，得到融合的特征或决策；高层次融合方法可以融合特征和决策，得到最终的决策。

（2）微传感器和智能传感器　传感器在人们的日常生活中起着重要的作用，它就像人的五官一样，是采集外部环境信息并处理信息的重要工具。传感器的性能、价格和可靠性是衡量传感器优劣与否的重要标志，然而许多有着优良性能的传感器由于其体积大而限制了它的应用市场。

微电子技术的迅速发展使小型或微型传感器的制造成为可能。智能传感器将主处理、硬件和软件集成在一起，如美国派若斯公司研制的 1000 系列数字式石英智能传感器（见图 6.2）。日本日立研究所研制出一种嗅觉传感器，它在同一块半导体基片上用离子注入法配置扩散了压差、静压和温度三个敏感元件，整个传感器还包括变换器、多路转换器、脉冲调制器、微处理器和数字量输出接口等，能够实现四种气体的识别。

图 6.2　派若斯 1000 系列数字式石英智能传感器

（3）自适应多传感器融合　通常，多传感器融合需要感知环境的精确信息。然而，在实际世界中，不能得到关于感知环境的精确信息，并且传感器不可能确保一定正常工作。因此，对于各种各样的不确定情况，算法是十分必要的。现已研究出一些自适应多传感器融合算法来处理由于传感器的不完善带来的不确定性。

总之，机器人与传感器的组合，可以说具有十分美妙的化学反应。传感器之于机器人就像各种感知器官之于人类，传感器为机器人提供了视、力、触、嗅、味五种感知能力，让其拥有灵活的身姿、灵敏的智能，以及全自动化的操作。同时，传感器还能从内部检测机器人的工作状态，保证机器人作业的稳定性与灵敏性，从外部探测机器人的工作环境和对象状态，保障人机关系的安全性。而机器人则为传感器的发展提供了良好落地场景和更高要求。随着机器人产业的发展壮大，一方面传感器应用需求迎来快速增长，传感器的研发生产获得进一步加快；另一方面，机器人给传感器的升级带来了功能、种类和技术方面的新要求，促进着传感器产业的转型与升级。当前，"智能传感器"便是传感器与机器人结合之下的新型产物与全新趋势。有关方面认为，21 世纪的信息化时代一定程度上属于传感器，而进入智能化的年代之后，传感器前面自然而然也需要加上"智能"二字。伴随着智能化理念对各行各业的渗透，未来智能传感器必将在市场整体规模中占据"半壁江山"。只要把握好这个重要机遇，在政策、市场等利好加速落地的情况下，我国智能传感器行业的发展前景值得期待。

6.1 多传感器信息融合

6.1.1 多传感器信息融合的概念

1. 信息融合的概念

信息融合又称为数据融合，最初，"数据融合"这一概念在20世纪70年代初就出现在一些文献当中，该技术首次应用于声呐信号处理系统中，在接下来将近十年的时间里，数据融合的研究主要在国防军事领域。20世纪80年代，计算机技术的快速发展，同样赋予了数据融合新的生命力，更加具有概括性的概念应运而生，即为信息融合技术。20世纪90年代至今，信息融合技术成为各个领域的研究热点。该技术的应用领域从军事领域拓展到了其他领域，目前，信息融合所涉及的主要领域包括模式识别、智能制造系统、无人机驾驶、目标检测与跟踪、人工智能、航空航天应用和图像分析处理等。但是，由于该技术涉及的研究内容种类丰富，领域广泛，目前还没有普遍适用且明确的定义。不同国家的学者对信息融合的定义有着不同的表述，根据国内外的观点，信息融合的定义为：按照一定的规则，使用计算机技术对特定时序获得的若干异质或同质的传感观测信息进行分析、提取和综合，是一种用于对所需要的目标进行估计与决策的信息处理过程。信息融合是近些年发展起来的技术，由许多学科领域交叉融合形成，在机器人信息处理的过程中被广泛应用。

2. 多传感器信息融合简介

人类对不同模式信息的敏感性不同，且通过单一模式获取的信息不能完整地表述事物，借鉴人类的这一生物特性应用于机器人仿生感知处理。为了实现机器人的多模式感知功能，在安防机器人上加装了光学摄像头、传声器阵列、温度传感器、气味传感器、火焰探测传感器等实现对环境信息的获取。

根据数据处理方法的不同，信息融合系统的体系结构有三种：分布式、集中式和混合式。

1）分布式：先对各个独立传感器所获得的原始数据进行局部处理，然后将结果送入信息融合中心进行智能优化组合来获得最终的结果。分布式对通信带宽的要求低、计算速度快、可靠性和延续性好，但跟踪的精度却远没有集中式高；分布式的融合结构又可以分为带反馈的分布式融合结构和不带反馈的分布式融合结构。

2）集中式：集中式将各传感器获得的原始数据直接送至中央处理器进行融合处理，可以实现实时融合，其数据处理的精度高，算法灵活，缺点是对处理器的要求高，可靠性较低，数据量大，故难于实现。

3）混合式：混合式多传感器信息融合框架中，部分传感器采用集中式融合方式，剩余的传感器采用分布式融合方式。混合式融合框架具有较强的适应能力，兼顾了集中式和分布式的优点，稳定性强。混合式融合方式的结构比前两种融合方式的结构复杂，这样就增加了通信和计算上的代价。

随着传感器种类的丰富和成本的下降，多传感器融合成了热门的研究重点，研究者们通过多传感器融合来提高状态估计的精度和鲁棒性。多传感器数据融合，是指在一个算法中，将多个传感器的观测数据耦合在一起，对数据进行加工、处理、筛选、融合以估计出更精确状态量的过程。

由于数据耦合方式不同，数据耦合分为紧耦合与松耦合两类。紧耦合，是指将多个传感器的数据转换到同一个坐标系下，构造能量方程，相互约束，相互调用，共同估计一个状态量。松耦合，是指各个传感器利用各自的数据，在各自坐标系下估计一个状态量，然后根据置信度综合多个状态量，得到一个较为精准的状态量。一般认为紧耦合比松耦合有更高的估计精度。

多传感器的融合即对传感器观测数据的融合，即不同类型传感器获取的外界场景信息的融合。根据融合时传感器信息的处理程度可将其分为以下几种：数据层融合、特征层融合和决策层融合。传感器相当于机器人的"感觉器官"，用于机器人对外界环境信息的感知。多传感器信息融合能对系统中各个传感器采集的信息进行综合处理，实现最优效果，能弥补单一传感器的缺点。多传感器信息融合从多角度、多方面对外界信息进行处理，可提高结果的准确性，减少决策风险。

图 6.3 所示为紧耦合状态估计流程图，输入是多个传感器的数据，通过预处理之后，将各个传感器数据设计成残差项约束，加入一个能量函数中，优化求解得到最后的状态量。多传感器融合最基本的问题是传感器残差项约束的设计，最重要的事情是设计一个合理的残差权重。一个合理的权重，应该非常准确地反映出传感器在某时刻的可靠度。当传感器某时刻十分稳定可靠时，权重加大，使优化的结果偏向该传感器；当传感器某时刻受较大噪声干扰，不太准

图 6.3　紧耦合状态估计流程图

确时，权重减少，使优化结果偏离这个不可靠的传感器约束。

多传感器融合状态估计技术在人工智能应用场景中，有非常多的应用。

1）扫地机器人：这是最简单的多传感器融合状态估计的应用，一般该机器人会装有相机和惯性测量单元（Inertial Measurement Unit，IMU），一些还有红外接近传感器、激光传感器。

2）餐厅服务机器人：在餐厅负责送餐任务的机器人，通常会有双目相机、轮速计、导轨等传感器。

3）增强现实（AR）应用：AR 技术近年来快速发展，在手机软件、智能穿戴硬件中都有应用，主要用到的传感器有相机、IMU 等。

4）自动驾驶：自动驾驶对精度和鲁棒性要求非常之高，所用传感器也是非常之多，自动驾驶汽车基本都会用到的传感器有多个相机、IMU、轮速计、激光雷达、超声波传感器、红外传感器、GPS 等。

多传感器信息融合将多源信息与数据进行探测、互相联合、估计和组合，目的是对被测对象的动态做出准确的判断，是一个多层次的信息处理过程，信息融合的三个主要特征如下：

1）信息融合是一个多源、多级的信息处理过程，每一级都代表着不同层次的信息抽象。

2）信息融合包含信息的检测、互联、相关、估计和组合等步骤。

3）信息融合的结果包含低层次的局部状态估计和高层次的全局状态估计。

基于多个传感器，已经开发了许多算法来提高地图和定位的精度。此外，研究了机器人依靠地图成功地执行日常任务。然而，利用地图来提高机器人任务执行效率的研究还很少。这对移动机器人在现实世界中的部署构成了障碍，因为机器人的执行效率在最终用户体验中扮演着至关重要的角色。

此外，在现实场景中的移动机器人应该能够自主完成日常任务（见图 6.4）。在这种情况

下，假设与当前任务相关的所有物体都已经出现在机器人的视野中是不合理的，因为机器人通常事先并不知道与任务相关的物体被放置在哪里。因此，有效地找到目标物体是机器人完成任务的前提。

a) 新正源迎宾服务机器人

b) 爱森T2智能移动机器人

c) 华硕Zenbo智能家庭助理机器人

图 6.4　常见的地面机器人

例如，一个移动机器人的任务是为用户取牛奶，而牛奶被放置在机器人不知道的地方。在这种情况下，完成这个抓取服务的主要任务是找到具有有限感知能力的对象。如果机器人竭尽全力地遍历整个环境来找到牛奶，这显然是不合理的。因此，一个有效的搜索策略是至关重要的。目前流行的方法是让机器人优先探索环境中最有希望找到的部分。这种方法可以缩小搜索空间，但由于需要捕获和分析大量的图像信息，仍然需要相当大的搜索成本（如时间成本），这在一定程度上限制了其实际应用。

3. 多传感器信息融合技术的发展现状

早在 20 世纪 40 年代初，第二次世界大战末期，有研究者提出了数据融合概念，将光学与雷达传感器应用至高射炮控制系统中，一定程度上提高了系统的控制精度，但当时数据融合技术刚被提出，存在融合速度慢、效果不算理想等缺点，因此该技术并未引起较大的关注。信息融合的官方概念于 20 世纪 70 年代由美国国防部提出，用于对声呐信号的研究。为了提高声呐信号处理系统对舰艇定位的检测精度，对多种声呐信号进行数据融合和综合处理，最终得到极大的成效。美国海军实验室研发的应用四传声器阵列的机器人如图 6.5 所示。1984 年，美国 C3I 技术委员会成立了 Data Fusion Subpanel（DFS）专家组，专门研究多传感器信息融合技术。并且，20 世纪 80 年代末，美国国防部将多源信息融合技术立为最优先发展的关键技术之一，并开发了多传感器部队自动识别系统、多分类器 ESM（Error-Space Manipulation，错误空间操作）与雷达情报关联识别系统等信息融合系统。随着多传感器信息融合技术在军事领域的发展，信息融合理论也在逐步建立起来。

a) B21r机器人

b) MDS类人机器人

图 6.5　美国海军实验室研发的应用
四传声器阵列的机器人

国外对多传感器信息融合技术的研究较早，大多开始于军事领域，数据融合在声呐信号处理中得到的成就引起了更多学者对多传感器信息融合技术的关注，多传感器信息融合技术开始从军事领域扩展至遥感、机器人、航天应用、工业控制等方面。第一个使用多传感器信息融合技术的移动机器人于 1979 年在法国被研发出来，被称为 HILARE。它不仅拥有各种传感器，而且能够通过加权平均法来融合传感器的信息。自此人们开始对多传感器信息融合技术产生了浓厚的兴趣。自 20 世纪 80 年代中期开始，国际机器人、IEEE 相关的学术会议都提出了信息融合专题。20 世纪 90 年代，国际上召开了多次信息融合相关的学术会议。1994 年，在美国内华达州召开了集成系统多传感器融合 IEEE 国际会议。1998 年，国际信息融合学会（International Society of Information Fusion，ISIF）的成立，标志着多传感器信息融合成为一门新兴学科，得到学术界的广泛认可。1997 年，人类首次把机器人送上火星，这是多传感器信息融合技术在移动机器人上最好的应用。

我国对信息融合技术的研究相对较晚。20 世纪 80 年代初，有学者开始研究多目标跟踪技术。直到 20 世纪 80 年代末，才出现相关技术的研究报道。当时对该技术的理解各有不同，主要包括数据综合、数据汇编、数据整理和数据融合等。20 世纪 90 年代初，多传感器信息融合技术的研究进入了高潮时期，出现了许多研究理论、应用成果及相关学术专著。20 世纪 90 年代中期，信息融合技术在国内成为普遍被认可的关键技术，出现了大量热门的研究方向，引起了众多学者的关注，该技术在运动目标跟踪、分布式检测融合、多传感器嵌入式跟踪定位、目标识别与决策信息融合、态势与风险评估等方向进行了理论与应用研究，研制了一批多目标跟踪和多传感器信息融合系统。其中，导航系统、综合防灾信息系统和军事信息融合系统的研究在我国得到迅速的发展。

近 40 年来，多传感器融合技术在机器人平台上得到了广泛的应用和研究，信息融合技术发展迅速。20 世纪 80 年代，我国开始有学者对移动机器人进行研究，如中国科学院沈阳自动化研究所、清华大学、哈尔滨工业大学以及国防科技大学等研究机构和高校。清华大学研发的移动式混联加工机器人如图 6.6 所示。通过国内外学者和研究机构的共同努力，该技术在信息处理、传感技术、人工智能和机器人控制等领域取得了显著成果，同时也为该技术在机器人中的应用奠定了良好的基础。

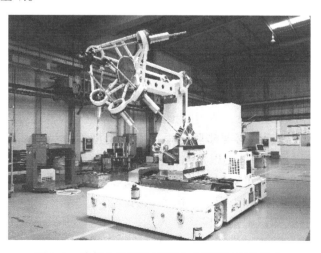

图 6.6　清华大学研发的移动式混联加工机器人

6.1.2 几种机器人中的多传感器融合

1. 自主车辆机器人中的传感器融合技术

随着传感器和通信技术的显著进步以及障碍物检测技术和算法的可靠应用，自动驾驶正在成为一项能够彻底改变未来交通和移动性的关键技术，几种自主车辆机器人如图 6.7 所示。传感器是自动驾驶系统中感知车辆周围环境的基础，多个集成传感器的使用和性能可以直接决定自动驾驶车辆的安全性和可行性。

a) 应用于国家电网的新松无人搬运车　　b) 艾瑞思物流仓储智能机器人　　c) 海康威视智能仓库机器人

图 6.7　几种自主车辆机器人

在自动驾驶机器人中，有三种主要方法来融合各传感器检测到的数据：高层次融合（HLF）、低层次融合（LLF）和中间层次融合（MLF）。在 HLF 方法中，每个传感器独立地执行目标检测，随后将检测结果组合在一起。但是由于传感器相互之间没有校准，因此只能在环境信息较少的地方使用，否则将导致像差和检测重复物体。相反，LLF 在原始数据阶段结合了来自不同传感器类型的数据，从而保留了所有信息，并潜在地提高了目标检测的准确性。MLF 也称为特征级融合，它融合了从相应传感器数据中提取的多目标特征（原始测量），例如来自图像的颜色信息或雷达的位置特征，然后对融合的特征执行识别和分类。

2. 医疗人机交互场景下的多传感器融合

随着传感器和通信技术的发展，人体传感器网络已经成为一种新兴的网络。监控用户的实时状态，已经成为智能医疗服务不可或缺的一部分。基于混合人体传感器网络体系结构的多传感器融合旨在支持最先进的智能医疗服务，它结合了各种传感器、通信、机器人和数据处理技术。近年来，人机交互作为一个基于人工智能的发展领域，在智能机器人、自然语言理解和社会交际等方面取得了显著的进展。在医疗场景中，人机交互的应用大致可以分为两个方面：人-机器人协作环境感知和人类意图感知。

多传感器融合框架由三部分组成：预处理阶段、特征学习阶段和融合决策阶段。数据预处理是多传感器融合不可或缺的阶段，适当的预处理不仅使融合结果更加准确，还提高了融合效率。特征学习是数据预处理后的必要步骤，根据服务类型划分为四部分：多模型用户数据融合、人机对话和意图理解、用户分类以及路径和动作规划。每项服务所需的技术如下。

1）多模型用户数据融合：可解释的神经网络、联想学习。

2）人机对话和意图理解：人类识别、语音识别。

3）用户分类：交互式知识图谱建模。

4）路径和动作规划：基于多模态的路径规划，仿人操作的感知、任务规划。

融合决策阶段分为两步：第一步融合特征学习阶段四个部分的结果，第二步做出决定，以获得最终的行动计划。普通融合和决策技术包括专家系统、D-S 证据理论、模糊集合论、Pignistic 概率距离等。

为了提高多传感器融合的执行效率，在医疗人机交互场景中，有必要找到基于感官特征的最佳融合策略并及时调整融合策略，以获得准确的融合决策。根据之前的数据源分析，可选择以下三种融合机制。

1）跨领域融合：跨领域融合主要关注跨领域知识迁移和不同特征空间的融合，它解决了由于源域和目标域在不同有限元表示空间中的多模态数据。它能够支持基于决策的融合医学人机交互产生的多源数据研究情节。

2）增量分类器融合：由于医疗机器人引入了附加信息、大量数据或数据的动态增长导致收敛开销显著增加，这不能满足实时融合决策的要求。在这种情况下，增量分类器融合技术可以有效地优化多模态数据的融合过程。具体来说，通过对多模态数据进行联合聚类，增量分类器融合可以更快地得到决策结果，从而提高医疗机器人在动态环境下的响应速度和决策质量。

3）数据不完整的多传感器融合：主要处理部分丢失的原始感知数据。例如，传统的融合机制无法处理数据集中包含的不完整数据。虽然它可以直接删除不完整的数据，仅基于剩余的完整数据做出融合决策，但不完整数据中包含的有价值信息的丢失将影响融合决策的准确性和综合性。因此，基于不完全数据的医学人机交互是非常必要的。

3. 移动机器人定位多传感器融合

为了实现移动机器人的精确定位，需要获取多个传感器的数据信息，增强机器人的状态估计能力。因为需要对传感器组精确地校准和初始化，以及以不同速度处理测量误差，多传感器之间的融合仍存在许多要解决的问题，面临许多挑战。移动机器人对外部环境的感知取决于安装在移动机器人上的外部传感器。外部传感器对信息的处理与分析可以帮助判断当前机器人的状态，让机器人知道自己的实际位置。如果仅使用单个传感器，则很容易受到周围环境的干扰，环境因素可以破坏机器人的稳定性，同时会产生噪声，积累误差，影响定位系统的定位精度。因此，人们想到使用多个传感器协同工作。多传感器的使用可以使机器人感知更全面的环境信息，补充单个传感器的不足之处。同时它可以使获得的信息更加准确和可靠，能够减少实际误差。尽管使用多个传感器可以带来积极的效果，但如何将它们很好地结合始终是一个难题。如果不能正确处理多个传感器的信息，它也会产生负面影响。如何更好地匹配多个传感器的数据信息，已成为机器人定位中的一项重要任务。

目前，多传感器融合的整体框架主要是采用扩展卡尔曼滤波（Extend Kalman Filter，EKF）或无迹卡尔曼滤波（Unscented Kalman Filter，UKF），常用的传感器有摄像头、激光雷达、力学传感器、传声器等。机器人可以通过捕获传感器信息并对其进行处理来估计姿势状态，融合方法可分为紧耦合和松耦合，而紧耦合的使用则较为常见。

6.1.3　传感器类型与布局

在多传感器信息融合技术中，通常涉及多种类型的传感器选择的问题，因此在选择传感器类型时，要考虑以下几个问题：

（1）系统中传感器的类型、分辨率以及精度　机器人通过传感器来对环境进行感知，传感器对机器人来说不可或缺，机器人通过传感器感知，将本体特征或相关物体的特征转变为执行某项功能所需的信息。根据传感器在机器人中的用途不同，可将其分成内部传感器和外部传感器两类。内部传感器用于对机器人的本身状态（如机器人的位置、速度、加速度等）进行检测；外部传感器用于对机器人所处的环境和目标对象的状态进行检测，如目标对象的形状、位置、障碍物等。感知目标不同，对传感器类型的选择也有所不同。传感器的分辨率和准确率都是选择传感器的重要指标，分辨率决定了位图图像的细节程度，分辨率越高，则图像越清晰；准确率是指传感器感知到的测量值与真实值之间的相似程度。两者的高低体现了传感器性能的高低，是选择传感器时的重要考量对象。

（2）传感器在机器人本体上的布置位置　机器人本体上的传感器的布置位置是利用机器人本身所在的坐标轴来确定的。传感器安装在机器人本体上用来感知机器人本体的状态以及周围环境、目标对象的特征信息，使机器人自身与环境能发生交互作用。不同传感器需要安装的位置不同，位置的选择同样影响着传感器获得数据的灵敏性和准确性以及机器人本身各部件之间的交互作用。例如，一些移动机器人一般会安装有红外避障传感器，但在实际应用中，常常会出现安装位置过高或过低而导致无法探测障碍物的情况。

（3）系统的通信能力和计算能力　机器人通信可分为内部通信和外部通信，两种通信的区别在于通信对象不同。内部通信是机器人系统内部模块间的协调管理；外部通信是机器人与上位机控制系统间的信息交互，通过连接一个专门的独立通信模块来实现。高效的通信能提高机器人的服务能力。通常，衡量移动机器人通信能力的评价指标包括以下几个方面：可靠性，即在通信过程中，通信信息实现实时且高效的接收和发送；能量效率，机器人利用电池供电，能量消耗成为必须考虑的因素之一，因此通信系统需尽量选择能耗小、电能利用效率高的设计；带宽，表示单位时间内资料传输的数量，体现传输通道中的数据传输能力；服务质量（Quality of Service，QoS），用于解决网络延迟、过载或拥塞等问题。系统的计算能力同样不容忽视，计算模块既要应对大量的数据整合和处理，还要满足各类智能算法巨大的计算需求，因此，计算模块对可靠性、能量效率以及服务质量等指标也有着较高的要求。

（4）系统的设计目标　系统的设计目标是机器人设计首先要考虑的问题，包括机器人的设计目的、机器人的实现功能、机器人的工作范围等，设计目标确定以后，才能更好地对传感器的类型进行选择。以扫地机器人为例，扫地机器人的研发目的是利用一定的人工智能，来实现室内空间地面的清扫工作，包括自我定位、路径规划、障碍物感应等功能，因此在选择传感器时，需要根据实现功能进行选择，若需要实现障碍物感应的功能，则可选择红外传感器、超声波传感器等。

（5）系统的拓扑结构　机器人机构设计过程中，拓扑结构设计是原始创新性的设计阶段。从机器人整体功能出发，进行结构设计。在构建度量地图时，同时构建拓扑图。也就是说，在此期间创建了许多节点以及节点之间的链接关系。建立拓扑图主要包括两个部分，分别为节点创建和链路关系的确定。节点创建：在拓扑图中，每个节点对应于一个感兴趣的位置。一旦确定了感兴趣的位置，就直接从感官信息中获取相关元素，创建拓扑节点。链路关系的确定：节点之间的链路关系在机器人导航和对象搜索任务中起着至关重要的作用。为此，一种方法是使用节点间可穿越的路径作为链接关系，而附加的链接权为规划该路径的成本。该方法可以为机器人以较低的成本完成目标搜索任务提供指导。在设计过程中，拓扑结构不仅要考虑机器人系统运动的确定、运动输出特性、运动学和动力学问题的复杂性等运动学和动力学要求，还需要考虑控制模块、驱动模块的要求，如控制解耦、驱动器位置可选择性等。而以上这些信息的基础获取都需要利用传感器进行，因此传感器选型与拓扑结构也息息相关。

机器人控制系统类似于人脑，执行器类似于人的四肢，传感器类似于人的五官。为了提高机器人智能化水平，使其能像人类一样接收和处理外部信息，机器人传感器融合技术至关重要。

　　机器人通过传感器感知周围环境，传感器为其提供所需的周围环境特征相关的检测信息。在对线上障碍检测的过程中，通常采用非接触式检测，常用的非接触式检测有红外线检测、激光检测、机器视觉、超声波检测与涡流检测等，但它们都有一定的局限性和检测范围，例如红外线检测受太阳光照的影响十分明显，超声波检测对被测对象表面粗糙度有一定要求。因此，在本节中还将介绍机器人所用的各类传感器的优缺点，供读者在选择传感器时参考。

　　多传感器融合的移动机器人一般包括三个传感系统：

　　1）视觉子系统。该子系统主要包括三个模块：光视觉检测模块、红外视觉检测模块和视觉融合模块。在光线较好的情况下，人体的检测主要由光视觉检测模块完成，红外视觉为光视觉提供检测区域，以提高人体检测的效率，此过程中需要视觉融合模块的配合。在光线较暗的不利于光视觉检测的情况下，主要由红外视觉来进行检测。该系统还要负责对两种视觉传感器数据的采集。当移动机器人运用至搜救行动时，视觉子系统对幸存者进行检测搜索，在检测到幸存者后，需检测区域利用机器人控制模块通过网络模块传输至远程监控子系统，远程监控子系统将对该区域进行标记，为施救人员提供相关信息。视觉子系统相较于其他传感系统而言，能够提供的感知信息更为丰富，同时也是一种被动的传感器系统，被动传感器通过接收以目标为载体的发动机、通信雷达等所辐射的红外线、电磁波或目标所反射的外来电磁波来检测目标，其本身不发射电磁波，这种传感器系统最接近人类的五官眼睛对环境的感知。并且，机器视觉与模式识别等相关领域技术与理论的发展进一步推动了视觉传感在移动机器人传感器系统中的应用，如目标对象识别、目标对象图像处理、视觉定位等。

　　2）听觉子系统。该子系统主要包括三个模块：语音检测模块、类周期求救声检测模块和声源定向模块。语音检测模块主要负责语音求救声音的检测，类周期求救声检测模块主要负责非语音类周期敲击求救声音的检测，声源定向模块根据求救声音检测的结果，进行声源定向，为运动规划子系统提供导航信息。此外，听觉子系统还要实时地将声音数据、求救声检测结果及声源定向结果通过网络模块传输至远程监控子系统，远程监控子系统会实时地将这些显示在界面上，为施救人员提供相关信息。听觉子系统提供的听觉信息与视觉信息相结合，用于协助移动机器人寻找目标对象，视觉信息直观明显，但当目标在机器人视觉感知范围之外时，视觉信息难以获得，听觉传感系统显得尤为重要。这时，声源定位系统可以判断目标对象的大致方向，并引导移动机器人转向或靠近至目标对象附近。听觉信息在时间上是一维的，在空间上是非定向的，所以，当声音产生时，可以从任何方向接收到声波，这使得听觉检测系统能够检测环境中的声音信号。

　　3）运动规划子系统。该子系统主要包括三个模块：自主规划模块、机器人控制模块和避免碰撞模块。自主规划模块主要负责对搜索路径进行自主规划，尽可能覆盖整个搜索区域，并能根据声音和图像提供的幸存者信息执行目标搜索。避免碰撞模块的主要功能是在搜索过程中避免碰撞。而机器人控制模块则负责对救援机器人的具体控制，同时还要实时地计算救援机器人的当前状态，包括救援机器人在物理世界中的位置和朝向。该模块的另一个功能是将救援机器人的当前位置信息通过网络模块实时传回远程监控子系统，远程监控子系统会实时地将这些显示在界面上，为施救人员提供相关信息。运动规划子系统是移动机器人承上启下的子系统，承接输入的处理后的环境信息，引出输出的路径点，在完善地图的同时，又能规划出合适的路径，以保证控制系统提供合理的输入。移动机器人路径规划分为两种类型，即全局路径规划和局部路径规划，全局路径规划是解决在已知的全局环境下，由多个中间状态组成的全局目标状态的路径规划问题；局部路径规划则主要解决在局部环境下规划出局部小范围内的合理路径，以实现躲避障碍物的目的。

6.1.4　传感器模型

1. 相机传感器

相机传感器（见图6.8）可以感知外界的声、光、磁场等信息，并能够将这些信息利用一定规律转换为可用信号。单目状态估计，就是只用一个相机传感器来估计系统的状态量，最经典的单目状态估计系统是 ORB - SLAM。ORB - SLAM 由 Raul Mur - Artal、J. Montiel 和 J. D. Tardos 等人提出，并发表在2015 年的 IEEE Transactions on Robotics 会议上。

a) 单目智能相机　　　　b) 双目立体视觉相机

图 6.8　相机传感器

其中，ORB（Oriented FAST and Rotated BRIEF）是一种快速检测图像特征提取的算法，该算法在 2011 年被提出。该特征提取算法分为两部分，分别是像素点提取和像素点匹配。像素点提取是由 FAST（Features from Accelerated Segment Test）算法改进而来，为 FAST 像素点计算了特征的主要趋向。像素点匹配是根据 BRIEF（Binary Robust Independent Elementary Features）描述算法改进而来，为 BRIEF 描述增加了旋转特性。ORB 特征提取算法将 FAST 算法与 BRIEF 算法结合起来，并在两者基础上进行了改进，使得 ORB 算法同时具有定向不断特性和旋转不变特性，并且改进后的 FAST 特征提取算法计算速度更快，BRIEF 算法变现形式为二进制，在提高计算速度和缩短时间的同时，也节省了存储空间。

由于单一的传感器感知信息的局限性使定位与建图的实现也受到限制，多传感器融合的同步定位与建图（Simultaneous Localization and Mapping，SLAM）算法应运而生，SLAM 是用于解决在未知环境中定位与建图问题的算法。简单来说，未知环境定位与建图是移动机器人处于完全陌生的环境中，需要从零开始对周围空间环境进行熟悉与探索，最终实现对本体的定位与周围空间环境构图。SLAM 技术主要分为视觉 SLAM 和激光 SLAM，这两种技术的区别在于机器人本体所搭载的传感器类型，若为相机传感器，则为视觉 SLAM，若为激光雷达传感器，则为激光 SLAM。而本节传感器模型为相机传感器，因此应用的是视觉 SLAM 技术，视觉 SLAM 算法系统流程图如图 6.9 所示。

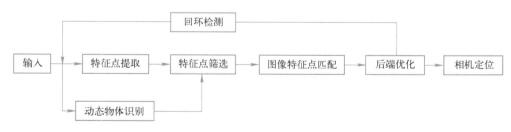

图 6.9　视觉 SLAM 算法系统流程图

而将 SLAM 问题转换为状态估计的问题，是通过以下数学模型实现的：首先将运动时的采集时间分成 $t=1,2,\cdots,m$ 这样的离散时刻，得到离散时刻机器人产生的运动。在这些时刻内，A 表示机器人当前位姿，"位姿"顾名思义，即为机器人末端执行器相对于底座的位姿。将各离散时刻的位姿记为 $A_1, A_2, \cdots, A_m$，这些位姿构成机器人的移动路径。在建图方面，设地图由多个路标点构成，在每个离散时刻随着机器人的移动，安装在机器人身上的传感器可以检测出各个路标点的信息，并获得其检测数据。设路标点有 n 个，并用 $B_1, B_2, \cdots, B_n$ 来表示。在上述设定中，装载传感器的机器人在空间中运动，将 $m-1$ 到 m 时刻的机器人位置和姿态的变化称为运动。

一般情况下，机器人本体所安装的传感器会测量和运动有关的数据，但并非单一位置差这么简单，往往还包括角速度、线速度等信息。但无论传感器为何种类型，SLAM 运动问题均可用数学模型来表示：

$$A_m = f(A_{m-1}, u_m, w_m) \tag{6.1}$$

上述模型中，u_m 为运动传感器的输入，w_m 为运动过程中产生的噪声。这里用一般函数 f 来描述该方程，但并不指明函数的具体表现形式，使得该模型能够表示任意的传感器数据，成为一种通用的数学模型，而将上述方程表示为运动方程。

与运动方程相对应的是观测方程，即当机器人在 A_m 位置时，观测到路标点 B_n 产生了观测数据，同理，这种关系用函数表述为

$$z_{m,n} = h(B_n, A_m, v_{m,n}) \tag{6.2}$$

其中，$v_{m,n}$ 表示观测过程中产生的噪声，并且该函数 h 也是一种通用的数学模型，不局限于一种传感器，所得到的观测数据均可用该模型表示。

在运动方程和观测方程中，用 f、h 来表示函数，但未具体化，并且，由于机器人传感器与真实运动有不同的类型，这里的 A、B、z 也有着不同的参数类别，若将机器人放置在平面空间中运动，那么机器人的位姿信息则由一个转角和两个位置来表示，即

$$A_m = (a, b, \theta)_m^{\mathrm{T}} \tag{6.3}$$

传感器测量到两时刻间隔位置与转角的变化值，就可以转换为一个线性关系：

$$u_m = (\Delta a, \Delta b, \Delta \theta)_m^{\mathrm{T}} \tag{6.4}$$

对于观测方程，在平面空间中观测到一个路标点时，用传感器可检测到两个物理量，分别是机器人与路标点之间的距离和夹角，将路标点记为 $B = (p_a, p_b)^{\mathrm{T}}$，观测到的数据记为 $z = (r, \phi)^{\mathrm{T}}$，综上可将观测方程转化为

$$\begin{pmatrix} a \\ b \\ \theta \end{pmatrix}_m = \begin{pmatrix} a \\ b \\ \theta \end{pmatrix}_{m-1} + \begin{pmatrix} \Delta a \\ \Delta b \\ \Delta \theta \end{pmatrix} + w_m \tag{6.5}$$

$$\begin{pmatrix} r \\ \phi \end{pmatrix} = \begin{pmatrix} \sqrt{(p_a - a)^2 + (p_b - b)^2} \\ \arctan\left(\dfrac{p_b - b}{p_a - a}\right) \end{pmatrix} + v \tag{6.6}$$

故针对不同类型的传感器，上述两式有不同的参数化形式。若保持方程的普遍适用性，则将它们写成通用的抽象形式，两方程可总结为

$$\begin{cases} A_m = f(A_{m-1}, u_m, w_m) \\ z_{m,n} = h(B_n, A_m, v_{m,n}) \end{cases} \tag{6.7}$$

根据上式，当已知运动测量的数据 u，以及传感器数据 z 时，可将求解 A 的相机问题以及求解 A 的建图问题，即 SLAM 问题转换为状态估计问题。ORB-SLAM 系统流程图如图 6.10 所示。

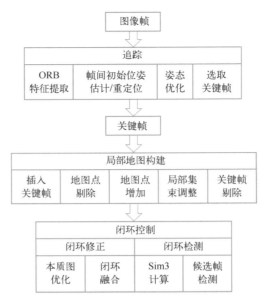

图 6.10　ORB-SLAM 系统流程图

2. 惯性测量单元

惯性测量单元（IMU）是一种组合测量传感器，其具有三个加速度计和三个陀螺仪，可用来获取运动载体的位姿信息。加速度计和陀螺仪相互垂直安装，加速度计用来检测物体在坐标系上的加速度，陀螺仪利用载体相对空间的位置变化，再进行坐标变化检测到物体的角速度，从而通过测量物体的角速度与加速度来计算物体的姿态。惯性测量单元是惯性导航的重要部分，由加速度计、陀螺仪和磁力计组成，主要负责获取加速度和角速度。

其中，加速度计（见图 6.11）用于测量系统在惯性参考系中的线加速度。整体的物理思想是根据牛顿第二定律 $a = F/m$。加速度计只测量相对于系统运动方向上的加速度，因为加速度计与系统是一体的，随系统旋转对自身的方向未知。角速度可以通过求解加速度得到，但由于精度低，不具有很好的应用价值。

图 6.11　三轴数字加速度计

但加速度计可以帮助陀螺仪解决角度问题。在 IMU 中，使用陀螺仪测量系统的角速度，以系统在参考系中的初始方位为初始条件，对角速度积分，可以随时得到系统的当前方向。

磁力计（见图 6.12），又被称为电子罗盘，用于测量磁场的强度和方向，并确定设备的方向，磁力计的原理与指南针相似，能测量当前设备与东、西、南、北四个方向之间的夹角。虽然陀螺仪有较强的动态性和快速性，但因其整体工作原理是积分，故存在静态累积误差，这意味着陀螺仪的角度总是会增加或减少。因此，若要得到比较准确的姿态参数，则需要磁力计来确认在水平位置时的朝向。

IMU 传感器在现实生活中也随处可见，人们日常使用的手机、乘坐的汽车等都装有 IMU 传感器，如图 6.13 所示。在不同的设备中，对 IMU 的性能要求不一样。例如手机中的 IMU 性能就比较差，只需要满足一些手机移动检测的功能即可，而导弹对 IMU 的性能要求很高，需要有足够高的精度来命中目标。不同性能的 IMU 意味着不同的精度，也意味着不同的成本。对于低性能的 IMU，通常会带有更多的噪声。下面先了解一下 IMU 的数学模型。

图 6.12　三轴磁力计

图 6.13　IMU 传感器

$$\hat{a}_t = a_t + b_{a_t} + \boldsymbol{R}_w^t g^w + n_a \tag{6.8}$$

$$\hat{w}_t = w_t + b_{w_t} + n_w \tag{6.9}$$

式中，$\hat{a}_t$ 是加速度测量值；a_t 是加速度真实值；b_{a_t} 是加速度计偏值。$\boldsymbol{R}_w^t$ 是世界坐标系到当前加速度计坐标系的旋转矩阵；g^w 是重力加速度；n_a 是加速度计的高斯噪声；$\hat{w}_t$ 是角速度测量值；w_t 是角速度真实值；b_{w_t} 是陀螺仪计偏值；n_w 是陀螺仪的高斯噪声。

IMU 的输出数据是加速度值和角速度值，需要对其积分后才能得到速度、相对位置和旋转。对 IMU 的积分公式如下：

$$p_{b_{k+1}}^w = p_{b_k}^w + v_{b_k}^w \Delta t_k + \iint_{t_k}^{t_{k+1}} \left[\boldsymbol{R}_t^w (\hat{a}_t - b_{a_t} - n_a) - g^w \right] dt^2 \tag{6.10}$$

$$v_{b_{k+1}}^w = v_{b_k}^w + \int_{t_k}^{t_{k+1}} \left[\boldsymbol{R}_t^w (\hat{a}_t - b_{a_t} - n_a) - g^w \right] dt \tag{6.11}$$

$$\boldsymbol{q}_{b_{k+1}}^w = \boldsymbol{q}_{b_k}^w \otimes \int_{t_k}^{t_{k+1}} \frac{1}{2} \boldsymbol{\Omega} (\hat{w}_t - b_{w_t} - n_w) \boldsymbol{q}_t^{b_k} dt \tag{6.12}$$

式（6.10）是对加速度值二重积分得到相对位移，然后加上上一时刻的绝对位置，获得当前时刻的绝对位置。$p_{b_{k+1}}^w$ 和 $p_{b_k}^w$ 分别表示当前时刻和上一时刻的绝对位置；$v_{b_k}^w$ 表示上一时刻的速度；Δt_k 表示上一时刻到当前时刻的时间差；$\boldsymbol{R}_t^w$ 表示加速度计坐标系到世界坐标系的旋转矩阵，式（6.10）中其他符号定义与式（6.8）、式（6.9）一致。式（6.11）和式（6.12）中，$v_{b_{k+1}}^w$ 表示当前时刻的速度；$\boldsymbol{q}_{b_{k+1}}^w$ 和 $\boldsymbol{q}_{b_k}^w$ 分别表示当前时刻和上一时刻到世界坐标系的旋转矩阵，用四元数 q 表示；$\boldsymbol{\Omega}(\cdot)$ 表示将括号里的内容转换为反对称矩阵；$\boldsymbol{q}_t^{b_k}$ 表示从当前时刻 IMU 坐标系到上一时刻 IMU 坐标系的旋转四元数。

从上面积分公式中可以看出，当上一时刻的状态量发生变化时，需要重新积分 IMU 测量值。特别是在做 BA 优化时，如果要调整位姿，就需要重新积分 IMU 测量值。这会导致计算成本很高，为了减少计算量，研究者们提出了预积分策略。主要是通过调整状态的参考坐标系，如下所示：

$$R_w^{b_k} p_{b_{k+1}}^w = R_w^{b_k}\left(p_{b_k}^w + v_{b_k}^w \Delta t_k - \frac{1}{2} g^w \Delta t_k^2 \right) + \alpha_{b_{k+1}}^{b_k} \tag{6.13}$$

$$R_w^{b_k} v_{b_{k+1}}^w = R_w^{b_k}\left(v_{b_k}^w - g^w \Delta t_k \right) + \beta_{b_{k+1}}^{b_k} \tag{6.14}$$

$$\boldsymbol{q}_{b_k}^w \otimes \boldsymbol{q}_{b_{k+1}}^w = \boldsymbol{\gamma}_{b_{k+1}}^{b_k} \tag{6.15}$$

式中，$\alpha_{b_{k+1}}^{b_k}$ 表示位移预积分值；$\beta_{b_{k+1}}^{b_k}$ 表示速度预积分值；$\boldsymbol{\gamma}_{b_{k+1}}^{b_k}$ 表示旋转预积分值，它们的具体形式如下：

$$\alpha_{b_{k+1}}^{b_k} = \iint_{t_k}^{t_{k+1}} R_t^{b_k}(\hat{a}_t - b_{a_t} - n_a)\,\mathrm{d}t^2 \tag{6.16}$$

$$\beta_{b_{k+1}}^{b_k} = \int_{t_k}^{t_{k+1}} R_t^{b_k}(\hat{a}_t - b_{a_t} - n_a)\,\mathrm{d}t \tag{6.17}$$

$$\boldsymbol{\gamma}_{b_{k+1}}^{b_k} = \int_{t_k}^{t_{k+1}} \frac{1}{2}\boldsymbol{\Omega}(\hat{w}_t - b_{w_t} - n_w)\boldsymbol{\gamma}_t^{b_k}\,\mathrm{d}t \tag{6.18}$$

IMU 主要用于汽车、机器人等运动控制设备，以及潜艇、飞机、导弹、航天器等需要使用姿态计算精确运动的场合。IMU 具有以下几点优势：

1）独立性。IMU 的位置信息由设备内部推导，不依赖外部信号，是类似黑箱的完整系统；相比之下，基于高精地图的绝对定位取决于感知质量和算法性能，由于天气原因，感知质量易受影响，存在不确定性。

2）抗干扰。IMU 不依赖外部信号，可安装在隐藏区域，能抵抗外来攻击；与 IMU 相比，当视觉、激光雷达在提供相对或绝对定位时，必须接收来自载体外部的电磁波或光波信号，易受其他信号的干扰，同时因为安装在载体的暴露区域，容易发生碰撞、剐蹭等事故损坏。

3）可信度。IMU 对角速度和加速度的测量值之间本来就具有一定的冗余性，测量信息较为完备，使其输出结果的置信度远远高于其他传感器提供的相对或绝对定位结果。

IMU 与其他传感器进行融合，能够实现功能的更大化。例如，卫星定位系统可能会因障碍物的遮挡而无法同步，可以通过与 IMU 结合，IMU 不受外界信号的干扰，在丢失信号时也能完成定位服务。

3. 里程计模型

通常情况下，移动机器人通过所搭载的光电编码器记录数据来获取里程计信息，机器人里程的计算通常是通过整合轮子的编码信息而得来，通过一定频率的位姿信息采样来估计机器人的里程数据。由于里程计信息采用的是对速度积分来估计机器人当前位置，移动机器人若使用轮式里程计常会出现漂移和打滑的情况，机器人内部坐标系与世界坐标系存在未知关系，随着时间的增长，机器人通过里程计估计结果会出现较大误差。里程计模型使用机器人内部里程计的相对运动信息。视觉里程计（Visual Odometry，VO）由于价格低廉，并能提供较为精准的长距离定位，因而从众多里程计中脱颖而出。

在里程计模型中，最常见的是视觉里程计。视觉里程计是利用序列图像实时估计相机的运动。这个想法最初是由美国斯坦福大学的 Moravec 等人提出的，将视觉输入法应用于运动轨迹的判断，主要包含三部分，即特征点的检测与匹配、外点排除和位姿估计。VO 的进一步优化，来自美国萨尔诺夫实验室的 Nister 等人的建议，使用单目或立体视觉摄像机来获取图像的视觉里程计系统。随着 ORB-SLAM 的问世，VO 作为传感器模型也受到了极大的关注。各类新颖的视觉里程计也不断出现，香港科技大学提出的 VINS-Mono 算法，将 VO 与 IMU 紧耦合恢复运动信息，效果较佳，并成功应用至状态估计中。传统的 VO 方法是基于模型的系统，根据

VO 的角度不同，其分类方式也不同。根据相机的类型，分为单目、立体和 RGB-D 三种；根据利用的图像信息，分为特征法和直接法两种；根据减少漂移的方法，分为滤波器法和非线性优化法两种。视觉 SLAM 旨在对机器人的运动轨迹进行全局一致性估计。而 VO 是通过不断匹配特征点信息进行路径重构，可以实现局部的运动估计，更加适用于大范围运动的机器人。

　　视觉里程计对局部运动轨迹的估计，可以用以下数学模型来描述。相机获得图像的过程，是将三维立体空间转换为二维平面图像的过程。视觉里程计通过相机获取相邻关键帧图像，以估计移动机器人的位置姿态，进而构建局部地图。被提出的相机模型很多，其中针孔模型应用较多。

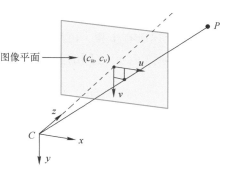

图 6.14　相机针孔模型

　　相机针孔模型如图 6.14 所示，相机坐标系以相机光心 C 为原点，(x, y) 为物理成像平面坐标，(u, v) 为计算机图像坐标系中以像素为单位的坐标，$P_{\mathrm{W}}(x_{\mathrm{W}}, y_{\mathrm{W}}, z_{\mathrm{W}})$ 为三维世界坐标系下空间点 P 的坐标，$P_{\mathrm{C}}(x_{\mathrm{C}}, y_{\mathrm{C}}, z_{\mathrm{C}})$ 为相机坐标系中点 P 的坐标，z 轴与光轴重合。该相机针孔模型的建立就是从 $P_{\mathrm{W}}(x_{\mathrm{W}}, y_{\mathrm{W}}, z_{\mathrm{W}})$ 到 (u, v) 的转换过程，也是三维立体空间投影到二维平面空间的过程，具体步骤如下：

　　1）从世界坐标系到相机坐标系的转换。

$$\begin{pmatrix} x_{\mathrm{C}} \\ y_{\mathrm{C}} \\ z_{\mathrm{C}} \end{pmatrix} = \begin{pmatrix} \boldsymbol{R} & \boldsymbol{T} \end{pmatrix} \begin{pmatrix} x_{\mathrm{W}} \\ y_{\mathrm{W}} \\ z_{\mathrm{W}} \\ 1 \end{pmatrix} \tag{6.19}$$

其中，$\boldsymbol{R} \in \mathbf{R}^{3\times3}$ 表示旋转正交矩阵：

$$\boldsymbol{R} = \begin{pmatrix} r_1 & r_2 & r_3 \\ r_4 & r_5 & r_6 \\ r_7 & r_8 & r_9 \end{pmatrix} \tag{6.20}$$

而 $\boldsymbol{T} \in \mathbf{R}^{3\times1}$ 表示平移向量：

$$\boldsymbol{T} = \begin{pmatrix} t_x \\ t_y \\ t_z \end{pmatrix} \tag{6.21}$$

　　2）从相机坐标系到物理成像平面坐标的转换。

$$z_{\mathrm{C}} \begin{pmatrix} x \\ y \\ 1 \end{pmatrix} = \boldsymbol{A} \begin{pmatrix} x_{\mathrm{C}} \\ y_{\mathrm{C}} \\ z_{\mathrm{C}} \end{pmatrix} \tag{6.22}$$

其中，$\boldsymbol{A}$ 为相机内部参数矩阵：

$$\boldsymbol{A} = \begin{pmatrix} f_x & 0 & 0 \\ 0 & f_y & 0 \\ 0 & 0 & 1 \end{pmatrix} \tag{6.23}$$

式中，f_x 为相机在 x 方向上的有效焦距；f_y 为相机在 y 方向上的有效焦距。

3）从物理成像平面坐标到计算机图像坐标的转换。

$$
\begin{pmatrix} u \\ v \\ 1 \end{pmatrix} = \begin{pmatrix} 1/d_x & 0 & u_o \\ 0 & 1/d_y & v_o \\ 0 & 0 & 1 \end{pmatrix} \tag{6.24}
$$

式中，(u_o, v_o) 为图像中心位置的坐标；d_x 和 d_y 分别表示在图像中 x 和 y 两个方向上一个像素的长度。

结合上述所有步骤，可用齐次坐标表示点 P 在世界坐标系中的三维信息与其投影到图像中的位置坐标 (u, v) 之间的关系：

$$
\begin{aligned}
z_C \begin{pmatrix} u \\ v \\ 1 \end{pmatrix} &= \begin{pmatrix} 1/d_x & 0 & u_o \\ 0 & 1/d_y & v_o \\ 0 & 0 & 1 \end{pmatrix} \begin{pmatrix} f_x & 0 & 0 & 0 \\ 0 & f_y & 0 & 0 \\ 0 & 0 & 1 & 0 \end{pmatrix} \begin{pmatrix} \boldsymbol{R} & t \\ \boldsymbol{0}^\tau & 1 \end{pmatrix} \begin{pmatrix} x_C \\ y_C \\ z_C \\ 1 \end{pmatrix} \\
&= \begin{pmatrix} a_x & 0 & u_o & 0 \\ 0 & a_y & v_o & 0 \\ 0 & 0 & 1 & 0 \end{pmatrix} \begin{pmatrix} \boldsymbol{R} & t \\ \boldsymbol{0}^\tau & 1 \end{pmatrix} \begin{pmatrix} x_C \\ y_C \\ z_C \\ 1 \end{pmatrix} = \boldsymbol{M}_1 \boldsymbol{M}_2 \boldsymbol{X}_W = \boldsymbol{M} \boldsymbol{X}_W
\end{aligned} \tag{6.25}
$$

式中，$\boldsymbol{M}$ 为 3×4 的投影矩阵；$\boldsymbol{M}_1$ 为相机内部参数矩阵，与相机参数 a_x、a_y、u_o、v_o 相关；$\boldsymbol{M}_2$ 为相机外部参数矩阵，与相机外部参数相关，表示从 k 时刻到 $k+1$ 时刻的位姿变化；a_x 和 a_y 分别表示图像在 x 和 y 方向上的尺度因子，$a_x = \dfrac{f_x}{d_x}, a_y = \dfrac{f_y}{d_y}$。

机器人在运动过程中，假设相机在离散时刻 k 拍下图像，而 k 时刻的图像序列设为 I_k，位姿为 $\boldsymbol{C}_k$，则 $k+1$ 时刻的位姿 $\boldsymbol{C}_{k+1}$ 可表示为

$$
\boldsymbol{C}_{k+1} = \boldsymbol{C}_k \left(\boldsymbol{M}_2 \right)^{-1} \tag{6.26}
$$

视觉里程计即为从图像序列 I_{k+1} 和 I_k 中计算出机器人的位姿变化矩阵 $\boldsymbol{M}_2$，从而得出机器人的整个运动轨迹 $\boldsymbol{C}_{0:n}$。

视觉里程计主要包含五个部分，分别为图像采集、特征提取、特征匹配、运动估计和局部优化，实现流程图如图 6.15 所示。

首先利用相机获得新的图像序列，算法会对新的图像帧中的特征进行检测，提取出区别性强和重复性高的图像特征进行位姿估计；然后对相邻两帧图像进行特征匹配，在两帧图像中找到特征点对。特征点对是 2D 点，由相同的 3D 点在两帧图像上通过透视投影产生。

帧与帧之间的位姿估计主要包含两部分，即外点排除和运动估计。特征匹配生成的特征点对，通常会包含与视觉里程计数学描述不匹配的其他数据，这些不相符的特征点对称为外点，这些外点一般来源于光照、图像噪声、视角变化等引起的错误匹配，或者来源于环境中的运动目标。排除外点是因为，外点可能会引起运动判断错误，影响运动估计。随机抽样一致性（RANSAC）算法是典型的排除外点的方法，

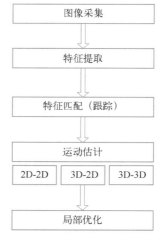

图 6.15　视觉里程计实现流程图

核心思想是从整个集合中随机抽取一组样本，计算模型参数，用模型参数验证其他数据点，再多次迭代，可实现数据点间最大一致性的模型参数为模型解，不一致的数据点则为外点。

接着是进行运动估计，相机根据剩余特征点对计算得到相邻两帧间的相对运动估计。运动估计是 VO 的基本计算步骤，即计算相机当前帧 I_{k+1} 和前一帧 I_k 间的位姿变换矩阵。设第 $k+1$ 帧和第 k 帧上有两组对应的特征点对，根据特征点对是 2D 还是 3D，位姿变换矩阵的计算有三种，即 2D-2D、3D-2D 和 3D-3D。2D-2D 方法使用 2D 图像点对间的对应关系求解运动参数，常用来解决单目视觉的初始化问题，为了获得准确的位置和姿态估计结果，通常采用五点算法与鲁棒估计器相结合的方法；3D-2D 方法是已知三维立体空间位置和二维平面上的投影，来求解相机的旋转和平移，可以用于单目视觉和立体视觉，常用 P3P 作为运动估计的方法；3D-3D 方法是利用给定配对好的两组三维空间点，求解相机的外部参数，常用于立体视觉中，奇异值分解法和迭代最近点算法是其常用的求解方法。求解运动参数一般用于解决单目视觉。一个迭代过程通常包含外点排除和运动估计。

两帧之间的位姿估计难免会产生误差累积，因此有必要对运动估计进行局部优化。这种现象称为漂移，因为运动估计受到噪声的影响，前一时刻的估计误差累积到下一时刻的运动之上。通过局部优化可减少漂移，常用优化方法有滤波器法和非线性优化法两种。

VO 使用相机传感器，相比于传统传感器的优势在于成本更低，无须环境和运动的先前经验信息，并且没有读数不精准、传感器精度差等问题，也不会受轮式里程计那样车轮打滑等不宜条件的影响。尽管如此，视觉里程计仍然面临一些限制，如图像纹理缺失、相机移动快导致的图像模糊、光照不充足等。这些问题会导致相机位姿估计的不准确。而惯性测量单元恰巧可以弥补这些缺陷，因此传感器模型算法的融合是实现机器人更好性能的发展方向。

4. 激光雷达传感器模型

激光雷达传感器（见图 6.16）是移动机器人中重要的传感器，机器人通过激光传感器感知外部环境。激光雷达包括激光探测和测距技术两部分，激光传感器通过主动发出激光信号，并记录其回波，对该激光信号进行分析以获得距离、速度、面型等对目标对象的测量。激光雷达通过光电探测对环境进行测距，自 20 世纪 60 年代以来，激光技术因激光器的问世而迅速发展，并在其基础上衍生出不同的研究方向，其中利用激光进行探测成为应用研究的一个重要议题，被广泛地应用到军事、探测、障碍物感知等领域。2005 年，使用了单线成像激光雷达技术的汽车获得了美国自动驾驶挑战赛的冠军，该车通过激光雷达水平平面扫描，使用内置处理器对测量数据进一步处理，以检测和定位室内环境。但单线激光雷达只能探测水平平面，Velodyne 公司研发了 64 线激光雷达，能完成对 3D 空间环境的感知探测。该多线激光雷达可以完成对三维空间的探测，然而，光学校准技术本身具有复杂性，开发成本较高，以致生产能力低，在一定程度上限制了自身的应用范围。Gielsdorf F 等人使用多个平面度良好的平板校准三维成像激光雷达，并使用 Gauss-Helmert 模型获得了激光雷达内部参数的最佳估计。

激光雷达传感器通过激光探测直接测量传感器与目标对象之间的距离，从而推演出目标对象在当前空间坐标系中的位置。移动机器人中激光测距通常包含三角测距和飞行时间测距两种方法。三角测距法，通过激光器发射激光，激光照射到物体后，反射光被线性 CCD 半导体成像装置接收，由于激光器和探测器之间有一定的距离，根据光学路径，不同距离的物体会在 CCD 上的不同位置成像。使用三角公式计算，即可推导出被测对象的距离，原理图如图 6.17 所示。

图 6.16　激光雷达传感器

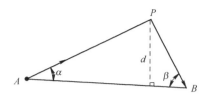

图 6.17　激光雷达三角测距原理

图 6.17 中，A 点为激光发射点，B 点为激光接收点，P 点为待测物体。α 为激光发射角，$\overline{AB}$ 为激光发射点与接收点之间的距离，均可通过激光雷达的模型确定，为已知量。A 点发射的激光，击中 P 点后，反射到 B 点，可以测量 β 的大小，唯一确定出该三角形，并求出 d 的距离。

$$\frac{\overline{AP}}{\sin\beta} = \frac{\overline{AB}}{\sin(\pi-\alpha-\beta)} \tag{6.27}$$

$$d = \overline{AP} \cdot \sin\alpha \tag{6.28}$$

得到

$$d = \frac{\overline{AB} \cdot \sin\alpha \cdot \sin\beta}{\sin(\alpha+\beta)} \tag{6.29}$$

由于 CCD 成像面大小有限，也就是说，图中接收点 B 的激光接收面有限，故该方法一般只对近距离目标测量有效，测量距离为几米左右。

飞行时间（Time of Flight，TOF）测距法是激光器发射激光脉冲，由计时器记录出射时间，接收器接收往返光，计时器记录返回时间，返回时间减出射时间，得到光的"飞行时间"。光速是已知的，因此在速度和时间已知的情况下，可以求得机器人与目标物体之间的距离。激光雷达飞行时间测距原理图如图 6.18 所示。

激光发射器向测量目标发射激光信号，与此同时，向时间测量单元发送起始信号；激光接收器接收到被测目标反射回的激光信号后，向时间测量单元发送终止信号。时间测量单元通过测量起始信号与终止信号之间的时间差，获得激光信

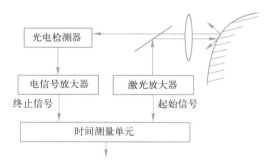

图 6.18　激光雷达飞行时间测距原理

号在空间中一次往返的飞行时间 t，从而通过式（6.30）计算得到激光雷达与目标之间的距离 d：

$$d = c\frac{t}{2} \tag{6.30}$$

式中，c 为光速。由于光速数值较大，因此必须要确保时间测量单元的性能足够好，对时间差的计算精度高，才能获得足够准确的测量距离。

之所以选择 TOF 测距法，是因为总体来说，相比于三角激光雷达，TOF 激光雷达的性能更具优势。这具体体现在以下几个方面：

1）测量距离。从两种方法原理上来讲，TOF 激光雷达可以测量更长的距离，因此 TOF 测距法应用更为广泛，如应用于无人驾驶汽车等。而三角测距法当测量物体距离越远时，在 CCD 上所成的像的位置间差别就越小，超过一定距离时，CCD 上的成像位置几乎无法分辨。并且，TOF 激光雷达采用脉冲激光采样，通过严格控制摄像的最大范围从而减少光照的影响，相比于三角激光雷达有更高的信噪比。

2）采样率。当激光雷达点云图像用于描述环境时，每秒执行的点云测量次数，即为采样率。在旋转速度一定时，每帧图像中点云的数量和角度分辨率由采样率决定。角度分辨率越高，点云数量就越多，图像描绘就越详细。TOF 激光雷达采样率更高，因为飞行时间测距一次测量只需一个激光脉冲，且时效性好，可以快速响应。然而，三角激光雷达的计算时间较长。

3）精度。作为一种测距设备，激光雷达传感器的精度不容忽视。在这一点上，三角测距法在近距离测量时的精度很高，但是随着距离的增加，测量精度会随之下降。由于 TOF 激光雷达的精度取决于飞行时间，时间测量精度不随长度的增加而变化，因此大多数 TOF 激光雷达传感器可以在几十米的测量范围内都保持较高的测量精度。

4）转速（帧率）：在机械雷达中，成像帧率由电动机转速决定。目前市场上，三角激光雷达的最大转速通常在 20Hz 以下，而 TOF 激光雷达的最大转速为 30~50Hz。三角激光雷达通常采用上下分体结构，即上方部分负责激光发射、接收和采集，下方部分负责电动机驱动和供电等。TOF 激光雷达一般采用一体化半固态结构，电动机只需操作反射镜，因此功耗很低，能够承受更高的转速。

激光的测量模型是沿着光束测量距离，由于激光传感器固有的噪声和环境地图中出现的不确定性因素，激光的测量模型在概率机器人中的测量误差可分为四类，分别是随机测量误差、意外对象引起的误差、障碍物引起的噪声以及由于未检测到对象引起的误差。随机测量误差是指传感器偶尔会产生一些无法解释的测量误差，如超声波被几面墙反射或传感器之间产生干扰；意外对象引起的误差，是因为地图是静态的而移动机器人的环境是动态的，所以在静态环境中会短暂出现动态障碍物，如行人，会引起此误差；障碍物引起的噪声，是正确范围内的局部测量误差；未检测到对象引起的误差，有时传感器没有检测到障碍物，直接返回得到最大测量值，即检测失败。

以光电鼠标传感器（见图 6.19）为例，其组成单元有激光发射器、透镜、图像传感器和数据处理单元。它的基本工作原理是激光发射器产生固定频率的激光，通过一个固定夹角照射到物体表面，物体表面反射的光线经过透镜放大后进入图像传感器，数据处理单元在固定的时间间隔读取传感器的数据，比较两次读取到的图像数据的差异，通过计算得到位移。例如二维

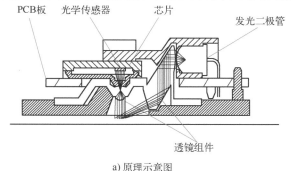

a) 原理示意图　　　　　　　　　　　　b) 内部实物图

图 6.19　光电鼠标传感器

的光电鼠标传感器，它可以同时测量传感器正交轴两个方向上的位移。通过将光电鼠标传感器安装在机器人中轴线的尾部，两个坐标系的 y 轴相重合，进而通过固定短时间内光电鼠标传感器 y 轴测量的位移可以得到机器人前行的速度。由于光电鼠标传感器安装的位置，它也同时测量了机器人旋转的角速度。

相比于其他传感器，激光雷达传感器具有测量范围广、直接获取距离信息、受光照影响较小且无空间约束等优点，也因此受到了广泛应用；并且多用于多传感器信息融合技术，例如视觉传感器无法得到图片像素点的深度信息，求解计算过程复杂，误差大，激光雷达传感器恰巧可以弥补这一缺陷，与激光雷达相结合，可以直接得到较高精度的深度信息，减轻算法负担。由此可见，单一传感器的固有缺陷可通过多传感器信息融合，多维信息协同互补实现机器人的感知功能，高效、精确的检测系统促进了导航功能的实现，同时降低了更高级别应用与服务的开发难度。

6.1.5 多传感器融合方法

多传感器融合是一种数据处理方法，该方法试图通过将不完备、有缺点、优势互补的多个或多种传感器数据进行组合，使用一种恰当合理的处理算法来获取所需测量参数的真实数据。在包含多传感器的系统中，各个信息源所提供的信息类型、数据特征可能不同，包括线性或非线性、时变或非时变、随机性或确定性等信息源。多传感器融合是充分利用多源观测数据，根据一定的优化准则，对具有时空互补或冗余信息的多传感器数据进行观测和分析，然后对多源信息进行排序和融合，从而得到对外部环境一致性无偏描述。该技术模拟了人脑获取、理解、分析和加工感知信息的全过程。它能够从不同的角度弥补单个传感器信息感知的不完整性，因为它使用了多个传感器的数据信息，是一种高级的信息处理能力和预估计能力。

1. 多传感器融合分类

多传感器融合技术按抽象程度不同，主要分为数据层融合、特征层融合和决策层融合。在处理问题时，可根据不同的目标对象做出合理的选择。

（1）数据层融合 数据层融合也称为像素层融合，是对传感器原始信息的融合，属于最低层融合方式，如图 6.20 所示。未经处理的原始观测信息直接通过数据层融合进行加工和处理，然后提取其信息特征进行特征匹配。需要注意的是，数据层融合对数据类型有所要求，即传感器感知观测到的对象信息需要是同一类型的数据。

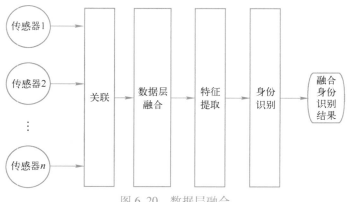

图 6.20 数据层融合

这种方式保留了更多的初始细节信息，信息的利用也更加完全，可以提供特征层融合和决策层融合所不能提供的一些细节信息，并且数据精确。但是该融合方式对感知信息的类型和表达方式有较高要求，由于数据信息量庞杂，所以需要有计算能力更强的设备，系统的带宽也需要更宽，同时还会存在实时效果较差的缺点。由于数据的本身存在不确定性、波动性和不完整性，处理系统需要具备良好的容错能力。所以对于多条同种类型、同种性质的雷达波形的直接合成和图像理解等操作，多采用数据层融合的方式。

（2）特征层融合　特征层融合属于中间层融合，因此该方式同时具备了低层次和高层次的部分融合优势，如图 6.21 所示。特征层融合是指对传感器信息进行初步处理之后，将各自提取的特征点进行统筹融合。该方法可分为目标特征信息融合和目标状态信息融合。前者适用于目标的跟踪，通过对数据进行配准实现对状态和参数的估计；而后者适用于目标的组合分类，通过传统的模式识别技术实现分类再整合。特征层融合可以从原始数据中自动提取有代表性特征的信息，对其进行整合，保留有效数据，为后期的决策判断提供数据支持。

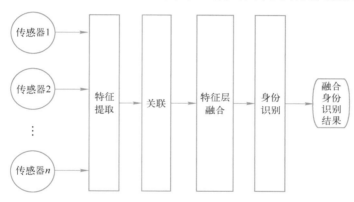

图 6.21　特征层融合

相比于数据层融合方法，特征层融合方法对通信宽带的要求更低，虽然所得数据不完整，但是相当程度地减少了计算量，然而仍然会因为传感器各自提取特征的类型不同，使得信息融合存在一定程度的局限性。

（3）决策层融合　决策层融合属于高层次的融合方式，如图 6.22 所示，与前两者相比，这种融合的时间顺序发生了主要变化，该方式在感知到数据信息后，对其进行特征提取和身份识别，之后才开始融合过程，同样融合之后可以返回用于决策，它直接响应决策目标，并为最终决策奠定基础，是充分利用较完整信息的一种策略类融合算法。该算法通过策略类的选择评级，分数更高的结果将成为下一模块的信息的输入，不会增加过多的运算负担，还能够拥有更好的鲁棒性。

这种方法可以充分利用不同传感器各自的优势，弥补因为传感器适用场景的局限和观测造成的自身局限，具有鲁棒性强、灵活性好的优点。不仅如此，这种方法同样可以应用于单一传感器故障等引起的硬件性质的极端状况。但是，这种方法也存在一些缺点，如处理信息的成本较为昂贵，又由于需要压缩数据，因此会丢失很多细节信息。D-S 证据理论、贝叶斯推理、模糊集理论等方法都是决策层融合的常用方法。

2. 多传感器融合策略

经过长时间的发展，现有的多传感器融合方法按照融合方式可大致分为传统概率法和人工智能法。其中，加权平均、卡尔曼滤波、贝叶斯估计等方法属于传统概率法，模糊逻辑、D-S

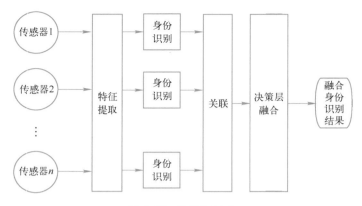

图 6.22　决策层融合

证据理论和神经网络等方法属于人工智能法。加权平均法和卡尔曼滤波算法常用于数据层融合；模糊逻辑和神经网络算法常用于特征层融合；贝叶斯估计和 D-S 证据理论算法常用于决策层融合等。

（1）加权平均法　最简单的加权平均法是对一组传感器的数据直接进行加权平均运算，每个传感器的权值由经验确定，并将此加权结果作为最终融合的信息。用数学公式表示，设在 n 个传感器 $T_1, T_2, \cdots, T_n$ 的融合系统中，对同一个观测对象进行状态判断，x 为估计的真值，$x_1, x_2, \cdots, x_n$ 分别是各个传感器的测量值，均视为 x 的无偏估计，且彼此之间相互独立，第 p 个传感器在 i 时刻测量值记为 $x_p(i)$。其方差分别为 $\sigma_1^2, \sigma_2^2, \cdots, \sigma_n^2$，设不同传感器的权值分别为 $w_1, w_2, \cdots, w_n$，则融合后的状态估计值和权重满足以下条件：

$$\hat{x} = \sum_{i=1}^{n} w_i x_i, \ \sum_{i=1}^{n} w_i = 1 \tag{6.31}$$

设等权值为 w，$w = 1/n$，经过局部融合后的状态估计值为

$$\hat{x} = \sum_{i=1}^{n} w_i x_i = \frac{1}{n} \sum_{i=1}^{n} x_i \tag{6.32}$$

总均方误差为

$$\begin{aligned}\sigma^2 &= E[(x - \hat{x})^2] = E\left[\sum_{i=1}^{n} w_i(x - x_i)\right]^2 \\ &= E\left[\sum_{i=1}^{n} w_i^2 (x - x_i)^2 + 2 \sum_{\substack{i=1, j=1 \\ i \neq j}}^{n} w_i(x - x_i) w_j(x - x_j)\right]\end{aligned} \tag{6.33}$$

因为 $x_i(i = 1, 2, \cdots, n)$ 相互独立，且 x 为无偏估计，所以

$$E[(x - x_i)(x - x_j)] = 0 \quad (i, j = 1, 2, \cdots, n; i \neq j) \tag{6.34}$$

因此总均方误差为

$$\sigma^2 = E\left[\sum_{i=1}^{n} w_i^2 (x - x_i)^2\right] = \sum_{i=1}^{n} w_i^2 \sigma_i^2 \tag{6.35}$$

由式（6.31）与式（6.35）可知，总均方误差公式如下：

$$\sigma^2 = \frac{\sum_{i=1}^{n} \sigma_i^2}{n^2} \tag{6.36}$$

当采用加权平均法进行数据融合时，如果用多个相同传感器测量相同的参数，那么权重分

布对融合效果有较大影响，这也是该方法的缺点所在，权值的取值会影响加权的结果，取值合理，效果较好；取值不得当，则难以获得较理想的效果，并且，不具备提取有效信息的能力。

（2）卡尔曼滤波算法　卡尔曼滤波算法是由卡尔曼提出的一种系统最优估计算法。该算法基于系统线性测量模型的统计特性进行递归计算，动态系统的状态通过一系列噪声数据来估计，实时更新和处理现场采集的数据。系统噪声是高斯分布的，系统的状态也是高斯分布的，因此对错误信息较敏感。在数据层融合中，传感器接收的数据常存在较大误差。卡尔曼滤波算法能有效减小数据间的误差，提升融合效果。但实际上线性的系统是很少的，因此就有了扩展卡尔曼、无迹卡尔曼等改进算法出现。卡尔曼滤波算法在众多领域里都有应用，并且在局部范围内达到了很好的效果。

一般的卡尔曼滤波算法对优化高斯模型的系统干扰有着明显的效果。这是一种最优线性递归估计方法，通过线性系统的状态方程和观测方程得到最优状态估计。然而，传统的卡尔曼滤波算法在处理非线性系统噪声方面存在一定的局限性。移动机器人的系统方程可描述为

$$\left. \begin{array}{l} \boldsymbol{X}(k) = \boldsymbol{A}\boldsymbol{X}(k-1) + \boldsymbol{B}\boldsymbol{U}(k) + \boldsymbol{w}(k) \\ \boldsymbol{Z}(k) = \boldsymbol{H}\boldsymbol{X}(k) + \boldsymbol{v}(k) \end{array} \right\} \tag{6.37}$$

式中，$\boldsymbol{X}(k)$ 为系统状态向量；$\boldsymbol{Z}(k)$ 为系统观测向量；$\boldsymbol{A}$ 和 $\boldsymbol{B}$ 为系统矩阵；$\boldsymbol{H}$ 为观测矩阵；$\boldsymbol{U}(k)$ 为控制向量；$\boldsymbol{w}(k)$ 为状态噪声；$\boldsymbol{v}(k)$ 为观测噪声。由式（6.37）可知，当前时刻的状态向量和协方差，可通过前一时刻的状态向量和协方差来预测，如下所示：

$$\hat{\boldsymbol{X}}(k \mid k-1) = \boldsymbol{A}\,\hat{\boldsymbol{X}}(k-1 \mid k-1) + \boldsymbol{B}\boldsymbol{U}(k) \tag{6.38}$$

$$\boldsymbol{P}(k \mid k-1) = \boldsymbol{A}\boldsymbol{P}(k-1 \mid k-1)\boldsymbol{A}^{\mathrm{T}} + \boldsymbol{Q} \tag{6.39}$$

式中，$\hat{\boldsymbol{X}}(k \mid k-1)$ 为状态估计得到的当前时刻状态向量；$\boldsymbol{P}(k \mid k-1)$ 为预测得到的当前时刻协方差；$\boldsymbol{Q}$ 为 $\boldsymbol{w}(k)$ 的协方差矩阵。

由预测的协方差可计算卡尔曼增益为

$$\boldsymbol{K}(k) = \frac{\boldsymbol{P}(k \mid k-1)\boldsymbol{H}^{\mathrm{T}}}{\boldsymbol{H}\boldsymbol{P}(k \mid k-1)\boldsymbol{H}^{\mathrm{T}} + \boldsymbol{R}} \tag{6.40}$$

式中，$\boldsymbol{R}$ 为 $\boldsymbol{v}(k)$ 的协方差矩阵。

由预测的状态向量以及实际测量值，可得卡尔曼滤波后最终系统的状态向量和协方差：

$$\hat{\boldsymbol{X}}(k) = \hat{\boldsymbol{X}}(k \mid k-1) + \boldsymbol{K}(k)\left[\boldsymbol{Z}(k) - \boldsymbol{H}\hat{\boldsymbol{X}}(k \mid k-1)\right] \tag{6.41}$$

$$\boldsymbol{P}(k) = \left[\boldsymbol{I} - \boldsymbol{K}(k)\boldsymbol{H}\boldsymbol{P}(k \mid k-1)\right] \tag{6.42}$$

传统的卡尔曼滤波算法适于线性系统，但对于非线性系统并不适用。为了解决这个问题，研究者提出了扩展卡尔曼滤波算法。该算法在卡尔曼滤波的基础上，对非线性系统函数进行泰勒展开，忽略高阶项，将非线性系统近似为线性系统，然后采用传统卡尔曼滤波算法进行滤波。

（3）模糊逻辑　模糊逻辑是一种不需要建立精确数学模型，将已有的经验和知识直接通过模糊集合论构建模型的方法。模糊逻辑是在人类思维方式的基础上，根据客观事物认知的统一特征，进行归纳、提取、抽象和总结，最后转化为模糊规则，来帮助相应的函数确定结果。由于该方法不依赖数学模型，所以该方法可以应用在各种复杂难以建模或动态特性常变的系统中。模糊逻辑还可以与其他信息融合技术相结合，衍生出多种算法，共同解决波动性的问题，提高融合效果，如基于模糊神经网络的模糊逻辑算法和基于扩展卡尔曼滤波的模糊逻辑算法。但是，对于模糊逻辑来说，仍然存在一个难点问题，即合理的指标判断规则和隶属函数的

构建。

模糊逻辑用于多传感器信息融合时，各传感器信息的不确定性用隶属函数来表示，通过模糊变换进行综合处理。转换为数学模型可以这样描述，将 A 集合作为系统可能出现的决策集合，B 集合作为传感器感知数据的集合，A 和 B 之间的关系用矩阵 $\boldsymbol{R}_{A \times B}$ 来表示，矩阵中 μ_y 表示由感知数据判断决策为 j 的可能性，即判断可信度，经过模糊变换得到的 $\boldsymbol{Y}$ 就是各决策的可能性。

具体表述如下，设有 m 个传感器进行探测，有 n 个系统可能的决策，那么有：

$$A = \{y_1/决策1, y_2/决策2, \cdots, y_n/决策n\}$$

$$B = \{x_1/传感器1, x_2/传感器2, \cdots, x_m/传感器m\}$$

传感器对每个可能决策的判断由上面定义的隶属函数表示，设传感器对系统的决策结果为

$$[\mu_{i1}/决策1, \mu_{i2}/决策2, \cdots, \mu_{in}/决策n] \quad (0 \leqslant \mu_{ij} \leqslant 1)$$

即认为结果为决策 j 的可能性为 μ_{ij}，记作向量 $(\mu_{i1}, \mu_{i2}, \cdots, \mu_{in})$，则 m 个传感器构成 $A \times B$ 的关系矩阵为

$$\boldsymbol{R}_{A \times B} = \begin{bmatrix} \mu_{11} & \mu_{12} & \cdots & \mu_{1i} & \cdots & \mu_{1n} \\ \mu_{21} & \mu_{22} & \cdots & \mu_{2i} & \cdots & \mu_{2n} \\ \vdots & \vdots & & \vdots & & \vdots \\ \mu_{m1} & \mu_{m2} & \cdots & \mu_{mi} & \cdots & \mu_{mn} \end{bmatrix} \tag{6.43}$$

将各传感器的可信度用 B 上的隶属数 $\boldsymbol{X} = \{x_1/传感器1, x_2/传感器2, \cdots, x_m/传感器m\}$ 表示，那么，根据 $\boldsymbol{Y} = \boldsymbol{X}\boldsymbol{R}_{A \times B}$ 进行转换，得 $\boldsymbol{Y} = (y_1, y_2, \cdots, y_n)$，即综合判断后的各决策的可能性为 y_i。

最后，对各个可能的决策按照一定的准则进行选择，得出最终的结果。

（4）神经网络算法   神经网络算法是一种新出现的算法，该融合方法能对非线性系统进行很好的处理和模型泛化，并且可以较好地解决检测系统的误差问题，实现了知识的自动获取及并行处理信息。神经元是神经网络的基本信息处理单元，不同神经元之间，利用不同的连接方式和不同的功能函数，可以得到不同的学习规则和最终结果。基于神经网络的多传感器信息融合算法将感知信息直接输入，经过学习及推理，能从大量信息中提取出有用的信号。神经网络算法的出现使融合算法更加丰富多元。此外，根据不同的学习数据库所产生的融合结果也不同。

大脑能进行复杂的分析和推理出于两个原因：第一，大脑中含有大量神经元；第二，大脑中的神经元能非线性处理输入信号。因此，可建立更接近工程的神经元数学模型（见图6.23），这是一个具有多输入和单输出的非线性单元。权值代表神经元之间的连接强度，$f(x)$ 为非线性转移函数。

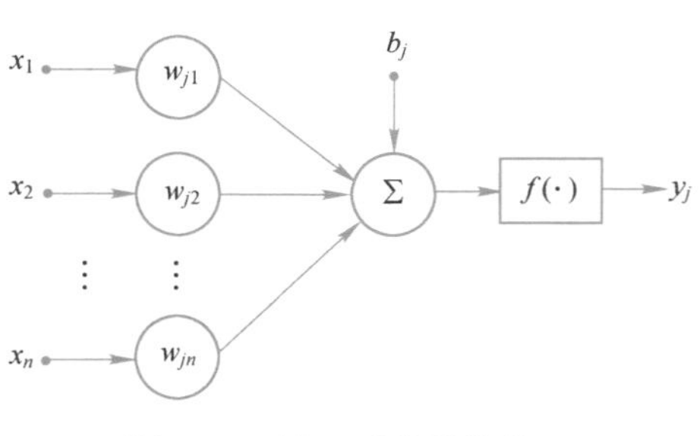

该模型的数学表达式为

$$y_j = f\left(\sum_{i=1}^{n} w_{ji}x_i - b_j\right) \tag{6.44}$$

图6.23   神经元的数学模型

式中，x_i 为输入信号；w_{ji} 为连接权系数；b_j 为神经元的偏移量；n 代表输入信号量；y_j 为第 j 个神经元的输出；$f(\cdot)$ 为激励函数。

复杂神经网络系统由大量神经元相互连接组成。目前，BP神经网络是常用的复杂神经网络，其核心思想是梯度下降法，使用梯度搜索技术最小化神经网络的实际输出值与目标输出值

间的均方误差。BP 神经网络含有多个神经元节点，同一层的神经元节点之间没有连接，相似层的神经元节点之间存在连接，通常情况下，输入层和输出层均为一个，但隐含层数量是未知的，通用结构如图 6.24 所示。在图 6.24 中，输入层的神经元节点数为 M，其第 m 个神经元节点可表示为 x_m，隐含层的神经元节点数为 I，其第 i 个神经元节点可表示为 k_i，x_m 和 k_i 间的连接权值为 w_{mi}，输出层的神经元节点数为 J，其第 j 个神经元节点可表示为 y_j，k_i 和 y_j 间的连接权值为 w_{ij}。

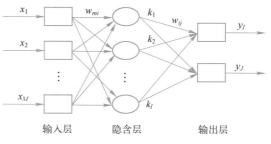

图 6.24　网络通用结构

BP 神经网络的正向学习步骤如下：

1）当迭代次数为 n 时，神经网络的实际输出和预期输出分别为

$$\boldsymbol{Y}(n) = (v_J^1, v_J^2, \cdots, v_J^J) \tag{6.45}$$

$$\boldsymbol{d}(n) = (d_1, d_2, \cdots, d_J) \tag{6.46}$$

2）实际输出和预期输出间的误差计算公式为

$$e_j(n) = d_j(n) - y_j(n) \tag{6.47}$$

3）可以得到 BP 神经网络的总误差为

$$e(n) = \sum_{j=1}^{J} e_j(n) \tag{6.48}$$

BP 神经网络的反向学习步骤如下：

1）根据梯度下降法对 w_{ij} 进行调整，具体如下：

$$\Delta w_{ij}(n) = -\eta \frac{\partial e(n)}{\partial w_{ij}(n)} \tag{6.49}$$

$$w_{ij}(n+1) = w_{ij}(n) + \Delta w_{ij}(n) \tag{6.50}$$

2）$v_M^n(n)$ 表示输入层神经元输出，根据误差信号正向传播，对 w_{mi} 进行调整，具体如下：

$$\Delta w_{mi}(n) = -\eta \delta_I^i v_M^n(n) \tag{6.51}$$

式中，δ_I^i 表示局梯度，计算公式为

$$\delta_I^i = \frac{\partial e(n)}{\partial \delta_I^i(n)} = -\frac{\partial e(n)}{\partial v_I^i(n)} f'(u_I^i(n)) \tag{6.52}$$

式中，$f(\cdot)$ 表示传递函数。

在陌生的环境中存在着许多类型的障碍物，BP 神经网络可对移动机器人环境中的障碍物进行分类。具体思路分为三步：第一步，将传感器检测到的环境信息引入 BP 神经网络；第二步，通过训练 BP 神经网络确定网络参数；第三步，对机器人移动环境中的障碍信息进行分类并产生结果。

（5）贝叶斯估计　贝叶斯估计的基本思想是把现象的经验推理和某种先前经验结合，来估计事物的可能性。贝叶斯估计将每个传感器作为一个贝叶斯分类器，根据传感器的先验概率分布，组合成联合分布似然函数，然后根据不同的新观测值更新联合分布函数，并利用概率函数的极值完成融合。它要求系统具有正态分布，或者噪声也是高斯分布的。贝叶斯估计还可以将传感器采集的可信度低的信息剔除，提高了信息采集的准确性。

具体来说，贝叶斯估计是利用上一时刻的状态估计，结合系统的状态方程，递推到当前时

刻后，再利用确定的样本数据来估算后验概率，之后一直以预测、更新的方式进行循环。用状态方程和观测方程来表示某一种非线性的系统状态模型，具体公式如下：

$$\boldsymbol{x}_k = f_k(\boldsymbol{x}_{k-1}, \boldsymbol{\eta}_k) \tag{6.53}$$

$$\boldsymbol{y}_k = h_k(\boldsymbol{x}_k, v_k) \tag{6.54}$$

式中，$\boldsymbol{x}_k \in \mathbf{R}^n$ 和 $\boldsymbol{y}_k \in \mathbf{R}^m$ 分别为系统第 k 时刻的状态向量和观测向量；$\boldsymbol{\eta}_k$ 为系统的状态噪声；v_k 为系统的测量噪声；$f(\cdot)$ 为系统状态函数，该函数决定了系统状态转移的概率密度函数 $p(\boldsymbol{x}_k | \boldsymbol{x}_{k-1})$；$h(\cdot)$ 为系统观测函数，该函数确定了观测向量的似然概率密度函数 $p(\boldsymbol{y}_k | \boldsymbol{x}_k)$。

由于参数的估计过程是基于先前的观测数据 $\boldsymbol{y}_{1:k}$，来递归地计算当前的状态可信度。一般用概率密度 $p(\boldsymbol{x}_k | \boldsymbol{y}_{1:k})$ 来表示置信度，计算概率密度的递归过程包括预测阶段和更新阶段两个阶段。

通过贝叶斯滤波算法的性质和一阶马尔可夫过程，可以获得以下公式：

$$p(\boldsymbol{y}_k | \boldsymbol{x}_k, \boldsymbol{y}_{1:k-1}) = p(\boldsymbol{y}_k | \boldsymbol{x}_k) \tag{6.55}$$

$$p(\boldsymbol{x}_k | \boldsymbol{x}_{k-1}, \boldsymbol{y}_{1:k-1}) = p(\boldsymbol{x}_k | \boldsymbol{x}_{k-1}) \tag{6.56}$$

在预测阶段，$p(\boldsymbol{x}_k | \boldsymbol{y}_{1:k-1})$ 可以根据之前最后一个时刻的置信度 $p(\boldsymbol{x}_{k-1} | \boldsymbol{y}_{1:k-1})$ 积分得出，即

$$
\begin{aligned}
p(\boldsymbol{x}_k | \boldsymbol{y}_{1:k-1}) &= \int p(\boldsymbol{x}_k, \boldsymbol{x}_{k-1} | \boldsymbol{y}_{1:k-1}) \, \mathrm{d}\boldsymbol{x}_{k-1} \\
&= \int p(\boldsymbol{x}_k | \boldsymbol{x}_{k-1}, \boldsymbol{y}_{1:k-1}) p(\boldsymbol{x}_{k-1} | \boldsymbol{y}_{1:k-1}) \, \mathrm{d}\boldsymbol{x}_{k-1} \\
&= \int p(\boldsymbol{x}_k | \boldsymbol{x}_{k-1}) p(\boldsymbol{x}_{k-1} | \boldsymbol{y}_{1:k-1}) \, \mathrm{d}\boldsymbol{x}_{k-1}
\end{aligned}
\tag{6.57}
$$

式（6.57）表示根据机器人之前 $1:k$ 时刻的测量数据上一时刻状态的置信度 $p(\boldsymbol{x}_{k-1} | \boldsymbol{y}_{1:k-1})$ 与状态转移的置信度 $p(\boldsymbol{x}_k | \boldsymbol{x}_{k-1})$，可得当前时刻的状态置信度 $1:p(\boldsymbol{x}_k | \boldsymbol{y}_{1:k-1})$。

在更新阶段，置信度 $p(\boldsymbol{x}_k | \boldsymbol{y}_{1:k})$ 是由 $p(\boldsymbol{x}_k | \boldsymbol{y}_{1:k-1})$ 获得的，$p(\boldsymbol{x}_k | \boldsymbol{y}_{1:k})$ 表示根据所有的观测信息 $\boldsymbol{y}_{1:k}$ 推测出 $\boldsymbol{x}_k$ 的状态。为了获得更准确的状态估计，那么在 k 时刻，测量值被添加进来，$p(\boldsymbol{x}_k | \boldsymbol{y}_{1:k})$ 用来修改预测。这一过程可以简述为滤波过程。而置信度 $p(\boldsymbol{x}_k | \boldsymbol{y}_{1:k})$ 会被替换到下一次预测过程中形成递归。根据贝叶斯公式有如下过程：

$$
\begin{aligned}
p(\boldsymbol{x}_k | \boldsymbol{y}_{1:k}) &= \frac{p(\boldsymbol{y}_k | \boldsymbol{x}_k, \boldsymbol{y}_{1:k-1}) p(\boldsymbol{x}_k | \boldsymbol{y}_{1:k-1})}{p(\boldsymbol{y}_k | \boldsymbol{y}_{1:k-1})} \\
&= \frac{p(\boldsymbol{y}_k | \boldsymbol{x}_k) p(\boldsymbol{x}_k | \boldsymbol{y}_{1:k-1})}{p(\boldsymbol{y}_k | \boldsymbol{y}_{1:k-1})}
\end{aligned}
\tag{6.58}
$$

上式在推导过程中使用了 $p(\boldsymbol{y}_k | \boldsymbol{x}_k, \boldsymbol{y}_{1:k-1}) = p(\boldsymbol{y}_k | \boldsymbol{x}_k)$。因为根据测量方程，当前观测的置信度 $\boldsymbol{y}_k$ 只与当前状态 $\boldsymbol{x}_k$ 有关。故式（6.58）称为更新过程，更新后的置信度作为下一次预测的基础，以此形成递归式。所以，式（6.57）和式（6.58）合并称为贝叶斯滤波。其中归一化常量可表示为

$$p(\boldsymbol{x}_k | \boldsymbol{y}_{1:k-1}) = \int p(\boldsymbol{y}_k | \boldsymbol{x}_k) p(\boldsymbol{x}_k | \boldsymbol{y}_{1:k-1}) \, \mathrm{d}\boldsymbol{x}_k = Z_n \tag{6.59}$$

$$p(\boldsymbol{x}_k | \boldsymbol{y}_{1:k}) = \frac{p(\boldsymbol{y}_k | \boldsymbol{x}_k)}{Z_k} \int p(\boldsymbol{x}_k | \boldsymbol{x}_{k-1}) p(\boldsymbol{x}_{k-1} | \boldsymbol{y}_{1:k-1}) \, \mathrm{d}\boldsymbol{x}_{k-1} \tag{6.60}$$

状态估计模型如图 6.25 所示。

对于一般的线性高斯系统，贝叶斯滤波是良好的状态估计方法。但是对于 $p(\boldsymbol{x}_k | \boldsymbol{y}_{1:k})$ 很难

得到的系统，无法积分或者系统的不确定性无法形成迭代，需要引入其他方法。较为常见的包括扩展卡尔曼滤波定位和多假设跟踪定位等。

（6）D-S 证据理论　对贝叶斯理论进行延伸得到 D-S 证据理论。它可以处理由于未知引起的不确定性，描述事物的不确定性，并将其转换为一组以概率分布函数表示的不确定性描述集，然后得到概率函数来描述不同数据对命题结果的支持率，并通过推理得到目标融合结果，概率函数

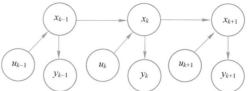

图 6.25　状态估计模型

的值也可以在多证据假设下和任意假设下确定。由于该方法推理规则简单，得到了广泛的应用，但是其计算量比较大。该方法利用信任函数和非信任函数将证明区间分为支持、信任和拒绝三类，在不确定信息的情况下对证明区间进行快速分类，分类决策在最终的决策层进行，以促进最终结果的产生，这也是该方法的优势。

假设有一个需要解决的问题，在解决时可以将考虑到的所有可能的结果，形成一个完整的集合，用 U 来表示，并且集合 U 中的所有元素不可能同时发生，即元素间互斥，元素数量也是有限、可列举的；无论在哪个时刻，问题答案的取值均为 U 集合中的元素，把这样的不相容事件组成的集合 U 称为识别框架，可以将该集合表示为 $U=\{u_1,u_2,\cdots,u_j,\cdots,u_n\}$，其中，$u_j$ 为框架 U 中的一个事件或元素。接着引入幂集的概念，即包含集合 U 全部子集的集合，记为 2^U，幂集可以表示为 $2^U=\{\varnothing,\{u_1\},\{u_2\},\cdots,\{u_n\},\{u_1\cup u_2\},\{u_1\cup u_3\},\cdots,U\}$。在识别框架 U 中，任意子集 A 都对应着某问题的答案命题，描述为“A 是问题的答案”。

确定了识别框架后，就需要建立证据信息，也就是命题集合对应的概率分配问题。通常对于一个命题来说，在综合分析了信息之后，应该可以做出一个比较合适的判断，并提出一个较为具体的数字，该数字能够合理地描述出对某个命题的支持程度，它代表着赋予这个命题的信任度。这样便建立起识别框架中命题基本信任值的初始分配，证据理论用基本信任分配函数来系统地概括所有命题最终确定下来的分配结果。

定义 6.1　设 U 为一个识别框架，在 U 上的基本信任分配函数 m 是一个 $2^U\rightarrow[0,1]$ 的映射，该函数满足如下条件：

1）$m(\varnothing)=0$，$\varnothing$ 为空集或称为不可能事件。

2）$\sum\limits_{A\subseteq U}m(A)=1$。

$m(A)$ 体现了证据对命题 A 的支持度，其值为该命题的基本信任分配值，也称 $m(A)$ 为 A 的基本概率赋值函数。空集的基本信任值为零，所有其他子集的信任值之和等于 1。

定义 6.2　$2^U\rightarrow[0,1]$ 是 U 上的基本概率赋值，定义函数 Bel：$2^U\rightarrow[0,1]$ 为

$$\mathrm{Bel}(A)=\sum_{B\subseteq A}m(B),\quad\forall A\subseteq U \tag{6.61}$$

则称该函数是 U 上的信任函数。其中 $\overline{A}=\Omega-A$，Bel(A) 表示对 A 的总信任程度，又称为可信度。

定义 6.3　若识别框架 U 的一子集为 A，符合 $m(A)>0$ 的条件，则称 A 为信任函数 Bel 的焦元，所有焦元的并称为核。

定义 6.4　设 U 为一识别框架，定义 Pl：$2^U\rightarrow[0,1]$ 为

$$\mathrm{Pl}(A)=1-\mathrm{Bel}(\overline{A})=\sum_{B\cap A\neq\varnothing}m(B) \tag{6.62}$$

Pl 称为似然函数。Pl(A) 称为拟信度，表示可能肯定 A 的信任程度。如图 6.26 所示，在

有关命题 A 的证据中，有三类证据：支持证据、拒绝证据和中性证据。支持证据指支持命题 A 的证据，拒绝证据指反对命题 A 的证据，中性证据是指无法直接推断出支持或反对的证据。由于支持证据和中性证据都有可能是支持命题 A 的，因此，证据理论将它们称为拟信区间。

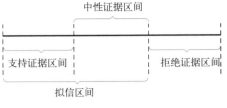

图 6.26　三类证据关系图

3. 隐马尔可夫模型与贝叶斯模型

经典卡尔曼滤波、扩展卡尔曼滤波都是隐马尔可夫模型和贝叶斯模型的联合实现，是使用观测信息和模型对系统状态进行预测、更新的方法。

隐马尔可夫过程基于两个基本假设：

1）齐次马尔可夫假设，是指假设马尔可夫过程在任意时刻的状态只与前一时刻的状态相关。

2）观测独立性假设，是指任何时刻的观测只与当前时刻的状态有关，与其他时刻观测无关。

隐马尔可夫模型（HMM）可以描述为：它具有有限个状态，能够以一定的概率从一个状态转移到另一个状态，并且每次转移都输出一个观测序列。在该过程中，只有输出的观测序列是可见的，而状态转移序列是不可见的，故称为隐马尔可夫模型。隐马尔可夫模型可用来描述系统和控制器模式之间的异步现象。HMM 的作用是通过一个条件概率矩阵将控制器与系统连接起来，条件概率矩阵反映了系统的异步程度。隐马尔可夫模型利用了模型的时间序列特性。驱动行为将分解为多层任务。最低层次的任务是识别每个具体的操作，得到的最低等级的结果将作为输入给更高等级的行为。

HMM 的一个优点是可以很容易地解释节点之间的概率关系。根据 HMM 原理，当前状态还依赖于前一时刻的状态。因此，HMM 的另一个优点是具有处理动态数据和时态模式识别的能力。使用 HMM 聚类标签是由计算的概率决定的，而不是明显的边界。此外，通过对各种研究的总结和比较，HMM 算法在实时行为预测方面具有很高的准确性和非常好的性能。HMM 的主要局限性在于训练前必须知道隐藏状态的分类数量，因此该算法不适用于长期预测系统。

贝叶斯递推过程基于状态观测和状态更新：

1）基于模型的状态估计，也就是说，根据状态转移概率或者已知的真实测量值，计算预测概率分布，以得出状态预测的均值和方差等估计值。

2）基于观测状态更新，通过概率函数与状态估计概率进行积分系数归一化处理，得到观测转移的后验概率分布，然后得到目标观测的均值和方差，计算卡尔曼增益。

贝叶斯 HMM 聚类算法，改进了现有的 HMM 聚类算法，在聚类控制结构中加入了 HMM。无监督分类，即聚类算法，是通过客观地将数据划分为同质组，从而优化组内目标相似度和组间目标差异度，从数据中获得结构。根据特征值在组内的分布对模型进行分析，从而实现对结构的分类和解释。在许多真实的应用程序中，动态特性（即系统如何与环境交互并随时间发展）是很重要的。系统的这种行为或特征最好由其值在观测期间发生显著变化的时间特征来描述。人们对时态数据进行聚类的目标是，通过构造和分析定义良好的、精简的数据模型来构造动态过程的概要。假设定义所研究现象的动态特性的时间数据序列满足马尔可夫特性，数据生成可以被视为通过一组固定状态的概率遍历。人们用隐马尔可夫模型刻画了个体集群中对象的动态特性。

使用提取的 HMM 作为系统动力学的精确解释表示。对于聚类系统来说，确定数据的最佳分区和最佳模型结构（即模型中状态的数量）是很重要的，以表征每个聚类内同质数据的动态特性。HMM 可以在聚类过程中动态修改其大小；根据贝叶斯模型选择问题来确定 HMM 的大小。

在移动机器人中，通过使用贝叶斯滤波算法结合马尔可夫链无后效性等特性，进行概率分布的置信度的推导，并且该算法可以用在推导和论证计算后验概率分布上；基于隐马尔可夫模型的贝叶斯滤波算法能够用来估计下一个最佳探测视点的观测概率，并推导得到观测状态转移矩阵和占用状态转移矩阵。

6.1.6　SLAM 技术中的多传感器信息融合

SLAM 最早以激光测距仪作为主要的传感器，称之为激光 SLAM。激光测距具有测量精度高、含有深度信息等优点。但是，该方式价格高且功耗大，随着科技的进步已经越来越不符合移动端轻量低功耗的要求。21 世纪以后，SLAM 系统选用的传感器逐渐青睐于摄像头类的视觉传感器。视觉传感器安装结构简单、成本低、数据信息丰富。视觉传感器可分为单目相机、双目相机和深度相机。其中，单目相机的结构最为简单而且成本最低。然而，单目相机不具有直接获取深度信息的能力，它通过相似图像的匹配计算相机的位置和姿态变换，并根据位置和姿态的变化通过三角测量计算出相应的深度图。深度图的计算过程过于复杂，计算量较大。双目相机，顾名思义为使用两个摄像头观察同一目标，通过三角测量直接获得相应的深度图，但是当目标离相机较远时，双目相机会退化为单目相机。深度相机的测距方式通常为 TOF 或者结构光的方法，其优点在于计算量小，但是同时也有单侧距离小的缺点。近几年对视觉 SLAM 的研究取得了相当的进步，但是仍然存在一些问题：相机在发生快速平移或者旋转时，会导致图像出现模糊，或者在亮度变化较快时，由于相机来不及调整进光量而出现画面过度曝光或者欠曝光。这种情况下检测的图像特征变少或者丢失，从而导致定位失败。此外视觉 SLAM 的定位也存在误差随着时间累积的缺点。因此，目前发展出了将微型惯性单元、激光雷达以及视觉传感器等传感单元相互融合的方法，便于更好地进行定位与建图。本小节将介绍 SLAM 技术中的多传感器融合案例，每个案例均给出传感器融合方法，包括数据预处理方法、滤波方法、融合策略与方案。

1. 微型惯性单元与视觉数据融合

视觉和 IMU 间的数据融合，也称为视觉惯性里程计（Visual Inertial Odometry，VIO）。先前最早出现的 IMU 处理方法是整合 IMU 数据，再积分处理，但该方法对位姿信息依赖性强，融合过程中计算量较大。为了解决这个问题，学者们提出了 IMU 预积分法，该方法的核心思想是对两帧间的 IMU 运动增量进行计算，并提取增量积分中与初始值有关的数据，从而避免反馈过程优化中的重复积分，提高计算效率。同时，两帧之间的 IMU 预测分量可对这两关键帧加以限制。

基于松耦合滤波的 VIO 算法是将 IMU 和视觉数据视为一个黑箱，使两种数据可以进行独立的运动估计，然后将估计结果作为滤波算法的输入，滤波结果是该时刻机器人的位姿。典型的基于松耦合滤波的 VIO 算法是多传感器融合的扩展卡尔曼滤波（MSF-EKF）算法。该算法使用含噪声的 IMU 测量值估计状态量，并使用视觉数据作为视觉观测量来校正更新后的状态量。MSF-EKF 算法构架简单，拓展性强，理论上，可以添加许多不同类型的传感器，然而，松耦合算法不能有效利用每个传感器的原始数据，因此其精确度较差。

基于紧耦合滤波的 VIO 算法使用 IMU 和视觉的原始数据作为滤波器的直接输入，并在更新阶段仅对当前状态进行一次线性化。紧耦合滤波可以有效地运用 IMU 和视觉的原始数据，从而获得更准确、更稳健的定位性能。多状态约束卡尔曼滤波器（Multi State Constrained Kalman Filter, MSCKF）和鲁棒视觉惯性里程计是典型的基于紧耦合滤波的 VIO 融合算法。MSCKF 算法通过滑动窗口法将状态量约束在一定范围内，若窗口中位姿和地图点达到指定范围限制，旧的位姿和地图点将被边缘化。该方法既能保证定位精度，又能防止计算量过大，进而有效控制运行速率。

MSCKF 使用 EKF 估计窗口中的 IMU 误差，并利用窗口中多个关键帧检测到的测量值的重投影误差来更新，但是 MSCKF 也存在一定的缺点，该融合方法复杂，只能利用部分特征点来更新状态，且可拓展性较差。近年来，MSCKF 算法的研究取得了很大进展。例如：将 EKF-SLAM 算法与 MSCKF 算法融合，使计算效率有所提高；并且，有学者提出双目 MSCKF 算法，将单个摄像头扩展至两个摄像头，尽管该算法计算效率没有明显的提高，但是该算法取得了更好的鲁棒性。

基于优化 VIO 问题的研究主要集中在紧耦合方面。此时，VIO 将 IMU 限制与视觉限制相结合，并使用目标函数获得最佳位姿估计。其中，IMU 约束条件是指 IMU 预积分误差，这里的预积分是将一段时间积累下来的 IMU 测量数据进行统一处理；视觉限制是指视觉重投影误差，视觉重投影的基本思想是在一个新的位置重新利用先前时刻关键帧中的计算样本。基于紧耦合优化的 VIO 算法将多个关键帧线性化多次，故而该算法具有更高的定位精度。目前，在紧耦合优化的 VIO 算法研究中，有较大突破的是香港科技大学沈邵劼研究组提出的单目 VINS-Mono 算法。该算法包括五个模块：预处理、紧耦合初始化、回环检测、重定位和位姿图像优化。该方法的主要思想是用预积分法处理 IMU 数据，用稀疏光流（Sparse Optical Flow）法对图像序列帧进行跟踪，用紧耦合法估计机器人位置姿态、速度、零偏等状态量。这种算法速度极快，适用于无人机等场合。出于扩大应用范围的目的，沈邵劼等人将单目 VINS-Mono 的融合位姿图拓展到其他传感器，并使用公开数据集验证了双目、单目/IMU 和双目/IMU 方案。许多学者将 IMU 与单目视觉算法相结合，如将基于直接法的单目视觉算法与 IMU 结合以实现紧耦合优化融合，来提高定位性能。

除了上述 VIO 算法外，对以轮式里程计为辅助视觉传感器的定位算法也有一定的研究。例如，有研究团队使用里程计来估计 ORB-SLAM2 的尺度，并使用卡尔曼滤波算法对里程计和 ORB-SLAM2 估计的位姿进行处理。但是该算法也存在不足，使用轮式里程计测量旋转程度存在波动性，当车轮在地面移动时易发生打滑，此时旋转测量误差较大，因为这个不足导致使用轮式里程计实现定位的应用受到限制。因此许多研究人员考虑融合更多的传感元件，如有文献中提出一种融合自定位算法，是将轮式里程计、激光雷达和单目视觉三种传感器信息用扩展卡尔曼滤波进行融合，使得系统在多转角、长距离情况下，仍然有较好的定位性能。

IMU 与视觉定位的特点比较见表 6.1。

表 6.1　IMU 与视觉定位的特点比较

特点	IMU	视觉定位
优点	快速响应；不受成像质量影响；角速度比较准确；可估计绝对尺度	不产生漂移；可直接测量旋转与平移
缺点	存在零偏；低精度 IMU 积分位姿发散；高精度价格昂贵	受图像遮挡和运动物体干扰；单目视觉无法测量尺度；单目纯旋转运动无法估计；快速运动时易丢失

表 6.1 反映了近年来视觉–惯导融合的 SLAM 算法总结。在视觉图像和 IMU 运动信息融合时，可根据是否将相机获取的图像特征信息加入系统的状态向量中，将基于视觉与惯导融合的 SLAM 系统分为紧耦合和松耦合两类。

从整体来看，相机和 IMU 定位方案有一定的互补性：IMU 计算适合短时且快速的运动，而长时且慢速的运动适合用视觉来计算。并且，可使用视觉定位信息估计 IMU 的零偏，以减少 IMU 零偏引起的发散和累积误差。相反，IMU 可为视觉传感提供快速的定位与加速度。利用这种方式进行数据融合的典型方法为卡尔曼滤波器：相机和 IMU 中的参数（如相机尺度和零偏）在融合过程本身会受到影响，因此需要将所有的信息放在一起进行优化估计。MSCKF 和非线性优化这两种典型的数据融合方法均利用了这种思想。前者的融合方式称为松耦合（见图 6.27），后者的融合方式称为紧耦合（见图 6.28）。在松耦合情况中，由于视觉传感内部的光束法平差从多视角提取的信息中没有 IMU 的信息，因此从全局来看，松耦合不是最优的。紧耦合可以一次性对所有的运动和测量信息建模，便于达到最优。

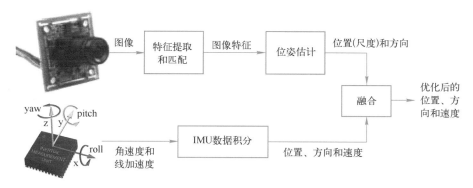

图 6.27 基于 MSCKF 的松耦合

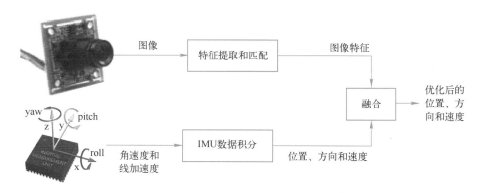

图 6.28 基于非线性优化的紧耦合

基于松耦合的视觉–惯导融合的 SLAM 算法，是指图像特征信息不添加至状态向量中进行同时优化，而是将图像的视觉部分和 IMU 传感器信息通过不同的状态估计方法计算出运动的位姿，然后使用 EKF 等滤波方法进行状态的融合。基于紧耦合的视觉–惯导融合的 SLAM 算法，是利用视觉重投影估计和 IMU 传感器预积分估计之间的耦合关系，将视觉图像的特征信息统一到状态向量中优化。同样，根据优化方法的不同，基于紧耦合的视觉–惯导融合的 SLAM 算法可分为两类：卡尔曼滤波优化和非线性优化。

2. 2D 激光雷达与 RGB-D 相机信息融合

移动机器人在未知的环境下执行导航任务前，需要获得环境的地图信息。但是室内环境复杂，障碍物的形状和材质多变，使用单一的激光雷达往往无法有效地检测出材质透明以及形状和高度不一的障碍物，从而导致构建的地图不够准确。多种传感器能够从各个维度感知环境以及机器人自身的运动信息，能够避免或降低单一传感器带来的环境光线变化、动态物体显现等因素的影响，为机器人提供了更加准确的姿态估计，同时构建了精度更高的环境地图。激光雷达精度高，RGB-D 相机价格便宜，并且能够提供物体的深度信息，这两种传感器已经逐渐成为自主移动机器人的标准配件。将激光雷达和 RGB-D 相机结合，可以实现激光数据和三维深度数据的同时采集，进而建立激光雷达测距点与深度图像点间的对应关系，对检测数据进行融合，得到环境障碍物的位置。其中，相机从空间中采集三维深度数据，使用针孔相机模型将真实世界中的三维坐标点映射到二维平面以获取深度图像，将数据深度图像转换为虚拟激光测距数据。

RGB-D 相机是一种利用物理方法测量深度，并通过软件算法间接计算深度的相机。微软 Kinect、华硕 Xtion、英特尔 RealSense（见图 6.29）等相机是目前较受欢迎的 RGB-D 相机。Kinect 是一种常用的 RGB-D 相机，它具有以下优点：扫描迅速，能获得 3D 信息，信息量丰富。Kinect V1 是一款 RGB-D 视觉传感器，由微软公司于 2010 年 6 月发布，该摄像机配有三个摄像头，分别为 RGB 彩色相

图 6.29　英特尔 RealSense D455 相机

机、红外发射器以及红外接收器，其中红外发射器和红外接收器组合在一起用于获取红外影像，该红外影像中存储距离远近的深度信息。Kinect 具有动作和图像识别、语音处理、社交互动等功能，同时开源了快速安装、传感器原始数据流、骨骼关节识别追踪、抑制噪声与回声消除等 SDK 供开发人员或玩家使用。

2014 年 10 月又发布第二代产品 Kinect V2，如图 6.30 所示，它作为深度相机广泛应用于移动机器人的导航和 RGB-D 视觉 SLAM 中，具体参数见表 6.2。

图 6.30　Kinect V2 相机

表 6.2　Kinect V2 相机的参数

配　置	参　数
彩色相机分辨率	1920×1080
深度相机分辨率	512×424
水平角度	70°
垂直角度	60°
骨骼关节数	25 个/人
检测范围	0.5~4.5 m
音效	16 bit，16 kHz

Kinect 相机成本较低，更易得到环境的深度数据。基于 Kinect 相机的优点，研究人员提出了一种将激光扫描和深度图像相结合的数据融合方法，障碍物通过装载在移动机器人上的 2D

激光雷达和 Kinect 相机来感知。该方法在用 Kinect 相机进行三维检测的同时，也可以进行平面检测，并且检测范围大、时效性好、准确度高。深度相机的运行过程可以描述为：首先使用 2D 激光雷达获取空间中的激光雷达数据，深度相机获取深度图像；然后将深度图像转换为虚拟的 2D 激光数据；转换完成后，将虚拟 2D 激光数据和激光雷达数据进行融合，进而推演出障碍物所处的位置信息。

（1）相机标定　二维激光雷达和 Kinect 相机在同一环境中有着不同的参考坐标系。该算法需要将多个传感器的数据统一整合到一个参考坐标系中进行坐标对准，从而实现数据的粗糙融合。通过坐标标定，找到激光雷达坐标系与 Kinect 相机坐标系之间的关系（见图 6.31），以实现激光雷达测距与 Kinect 的深度图像数据的精确融合。

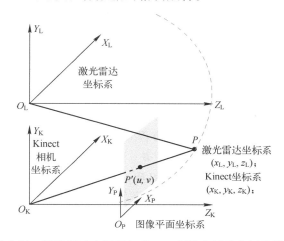

图 6.31　激光雷达坐标系与 Kinect 相机坐标系之间的关系

对于激光雷达，需将极坐标系与平面直角坐标系（$O_L X_L Y_L Z_L$）保持在同一平面上，以激光雷达的中心为原点，激光束与 Z_L 轴正向夹角为极坐标角度 α（激光束偏角值），激光束测距值为极坐标径向值 r（激光雷达当前测距值），如图 6.32 所示。

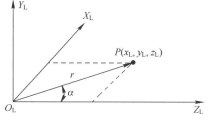

图 6.32　激光雷达的直角坐标系与极坐标系

相机参数确定后，代入多对像素点三元组和测距点二元组，通过求解线性方程组得到未知的 $\boldsymbol{R}$、$\boldsymbol{T}$ 矩阵，进而确定激光雷达与 Kinect 相机两坐标系间的旋转平移关系，实现联合标定。

（2）点云匹配　激光点是真实环境中的曲面离散采样，激光点到实际曲面的距离是最佳误差范围。常用的点云匹配算法为迭代最近点算法，将点间距离作为误差，构造误差方程，易造成误差匹配，增加迭代时间。通过用点到其最近两点连线的距离，可以构建误差方程，有利于缩减迭代时间，增加算法时效性。

深度相机模拟的点云和对应的激光雷达点云空间坐标集合分别为

$$P_i^L = \{ P_1^L, P_2^L, P_3^L, \cdots, P_n^L \}$$
$$P_i^K = \{ P_1^K, P_2^K, P_3^K, \cdots, P_n^K \} \tag{6.63}$$

算法的具体步骤如下：

1）给定一个初始的转换矩阵 $\boldsymbol{Q}_k = (R_k, T_k)$，将当前模拟点云 P_i^K 的数据转换到激光雷达坐标系下，转换方式为

$$\widehat{P}_i^K = P_i^K \oplus \boldsymbol{Q}_k = R_k P_i^K + T_k \tag{6.64}$$

后面迭代计算所需的数据由上一次算法迭代计算得到。

2）对 $\widehat{P}_i^K$ 中的每一个点，在 P_i^L 中找到其最近的两个点，将其索引定义为 j_1^i 和 j_2^i。

3）计算误差并除去误差过大的点。

4）构建最小化误差方程：

$$\min_{\boldsymbol{Q}_{k+1}} \sum_{i=1}^{n} \left[\boldsymbol{n}_i^T (R_{k+1} \widehat{P}_i^K + T_{k+1} - P_{j_1^i}^L) \right]^2 \tag{6.65}$$

式中，$\boldsymbol{n}_i$ 表示线 $P_{j_1^i}^L \rightarrow P_{j_2^i}^L$ 的法向量。

5）解出位姿转换矩阵 $\boldsymbol{Q}_{k+1}$，将其用于下次迭代计算。

（3）传感器数据融合　在点云配准得到两传感器间的位姿关系后，可将两束激光转换到同一坐标系下进行数据精确融合。该过程常用滤波思想来实现，由于经典卡尔曼滤波对运算场景有限制，只能用于高斯理想场景下。而基于经典卡尔曼滤波演变的 EKF 算法，可以在粗融合的基础上再进行细化融合。

系统的状态转移方程以及传感器的观测方程分别为

$$\boldsymbol{\theta}_k = \boldsymbol{f}(\boldsymbol{\theta}_{k-1}) + s_k \tag{6.66}$$

$$z_k = \boldsymbol{h}(\boldsymbol{\theta}_k) + v_k \tag{6.67}$$

式中，$\boldsymbol{\theta}_k$ 为估计值；z_k 为传感器观测值；s_k 为状态转移噪声向量，其协方差矩阵为 $\boldsymbol{Q}$；v_k 为观测噪声向量，其协方差矩阵为 $\boldsymbol{R}$。s_k 和 v_k 两噪声向量一般服从多维高斯分布，利用泰勒展开式对式（6.66）在一次估计值 $\boldsymbol{\theta}_{k-1}$ 处展开得

$$\boldsymbol{\theta}_k = \boldsymbol{f}(\boldsymbol{\theta}_{k-1}) + F_{k-1}(\boldsymbol{\theta}_k - \boldsymbol{\theta}_{k-1}) + s_k \tag{6.68}$$

利用泰勒展开式对式（6.67）在一次估计值 $\boldsymbol{\theta}_k'$ 处展开得

$$z_k = \boldsymbol{h}(\boldsymbol{\theta}_k') + H_k(\boldsymbol{\theta}_k - \boldsymbol{\theta}_k') + v_k \tag{6.69}$$

式中，F_{k-1} 和 H_k 分别表示 $\boldsymbol{f}(\boldsymbol{\theta}_{k-1})$ 和 $\boldsymbol{h}(\boldsymbol{\theta}_k')$ 在 $\boldsymbol{\theta}_{k-1}$ 和 $\boldsymbol{\theta}_k'$ 处的雅可比矩阵。

EKF 分为预测和更新两步。

预测：

$$\boldsymbol{\theta}_k' = \boldsymbol{f}(\boldsymbol{\theta}_{k-1}) \tag{6.70}$$

$$\boldsymbol{P}_k' = F_{k-1} \boldsymbol{P}_{k-1} F_{k-1}^T + \boldsymbol{Q} \tag{6.71}$$

式中，$\boldsymbol{\theta}_k'$ 为预测值；$\boldsymbol{P}_k'$ 为预估值与实际值间的协方差。

更新：

$$K_k = \boldsymbol{P}_k H_k^T (H_k \boldsymbol{P}_k H_k^T + \boldsymbol{R})^{-1} \tag{6.72}$$

$$\boldsymbol{\theta}_k = \boldsymbol{\theta}_k' + K_k [z_k - \boldsymbol{h}(\boldsymbol{\theta}_k')] \tag{6.73}$$

$$\boldsymbol{P}_k = (\boldsymbol{I} - K_k H_k) \boldsymbol{P}_k' \tag{6.74}$$

式中，K_k 为卡尔曼增益；$\boldsymbol{\theta}_k$ 为估计值；z_k 为观测值；$\boldsymbol{P}_k$ 为估计值与实际值间的协方差。

融合过程具体描述如下：

1）在 t 时刻接收到激光雷达数据，根据 $t-1$ 时刻的估计值 $\boldsymbol{\theta}_{t-1}$ 和协方差 $\boldsymbol{P}_{t-1}$，利用式（6.70）和式（6.71）完成一次估计得到预测值 $\boldsymbol{\theta}_t^L$ 和协方差 $\boldsymbol{P}_t^L$。

2）根据 t 时刻激光雷达的观测数据 z_t^L、预测值 $\boldsymbol{\theta}_t^L$ 和协方差 $\boldsymbol{P}_t^L$，利用式（6.72）~式（6.74）更新测量值，得到 t 时刻的状态估计 $\boldsymbol{\theta}_t$ 和协方差 $\boldsymbol{P}_t$。

3）在 $t+1$ 时刻收到 Kinect 模拟激光数据时，根据 t 时刻的状态估计 $\boldsymbol{\theta}_t$ 和协方差 $\boldsymbol{P}_t$ 完成一次预测得到预测值 $\boldsymbol{\theta}_{t+1}^{K}$ 和协方差 $\boldsymbol{P}_{t+1}^{K}$。

4）同理，根据 $t+1$ 时刻 Kinect 模拟激光雷达的观测数据 z_t^L、预测值 $\boldsymbol{\theta}_{t+1}^{K}$ 和协方差 $\boldsymbol{P}_{t+1}^{K}$，实现测量值更新，得到 $t+1$ 时刻的估计值 $\boldsymbol{\theta}_{t+1}$ 和协方差 $\boldsymbol{P}_{t+1}$ 用于下一次迭代。

（4）贝叶斯估计数据融合　贝叶斯估计是一种利用先前经验与经验推理对状态进行估计的信息融合算法，该算法是在得到结果后重新修正概率的基础上进行的。该方法通过观测得到已知状态向量 $\boldsymbol{Z}$，预测一个未知的 n 维状态向量 $\boldsymbol{X}$，并且已知状态向量 $\boldsymbol{Z}$ 中包含有未知状态向量 $\boldsymbol{X}$ 的信息。后验概率的计算可通过贝叶斯估计得到，设 k 时刻的概率为 x_k，已获得的 k 组传感器测量数据记为 $Z_k = \{z_1, \cdots, z_k\}$，验前分布如下：

$$p(x_k \mid Z^k) = \frac{p(z_k \mid x_k)p(x_k \mid Z^{k-1})}{p(Z^k \mid Z^{k-1})} \tag{6.75}$$

式中，$p(z_k \mid x_k)$ 为基于激光雷达观测模型的似然函数；$p(x_k \mid Z^{k-1})$ 为基于上一时刻的先验分布函数；$p(Z^k \mid Z^{k-1})$ 为上一时刻对当前时刻的估计。

在更新栅格地图的过程中，O 代表被传感器感知到的障碍物事件，即栅格被占据；$\overline{O}$ 代表栅格空闲；E 代表存在障碍物事件，根据贝叶斯估计可以得到：

$$p(E \mid O) = \frac{p(O \mid E)p(E)}{p(O \mid E)p(E) + p(O \mid \overline{E})p(\overline{E})} \tag{6.76}$$

$$p(E \mid \overline{O}) = \frac{p(\overline{O} \mid E)p(E)}{p(\overline{O} \mid E)p(E) + p(\overline{O} \mid \overline{E})p(\overline{E})} \tag{6.77}$$

式中，$p(E)$ 表示先验概率；$p(E \mid O)$ 和 $p(E \mid \overline{O})$ 表示观测模型。

利用贝叶斯估计对多传感器的栅格地图进行融合，得到改进的融合公式：

$$p^0 = \frac{p_s^0 p_m^0}{p_s^0 p_m^0 + (1 - p_s^0)(1 - p_m^0)} \tag{6.78}$$

式中，p_m^0 为融合前栅格地图处于占据状态的先验概率，则 $(1 - p_m^0)$ 为融合前未被占用的先验概率；p_s^0 为通过传感器返回的栅格处于占据状态的条件概率；p^0 为经过贝叶斯估计融合后的更新估计值。

通过将 2D 激光雷达采集的点云数据与深度图像数据进行融合，保留了激光雷达建图精度高的优势，同时可以丰富地图信息，进一步提高移动机器人的定位、避障和导航的精度。

3. 视觉惯性激光雷达

由于不同类型的传感器本身都存在优点和不足，单一模态传感器往往不能实现定位、构图等功能，需要多信息结合以获得判断的最佳效果，因此必须考虑一个有效的多传感器融合算法。多传感器信息融合能更好地利用各模态传感器数据，进而提高状态估计的准确性和系统的鲁棒性。惯性测量单元具有抗干扰能力强、可信度高、独立性强等优点，而 3D 激光雷达具有测量范围广、可以直接得到较为准确的深度信息、计算负担小以及受光照影响小等优点，恰巧可以弥补视觉传感器受剧烈运动、无环境纹理、光照条件不好等外界环境的影响，进而提高了系统的鲁棒性、健壮性以及广泛适用性。视觉惯性激光雷达（Visual Inertial LiDAR，VIL）可以获得更好的定位效果，该方法使用单目相机获取图像，IMU 获取加速度和角速度数据，用状态估计预测机器人的状态，使用 3D 激光雷达提取结构化环境中的深度信息进行跟踪，传感器间的数据相互融合实现地图构建和定位。VIL-SLAM 算法使用紧耦合的视觉惯性里程计来优化位姿估计，将 3D 特征与激光雷达映射进行地图构建，并集成了点云对齐和可视化循环检测的闭合循环。闭合环路使用增量解算器来优化全局位姿。

该方法可以在不同环境下长期稳定运行。高频的 IMU 可以产生合理的短期估计，但具有快速漂移的缺点，并且视觉测量也常常受到限制。因此，该方法可以修正偏差，准确估计相对运动，利用这种相对运动估计，辅助激光雷达扫描匹配，从而积累并生成具有高真实感的三维点云数据。这些三维点云数据进一步用于构建精确的地图。机器人的状态估计在长期运动中会积累漂移。闭合环路通过视觉或激光雷达识别重访位置，进而解决漂移问题。视觉方法包括使用 Bag of Words 法识别位置、使用 PnP（Perspective n Point）法估计位姿校正。激光雷达的方法使用基于分段匹配算法进行位置识别，使用迭代最近点 ICP 算法进行位姿校正估计。并且该方法以无结构的方式形成地标，只对固定尺度的位姿进行优化，以实现实时性能。

VIL-SLAM 系统模块分布示意图如图 6.33 所示。视觉前端为单目相机，主要完成帧间的跟踪与匹配，输出的匹配结果作为视觉测量。视觉惯性里程计进行帧间匹配和 IMU 测量，对位姿图进行 IMU 预积分和紧耦合的固定滞后平滑处理。模块以 IMU 速度和相机速度体现 VIO 位姿。激光雷达映射模块使用 VIO 运动估计，并对激光雷达扫描点进行畸变校正，以实现映射配准。闭合环路模块完成视觉环探测和初始环约束估计，并通过点云 ICP 比对进一步细化。对限制所有激光雷达位姿的全局位姿图进行增量优化，得到全局校正路径和实时激光雷达位姿校正。经过校正后，返回激光雷达映射模块以重新定位并更新地图。在后处理中，将畸变校正后的激光雷达扫描点与最佳估计的激光雷达位姿进行融合，以获得密集的映射结果。

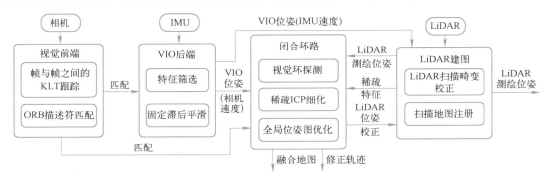

图 6.33   VIL-SLAM 系统模块分布示意图

作为激光雷达成像算法的运动模型，VIO 的目标是在相对较高频率下提供准确的实时状态估计。通过位姿图像紧耦合及平滑操作，可平衡精度和效率。通常，优化方法允许多重线性化以接近全局最小值。固定偏移的位姿图像优化器进一步限制了变量的最大值，从而限制了计算成本。由于视觉测量的缺陷会导致收敛问题，因此构建了严格的视觉测量异常值移除机制。

在视觉惯性里程计中，IMU 预积分因子和非结构化视觉因子是约束条件，图形表示如图 6.34 所示。需要优化的变量为窗口内的状态，定义 S_t 为 t 时刻坐标系的状态变量，S_t 包含六自由度系统位姿 ξ_t，v_t 为相关线速度，b_t^a 为加速度计偏差，b_t^g 为陀螺仪偏差，将最近的 N 个帧视为状态变量被估计的窗口，过去的状态变量被边缘化，从而为相关变量提供了先验因子。

（1）IMU 前期融合因素   IMU 预积分法用于生成 S_i 和 S_j 之间的相对 IMU 测量值。该方法可有效地在优化过程中重新线性化。残差由 IMU 预积分元素 r_{ij}^I 表示，其中的残差元素有位姿

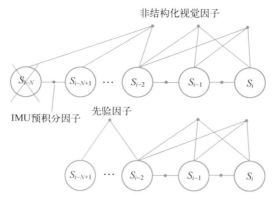

图 6.34　固定滞后位姿图示

残差 $r_{\Delta\xi ij}$、速度残差 $r_{\Delta vij}$ 和偏差 $r_{\Delta bij}$。

（2）无结构视觉因素　视觉测量以非结构化的方式建模，设一个目标点 p，p 在全局坐标系中的位置为 $x_p \in \mathbf{R}^3$，由多个状态观测，并用 $\{S_p\}$ 表示观测状态的集合。对于 $\{S_p\}$ 中的任一状态 S_k，定义目标点 p 在左侧相机图像中产生的误差观测值为 $r^V_{\xi_{k,lc},p}$（通过对 ξ_k 进行 IMU-相机变换得到左侧相机的位姿 $\xi_{k,lc}$）：

$$r^V_{\xi_{k,lc},p} = z_{\xi_{k,lc},p} - h(\xi_{k,lc}, x_p) \tag{6.79}$$

式中，$z_{\xi_{k,lc},p}$ 是图像中 p 点的像素值；$h(\xi_{k,lc}, x_p)$ 是透视投影的编码。同样的公式也适用于右侧相机图像。为了迭代优化位姿图，需要对上述残差进行线性化。式（6.80）表示目标点 p 的线性化残差。

$$\sum_{S_p} \| \mathbf{F}_{kp} \delta\xi_k + E_{kp} \delta x_p + b_{kp} \|^2 \tag{6.80}$$

式中，$\mathbf{F}_{kp}$ 为雅可比矩阵；E_{kp} 和 b_{kp} 分别为视觉测量协方差 $\mathbf{\Sigma}_c^{1/2}$ 线性化和归一化的结果。将每个元素叠加求和到一个矩阵中，可以表示为

$$\| r^V_p \|^2_{\Sigma_C} = \| \mathbf{F}_p \delta\xi_k + E_p \delta x_p + b_p \|^2 \tag{6.81}$$

为了避免对 x_p 进行优化，可将残差投影到 E_p 的零空间中：每一项前乘以 Q_p，为 E_p 的一个正交投影仪。因此，有了无结构视觉因子，对于目标点 p 来说：

$$\| r^V_p \|^2_{\Sigma_C} = \| Q_p \mathbf{F}_p \delta\xi_k + Q_p b_p \|^2 \tag{6.82}$$

（3）优化和边缘化　考虑到残差的情况，位姿图优化是一个最大后验问题，其最优解为

$$\underset{S^*_w}{\operatorname{argmin}} \left(\| r_0 \|^2_{\Sigma_0} + \sum_{i \in w} \| r^I_{i(i+1)} \|^2_{\Sigma_I} + \sum_p \| r^V_p \|^2_{\Sigma_C} \right) \tag{6.83}$$

式中，S^*_w 为窗口内的状态变量集；r_0 和 Σ_0 分别为先验因子和相关协方差；Σ_I 为 IMU 测量值的协方差。使用 LM 优化器解决这个非线性优化问题。将最新的 N 个状态变量保存在优化器中，当状态变量脱离窗口时，执行 Schur-Complement 边缘化，然后将先验因子添加到窗口内的相关变量中，如图 6.34 所示。

（4）激光雷达建图　定义激光雷达一次旋转得到的一次扫描 X 为点云。在对 X 畸变校正之前，提取锐利边缘点和平面点等几何特征，然后根据扫描的当前特征点与之前所有特征点匹配，将最小化特征点形成的欧氏距离残差作为优化问题来求解。

激光雷达扫描点畸变校正：由于激光雷达扫描点的时间标记不同，需要对扭曲进行校正。扫描中任一时间记为 t_i，根据里程计位姿将所有点校正至扫描结束时间 t_{k+1}，定义 t_i 时刻的激

光雷达点为 P_i，并且该点本身的校正定义为 $\widetilde{P}_i$，则有

$$\widetilde{P}_i = (T^{\mathrm{L}}_{k+1})^{-1} T^{\mathrm{L}}_i P_i \tag{6.84}$$

式中，T^{L}_{k+1} 和 T^{L}_i 为由最近里程计姿态转换的激光雷达帧位姿。

地图扫描构建：校正扫描后的特征点被注册到地图中，对 t_{k+1} 时刻激光雷达建图位姿进行优化，记为 L_{k+1}，L_{k+1} 的初始估计为 L^*_{k+1}。则有

$$L^*_{k+1} = L_k T^{\mathrm{L}}_{\mathrm{trans}} \tag{6.85}$$

式中，L_k 为优化前的激光雷达映射位姿；$T^{\mathrm{L}}_{\mathrm{trans}}$ 为基于 VIO 位姿得到的相对变换。通过 L^*_{k+1} 将所有校正的特征点转换到世界坐标系中进行匹配。

当前扫描一个边缘特征点的残差为 r_{E}，是其自身与地图中两个最近边缘点形成的直线间的欧氏距离。当前扫描的曲面点的残差为 r_{U}，是曲面点自身与其最近的三个曲面点形成的平面板块之间的距离。结合 L^*_{k+1}，可将这两个残差重写为

$$f_{\mathrm{E}}(E^{\mathrm{L}}_{(c,i)}, L^*_{k+1}) = r_{\mathrm{E}} \tag{6.86}$$

$$f_{\mathrm{U}}(U^{\mathrm{L}}_{(c,i)}, L^*_{k+1}) = r_{\mathrm{U}} \tag{6.87}$$

式中，$E^{\mathrm{L}}_{(c,i)}$ 和 $U^{\mathrm{L}}_{(c,i)}$ 为激光雷达坐标系中第 i 个校正特征点的 3D 位置。利用 LM 优化算法求解，通过非线性局部最小化，获得数值解。

通常将一次扫描定义为 3D 激光雷达完成一次全扫描覆盖。若激光雷达的慢轴连续旋转，则扫描通常是一个全球面旋转。然而，如果慢轴来回旋转，则扫描将以相同方向顺时针或逆时针旋转。一般扫描持续 1 s。每次扫描执行一次激光雷达测程，以处理整个扫描过程中检测到的点云。首先，扫描细化块匹配连续扫描之间的点云，以细化运动估计并消除点云中的失真；然后，对地图注册块扫描匹配，注册当前构建的地图上的点云，并发布与地图相关的传感器位姿。

VIL-SLAM 是一种先进的里程测量和构图系统，可在不同环境下长期稳定运行。目前出现的框架一般是将 VIL-VIO 和 LiDAR 构图进行松耦合。本节将其拓展到一个紧耦合的框架中，这样激光雷达映射的精确位姿估计可用于校正 IMU 偏差。在闭环中，扫描之间的特征点进行迭代最近点操作，以实现特征点的细化。通过将扫描与映射进行匹配，或许可以获得更好的循环约束。

SLAM 算法通常用于解决机器人在未知环境下的建图问题，该算法将建图问题建模为一个位姿图优化问题，算法被分为前端里程计和后端回环优化两部分。对于前端的里程计部分，现有的仅依赖 3D 激光雷达的里程计算法存在无法解决点云畸变、运动过快、易漂移等问题，而现有的基于松耦合的激光惯性里程计算法没有对 3D 激光雷达和 IMU 的数据进行互相估计与更新，导致精度较差。

6.2 机器人感知系统控制

6.2.1 机器人感知系统概述

机器人感知系统其实也跟自然界的生物一样，有其生命力，越有弹性者，在面对环境的变化与挑战时，越能适应新的环境，就越能显示出旺盛的生命力。这就是所谓的"适者生存"的自然法则。于是，人们可虚心地去效仿自然，而努力创造出具有生命力的系统，并且拥有自然之美。

从逻辑上来看，机器人感知系统可以分为物理层、应用服务层、应用开发层以及应用层四

个层次。物理层也称为传感器层，负责原始信号的采集，获取物理世界的信息；应用服务层把采集到的信息进行局部功能的封装，成为具有特定服务功能的模块，为更高层的开发提供服务；应用开发层借助第三方开发工具、算法等对下层的功能模块进一步集成；应用层面向最终的用户，针对具体应用定制自己的系统。在多功能感知系统中，各模块之间的协作是实现系统功能的关键，其相互合作型可以分为以下四类：

（1）水平型合作　每个模块可以独立获取问题决策而不必依赖于其他模块，而它与其他模块的合作可以增加决策的可信度。

（2）树型合作　一个高级的模块必须依靠低级的模块才能获得问题的决策。

（3）递归型合作　为了取得问题的决策，各模块之间具有相互依赖的关系。

（4）混合型合作　它是前三种合作类型的有机结合。

机器人正在进入"类人机器人"的高级发展阶段，无论从外形到功能还是从思维方式和行动能力方面，都向人类"进化"，甚至在某些方面已远超过人类。未来的机器人有视觉、嗅觉、触觉、力觉、思维，能与人对话，能在所有危险场合工作，甚至能为人治病，还可克隆自己和修复自己。总之，它们能在各种非常艰难危险的工作中，代替人甚至超过人类去从事各种工作。机器人感知系统趋于复杂，迫切需要一种新的感知系统组织方式，以及一套感知系统性能评估体系来为机器人感知系统的组建提供指导。机器人感知系统标准化工作的必要性总结如下：

1）仿人机器人智能化很大程度上取决于其感知能力，其传感器种类越来越多，对可重用和互置换的要求迫在眉睫。

2）现场总线的标准各自为政，需要统一的通信协议来约束，以方便用户的操作。

3）国家的战略需求，国内机器人及传感器产业现状迫切需要制定相应的标准，实现工业化级别的规模生产，降低制造成本。

本节介绍机器人多传感器融合系统的控制技术，包括主控电路设计、多传感器接口设计、控制系统软件设计等内容。

6.2.2　主控电路设计

主控模块主要是进行各种信息数据的处理，可以让每一个功能模块都能更好地完成它们各自的任务。

主控器是整个主控系统的核心，目前设计机器人主控器常采用的方案有基于 ARM 芯片、DSP 芯片、PLC、工控机等。ARM 是通常意义所说的高效能 RISC，使用了经过精简设计的指令系统，基于该芯片的微控制器在功耗和体积上都大幅减小，设计也可以更加简洁；DSP 是数字信号处理器，顾名思义，DSP 只负责数字信号处理，难以实现和普通处理器一样的通用计算；PLC 是可编程逻辑控制器，PLC 和工控机在控制性能上都很优异，相较于微处理器，两者的缺点是体积和功耗更大，价格更贵。市面上有将芯片各种接口引出的最小系统板，只做了简单的扩展，使用更方便，扩展性更强。常用的 STM32F 芯片主控单元模板如图 6.35 所示。

图 6.35　STM32F 芯片主控单元模板

6.2.3 多传感器接口设计

下面将介绍不同应用场景下满足各类机器人传感功能的接口设计，包括气体传感器、温度传感器、超声波传感器等。

1. 气体传感器

化石能源生产和消耗环境气体检测主要分三大类：氧气检测、有毒气体检测和可燃性气体检测。氧气是人类正常生命活动必不可少的气体，因此氧气浓度是一个重要的检测参数。有毒气体，其主要代表有一氧化碳和硫化氢等气体，一般情况下，人类的中毒原因主要是，有毒气体在血液中更易被血红蛋白吸收，或者其溶解度比氧气更高，吸入量过多时，会导致细胞缺氧，或者严重破坏细胞组织，因此有毒有害气体也是重要检测气体之一。可燃性气体，以瓦斯为主要代表，其主要成分是烷烃，其中甲烷含量所占比例最高，其次还有少量的乙烷、丙烷和丁烷。烷烃类气体具有易燃易爆的特点，而且浓度过高时也可造成缺氧，甚至使人窒息死亡，因此烷烃类气体的检测在气体检测中是十分重要的。所以，应至少检测出一氧化碳、硫化氢、烷烃、氧气等常见的气体。还可以根据不同的应用场合，再增加检测卤代烃、醇类、醚、酮、乙酸甲酯和其他化合物等，协助分析火源成分，便于救援人员分析火灾成因以及现场决策。

气体传感器是消防机器人感知系统的重要组成部分，用于获取环境中的气体信息。传感器将特定气体的浓度这样的非电信号转化为对应的电信号，控制器在采集到该电信号后，再经过一些转化和运算，就可以得到实际的检测数据。一般按照不同的检测原理，将常用的气体传感器分为半导体气体传感器、电化学气体传感器、催化燃烧式气体传感器、红外式气体传感器等。半导体气体传感器的内部一般有半导体气敏元件、加热丝等，其中气敏元件是核心器件；外部会配有防爆网。气敏元件与特定的气体接触后，气体会在其表面吸附，并发生反应，导致其性质发生改变，此类传感器就是利用该原理来检测气体。电化学气体传感器利用待测气体在电极处发生氧化或者还原反应而产生电流的原理，来检测气体的浓度和成分。催化燃烧式气体传感器是在一定的温度下，使可燃性气体在其表面催化燃烧，对所有可燃性气体都有反应。红外式气体传感器的原理是，被测气体由于其分子结构不同、浓度不同和能量分布的差异而有各自不同的吸收光谱或热效应，从而实现气体浓度的测量。

表 6.3 是气体传感器的分类及各自优缺点对比。

表 6.3 气体传感器的分类及各自优缺点对比

分 类	优 点	缺 点
半导体气体传感器	响应速度快，检测灵敏度高，结构简单，价格低廉	测量线性范围小，受背景气体干扰较大
电化学气体传感器	线性和重复性较好，体积小，功耗低，分辨率较高，寿命较长	易受干扰，灵敏度受温度变化影响较大
催化燃烧式气体传感器	对环境湿度、温度的影响不敏感，近线性的输出信号，响应快速	精度低，电流功耗大，对可燃性气体无选择性，有引燃爆炸的危险，易中毒
红外式气体传感器	不需要加热，响应速度快，精度高，灵敏度高，寿命长	技术不够成熟，制造成本高，使用复杂

综上，电化学气体传感器、催化燃烧式气体传感器、红外式气体传感器三者均有较大缺点，难以适用类似火场的恶劣环境中，而且自 20 世纪 60 年代以来，金属氧化物半导体气体传感器就占据气体传感器的半壁江山，因此，常选用半导体气体传感器。

这里主要以 MQ 系列半导体气体传感器为例，该系列拥有可用于检测一氧化碳、硫化氢、烷烃、氧气、乙醇等气体的多种型号，可满足工业常见气体的检测。图 6.36 所示为 MQ-2 半导体气体传感器。

图 6.36　MQ-2 半导体气体传感器

其他半导体气体传感器结构与此类似，此处不进行单独列出。经设计考虑，系统一方面要实现对气体浓度的检测，另一方面当气体浓度较高时，系统具有报警功能。

MQ-2 半导体气体传感器的 4 脚输出随气体浓度变化的直流信号，气体浓度越高，该信号值越大。该信号经电阻元件 R_2 转换为电压信号，随后将其分两条线路引出，由于是模拟信号，将其中一条直接加到比较器的 2 脚作为输入值，在 R_p 侧外加一个电压，作为比较器的比较电压。当气体浓度较高时，传感器的输出电压高于比较电压，比较器就会输出低电平，LED 的线路被导通，灯报警；当气体浓度较低时，传感器的输出电压低于比较电压，比较器就会输出高电平，LED 两端电压一致，灯熄灭。还可以考虑在比较器的输出端加蜂鸣器，使用与这里的 LED 一样的工作原理，实现鸣笛报警。通过调节 R_p，就可以调节比较器的比较电压，从而调节报警的灵敏度。

传感器的输出电压经另一条线路引到 AOUT 端作为模拟输出，由于 STM32 内部集成了 ADC 转换模块，可将其直接与 STM32 的 PC0 端口相连，经过模/数转换为数字电压值，根据电压值与气体浓度的转换关系即可得到气体浓度值。另外，将 R_1 串入传感器的加热回路，可以保护加热丝，减少冷上电时对其产生的冲击。

2. 温度传感器

消防的目的就是救灾灭火，防止火势进一步蔓延而造成更多的损失，测量环境的温度有助于消防工作。同时，为保护机器人内部元器件，防止高温对机器人的损害，可以采用机器人暂时远离火场，或者喷水自冷却等保护措施，还需探测机器人内部的温度，来判断何时启动保护措施。因此，温度传感器需包括内部和外部温度传感器。

当机器人在高温环境下长时间工作时，内部电路系统温度会逐渐升高，如电动机、驱动器、其他传感设备及相关外设电路等，若保护措施不当，这些设备长时间的工作可能会产生损坏。针对此问题，考虑在控制舱内选几个地方放置温度传感器，以监控内部温度是否过高。通过保护机构，内部温度不会过高，一般控制在几十摄氏度范围内，常见的数字温度传感器如 DS18B20，其体积小，硬件成本低，精度高，最高精度可达 0.0625℃，抗干扰能力强，完全可以满足设计要求。

3. 超声波传感器

机器人在行进过程中，有时会遇到各种障碍物、崎岖路段，为保证车体顺利前进，不被障碍物阻隔，或者遇到洼地、较大的坑时被陷入无法动弹，需要增加一些测距传感器，测量车体与前方物体的距离，通过距离大小来判断机器人周围路段情况。当判断出前方有较高较大障碍物，或者深坑、洼地等不良路面时，机器人需要提前避开，当障碍物较低较小，或者路面情况良好时，机器人可以直接碾过去，因此还需注意传感器在车体上的安放位置。

障碍物的距离主要经过传感器探测后将信息传递给微控制器，目前机器人常用的测距方式可分为接触式测距和非接触式测距。接触式测距不适用本设计，因此不考虑该方式。非接触式测距方法主要包含视觉、红外、激光、超声波等，其中视觉测距处理的信息很大，使用困难；红外测距的优点是灵敏度高、响应快等，但是红外传感器受环境的影响较大，测量的方向性和距离都无法满足要求；激光测距虽然测量距离远，但是安装精度要求高、价格昂贵；超声波测距具有数据处理简单、环境适应性强、较好的方向性和价格便宜等优点，因此选用超声波测距的方法来检测障碍物的方位。

6.2.4　UML 机器人感知系统设计

在机器人感知系统设计方面，现阶段较为成熟的是统一建模语言（Unified Modeling Language，UML），UML 在面向对象模型的表示方面得到了广泛的认可。它已被提议作为一种建模代理和代理行为的工具。根据 OMG 规范，UML 是一种用于指定、可视化、构造和记录软件系统工件的语言，以及用于业务建模和其他非软件系统的语言。UML 代表了一系列在大型复杂系统建模中证明成功的最佳工程实践。这里需要注意的重要一点是，UML 是一种"语言"，而不是一种方法或过程。它用于定义软件系统；详细说明系统中的人工制品，并记录和构建。UML 可以以多种方式用于支持软件开发方法，但它本身并没有指定该方法或过程。传统的结构化分析主要从功能方面识别应用程序的基础设施，而 UML 建模则侧重于系统内部组件之间的交互。交互感是系统分析中的一个进化步骤。这种方法模仿了人类的思维方式。当面对一个新问题时，人类试图通过连接所有可能答案之间的连接来解决。它类似于面向对象的概念，强调对象模型之间的关系。UML 从对象关系开始分析系统。这种思想类似于基于 Agent 的系统设计中的概念，在基于 Agent 的系统设计中，Agent 被视为系统中有人居住的对象。通过 UML 图，架构师可以从不同的角度分析系统内代理的关系、功能和目标。此外，当检测到更改时，他们可以立即修改这些图表。毫不奇怪，对 UML 进行扩展和修改的可能性使其成为设计基于 Agent 的系统的合适工具。

尽管 UML 封装了对象的功能和数据，但抽象建模功能提供了一种健壮的结构表示，以适应系统内任何可能的变化。UML 的可视化使体系结构的范围能够在系统设计阶段的不同方面进行查看。UML 建模中视图之间的架构蓝图交互主要包含以下几个方面：

1）逻辑视图。解决了系统的功能需求，是设计模型的抽象，并确定了主要的设计包、子系统和类。

2）实现视图。从打包、分层和配置管理的角度描述组织中的静态模块。

3）进程视图。处理系统运行时任务、线程或进程的并发方面及其交互。

4）部署视图。显示底层平台或计算节点中各种可执行文件和其他运行时组件的映射。

5）用例视图。在初始阶段和精化阶段推动架构的发现和设计，然后用于验证不同的视图。

从架构视图来看，应用程序的整体范围可以逻辑地显示出来。使用 UML，可以很容易地追踪组件及其关系，同时也可以系统地反映组件的内聚性。架构视图的使用无疑是扩展 UML 潜力的经典例子。

1. UML 概述

总的来说，UML 是一种设计语言，人们借助设计语言来创造设计品，同时也借助设计语言来与设计品互相沟通。建模语言是人们用来设计系统模型的语言，其设计品是系统的模型（或称为模式），也就是另一种设计品（即真实系统）的蓝图。

UML 包含一套符号，单一符号通常用处不大，但是数种符号组织成"图"之后，用处非常大。因为"图"能用于表现某一角度下的细致构想。目前，UML2.0 共有 10 种图，分别为组合结构图、用例图、类图、序列图、对象图、协作图、状态图、活动图、组件图和部署图，它们各用于表现不同的视图，见表 6.4。

表 6.4　UML 表现不同的视图

名　称	视　图	主要符号
组合结构图	表现架构需求，主要包括 Part、Port、接口和链接	Part、Port、接口、链接关系
用例图	表现功能需求，主要包括用例和参与者	用例、参与者、关联关系
类图	表现静态结构，主要包括一群类及其间的静态关系	关联关系、泛化关系
序列图	表现一群对象依序传送消息的交互状况	对象、消息、活动期
对象图	表现某时刻下的数据结构，主要包括一群对象及其间拥有的数据数值	对象、链接、消息
协作图	表现一群有链接的对象传送消息的交互状况	对象、链接

UML 可以说是一种定义良好、易于表达、功能强大且普遍适用的建模语言，为用户建模提供了完整的符号表示和不同层次的原模型。它的作用域不仅支持面向对象的分析与设计，还支持从需求分析开始的软件开发的全过程。它的主要特点可归结为以下几点：

1）统一的标准。UML 统一了众多方法中的基本概念，并被 OMG 接受为标准的建模语言，越来越多的开发人员和厂商开始支持并使用 UML 进行软件开发。

2）UML 吸取了其他建模语言的长处，包括一些非常规方法的影响，同时也融入了软件工程领域的新思想、新方法和新技术，它是开发者依据最优方法和丰富的计算机科学实践经验综合提炼而成的。

3）UML 在演变过程中提出了一些新的概念，如模板、扩展机制、线程、分布式、并发等，为分布式、并发以及实时系统等的开发提供了支持。

4）面向对象、可视化、表示能力强大。丰富的符号表示使得 UML 成为众多应用程序领域中有关获得系统文件、规格说明、捕获用户需求、定义初始软件体系结构的一种受欢迎的建模语言。

5）独立于过程。UML 不依赖于特定的软件开发过程，这也是它被众多软件开发人员接受的一个原因。

6）概念明确，建模表示法简洁，图形结构清晰，容易掌握和使用。

2. 机器人感知系统的 UML 描述

整个 UML 建模可以分为概念级、逻辑级和物理级三个建模过程，对应关系如图 6.37 所示。

（1）概念级　这个阶段确定所需解决的问题以及目标，常采用黑盒方式确立角色和用例，然后绘制用例图，角色可以是人，也可以是物，机器人感知系统中的用户是普通用户和设计人员，用例是系统所提供的功能模块。

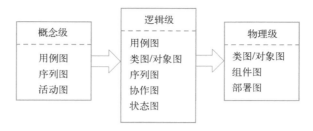

图 6.37　UML 建模图形类别

（2）逻辑级　这个阶段是详细分析用例的基本信息和工作流程，整个分析过程可以分为静态描述和动态描述。其中静态描述主要是明确系统的关键要素，可以使用类图、对象图等进行描述，感知系统的关键要素为微处理器、存储器、总线和接口等，它们之间的关系为关联关系，接口可以派生出键盘、显示器和以太网等多个子模块。在明确关键要素的基础上进一步描述它们的属性及功能。动态描述使用的是序列图和协作图等。

（3）物理级　这个阶段主要考虑系统的实际结构以及物理部署，包括设备之间的连接、分布情况、组件之间的物理关系。

综上所述，机器人感知系统的设计是软硬件互相嵌套的组合方式，人们将从中抽取相对固定的组件以及组件端口，可以组合出多样化的感知系统，同时组件可以分散提前开发，加快组合速度，并且可以外购线程组件以降低成本，为感知系统的模块化设计提供一些基础。

6.2.5　传感器通信模块设计

随着网络和通信技术的飞速发展，人们对无线通信的需求日益增长，产生了许多无线通信协议。短距离无线通信技术有三大优势：低功耗、低成本、点对点通信。该技术包括 UWB、蓝牙、WiFi、ZigBee 等。短距离无线通信方式可用于物联网。物联网中使用的节点之间的通信方法或无线传感器网络是一种短程无线射频网络。当节点获取信息时，处理后的信息将通过无线通信逐条发送给感兴趣的网络用户。该方式被广泛应用于远程环境监测、远程故障诊断、军事战场、医疗卫生、救灾、公共场所、安全等领域。本小节将介绍各传感器与上位机通信模块的设计。

1. 通信原理

无论是数据传输还是视频传输，都需要通过无线发射模块和无线接收模块来实现，其工作原理如图 6.38 所示。

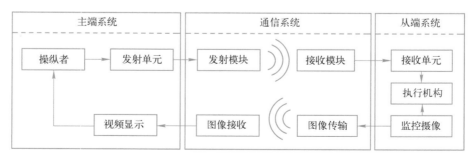

图 6.38　机器人无线通信工作原理

数传模块和图传模块均有独立的一套无线发射器和无线接收器，其各自有一个互不干扰的传输频段，设定好工作频段即可实现信号在无线模块之间传输。无线数传时，无线传输模块既可作为发射器，也可作为接收器，信号可在两个模块之间双向发射和接收；而无线图传时，发射器与摄像头连接，接收器与显示器连接，由于无须给摄像头下达控制指令，所以图像信息是单向传输。

2. 模块选择

在火灾事故现场不确定因素繁多，为充分保障操作人员的安全，消防机器人采取以无线通信的方式进行信号传输，使得操作人员即使远离事故现场，也能实施救援行动。

无线传输的是上位机与下位机之间的指令、数据、图像等，包括上位机发出的控制指令，以及下位机对各个传感器、电动机、摄像头的控制以及数据、图像的采集，并返回给上位机显示，即控制信号、数据信号和视频信号的无线传输，其中控制信号和数据信号可用同一无线设备传输。因此，无线通信模块设计需划分为数传模块设计和图传模块设计。

数传模块采用高性能 LoRa 扩频芯片 SX1276（见图 6.39），采用高效的循环交织纠检错编码，抗干扰和灵敏度都大幅提高。工作频段为 915 MHz，发射功率为 100 mW，接收灵敏度为 −146 dBm，LoRa 扩频能够带来更远的通信距离，配合吸盘式天线，最远通信距离可达 3000 m。

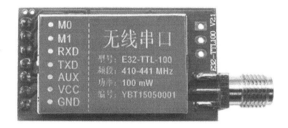

图 6.39　机器人数传模块

图传模块采用 AOMWAY 5.8G 1W 无线图传（见图 6.40），32 频点接收带 DVR 功能，接收灵敏度高达 95%，与其相配合采用 700 线高清镜头，150°广角，信噪比大于 45 dB，像素为 976(H)×496(V)。

图 6.40　机器人摄像头与图传模块

3. ZigBee 通信模块

ZigBee 通信模块是制造无线电源条以减少备用功率的最合适的网络模块，因为它能够构建基于 IEEE 802.15.4 标准的低成本、低功耗网络。ZigBee 通信用于通过中间设备进行远距离数据传输。此外，用于低数据速率、长电池寿命和网络安全的应用程序正在使用 ZigBee 通信模块，其工作速率为 250 kbit/s，功耗低于 2.4 GHz 频段的其他通信模块。因此，ZigBee 通信模块广泛用于楼宇自动化、安全系统、远程控制、远程抄表、计算机外围设备等领域。

4. nRF24L01 通信模块

nRF24L01 芯片是一种高度集成的半双工多通道无线通信芯片，包含一个高速单片机和高性能射频核心。其特点是接收机灵敏度高，发射功率和数据传输速率高。它支持与单片机的数据接口。节点负责接收来自内部网络的数据，并将数据发送到网关的 MCU 单元。同时，节点还负责通过短程射频向网络中的其他节点发送网关的命令。基于 nRF24L01 的传感器节点的设计是在节点或网关之间对短距离通信的补充。该节点包括嵌入式微处理器、外围硬件设备、应用软件和其他组件。这个系统主要实现以下三个功能：

1）节点作为传感器节点，从环境中获取数据，并通过电信将数据发送到另一个节点或网关。

2）节点采集的数据可以直接发送到计算机终端。

3）节点能够接收用户发送的指令，并根据这些指令进行相应的操作或进入执行准备状态。

nRF24L01 是一款适用于全球 2.4~2.5 GHz 频段的单片无线电收发机。这个收发器由一个完全集成的频率合成器、一个功率放大器、一个晶体振荡器、解调器、调制器和增强型冲击脉冲协议引擎组成。输出功率、频率通道和协议设置可通过 SPI 接口轻松编程。目前，其电流消耗非常低，在 -6 dBm 的输出功率下只有 9.0 mA，在 RX 模式下只有 12.3 mA。内置掉电待机模式更容易实现节能。nRF24L01 可设置为 RX 模式、TX 模式、待机模式和断电模式等。待机模式用于最小化平均电流消耗，同时保持较短的启动时间。在此模式下，部分晶体振荡器处于激活状态。在待机模式下，配置字内容将保持不变，SPI 接口可能会被激活。当 nRF24L01 不处于活动状态时，可以通过内置的断电模式来禁用它，从而实现最小电流消耗。在这种模式下，尽管设备本身不执行任何操作，但 SPI 接口上所有的寄存器值都会保持活动状态，并且可以在断电期间保留。这意味着，如果需要，SPI 接口可以被激活，以读取或修改这些寄存器的值。

nRF24L01 的所有配置都是由配置寄存器中的值来定义的，而这些寄存器都可以通过 SPI 接口进行访问。因此，即使在断电模式下，也可以通过 SPI 接口来配置或查询设备的状态。

综上所述，内置掉电待机模式为 nRF24L01 提供了一种在不执行主要任务时保持配置状态并最小化电流消耗的有效方式。用户可以根据需要选择进入该模式，以达到节能和延长设备使用寿命的目的。

这种基于 nRF24L01 的短程无线通信模块操作简单且功能强大，nRF24L01 无线传输模块和计算机之间的传输原理及结构使得其具有很好的智能感知传递信息的作用。

6.2.6　控制系统硬件设计

1. 硬件模块化设计基本原则

模块化设计包括两个基本过程：模块划分和模块组合。模块是模块化产品的基本组成单元，合理有效的模块划分是模块化设计的前提与基础。一般来讲，系统模块的划分遵循下面几个通用的原则，当然，在具体应用中，更多的是多个原则的组合使用，其往往能带来更好的模块划分效果。

1）结构分离原则（软硬件分离原则）。分级别、分层次结构分离原则是考虑机器人系统设计的分工和效率。目前现有的机器人系统专用性强，通常采用源自专业领域的整体系统设计方法。按照模块化机器人系统的设计思想，首先应该完成机器人结构分离，将软件与硬件系统分离开来以便于进行独立设计开发。

2）功能分离原则（通用专用分离原则）。平台无关和平台相关原则功能分离是功能构件体系的基本出发点。这里所说的功能分离，是指对机器人模块具体代表的功能含义的分离。由于功能是模块或单元所能够重复表现出来的一种外在性质，因此功能分离首先必须基于模块的功能性质的确定和稳定。在机器人感知系统中，多数功能是确定的。因此，可以将这些功能抽象出来。在这个基础上，进一步分类为通用功能和专用功能，如 RTC Specification 便是基于这个原则进行的模块划分。

3）复合原则（可组合性）。由于机器人功能具有可以复合的特点，例如一些伺服电动机通常已经具有位置检测功能，一些机械臂执行器可以和某些探知类传感功能复合，因此，模块化机器人的功能构件，应当具有可组合性，即应当具有可以复合的特性。复合之后的功能构件，应当具有和单一构件相似的接口和组装方法。

4）开放原则（可扩展性）。对机器人本身构造来讲，为了提高机器人软件的复用性，实现源码开放、资源共享，一些开源的机器人软件工程得到快速发展，提出了自己的复用解决方案。其中，OROCOS 从控制系统的功能出发分离出了一种通用的体系结构，并且为客户的需要提供了软件的插入机制。Player/Stage 和 URBI 采用客户端/服务器的方式提供与平台和机器人无关的软件库。

另外，从应用领域的角度，无论是工业现场还是智能化家庭环境中，机器人感知系统通常是处于智能网络中的一个单元环节，因此，感知系统本身也应该作为一个具有良好的开放性可扩展的单元，以便可以很容易地融入一个智能网络中，成为原有环境的一个重要补充。

机器人系统的开放性通常包括以下内涵：可扩展性、互操作性、可移植性、可增减性等。

1）可扩展性（Extensibility）。除去生产者和使用者之外，第三方（如系统集成者、第三家自动化设备生产者）都可以在机器人感知系统基础上增加软硬件设备，扩充功能。

2）互操作性（Interoperability）。系统的核心部分对外界应该表现为标准单元，能与外界的一个或多个系统交换信息。

3）可移植性（Portability）。机器人的应用软件可以在不同环境下相互移植。

4）可增减性（Scalability）。机器人感知系统的性能和功能可以根据实用性需求很方便地增减。

2. 底层节点模块

机器人感知系统节点是传感器与计算机或传感器网络之间连接的桥梁，可解决传感器的异构性带来的诸多问题，完成从原始信号到数据的数据流过程，一般是指传感器与计算机或传感器网络之间的硬件连接设备，主要包括传感器信号的转换、调理电路，有时还包括模/数转换器以及数据通信的总线接口。

节点硬件模块包括模拟传感器、数字传感器和网络通信接口。其中，模拟传感器输出需要经过信号调理，去除噪声并调整信号电平与模/数转换器一致；数字传感器一般可以直接与接口模块的数字接口相连；网络通信接口利用当前的网络协议实现传感器信息的资源共享。存储器模块存放电子数据描述，为识别不同的传感器的即插即用服务，设置不同的传感器物理参数。在传感器的设计过程中，应该将这些参数保存在一个数据表格中，以便需要的时候读取，同时在必要的时候可以修改相应的参数。

机器人感知系统独立的智能节点的设计使得传感器的安装、拆卸以及信息交互变得更加容易，真正实现现场设备的即插即用、接口的万能作用。一个物理接口节点可以连接很多不同类别的传感器，其万能作用的实现必须依靠接口的配置软件，所谓接口配置是指根据接口所连接的传感器情况合理设置标准化接口的电子数据描述的内容。

3. 传感器模块

机器人感知系统的硬件平台设计的基本任务是，根据其所连接的各种传感器的输出方式设计相应的信号接口处理电路，用于传感器的信号转换和处理。总体来说，传感器模块包括执行器、模拟传感器和数字传感器，该模块是直接与物理世界连接的装备，是一切信号的来源，实现物理信号到数字信息的转换。

（1）模拟传感器接口　传感器分为数字传感器和模拟传感器两大类。模拟传感器接口部分包括信号调理模块和片上模/数转换器，或者由处理器外扩的模/数转换芯片，可以处理多路模拟传感器输入的情况。

（2）信号调理　信号调理往往是把来自传感器的模拟信号变换为用于数据采集、控制过程、执行计算、显示读出和其他目的的数字信号。模拟传感器所反映的电气性能包括电压、电阻、电流、电荷、电容等，针对每种电气性能会有相应的常用调理电路。例如：电压类传感器的调理电路有同向增益放大器、高阻抗电压源缓冲器、反相增益放大器、差分放大器、仪表放大器等；电流类传感器的调理电路有跨导放大器、对数放大器；电阻式传感器调理电路有分压器、惠斯通电桥、RC 衰减电路、电流-电阻转换电路等。

（3）模/数转换　由于系统的实际处理对象往往都是一些模拟量（如温度、压力、位移、图像等），要使计算机或数字仪表能识别和处理这些信号，必须首先将这些模拟信号转换成数字信号，选择 A/D 芯片时主要考虑以下两个指标：

1）转换精度。单片集成 A/D 转换器的转换精度是用分辨率和转换误差来描述的。分辨率说明 A/D 转换器对输入信号的分辨能力。A/D 转换器的分辨率以输出二进制（或十进制）数的位数表示。从理论上讲，n 位输出的 A/D 转换器能区分 2^n 个不同等级的输入模拟电压，能区分输入电压的最小值为满量程输入的 $1/2^n$。在最大输入电压一定时，输出位数越多，量化单位越小，分辨率越高。例如 A/D 转换器输出为 8 位二进制数，输入信号最大值为 5 V，那么这个转换器应能区分输入信号的最小电压为 19.53 mV。

转换误差表示 A/D 转换器实际输出的数字量和理论上的输出数字量之间的差别。常用最低有效位（LSB）的倍数表示。例如给出相对误差 $\leqslant \pm LSB/2$，这就表明实际输出的数字量和理论上应得到的输出数字量之间的误差小于最低有效位的半个字。

2）转换时间。转换时间指 A/D 转换器从转换控制信号到来开始，到输出端得到稳定的数字信号所经过的时间。不同类型的转换器转换速度相差甚远。其中，并行比较 A/D 转换器转换速度最高，8 位二进制输出的单片集成 A/D 转换器转换时间可达 50 ns 以内。逐次比较型 A/D 转换器次之，其转换时间大多为 10~50 μs，也有达几百纳秒的。间接 A/D 转换器的转换速度最慢，如双积分 A/D 转换器的转换时间大都在几十毫秒至几百毫秒之间。在实际应用中，应从系统数据总的位数、精度要求、输入模拟信号的范围及输入信号极性等方面综合考虑 A/D 转换器的选用。

（4）数字通信接口模块　数字通信接口模块的作用是方便数字传感器的接入，根据数字传感器输出的物理介质和编码格式不同，数字通信接口总线可以分为 SPI、I^2C、SMBus、

RS232/485、1-Wire 等。数字通信接口模块可以连接常用的各种数字通信接口的传感器，为减小传感器物理接口电路的体积，应尽可能选择兼容较多数字总线的处理器，使用扩展口的形式来连接各类数字传感器。

（5）存储单元模块　存储单元模块是为节点的数据描述服务的，因此，节点存储器必须具备两个功能，一是用于存放电子数据描述内容，二是作为缓冲器功能。鉴于这两个功能，选择存储单元模块时应考虑总线读写速度、存储器的容量以及可编程性。由于传感器物理接口需要在标准化接口正常工作的同时修改 Flash 中的电子表单，所以存储芯片应支持在应用编程功能。

（6）处理器模块　处理器模块是机器人感知系统节点的指挥中心，节点需要接入较多的传感器，并处理较大的数据量，所有的设备控制、任务调度、功能协调、通信协议、数据存储都将在这个模块的支持下完成，这就要求传感器物理接口有足够快的运算能力，从而完成传感器数据采集、传感器数据处理和融合、局部智能决策等。另外，还要考虑数据采集精度、速率、接口大小、具体应用场景环境的限制等诸多因素。

节点硬件平台设计的第一步是核心处理芯片的选型。主要应考虑系统软件更新或功能扩展的需要以及传感器的需要，传感器软件的更新或功能的扩展需要，处理器能够在系统运行的过程中在线更新，正在运行的程序及处理器具有在线编程的功能。要求使用的核心处理芯片外形尽量小、集成度尽量高、功耗尽量低、运行速度尽量快，要有足够的外部通用 IO 端口和通信接口，成本尽量低并且有安全保证。

（7）网络用户接口模块　网络用户接口模块是为了构成开放式互连系统，感知系统信息传输的任务比较简单，但实时性、快速性的要求较高，开放系统互连参考网络模型，层间操作与转换复杂，网络接口的造价与时间开销显得过高，所以机器人感知系统选择低成本的现场总线作为网络接口，或者在现场总线的基础上进行扩展，自定义网络接口，如在一般传感器实现方案中，变送器独立接口沿用 IEEE 1451.2 标准的十线制定义。现场总线采用的通信模型大都在开放系统互连模型的基础上进行了不同程度的简化，结构简单、执行协议直观、价格低廉，满足测控网络的性能要求。

目前，现场总线种类繁多，网络用户接口不可能做到面面俱到，为了与现有的主流串行总线兼容，建议采用四线制的网络接口，四线的定义为两根电源线和两根数据线。目前已有使用 USB、SPI、RS232、RS485、CAN 等串行接口的四线制实现案例。

6.2.7　控制系统软件设计

虽然软硬整合设计的概念已经存在多年了，但是大多偏向从硬件看软件的观点，认为软件比较软，像树叶一样；而硬件像树干一样，比较硬。其实这种观点并未兼顾软硬的平衡感，导致软件对于硬件的演进和调换性并未做出应有的贡献。于是有必要增添另一种新的观点：从改变上看，树叶长大之后就不易改变了，所以每年都必须蜕变换新，就像硬件的迅速换新；而树干则是柔软地、不断地、局部地持续改变与成长，就像软件一样，容易局部修改、持续成长。总而言之，新观点就是：软件是树干，硬件是树叶。这才是达到整体系统的和谐感。

前面提到机器人感知系统的交互包括机器人与环境、机器人与人、机器人与机器人之间以及机器人内部这四种形式的交互，这些不同类别的交互的本质是数据流的传递，统一的语义规范是感知系统不同交互遵循的沟通约束，因此数据描述、用户接口、通信协议的规定是必须考虑的问题。

1. 机器人操作系统软件设计方法

为了提高机器人软件运行效率，构建一个完整的机器人软件系统，2006 年起 Willow Garage 等人开始着手构建面向机器人研究的开源软件平台，称为机器人操作系统（Robot Operating System，ROS），这是机器人领域的一次突破。ROS 是建立在 Linux 操作系统之上的一个软件系统，它采用了模块化的思路，将机器人的各个功能组件拆分到独立运行的 ROS 节点中，配合基于 TCP/IP 的节点交互机制，将复杂的软件功能解耦，大幅降低了开发新算法的工作量。此外，ROS 规定了节点之间通信的消息格式，因此所有基于 ROS 构建的功能模块均使用相同的输入输出格式，实现了信息接口的规范化，极大地减轻了算法移植和整体系统构建的工作量。经过多年的持续开发，ROS 已经成为机器人学术研究领域的主流软件平台，随着后续 ROS2 对可靠性和实时性的持续改进，ROS 在工业领域也将具备越来越强的竞争力。

基于 ROS 开发的机器人软件整体架构如图 6.41 所示。移动机器人软件系统的节点可大致分为感知、计算和交互执行三大类。

图 6.41　基于 ROS 开发的机器人软件整体架构

（1）感知类节点　感知类节点的主要工作是驱动硬件进行数据预处理，转换成 ROS 规定的消息格式发布，该类节点通常由硬件制造方提供。通常，按照传感器数据流量的不同，摄像头、激光雷达等高速设备直接连接到运行 ROS 软件的主机，而 IMU、超声波传感器等低速设备则常接驳于辅助的嵌入式处理器上。ROS 提供用于辅助的嵌入式处理器与 ROS 主机通信的 rosserial 功能包，可以使嵌入式处理器上运行的传感器节点与在主机上运行时等效。

（2）计算类节点　计算类节点主要执行图像处理、决策、导航规划、数据融合等任务，是软件系统的核心，ROS 对主要任务类型都有相应的功能包。

在图像处理领域，业界已形成了以 OpenCV 和 PCL 为代表的软件体系，因此 ROS 在此方面主要提供消息接口。针对二维图像处理类任务，ROS 的 cv_bridge 功能包可实现 ROS 图像消息类型和 OpenCV 图像类型之间的互转换服务；对于深度点云数据处理，ROS 提供 pcl_conversions 功能包来完成 ROS 点云消息类型与主流点云运算库 PCL 的点云类型之间的互转换。

在决策任务中，状态机是实现机器人自主决策的最主要手段之一，具有简单可靠、易于维护的特点。ROS 的 executive_smach 功能包提供了对状态机软件包 Smach 的良好支持。Smach 是一种基于 Python 的可伸缩的分级状态机库，极大地降低了机器人决策逻辑编码的复杂度。

Smach 还预定义了大量状态和容器，可便捷地将 ROS 的话题和服务转化为状态。

对于导航规划任务，ROS 为移动机器人导航规划提供了一套完善的技术方案。具体来说，移动机器人的导航定位包括四大主要问题：一是构建一张完整的高精度全局地图。机器人需要在该地图下完成自动导航，这是进行惯导航的必要且重要的前提。ROS 提供 hector、gmapping 等工具包进行 SLAM 自动建图，由 map_server 提供对地图存取的完善支持。二是明确机器人的起始状态和期望的最终位姿，这可由 ROS 中的 RVIZ 工具实现。三是在移动中确定机器人位姿。ROS 的 amcl、laser_scan_matcher 等功能包提供了多种途径的定位方法。四是根据机器人在地图上的当前位姿和目标位姿，规划出一条完美的移动路径，使其可以从当前位置移动到目标位置。其中，又可细分为全局路径和局部路径。ROS 中的全局路径规划包有 global_planner，局部路径规划包有 teb_local_planner、dtw_local_planner 等。

在数据融合任务中，ROS 也有一系列适合数据融合算法的特性。ROS 的消息机制很好地解决了多异步传感器数据帧对齐的问题。ROS 的消息记录有精确的时间戳，便于数据的时间对齐。ROS 提供的 message_filters 功能包服务于数据融合的数据对齐需求，提供了消息对齐滤波器，能按约定的策略收集来自不同传感器的异步数据帧，合成一帧时间对齐的多元数据帧。

（3）交互执行类节点　交互执行类节点的主要任务是处理包括输入、输出、可视化调试在内的人机交互工作，并包含底层控制和执行器驱动节点，控制和驱动执行器执行计算节点发送的指令。针对通用的机器人控制需求，ROS 设计了 ros_control 可扩展控制框架，它包含了一系列控制器接口、传动装置接口等。对机械臂控制和可视化调试方面，ROS 也提供了相应的工具包。

2. 传感器软件

传感器软件设计可以用 STM32 芯片为主控器而搭建的硬件控制电路，一切软件控制的程序代码均需写入此控制芯片中。Keil uViskm5 是 ARM 系列芯片专用的编程软件，由美国 Keil Software 公司研发出品，该软件集代码编辑、项目管理、程序生成器等功能于一身，具有较为丰富的库数据和功能强大的集成调试工具，该软件还具有人机界面良好、操作方便等优点。软件开发时，考虑采用意法半导体公司的 ARM 系列芯片的封装库函数，可以直接调用 ST 库函数的函数接口，不必对底层寄存器进行操作即可完成相关工作，提供了极大的方便。程序采用模块化设计，下面分别介绍各部分的软件设计。

气体传感器和温度传感器在上电后，会一直保持检测状态，主控器只需每隔一段时间读取一次即可。定义相应的变量对读取的数据进行保存，再根据前面章节的公式推导，对数据计算后，得到最终的检测值。

当系统中有多个超声波传感器探测障碍物的距离时，软件设计中采用超声波逐个采样的方法，且在相邻两个传感器检测之间设置延时。同时，设置最大有效距离和最长等待时间，以保证程序顺利处理下一个传感器。最终得到的测量数据再进行误差补偿，从而获得确切的距离信息。

在得到所有超声波传感器的一组测距值后，将传感器的方位信息和测得的距离值作为模糊控制器的输入，经模糊化处理后，依据模糊控制规则，推导输出机器人的转弯方向和角度，即可实现机器人的避障。模糊控制流程如图 6.42 所示。

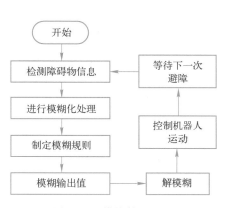

图 6.42　模糊控制流程

3. 上位机软件

（1）虚拟仪器与 LabVIEW　随着计算机技术的发展，传统仪器开始向计算机化的方向发展，虚拟仪器在计算机软硬件飞速发展下产生。所谓虚拟仪器，就是在通用的计算机上定义和设计所需仪器的测试功能，使用者在使用这台计算机上的虚拟仪器时，就像是在使用一台真正的电子仪器。虚拟仪器主要由数据采集、数据分析处理和数据输出与显示等部分组成。LabVIEW 是美国国家仪器公司推出的一款虚拟仪器开发平台软件，它以直观简便的编程方式、众多的设备驱动程序、丰富的分析和表达支持，能让用户快捷地构建在实际生产中所需的仪器系统。LabVIEW 最大的特点是采用图形化编程语言，程序以框图形式编写，易学易用。LabVIEW 是一种通用的编程系统，具有各种功能强大的函数库，包括数据采集、串行控制、数据显示和存储，甚至还具有网络功能。

（2）基于 LabVIEW 的上位机开发　机器人系统使用 LabVIEW 作为上位机开发软件，进行模块化编程，编写与现实仪器十分相似的用户操作界面，程序浅显易懂，而且 LabVIEW 具有丰富的信号处理与分析的函数库，可以很好地完成机器人控制和检测数据显示。在显示界面上完成对机器人控制指令的发送，和实时显示各项检测数据的波形变化。使用 LabVIEW 开发平台编写的程序称为 VI，LabVIEW 是以 VI 文件为程序单位的，一个 VI 程序又可以通过调用下级的子 VI 来扩展程序规模。

4. 传感器数据描述

典型的传感器信息包括识别信息和校准信息。传感器识别信息主要包括传感器的生产厂家、序列号、使用寿命、型号、尺寸大小、位置信息等传感器描述信息。它主要用于对传感器的识别，是对传感器自身的设备属性描述。传感器校准信息是指传感器数据校准运算所需要的参数信息。常用的校准方法有公式法和查表法两种，校准信息用于描述公式中的系数和数据表项。应用软件设计中利用传感器校准信息可以修正传感器的输入输出数据使其满足特定要求。

尽管智能传感器设计中或多或少都采用了这些传感器信息，但由于设计者对传感器信息的内容和格式都是自己规定，没有使用统一的标准，这样描述的传感器信息不易于理解，这就阻碍了传感器自识别、自校准等设计方法的应用和推广。为了规范传感器的信息描述，统一的标准需要满足以下要求：

1）可以提供传感器本身的一系列特性，如类型、灵敏度、生产厂家等。

2）传感器的唯一性（传感器序列号在全球范围内是唯一的）。

3）有利于现场的分布式测试。在传感器数量和种类应用众多的测试场合，测试系统可以随时调出数据表格对这些传感器的参数进行校对和修正，实时自动跟踪和监测生产厂家提供的传感器数据，实现传感器的自动定位，缩短测试时间。

4）为网络化测试的发展奠定了基础。

5）与传统的传感器充分兼容。

6）工作模式、通信方式和数据格式完全遵循于统一的规范标准，方便互换。

5. 信息描述语言的构成及形式

基于模块化设计的思想，传感器的信息描述分为四个模块，即基本模块、校准模块、模板模块以及用户自定义模块。

基本模块用来对传感器进行标识，包括传感器的制造商标识号、型号、版本号和序列号，每个传感器都有自己独一无二的标识。机器人感知系统传感器分类如图 6.43 所示。模板模块针对机器人传感器的不同种类定义了一系列相对常用的模板，根据 ID 号来标识每个模板，这些模板详细描述了该类传感器的具体属性，一般是正确配置电气接口并将测量数据转换为工程单位所需要的数据，常规传感器都可以找到自己所对应的模板，根据模板来定义自己的数据描述内容。

图 6.43 机器人感知系统传感器分类

表 6.5 列出了加速度传感器的数据描述模板。

表 6.5 加速度传感器的数据描述模板

属　　　性	取　　值	访问类型	位　数	单　　位
模板号（25~40）	25	ID	8	—
高通截止频率	—	CAL	8	Hz
灵敏度	—	CAL	16	$V/(m/s^2)$
电气输出类型（0 电压/1 电流）	0	ID	1	—
信号极性（0 负极性/1 正极性）	0/1	CAL	1	—
方向（X/Y/Z）	X/Y/Z	CAL	3	—
映射方式	0（Linear）	ID	1	—

注：访问类型的两种符号所代表的意思：ID 表示模板定义好了，取值已经固定，不可修改；CAL 表示属性值在校准时可被修改。

数字传感器作为传感器的一大类，也要有相应的模板数据描述，表 6.6 给出了数字传感器的数据描述模板，表 6.7 给出了接口类型取值。

表 6.6 数字传感器的数据描述模板

序　号	名　称	描　述	位　数	取　值
1	模板号	模板号	8	2
2	接口类型	不同的数字接口类型	3	0~5，或其他保留
3	命令字长	读取一组传感器数据的操作	4	$L = 1 \sim 16$
4	命令字	读取一组传感器数据的操作	$L \times 8$	参考数字传感器
5	单位	输出数据的单位	8	单位编码
6	数据位数	输出数据的长度	8	0~256
7	最小分辨率	最小数字量 LSB 对应物理量	4	—
8	校验	字节的校验	8	—

表 6.7　接口类型取值

取　　　值	描　　　述
0	RS232
1	RS485
2	SPI
3	I^2C
4	SMBus
5	1-Wire
6~127	其他保留

　　校准模块规定了三种形式，分别为校准表、校准曲线以及频率响应表，如果标定信息可以用多项式较方便地表示出来，就可以选用校准曲线模板，直接描述出多项式即可，否则就要选用校准表模板，进行曲线拟合，这种方法需要多点信息，信息量大，因此比较复杂。表 6.8 给出了校准曲线标定模板。

表 6.8　校准曲线标定模板

属　　　性	访问类型	位　　　数	取值范围
模板号	ID	8	41~43
校准曲线单元数目	CAL	8	1~255
开始 0 单元	CAL	13	(0~100, 0.01)
0 单元多项式数	CAL	7	1~127
阈值的幂	CAL	7	(−32~32, 0.5)
多项式系数	CAL	32	浮点数
⋮	⋮	⋮	⋮
n 单元多项式数	CAL	7	1~127
阈值的幂	CAL	7	(−32~32, 0.5)
多项式系数	CAL	32	浮点数

　　用户自定义模块是向用户开放的数据区，用户可以自定义一些其他的重要信息，如传感器位置（ID 代码）、附加维修信息或其他驻留在传感器内的自定义信息。为了使用户对传感器的数据描述读写更为方便直观，屏蔽具体的数据位数与相关属性的映射关系，有必要给出状态定义语言的属性定义的相关语法规范。它的属性定义的语法结构包括属性标志、属性描述、访问类型、数据类型、物理单位以及取值这几个部分，前面提到的模板数据描述的每个属性均是按照这个标准来定义的。

6. 节点数据描述

　　由于每个节点可以挂接多个通道，不同通道连接不同类别的传感器，而且对应的物理量的差别也较大，因此，不同节点通道有各自不同的参数，对这些参数应该有一个统一的数据格式，以便需要的时候去读取，同时在必要的时候对某些参数进行修改。

　　节点数据描述分为三个模块，分别为基本数据模块、通道数据描述模块和用户自定义模块，其中一个节点可以有多个通道数据描述，虚线代表该模块是可选部分。

　　（1）基本数据模块　基本数据模块用来描述节点的总体信息，包括基本数据描述的长度、标识号、通道数、通信握手时间、最大传输速率、预热时间、命令响应时间等。

（2）通道数据描述模块　通道数据描述模块用来描述每个通道的具体信息，包括通道数据描述的长度、通道类型、通道采样周期、通道预热时间、通道写建立时间和通道读建立时间。

ChanelType 属性的数据类型是单字节的整型数，说明通道所连接的传感器类型。表 6.9 定义了具体类型及取值。

表 6.9　ChanelType 描述

取　　值	描　　述
0	模拟电压传感器
1	模拟电流传感器
2	数字传感器
3	离散传感器
4 ~ 255	预留

（3）用户自定义模块　用户自定义模块是可选模块，用于包含上面两个模块没有覆盖的信息，给最终用户定义所需要的特殊额外信息，如维护人员的姓名、联系方式、维护时间等。

7. 用户接口组件

机器人感知系统的用户是多层次的，各种层次的开发商都有自己的一套系统，伴随着机器人应用的不断增长，机器人感知系统的需求复杂性、不确定性也在不断地提高，系统规模越来越大，而产品的研发周期又在不停地缩短，这就给软件的开发带来了新的挑战。而且感知系统常常用于关键设备或过程的控制，因而必须具有高度的移植性。根据近期的资料统计，在欧洲有 34% 的机器人系统软件项目在开发过程中被迫取消，72.7% 的软件在产品开发完成时，成本已超出预算的 50%。软件是一个系统得以运转的灵魂，僵化无弹性的程序无法使环境蜕变，整个系统应强调组件的和谐共处，在整体的基本约束下，可随时重新组装或调换，软件模块必须重视接口、强调封装以及维护自主性。因此，如何在开发过程中提高效率和质量，降低系统成本和风险，便成了机器人系统设计过程中的热点讨论问题。

机器人传感器用户接口函数的定义是为了对外提供一致的表达方式，以使传感器的更换尽量小地影响测试软件。传感器使用者最希望的是告诉传感器他想要测量信号"是什么"，由传感器根据信号的特征执行"怎么做"，回馈给使用者结果。两者需要一致性表达的平台，最为可行的不是统一到传感器的控制功能上，因为传感器的控制功能总是随着生产商的不同而有所差异，统一到功能的提取方式上来是可行的途径。

接口定义语言（Interface Define Language，IDL）是一种说明性的语言，定义在 ISO/IEC 14750：1999-03-15 标准中，支持 C++语法中的常量、类型和方法的声明。采用 IDL 说明性语言，其目的在于克服特定编程语言在软件系统集成及互操作方面的限制，体现了构造分布式应用程序在网络时代的强大生命力。另外，IDL 已经为 C、C++、Java 等主要高级程序设计语言制定了 IDL 到高级编程语言的映射标准。类似于其他的接口描述语言，IDL 以独立于语言和硬件的方式来定义接口，允许组件间的接口规范采用不同语言编写，目前主流的开发工具是 Rational Rose。

IDL 采用 ASCII 字符集构成接口定义的所有标识符。标识符由字母、数字和下划线的任意组合构成，但第一个字符必须是 ASCII 字母。IDL 认为大写字母和小写字母具有相同的含义，与 C++和 Java 类似，采用以"/*"开始，以"*/"结束来注释一段代码，"//"表示注释从开始直至行尾的所有内容。另外，IDL 保留了 47 个关键字，程序设计人员不能将关键字用作变量或方法名。其数据类型如下：

1）基本数据类型。IDL 基本数据类型包括 short、long 和相应的无符号（unsigned）类型，表示的字长分别为 16 位、32 位。

2）浮点数类型。IDL 浮点数类型包括 float、double 和 long double 类型。其中 float 表示单精度浮点数，double 表示双精度浮点数，long double 表示扩展的双精度浮点数。

3）字符和超大字符类型。IDL 定义字符类型 char 为单字节字符；定义类型 wchar 为超大字符。

4）逻辑类型。用 boolean 关键字定义的一个变量，取值只有 true 和 false。

5）八进制类型。用 octet 关键字定义，在网络传输过程中不进行高低位转换的位元序列。

6）any 数据类型。引入该类型用于表示 IDL 中任意数据类型。

类似于 C 和 C++的语法规则，IDL 中构造数据类型包括结构、联合、枚举等形式。接口用关键字 interface 声明，其中包含的属性和方法对所有提出服务请求的客户对象是公开的。"变化"是自然界与生命的本质，生物必须不断进化才能适应外界环境的改变，否则就会被淘汰。生物适应环境变化的法宝是，生物本身会明确分为"稳定""常变化"及"快速变化"等不同组织，来与外界环境交互，调整自己以便在新环境中取得较有利的生存空间。"分"得好，才能"合"得快，为了达到定制化的目标，最简单的策略就是组件化，让用户根据需要自己选择组件组装。我们的任务就是分离出高效的组件，并设计接口让组件在未来能随时结合在一起。组件是代码的物理模块，每个组件都是具有独立的某个功能的单元模块。机器人感知系统的用户接口模块分为六个组件，包括 NodeDiscovery、SensorAcess、STDLManager、NTDLManager、SensorManager 以及 Args，具体内容见表 6.10。

表 6.10 用户接口组件

组 件	描 述
NodeDiscovery	发现节点、通道数的识别等服务
SensorAcess	传感器接入到通道的处理方法
STDLManager	读写传感器的数据描述
NTDLManager	读写节点的数据描述
SensorManager	发送控制命令、锁定某个通道的传感器等操作
Args	数据类型容器

6.3 小结

本章从多传感器融合的理论研究出发，主要介绍了多传感器融合的概念、方法和几种机器人多传感器融合的典型案例，以及机器人感知系统控制的软硬件整体设计思路，如主控电路设计、传感器接口设计、上位机软件设计等内容，旨在为读者提供实用的机器人多传感器融合知识。总而言之，多传感器融合对于机器人平台的开发和应用十分重要，是实现机器人感知系统智能化的关键环节。

参考文献

［1］ NISTER D, NARODITSKY O, BERGEN J. Visual odometry［C］//IEEE Computer Society Conference on Computer Vision and Pattern Recognition. New York：IEEE 2004：652-659.

［2］ HALL D L, LLINAS J. 多传感器数据融合手册［M］. 杨露菁，耿伯英，译. 北京：电子工业出版社，2008.

［3］ 戴亚平，马俊杰，王笑涵. 多传感器数据智能融合理论与应用［M］. 北京：机械工业出版社，2021.

［4］ 苗启广，叶传奇，汤磊，等. 多传感器图像融合技术及应用［M］. 西安：西安电子科技大学出版社，2014.

［5］ 陈宏滨，冯久超，谢智刚. 传感器网络中的盲源分离与信号重构［M］. 北京：电子工业出版社，2012.

［6］ 蔡永娟. 机器人感知系统标准化与模块化设计［D］. 合肥：中国科学技术大学，2010.

［7］ NISTÉR D, NARODITSKY O, BERGEN J R. Visual odometry for ground vehicle applications［J］. Journal of field robotics, 2006, 23（1）：3-20.

［8］ LEUTENEGGER S, LYNEN S, BOSSE M, et al. Keyframe-based visual-inertial odometry using nonlinear optimization［J］. The international journal of robotics research, 2015, 34（3）：314-334.

［9］ KELLY J, SUKHATME G S. Visual-inertial sensor fusion：localization, mapping and sensor-to-sensor self-calibration［J］. The international journal of robotics research, 2010, 30（1）：56-79.

［10］ MUR-ARTAL R, TARDÓS J D. Visual-inertial monocular SLAM with map reuse［J］. IEEE robotics and automation letters, 2017, 2（2）：796-803.

［11］ FORSTER C, ZHANG Z C, GASSNER M, et al. SVO：Semidirect visual odometry for monocular and multicamera systems［J］. IEEE transactions on robotics, 2016, 33（2）：249-265.

［12］ FURGALE P, REHDER J, SIEGWART R. Unified temporal and spatial calibration for multi-sensor systems［C］//2013 IEEE/RSJ International Conference on Intelligent Robots and Systems. New York：IEEE, 2013：1280-1286.

［13］ LYNEN S, ACHTELIK M W, WEISS S, et al. A robust and modular multi-sensor fusion approach applied to MAV navigation［C］//2013 IEEE/RSJ International Conference On Intelligent Robots and Systems. New York：IEEE, 2013：3923-3929.

［14］ KHALEGHI B, KHAMIS A, KARRAY F O, et al. Multisensor data fusion：a review of the state-of-the-art［J］. Information fusion, 2013, 14（1）：28-44.

［15］ DURRANT-WHYTE H, HENDERSON T C. Multisensor data fusion［J］. Springer handbook of robotics, 2016：867-896.

［16］ 胡春旭. ROS 机器人开发实践［M］. 北京：机械工业出版社，2018.